사출 성형 해석

MAPS-3D

(주)브이엠테크 · 정상준 공저

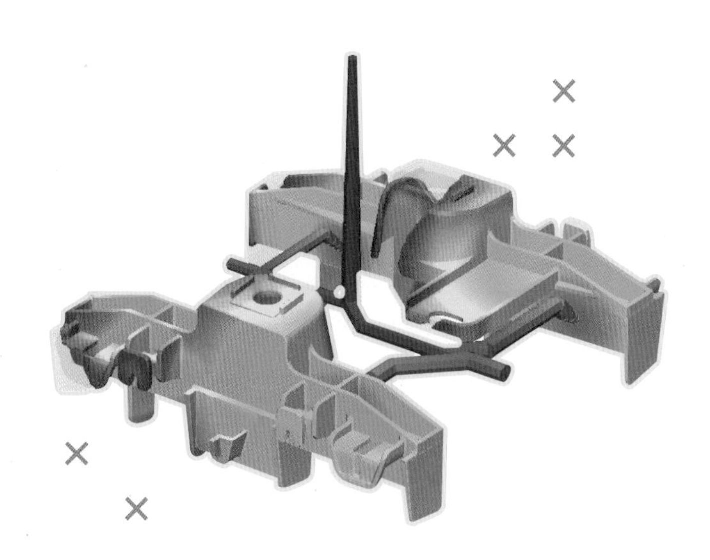

일진사

머리말

㈜브이엠테크 사에서 개발한 국내 유일의 사출 성형 해석 프로그램 MAPS-3D는 사출 성형 분야에서 중추적인 역할을 해왔다. 그러나 아직까지도 사출 성형 관련 엔지니어들과 많은 학생들은 사출 성형 해석이 생소하거나 사용에 어려움을 겪고 있다. 이에 본 교재는 MAPS-3D를 사용하는 사람이면 누구나 쉽고 체계적으로 따라할 수 있도록 집필하였으며, 사출 성형에서 일반적이고 공통적인 과제 중심으로 실습할 수 있도록 구성하였다. 또한 교육 현장과 실무자 모두가 만족할 수 있도록 교수 및 개발자들이 함께 참여하여 내용을 정리하였다.

이 책은 총 4편과 부록으로 구성하여 따라하기를 통해 내용을 쉽게 익힐 수 있도록 집필하였다.

1편 플라스틱 재료, 사출 금형 설계 부분 등 사출 성형에 대한 배경 지식을 다루었다.

2편 MAPS-3D 구성과 기본 사용법을 설명하였다.

3편 MAPS-3D를 이용한 해석 절차와 충전, 보압, 냉각, 휨 해석까지의 내용을 자세히 다루었다.

4편 캐드 파일 읽기, 메시 생성 등 해석 수행을 위한 유한 요소를 생성하는 모델러의 기능을 다루었다.

부록 매우 빠른 시간 내에 유동 패턴을 확인할 수 있는 MAPS-3D ez에 대해 소개하였다.

사출 성형 해석 프로그램을 효과적으로 현업에 적용하기 위해서는 현장과 이론 분야에서의 기술이 조화를 이루어야 한다. 즉, 플라스틱, 제품 설계, 금형 설계 및 성형에 대한 지식을 기반으로 한 프로그램 사용자는 해석 프로그램이 제공하는 정보를 이용하여 보다 정확하게 의사결정을 할 수 있을 것이다.

끝으로 본 교재가 사출 성형 분야에 입문하는 학생이나 현장 실무자에게 조금이나마 도움이 되길 바라며, 이 책이 출판될 때까지 많은 도움을 주신 분들과 **일진사** 직원 여러분께 감사드린다.

편저자 씀

차례

PART 1 사출 성형

Chapter 1 사출 성형 이론 8

1절 사출 성형 공정 8
2절 사출 성형과 플라스틱 11
3절 사출 금형 기본 구조 15

PART 2 MAPS-3D

Chapter 1 MAPS-3D 20

1절 MAPS-3D 개요 20
2절 MAPS-3D Studio 30
3절 MAPS-3D Modeler 34

PART 3 MAPS-3D Studio

Chapter 1 유동 해석 54

1절 따라하기 54
2절 유동 길이 63
3절 유동 밸런스 71
4절 웰드 라인 81
5절 핫 러너 91
6절 밸브 게이트 99
7절 사출기 설정 111

Chapter 2 보압 해석 121

1절 기본 순서 121

Chapter 3 휨 해석 131

1절 기본 순서 131

Chapter 4 냉각 해석 141

1절 기본 순서 141

2절 냉각 효율 152

PART 4 MAPS-3D Modeler

Chapter 1 Mesh 생성 162

1절 Mesh data 162

2절 CAD data 171

Chapter 2 1D 러너 생성 178

Chapter 3 냉각 채널 생성 195

Chapter 4 Mesh 수정 205

1절 Mesh 수정을 위한 기본 기능 205

2절 Free Element Edge 213

3절 Overlap Element 225

4절 Intersection Element 232

5절 Aspect Ratio와 Length Ratio 249

6절 Isolated Element 257

7절 Sharp Angle Element 269

부록 MAPS-3D ez

1. MAPS-3D ez 기본 280

2. MAPS-3D ez 따라하기 282

PART 1

사출 성형

1장 사출 성형 이론

Chapter 1

사출 성형 이론

1절 사출 성형 공정

1-1 사출 성형의 정의

사출 성형은 플라스틱 재료를 가열하여 유동 상태로 된 재료를 닫혀진 금형의 공동부(캐비티)에 가압 주입하여 금형 내에서 냉각시킴으로써 금형 공동부에 상당하는 성형품을 만드는 방법이다.

1-2 사출 성형의 원리

(1) 1단계(가소화 단계)

다음 그림은 사출 성형의 원리 1단계(가소화 단계)를 간단히 설명한 것으로서 잘 건조한 플라스틱 재료를 사출 성형기의 호퍼(Hopper)에 넣어 가열 실린더 안으로 일정량만큼 보내져 용융시킨다.

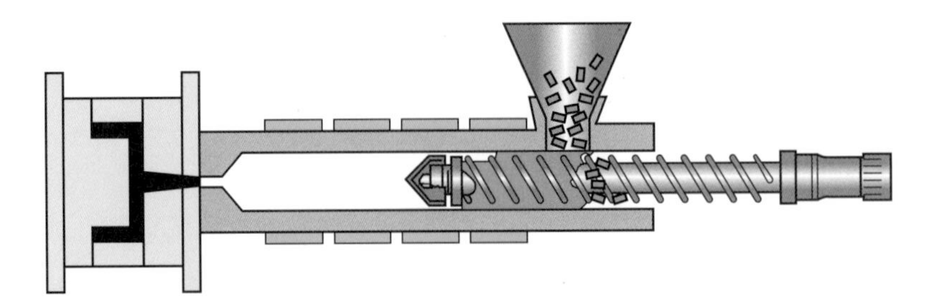

1단계(가소화 단계)

> **Tip** 가소화(Plastification)
> 그림 1단계(가소화 단계)에서와 같이 사출기 스크루(Screw)의 회전에 의한 마찰열과 실린더(Cylinder)의 밴드 히터(Band heater)에 의해 플라스틱을 녹이는 과정이다. 이 과정에서 스크루의 회전에 의해 녹은 플라스틱은 노즐(Nozzle) 방향으로 이송되어 사출할 양의 플라스틱이 모이게 된다.

(2) 2단계(충전 단계)

다음 그림은 충전 단계로 용융된 플라스틱 재료가 가열 실린더 안에 있는 스크루에 의하여 노즐로 분사시켜 밀착된 금형 안의 공동부 속을 채우게 된다. 이후, 용융된 재료는 상대적으로 차가운 금형 안에서 냉각되어 고체 상태로 굳어지는 것이다.

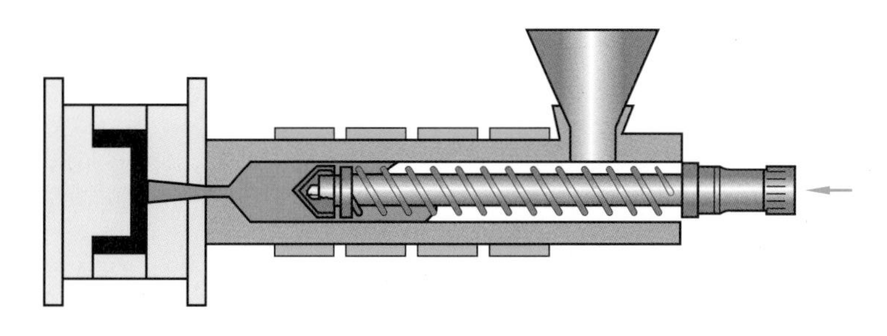

2단계(충전 단계)

보압(Packing)

그림 2단계(충전 단계)에서와 같이 용융된 수지를 고압으로 충전 후 수지는 온도가 내려가면서 캐비티(Cavity) 안에서 수축이 이루어지는데 이때 보압으로 이 수축량을 채워 준다.

(3) 3단계(보압 및 냉각 단계)

위의 과정이 끝나면 다음 그림 3단계(보압 및 냉각 단계)에서는 보압이 끝나면 스크루가 후퇴하고 금형 내의 재료가 냉각되면서 호퍼 속으로 새로운 플라스틱 재료가 들어오면서 가소화 과정이 이루어진다.

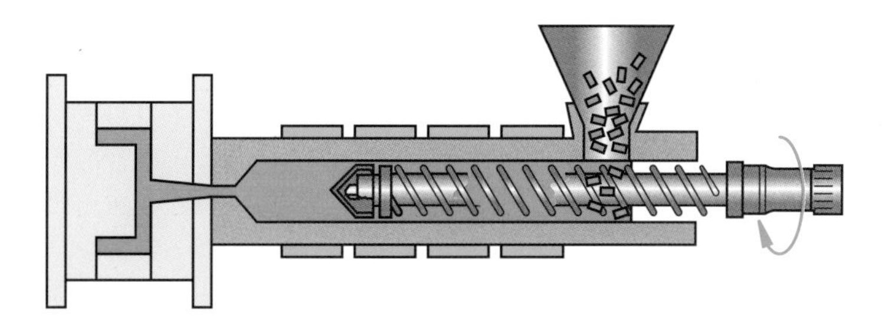

3단계(보압 및 냉각 단계)

계량

그림 3단계(보압 및 냉각 단계)에서와 같이 냉각 시간을 이용하여 사출 장치는 다음 사이클의 준비로서 수지를 용융시키기 위하여 가소화 공정에 들어가고 이 공정에서는 스크루 안으로 들어온 수지는 노즐 쪽으로 보내지게 되며, 이 과정이 계량이다.

(4) 4단계(취출 단계)

다음 그림은 취출 단계로서 가열 실린더가 후퇴하고 금형이 파팅 라인(Parting line)을 따라 열리면서 금형으로부터 성형품을 밀어내어 떨어지게 한다. 그 과정이 끝나면 금형이 다시 닫혀지게 되면서 위와 같은 과정이 반복된다. 이 한 공정을 1사이클(Cycle)이라고 한다.

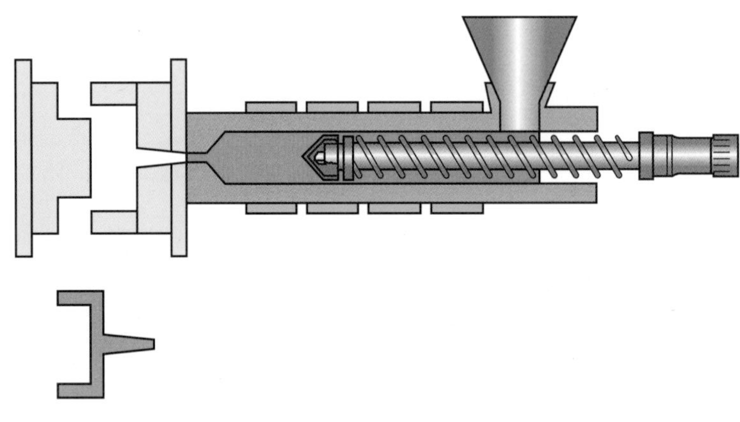

4단계(취출 단계)

2절 사출 성형과 플라스틱

2-1 사출 성형 조건

(1) 수지 용융 온도

① 수지 용융 온도를 올리면 흐름 길이는 늘어난다.

② 수지 용융 온도를 과도하게 올리면 물성이 떨어지므로 주의해야 한다.

(2) 금형 온도

① 금형 온도는 제품의 냉각에 중요한 영향을 미치므로 균일한 금형 온도는 제품의 휨 방지에 효과가 있다.

② 일반적으로 냉각수 라인을 통하여 금형 온도가 조절된다.

(3) 실린더 온도

① 노즐부와 실린더 전부의 온도는 용융 온도를 유지할 정도로 온도를 설정한다.

② 후부(Rear) 온도는 낮게 설정하여 수지가 실린더 배럴에 고착되어 스크루 회전 시 전단열이 발생되게 한다.

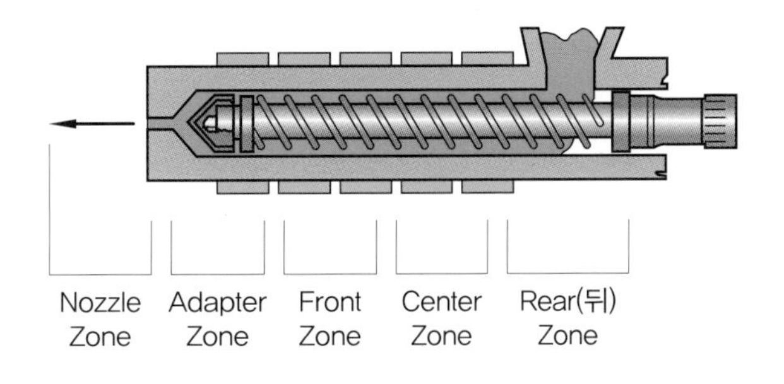

실린더 온도 분포

(4) 형체력(Clamping force)

① 사출 금형을 체결하는 힘의 최댓값을 말하며, 금형 캐비티 내의 단위면적당 평균압력 $P[\mathrm{kg/cm^2}]$에 캐비티의 투영 면적 $A[\mathrm{cm^2}]$를 곱한 값이다.

$$F(\mathrm{ton}) = P \times A \times 10^{-3}$$

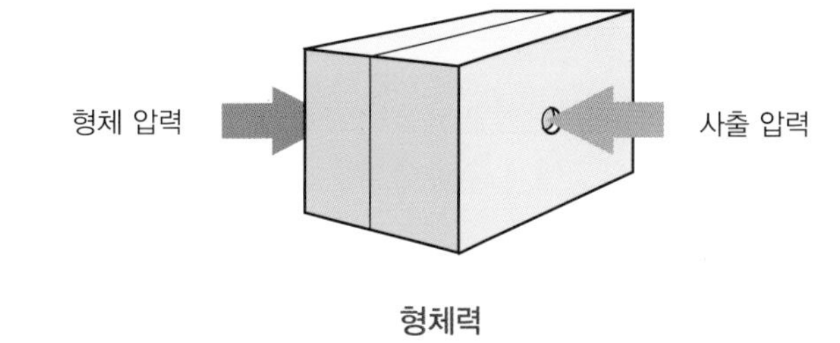

형체력

② 형체력이 부족하면 성형품에 플래시가 발생한다.

2-2 사출 성형 조건의 영향

(1) 사출 압력

① 설정된 사출 속도로 스크루가 이동할 수 있도록 하는 힘
② 고압의 경우 : 금형 변형, 플래시, 잔류응력
③ 저압의 경우 : 미성형, 싱크마크 발생

(2) 사출 온도

① 일반적으로 높은 온도가 선호되나 수지의 열 안정성 검토가 필요
② 저온인 경우 : 미성형, 광택 저하, 잔류응력
③ 고온인 경우 : 탄화, 플래시, 냉각 시간 증가

(3) 사출 속도

① 금형 내로 사출되는 용융 수지는 냉각으로 인해 급격히 유동성이 저하되므로 일반적으로 빠른 사출 속도가 필요하다.
② 점도가 낮거나 열 안정성이 나쁜 수지의 경우, 사출 속도가 빠르면 유동 저항에 의해 수지가 가열되어 탄화 또는 가스가 발생한다.

(4) 보압

① 수지는 압력에 의한 응력이 이완되는 반면, 냉각에 의한 열응력이 발생한다.
② 성형품의 휨이나 변형에 매우 중요한 공정이 보압이다.
③ 고압의 경우 : 광택 증가, 잔류응력 증가
④ 저압의 경우 : 싱크마크, 치수 불량

2-3 플라스틱 수지

(1) 플라스틱 수지(Resin)란?

플라스틱(Plastics)이라는 말은 "물체에 가해진 변형이 영구히 남는다"는 의미로서 초기에는 자연 재료에서 추출하여 사용하였기 때문에 수지(樹脂)라는 단어를 사용하고 있다.

① 열을 가해 원하는 형상으로 쉽게 성형할 수 있다
② 화학적인 중합 반응에 의해 인공적으로 합성된 재료이다.
③ 금속 부품을 대체하는 수준까지 이르고 있다.

(2) 플라스틱 수지의 분류

수지를 크게 구분하면 열가소성(Thermoplastics) 수지와 열경화성(Thermoset) 수지로 구분한다.

● 열가소성 수지

열가소성 수지는 얼마든지 재가열에 의해 성형을 할 수 있어 재활용이 용이하다.

① 온도를 올리면 유연해지고 녹아 흐르게 된다.
② 대부분 주위에서 볼 수 있는 플라스틱 수지가 이 범주에 속한다.
③ 전체수지 사용량의 약 90%를 차지한다.
④ 열가소성 수지는 결정 구조에 따라 반결정성(Semi–crystalline) 수지와 비결정성(Amorphous) 수지로 나눈다.

● 열경화성 수지

열경화성 수지는 한 번 열을 가해 성형을 하고 나면 다시는 재가열에 의해 성형을 할 수 없는 수지를 말한다. 열에 대한 내성이 뛰어나고 기계적 성질이 높으나 재활용이 되지 않기 때문에 응용 범위가 제한을 받는다.

● 결정성과 비결정성 수지 비교

① 결정성 수지(Semi–crystalline) : 결정이란 공간에서 일정한 규칙으로 분자 혹은 원자들이 배열하는 것을 의미한다. (예 얼음은 물의 결정성이다.)
② 비결정성(Amorphous) 수지 : 분자간의 인장력에 의해 분자 배열이 정돈되지 않고, 어느 한 방향으로 정돈되어 있지 않는 것을 말한다. 즉 일정한 분자 배열을 이루지 않는다.

(3) 결정성 수지와 비결정성 수지 특성 비교

결정성 플라스틱	비결정성 플라스틱
수지가 불투명하다.	수지가 투명하다
온도 상승 – 비결정화 – 용융 상태	온도 상승 – 용융 상태
수지 용융 시 많은 열량이 필요하다.	수지 용융 시 적은 열량이 필요하다.
가소화 능력이 큰 성형기가 필요하다.	성형기의 가소화 능력이 작아도 된다.
금형 냉각시간이 길다(고화 과정에서 발열이 크므로).	금형 냉각시간이 짧다.
성형수축률이 크다. (성형수축률 : 1.2~2.5%)	성형수축률이 작다. (성형수축률 : 0.4~1.2%)
배향(Orientation)의 특성이 크다.	배향의 특성이 작다
굽힘, 휨, 뒤틀림 등의 변형이 크다.	굽힘, 휨, 뒤틀림 등의 변형이 작다.
강도가 크다.	강도가 작다.
제품의 치수정밀도가 낮다.	치수정밀도가 높은 제품을 얻을 수 있다.
특별한 용융 온도나 고화온도를 갖는다.	특별한 용융 온도를 갖지 않는다.

(4) 플라스틱의 분류

구분	수지의 명칭	약호	비고
열경화성 수지	Urea 수지	UF	
	멜라민 수지	MF	
	페놀 수지	PF	
	불포화폴리에스테르 수지	UP	
	에폭시 수지	EP	
	디아릴프탈레이트 수지	DAP	
	폴리아미드 비스말레이드	PABI	
	실리콘 수지	SI	
	열경화형 폴리아미드	PI	
열가소성 수지	폴리에틸렌	PE	●
	폴리스티렌	PS	○
	폴리프로필렌	PP	●
	폴리염화비닐	PVC	○
	폴리메틸메타크릴 수지	PMMA	○
	ABS 수지	ABS	○
엔지니어링 플라스틱	폴리아미드(Nylon)	PA	●
	폴리아세탈	POM	●
	폴리카보네이트	PC	○
	변성폴리페닐렌옥사이드	MPPO	○
	폴리부틸렌 테레프탈레이트	PBT	●
	폴리에틸렌 테레프탈레이트	PET	●
슈퍼 엔지니어링 플라스틱	폴리페닐렌 설파이드	PPS	●
	폴리설폰	PSF	○
	폴리에테르설폰	PES	○
	폴리아릴레이트	PAR	○
	폴리아미드이미드	PAI	○
	폴리에테르이미드	PEI	○
	폴리에테르에테르케톤	PEEK	●
	용융형 액정 수지	LCP	●
	폴리테트라플로로에틸렌	PTFE	○
	폴리이미드	PI	○

○ : 비결정성 수지 ● : 결정성 수지

3절 사출 금형 기본 구조

3-1 사출 금형의 명칭

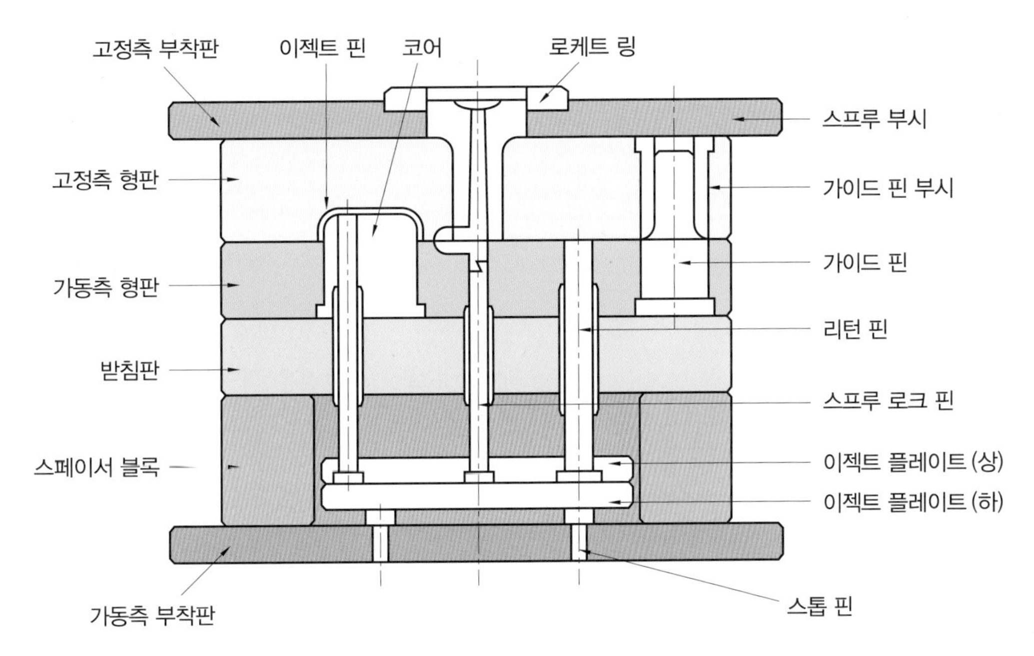

2단 사출 금형의 구조

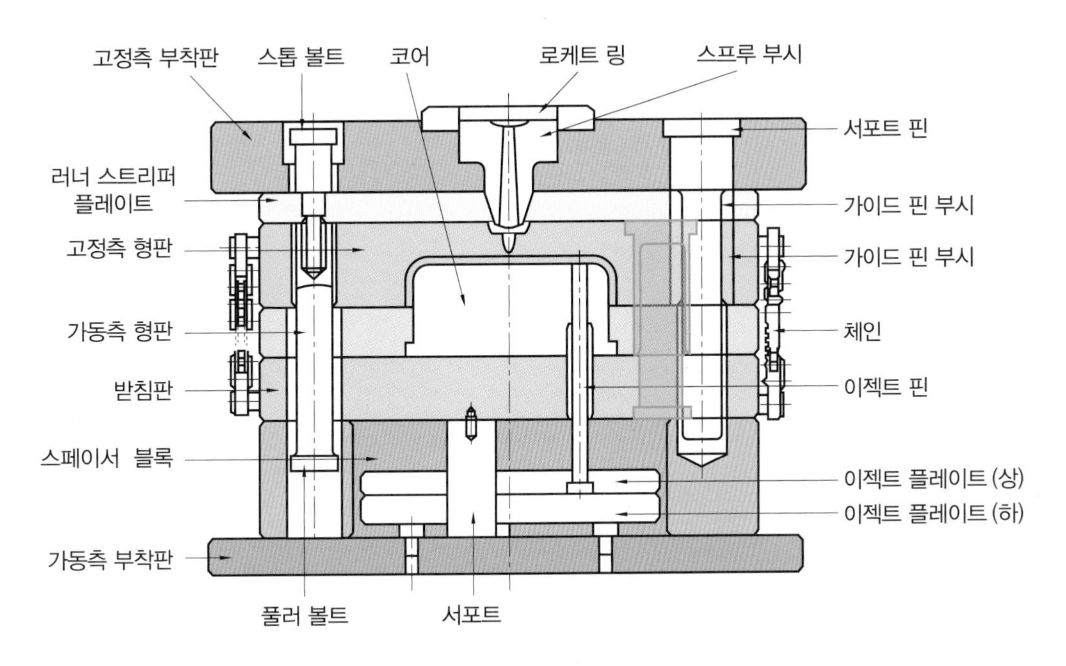

3단 사출 금형의 구조

3-2 사출 금형 부품의 기능

(1) 플레이트 요소

① 고정측 부착판(Top clamping plate) : 금형을 사출기의 금형 부착 고정판에 고정하는 판이다.

② 고정측 형판(Cavity retainer plate) 또는 상원판 : 스프루 부시(Sprue bush)와 가이드 핀 부시(Guide pin bush)가 고정되어 있으며, 금형의 캐비티(Cavity)부가 있는 고정측 부분의 형판이다.

③ 가동측 형판(Core retainer plate) 또는 하형판 : 고정측 형판과 함께 파팅 라인(Parting line)을 형성한다. 코어(Core)부를 형성하며, 가이드 핀(Guide pin)을 고정시키는 판이다.

④ 받침판(Support plate) : 사출 성형할 때 고압에 의해서 가동측 형판에 휨이 발생하지 않도록 받쳐주는 판이다.

⑤ 스페이서 블록(Spacer block or Parallers or Rails) : 이것은 다리라고도 하며 받침판과 가동측 부착판 사이에 위치하여 성형품을 빼낼 때 이젝터 플레이트가 상하로 움직일 수 있는 공간(Space)을 만들어 준다.

⑥ 이젝터 플레이트(상)(Ejector retainer plate or Knock out pin plate) : 이젝터 핀, 리턴 핀(Return pin), 스프루 로크 핀(Sprue lock pin)의 자리가 카운터 보링되어 있으며, 이젝터 핀을 상하로 움직일 때 쓰인다.

⑦ 이젝터 플레이트(하)(Ejector plate) : 이젝터 플레이트(상)와 함께 볼트로 체결되어 한 덩어리를 이루고 있으며, 이젝터 플레이트(상)에 있는 핀들의 받침판 역할을 한다.

⑧ 가동측 부착판(Bottom clamping plate) : 금형의 가동측 부분을 사출기의 다이 플레이트의 이동 플레이트(이동반)에 부착하는 판이다.

⑨ 러너 스트리퍼판(Runner stripper plate) : 3단 금형에서 고정측 설치판과 고정측 형판 사이에 설치한 것으로, 스프루 부시에 있는 스프루를 분리하는 기능을 한다.

⑩ 코어(Core) : 캐비티와 조립되어 제품의 전체적인 형상 또는 부분적인 형상을 형성하며, 인서트 타입과 솔리드 타입이 있다.

⑪ 캐비티(Cavity) : 일반적으로 고정측 형판에 위치하며, 성형품의 전체적인 형상을 형성한다. 형판에 직접 가공하는 타입과 인서트하는 타입이 있다.

(2) 가이드 요소

① 가이드 핀(Guide pin or Leader pin) : 가동측 형판에 고정되어 있으며 열처리해서 연삭한 강철 핀으로서 고정측 형판과 가동측 형판을 정확하게 맞추기 위한 안내 역할을 해준다.

② 가이드 핀 부시(Guide pin bush or Guide bushing) : 고정측 형판에 고정되어 있으며 열처리해서 연삭한 강철 부싱으로 금형이 열리고 닫힐 때 가이드 핀을 정확히 안내해 주는 것으로, 베어링의 역할을 해 준다.

③ 서포트 핀(Support pin) : 가이드 핀과 함께 러너 스트리퍼판, 고정측 형판, 가동측 형판의 위치를 잡아주는 역할을 한다.

(3) 위치결정 요소

① 로케이트 링(Locate ring) : 고정측 부착판의 카운터 보어(counter bore) 자리에 들어가며, 사출기의 노즐과 스프루 부시의 중심 구멍을 일치시키기 위하여 사용하는 부품이다.

② 스톱 핀(Stop pin) : 스톱 핀은 가동측 부착판에 부착되어 있으며 이젝터 플레이트와 가동측 설치판 사이에 이물이 끼어들어 금형에 고장을 일으키는 것을 방지하는 부품이다.

③ 인장 볼트(Puller bolt) : 금형이 열릴 때 러너 스트리퍼를 당겨주는 기능과 고정측 형판과 가동측 형판 사이를 열어 성형 제품을 뽑기 위한 파팅 기능을 한다.

④ 스톱 볼트(Stop bolt) : 스톱 볼트는 3단 금형에서 러너 스트리퍼판이 인장 볼트에 의해서 당겨질 때 적정 길이로 움직일 수 있도록 제한을 한다. 즉, 스프루를 뽑기 위하여 고정측 설치판과 러너 스트리퍼판 사이의 틈새를 제한해 준다.

⑤ 지지봉(Support pillar) : 코어 받침판이 사출압에 의해서 휘는 것을 방지하기 위해서 사용되는 받침용 기둥이다.

(4) 이젝션 요소

① 이젝터 핀(Ejector pin) 또는 밀 핀 : 이젝터 플레이트에 고정되어 있으며 성형품을 금형 밖으로 빼내주는 부분이다.

② 리턴 핀(Return pin) : 보조 핀이라고도 하며, 이것은 이젝터 플레이트에 고정되어 있으며 금형이 닫힐 때 이젝터 핀이나 스프루 로크 핀을 보호하여 본래의 위치로 돌아가게 하도록 하는 부품이다.

② 스프루 로크 핀(Sprue lock pin) : 스프루의 출구 바로 밑에 붙어있는 핀으로 사출 후 성형된 스프루를 스프루 부시 밖으로 당겨 빼어 주는 부품이다.

(5) 게이트 요소

① 스프루 부시(Sprue bush): 사출기의 노즐로부터 용융 플라스틱 수지를 공급받아 재료가 러너로 흘러들어 가는 원뿔 형태의 구멍을 가지고 있는 부품이다.

PART 2

MAPS-3D

1장 MAPS-3D

Chapter 1

MAPS-3D

1절 MAPS-3D 개요

1-1 MAPS-3D 개요

(1) MAPS-3D란?

MAPS-3D(Mold Analysis and Plastics Solution-3 Dimension)는 3차원 캐드 데이터를 이용하여 실제 금형 내에서 이루어지는 충전, 보압, 냉각 등의 공정에 대한 현상을 분석하여 사출물의 설계 검토, 성형성, 양산성 및 치수 안정성을 예측하는 3차원 사출 성형 해석 프로그램이다. 설계 및 성형 과정에서 발생하는 문제점을 사전에 예측함으로써, 실제 현장에서 발생할 수 있는 시행착오를 최소화하여 납기를 획기적으로 단축할 수 있으며, 최적의 게이트 위치와 냉각 채널의 설계 방안을 제시함으로써 제품의 휨 및 뒤틀림 등의 외관 품질 향상 및 사이클 타임 단축에 따른 생산성을 극대화 할 수 있다.

(2) MAPS-3D 활용 분야

MAPS-3D를 이용하면 제품 설계, 금형 설계, 사출 성형 및 주변 기기와 같은 각 분야에서 다양한 사항을 검토할 수 있다.

제품 설계	금형 설계
설계 사양 검토 구조적 문제 검토 치수 및 공차 관리 설계 표준화	게이트 위치 및 사양 러너/냉각 채널 레이아웃 및 치수 에어벤트, 취출 핀의 위치 결정 금형 재질 선정
사출 성형	**주변 기기**
최적 사출 조건 설정 사출기 선정 및 대체 다단 사출 방안 결정 사이클 타임 단축 성형 불량에 따른 대응 방안 수립	사출 자동화 관련 표준안 결정 금형 온도 조절기의 최적 사양 결정 최적 냉매 선정 센서 위치 및 자동제어 방안 결정 정밀 사출 및 특수 공정 방안 결정

1-2 MAPS-3D 구성

(1) Studio

MAPS-3D Studio는 사출 성형 해석에 필요한 재질(수지/금형 재료/냉각 매체 등) 및 사출기의 성형 조건을 설정하여 작업할 수 있도록 도와주며, 다양하고 편리한 방법으로 쉽게 결과 분석 작업을 수행할 수 있는 GUI(Graphic User Interface) 환경을 제공한다. 해석 결과를 Contour, Shading, XY Plot 타입 등으로 보여주며, Animation 및 Section Display 등 다양한 해석 결과 구현이 가능하다.

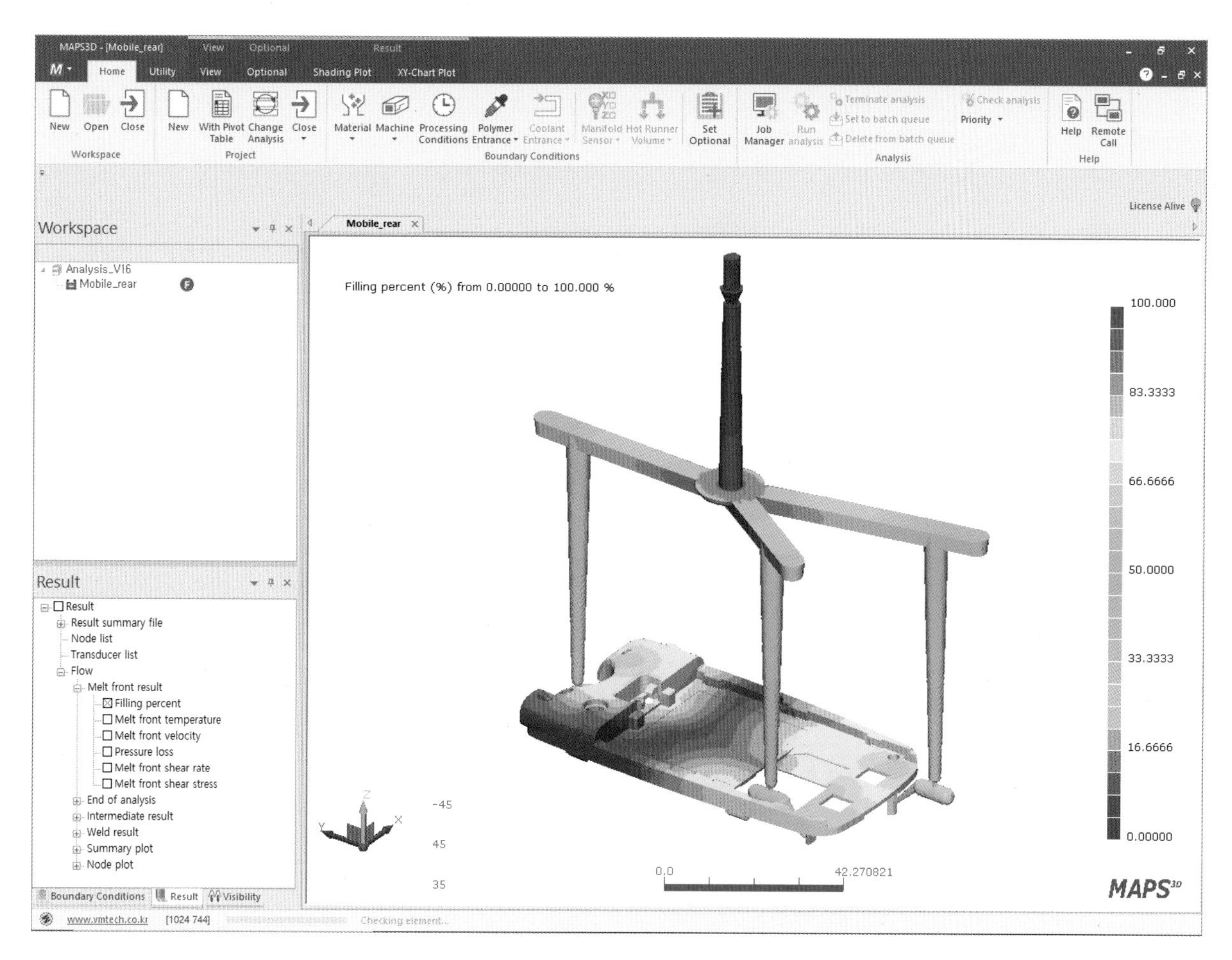

MAPS-3D Studio

(2) Modeler

MAPS-3D Modeler는 3D CAD/CAE 시스템과의 완벽한 Interface를 제공하며, 초보자도 어려움 없이 사용할 수 있도록 쉬운 GUI환경을 제공한다.

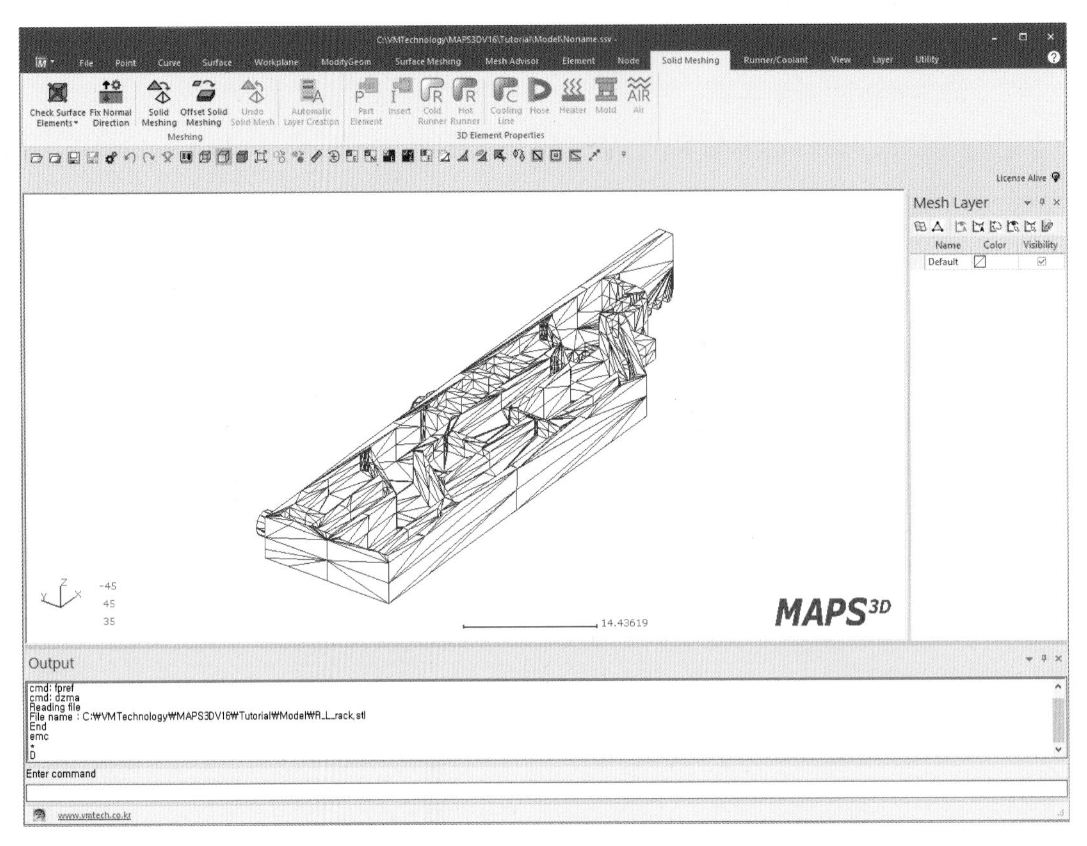

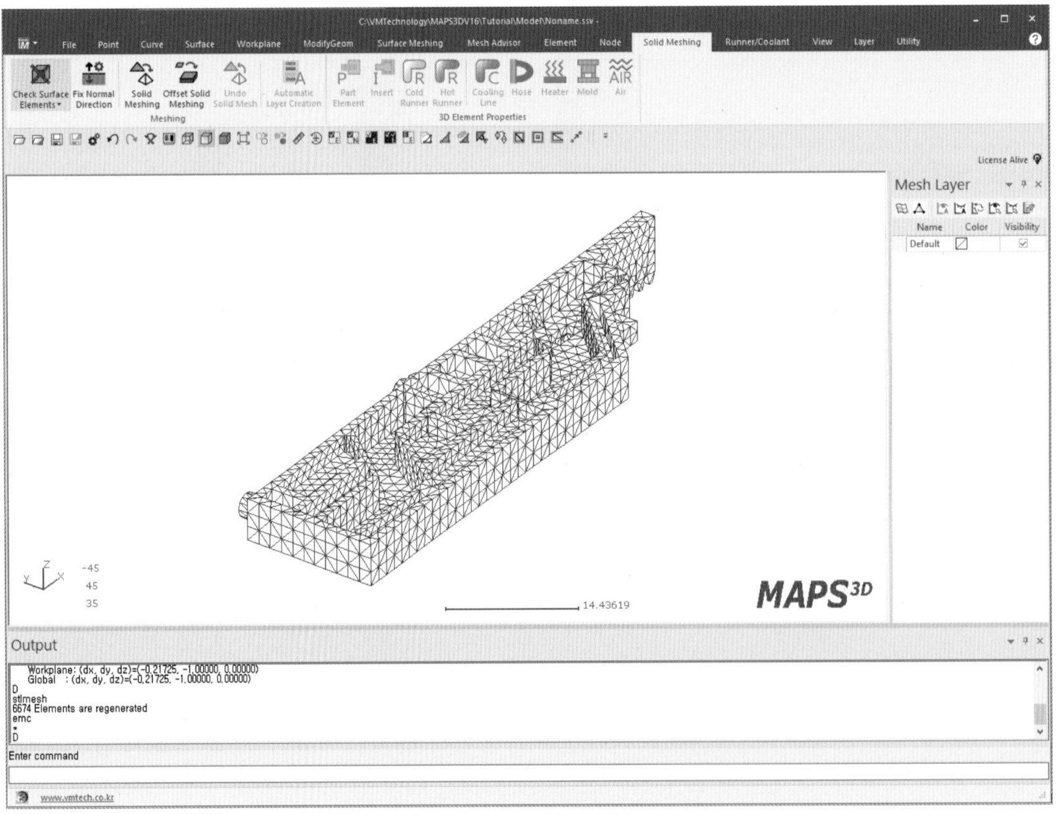

MAPS-3D Modeler

(3) 충전 해석(Flow analysis)

양질의 성형품을 얻기 위하여 제품 및 금형 설계/사출 성형 공정을 최적화하는 가장 기본적인 해석 모듈이며, 사출 성형 과정 중 용융된 수지가 금형 내로 충전되는 과정을 해석한다.

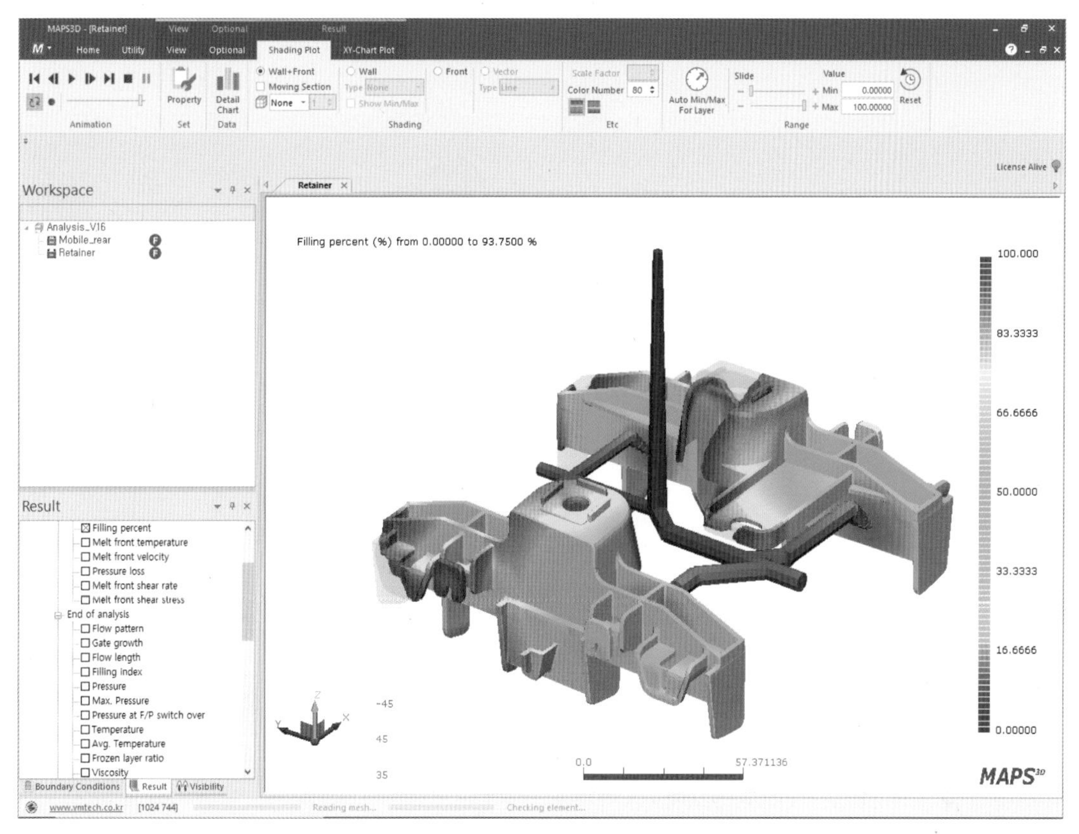

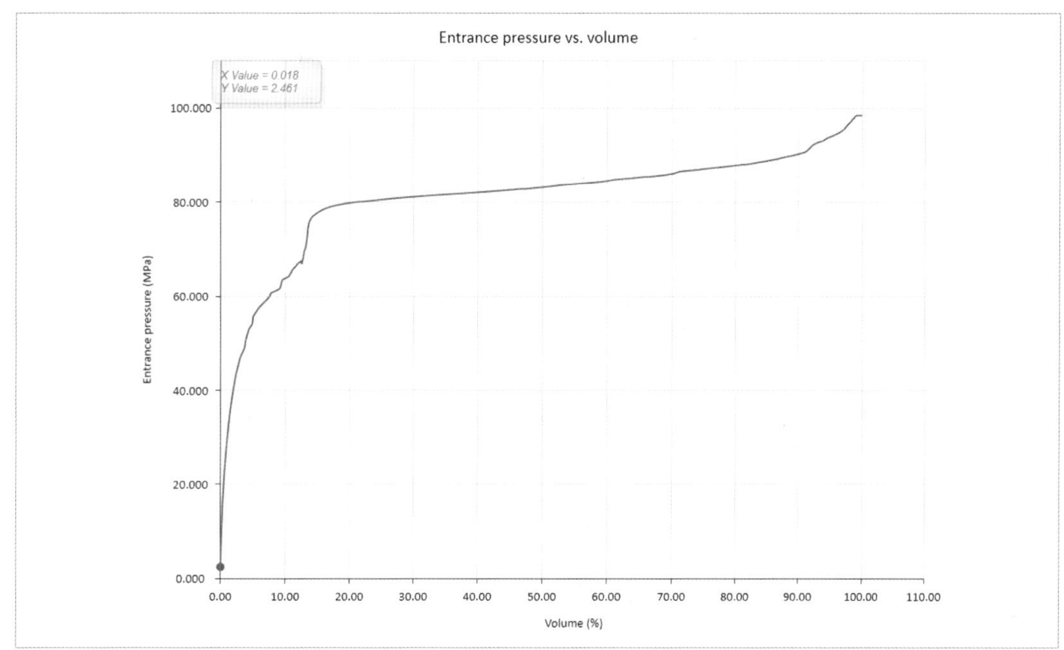

MAPS-3D Flow

(4) 인서트 해석(Insert analysis)

사출 성형 공정에서 사용되는 인서트를 고려함으로써, 그에 따른 물리적 현상을 예측하는 모듈이다.

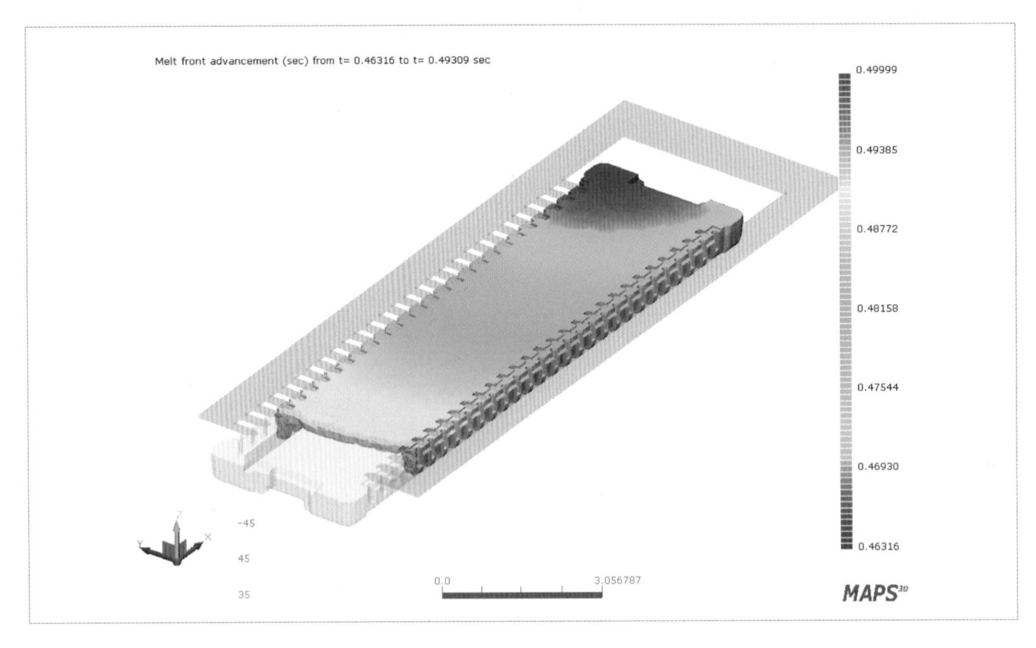

MAPS-3D Insert

(5) 보압 해석(Packing analysis)

용융된 수지가 충전된 후, 고화되면서 수지 특성에 따른 부피 수축이 발생하므로 제품의 수축을 최소화하기 위해 보압 공정을 거치게 되며 그 과정에서의 유동 및 열전달을 해석하는 모듈이다.

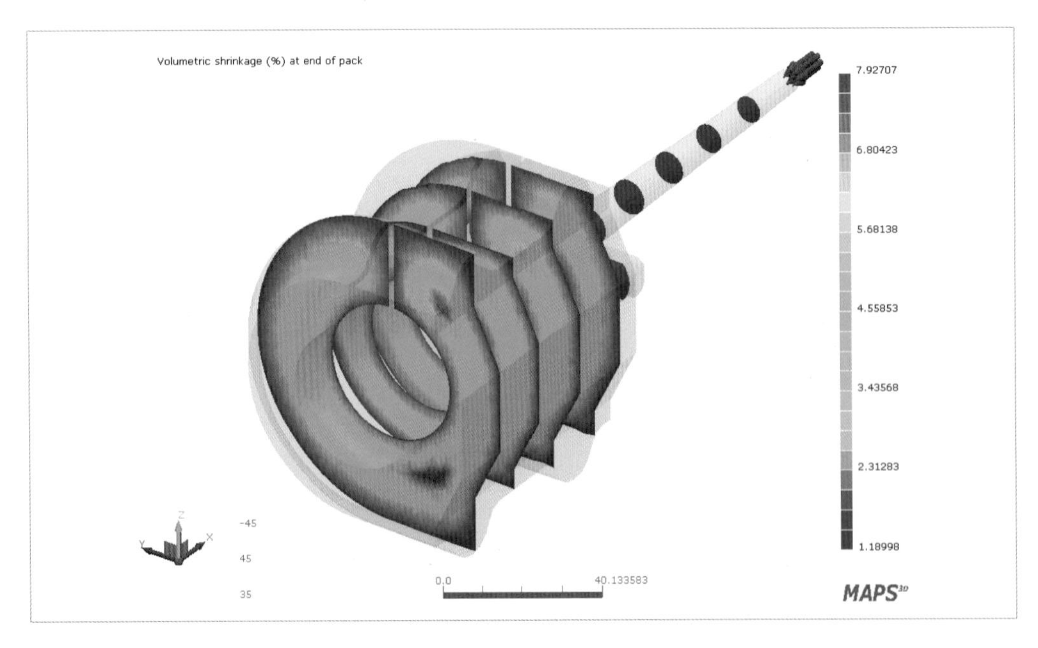

MAPS-3D Pack

(6) 냉각 해석(Cooling analysis)

사출 성형 공정 중 냉각 채널이 금형 및 제품에 미치는 영향을 해석하는 모듈이다. 최적 냉각 시스템의 설계 방안을 제시하여 빠르고 균일한 금형 냉각을 통해 사이클 타임 감소와 제품 품질 향상의 목적으로 사용된다.

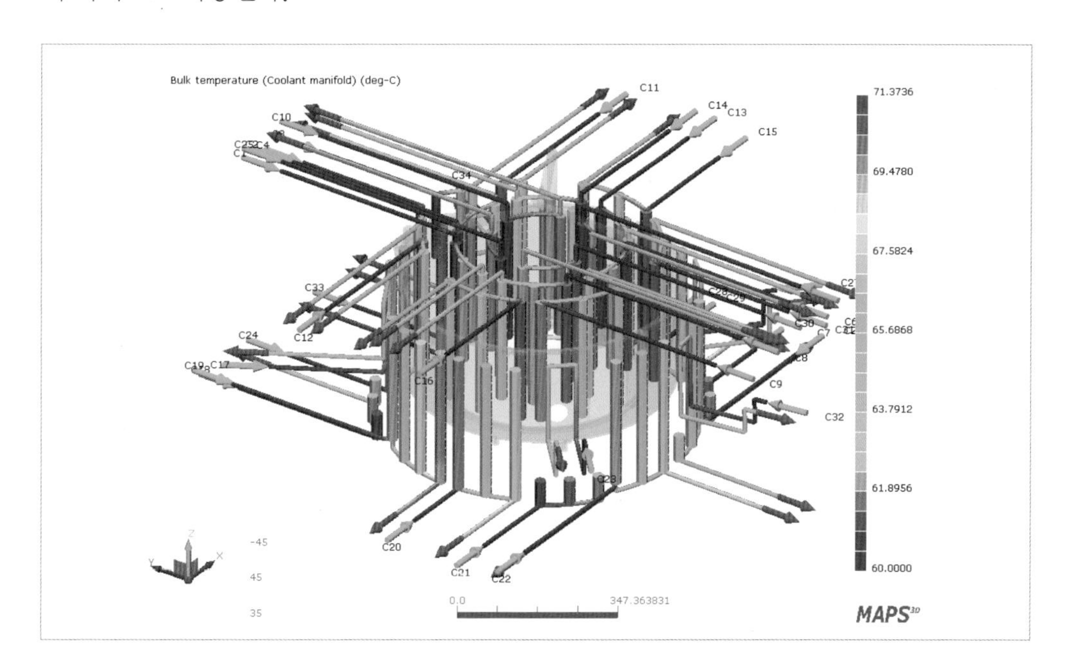

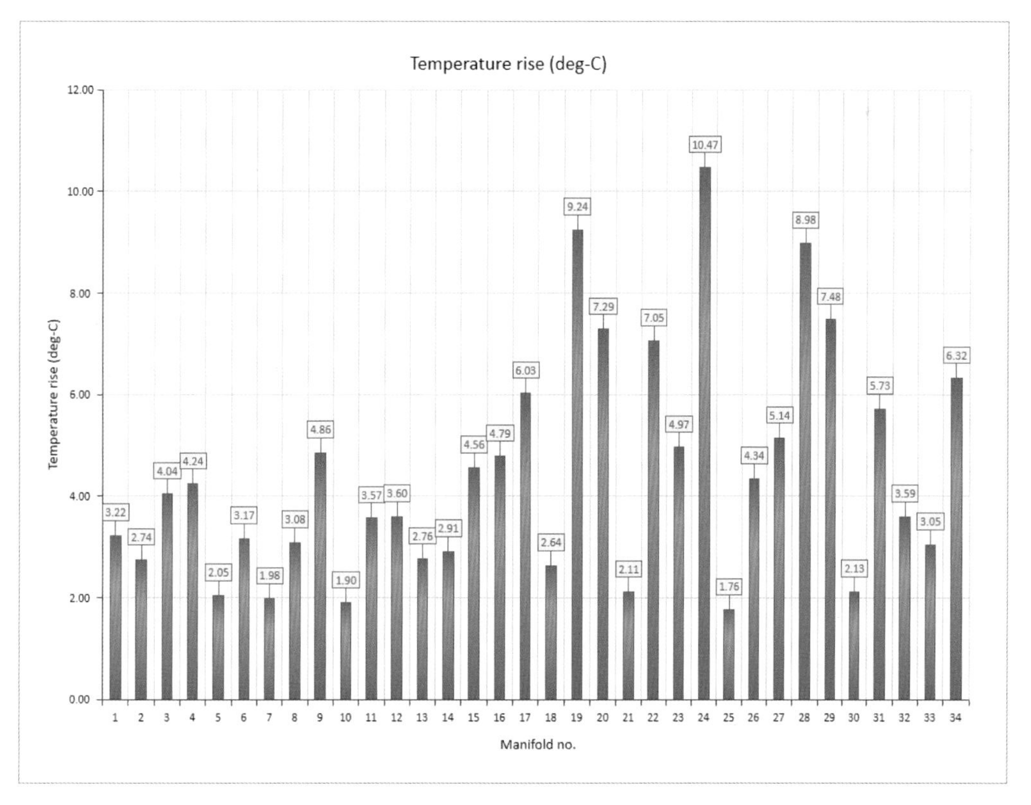

MAPS-3D Cool

(7) 휨 해석(Warpage analysis)

용융된 수지가 냉각에 의해 고화되면서 수축하는 동안 수지 내에 잔류응력이 발생하게 된다. 이에 따라 취출 후 성형품에 발생되는 뒤틀림 및 수축 현상을 해석하는 모듈이다.

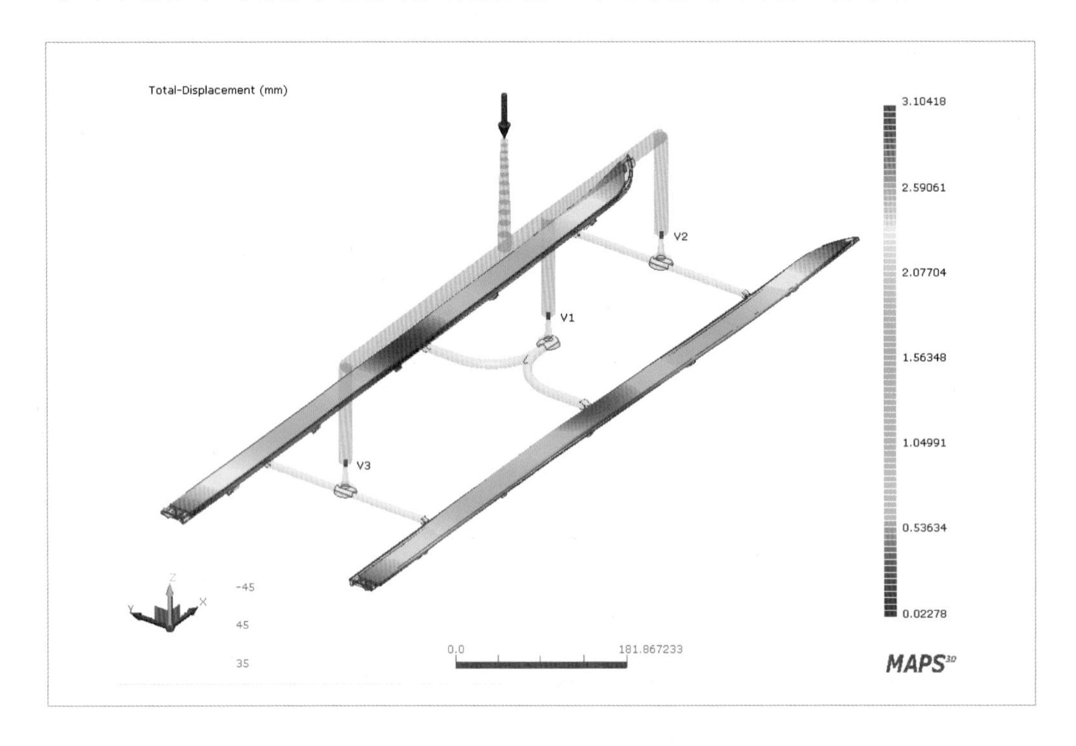

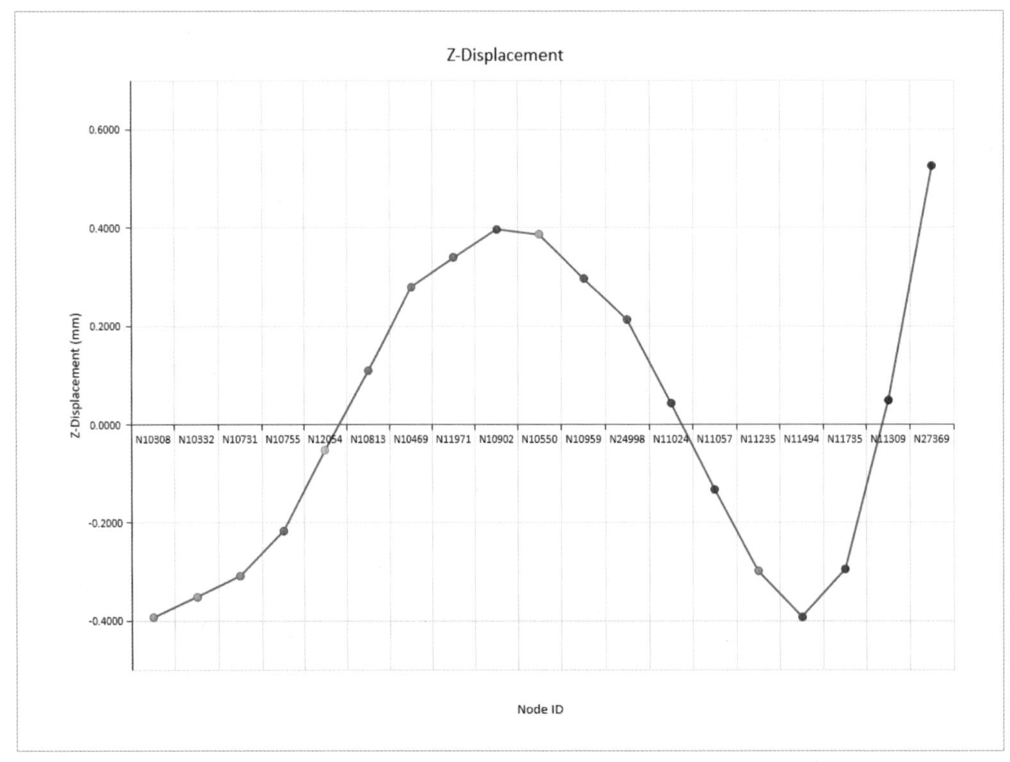

MAPS-3D Warp

(8) 섬유 배향 해석(Fiber orientation analysis)

성형품의 기계적 강도를 보강하기 위하여 유리섬유 또는 탄소섬유가 첨가된 수지에 대하여 용융 수지가 충전 후 보압 공정을 거쳐 고화되는 과정 동안의 섬유 배향 정도, 이방성, 기계적 · 열적 물성을 해석하는 모듈이다.

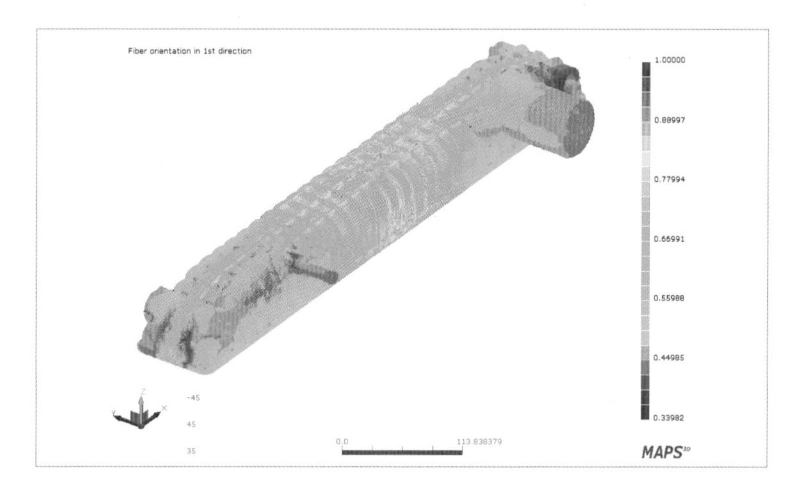

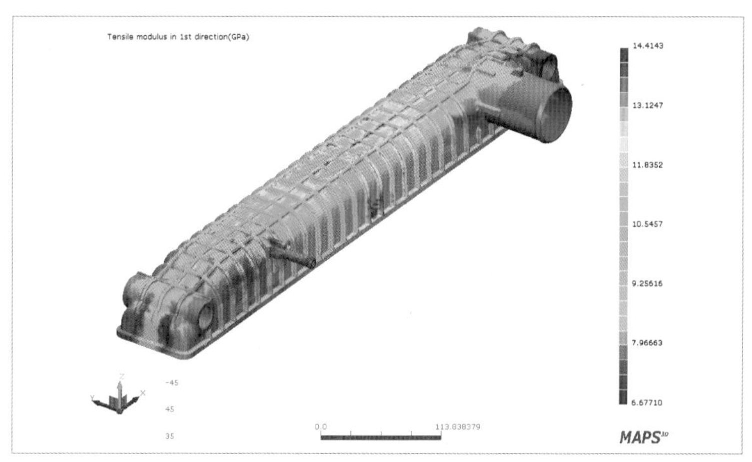

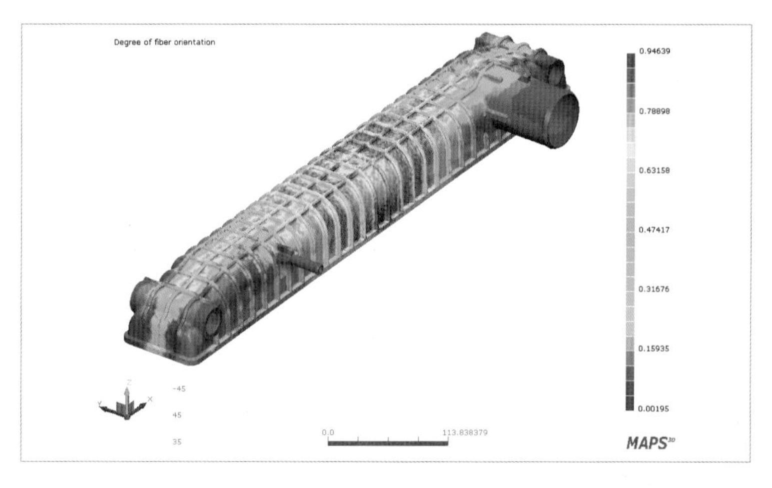

MAPS-3D Fiber

(9) 이중 사출(Overmolding)

두 종류 이상의 플라스틱을 금형 내에서 순차적으로 사출 성형하여 제품을 생산하는 과정을 해석하는 모듈이다. 성형 과정에서의 용융 수지의 충전, 보압 및 취출 과정에서 발생하는 여러 가지 물리적 현상을 예측할 수 있다.

(10) 게이트 최적화(Gate optimization)

제품의 3D 형상만으로 균일 충전될 수 있도록 게이트의 위치를 자동으로 계산해주며 설정된 게이트를 이용하여 해석 수행없이 flow pattern을 나타내 주는 모듈이다.

(11) 열경화성 해석(RIM : Reactive Injection Molding)

Epoxy, LSR 등과 같은 열경화성 수지의 충전, 경화 및 취출 후에 발생할 수 있는 여러 가지 물리적 현상을 예측하는 모듈이다.

(12) 열가소성-열경화성 이중사출(LIM/MCM)

LIM/MCM(Liquid Silicon Molding/Multi-Components Molding) 모듈은 하나의 사출기에서 첫 번째로 열가소성 수지(ABS, PC, PBT 등)를 성형하고, 그 위에 연속적으로 열경화성 수지(LSR, Epoxy 등)를 주입하여 제품을 생산하는 공정을 순차적으로 해석하여 열경화성 수지 및 열가소성 수지를 동시에 성형하면서 발생할 수 있는 문제점을 쉽게 해결할 수 있다.

(13) Hot runner heat balancing

핫 러너 매니폴드(Hot runner manifold) 내에서의 열 해석을 통해 히터의 위치에 따른 매니폴드의 온도 분포 등을 해석하는 모듈이다.

(14) Nozzle pressure

핫 러너 매니폴드(Hot runner manifold)에 연결되어 있는 핫 노즐(Hot nozzle)의 직경과 제품의 크기 및 형상에 따라 핫 노즐 유로 직경을 최적화 할 수 있는 모듈이다.

1-3 MAPS-3D 라이선스 설정

MAPS-3D는 설치된 환경에 따라서 Standalone(H/W), Standalone(S/W), Network(H/W)로 구분된다. Standalone(H/W), Network(H/W)는 USB 형태의 라이선스를 MAPS-3D가 설치된 PC에 인식시켜 MAPS-3D를 구동하는 형태이며, Standalone(S/W)는 라이선스 파일을 인식시켜 MAPS-3D를 구동하게 된다. 만약, 네트워크로 연결된 환경이라면 서버 PC에 네트워크 라이선스 키를 설치하고, 클라이언트 PC에서 라이선스 키가 장착되어 있는 장비의 IP 주소를 입력해서 사용할 수 있다.

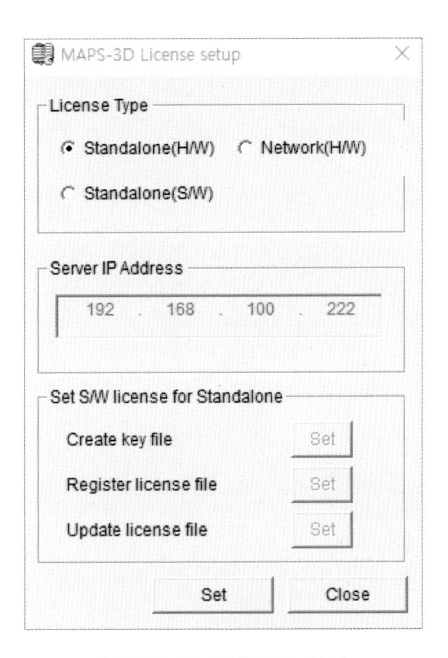

MAPS-3D 라이선스 설정

2절 MAPS-3D Studio

- MAPS-3D에서 사용하는 마우스 버튼의 정의를 이해할 수 있다.
- MAPS-3D의 라이선스를 설정할 수 있다.
- MAPS-3D에서 사용하는 Function Key의 정의를 이해할 수 있다.
- MAPS-3D Studio의 화면 구성을 이해할 수 있다.

2-1 MAPS-3D 기본 내용

(1) 마우스 정의

MAPS-3D에서 사용하는 마우스 버튼에 대한 정의는 다음과 같다.

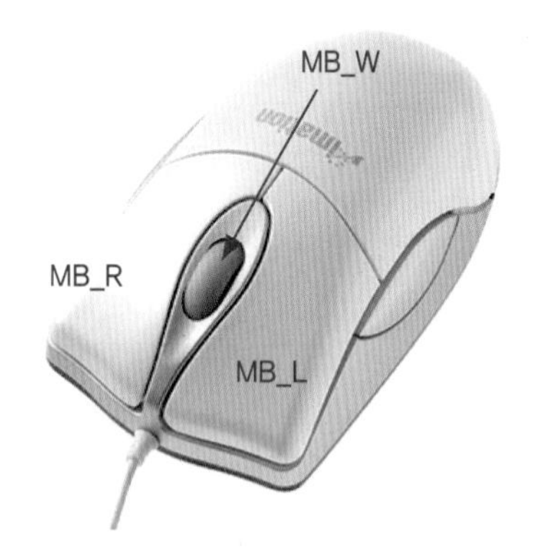

마우스	클릭	더블 클릭
왼쪽	MB_L	MB_DL
휠	MB_W	–
오른쪽	MB_R	MB_DR

마우스 정의

(2) 라이선스 설정

MAPS-3D를 사용하기 위해서는 사용하려는 장비에 라이선스를 설정해야 한다. 설정은 Standalone 방식(H/W와 S/W)과 Network 방식이 있다. Standalone(H/W) 방식은 라이선스 키를 사용할 장비에 직접 장착하며 해당 장비만 사용 가능하다. Network 방식은 서버 장비에 라이선스 키를 장착한 후 서버에 연결된 클라이언트 장비에서 서버의 IP 주소를 입력하여 사용하는 것으로 여러 장비가 사용할 수 있다.

❶ 시작 ➡ 프로그램 ➡ VMTechnology ➡ MAPS3DVX ➡ MAPS3D License setup을 선택한다.

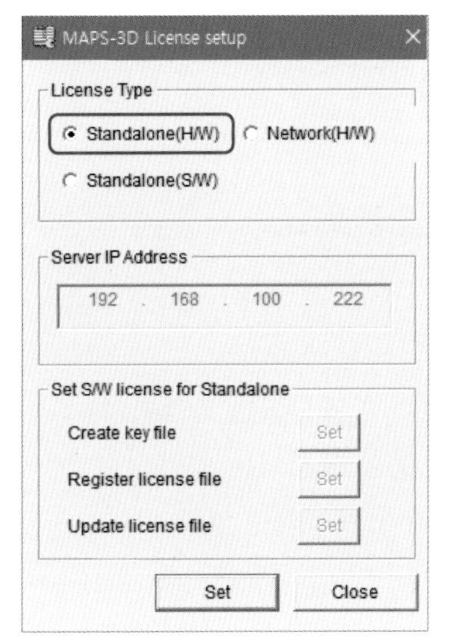

Standalone License

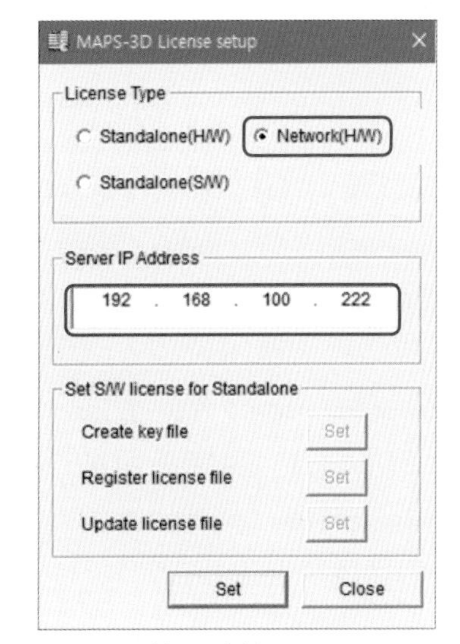

Network License

라이선스 설정

(3) 라이선스 정보 확인

라이선스의 정보는 라이선스가 장착된 장비에서 확인할 수 있다. 라이선스 키 ID와 버전, 만료 날짜 등의 정보를 확인할 수 있으며, 프로그램의 사용 유지 보수를 하기 위해서는 라이선스 정보가 필요하다.

① 시작 ➡ 프로그램 ➡ VMTechnology ➡ MAPS3DVX ➡ MAPS3D license information을 선택한다.

② 창이 표시되면 Info 버튼을 클릭한다.

MAPS-3D license information

MAPS-3D　MAPS-3D ez

Key ID	
Key Type	
Version ID	
Update ID	
Expiration Date	
MAPS3D Module	
Import CAD File	
Export CAD File	
Max. System Move	

Info　Save　Set Key　Close

License information

MAPS-3D license information

MAPS-3D　MAPS-3D ez

Key ID	358 (H/W)
Key Type	4364
Version ID	160
Update ID	0
Expiration Date	20211231
MAPS3D Module	S1M1F1C1P1W1G1O1A1R1HM1HD1OV1
Import CAD File	IS45CEVAPUSZM
Export CAD File	IS45CEVAPUSZM
Max. System Move	

Info　Save　Set Key　Close

'Info'를 누른 경우

라이선스 Information 화면

(4) MAPS-3D Studio 실행 및 화면 구성

MAPS-3D Studio의 화면 구성은 다음과 같다.

- Menu/Toolbar : 프로그램의 메뉴 영역
- Project Manager : Workspace와 Project 목록이 표시되는 영역
- Project Contents : Boundary Conditions(사출 조건 설정), Result(결과 항목), Visibility(화면 표시 설정) 탭으로 구성
- Graphic Display Area : 제품 형상과 해석 결과가 표시되는 영역
- Output : 버전 정보, 라이선스 날짜, 결과 값 등이 표시되는 영역
- Result summary file : 해석 수행 시 진행 상태가 표시되는 영역

❶ 바탕 화면에서 M 아이콘을 더블 클릭한다.

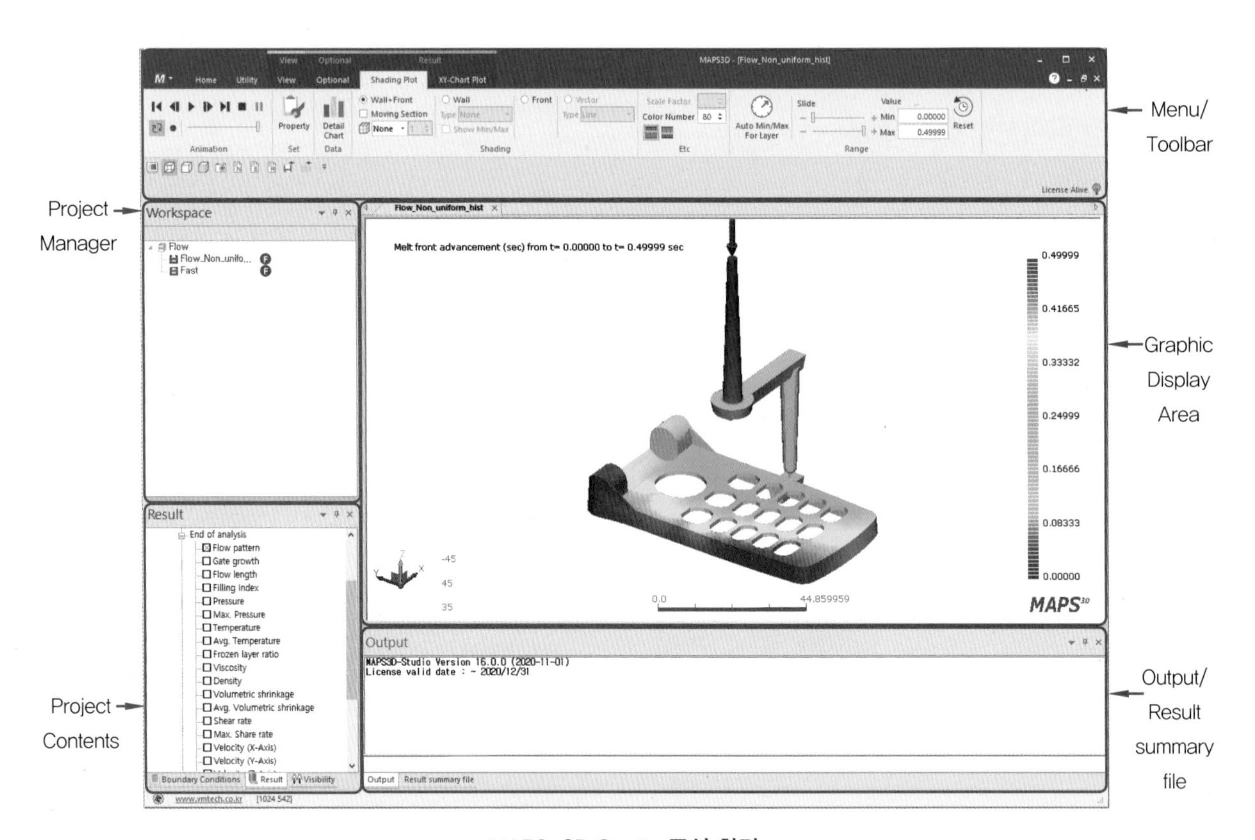

MAPS-3D Studio 구성 화면

(5) Function Key

MAPS-3D는 형상을 회전, 이동, 축소, 확대 등과 같이 제어하기 위해서 기본적으로 키보드 및 마우스를 동시에 사용해야 하며, 사용자의 설정에 따라서 UGNX와 같은 방법으로도 사용할 수 있다.

MAPS-3D Function Key

기능	Dynamic viewing type	
	Original(Function Key)	New(Mouse Moving)
Dynamic Panning	F1	왼쪽 클릭
Dynamic Zoom in/out	F2	휠 Up/Down
Dynamic Rotation (XY-Axis)	F3	휠 클릭
Dynamic Rotation (Z-Axis)	F4	F4
Zoom All	F5	F5
Zoom Window	F6	F6
XY Axis view	F7	F7
Iso view	F8	F8
Near view	F9	F9
명령 실행	휠 클릭	Ctrl + 휠 클릭
Drag & Drop	Drag & Drop	Ctrl + Drag & Drop
Set Rotation Center	-	왼쪽 버튼 더블 클릭

Dynamic Viewing	UGNX	MAPS-3D
Pan	M(Wheel) + R Button + Drag	F1 + Drag
Zoom	M(Wheel) Button Up/Down	F2 + Drag
Rotate	M(Wheel) Button + Drag	F3 + Drag

3절 MAPS-3D Modeler

- MAPS-3D Modeler의 주요 기능 및 역할을 습득한다.
- MAPS-3D Modeler의 화면 구성을 이해할 수 있다
- MAPS-3D Modeler를 이용한 유한요소 생성작업의 순서를 이해할 수 있다.

3-1 Modeler의 주요 역할

캐드에서 작업한 형상 정보를 이용하여 제품의 성형성, 구조적 강도, 변형 등을 예측하기 위한 사출 성형 해석을 수행하기 위해서는 제품 형상을 각 CAE S/W에서 사용하는 유한 요소로 생성하는 작업이 필요하다.

하지만, CAD-CAD 또는 CAD-CAE S/W간에 정의되어 있는 데이터 형식의 차이, CAD 작업자의 부주의에 따라 발생되는 데이터 오류 등과 같이 여러 요인으로 인해서 데이터 손실이 발생되어 해석을 위해 손실된 데이터를 복구하는 작업이 요구된다.

따라서, MAPS-3D Modeler는 해석을 진행하기 위해 캐드 데이터를 가져와서 유한 요소를 생성하는 기능을 제공한다. 또한, 손실된 데이터를 면(Surface), 표면 요소(Shell element)에 따라서 각각 복구할 수 있는 기능을 제공하며, 냉각 채널 및 러너 시스템을 구성할 수 있는 기능을 제공한다.

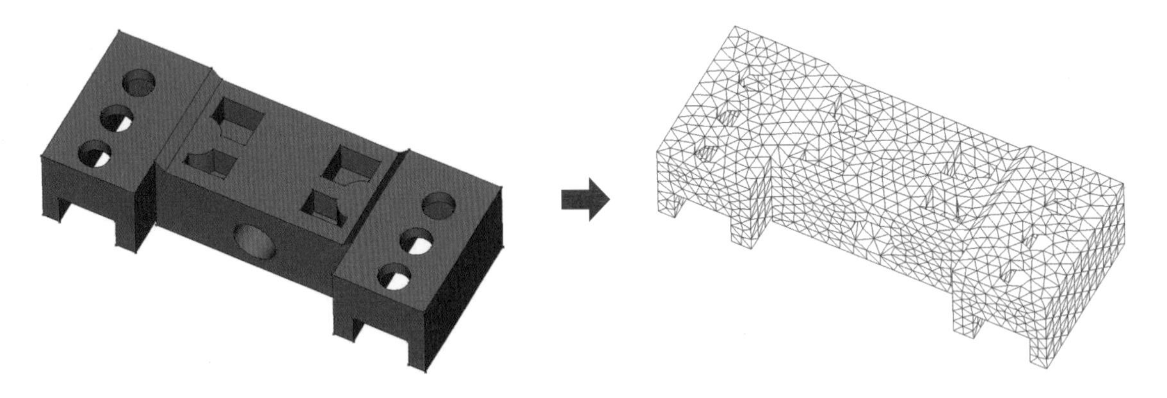

Modeler를 이용한 유한 요소 생성 예시

3-2 Modeler 소개

(1) Modeler 구성

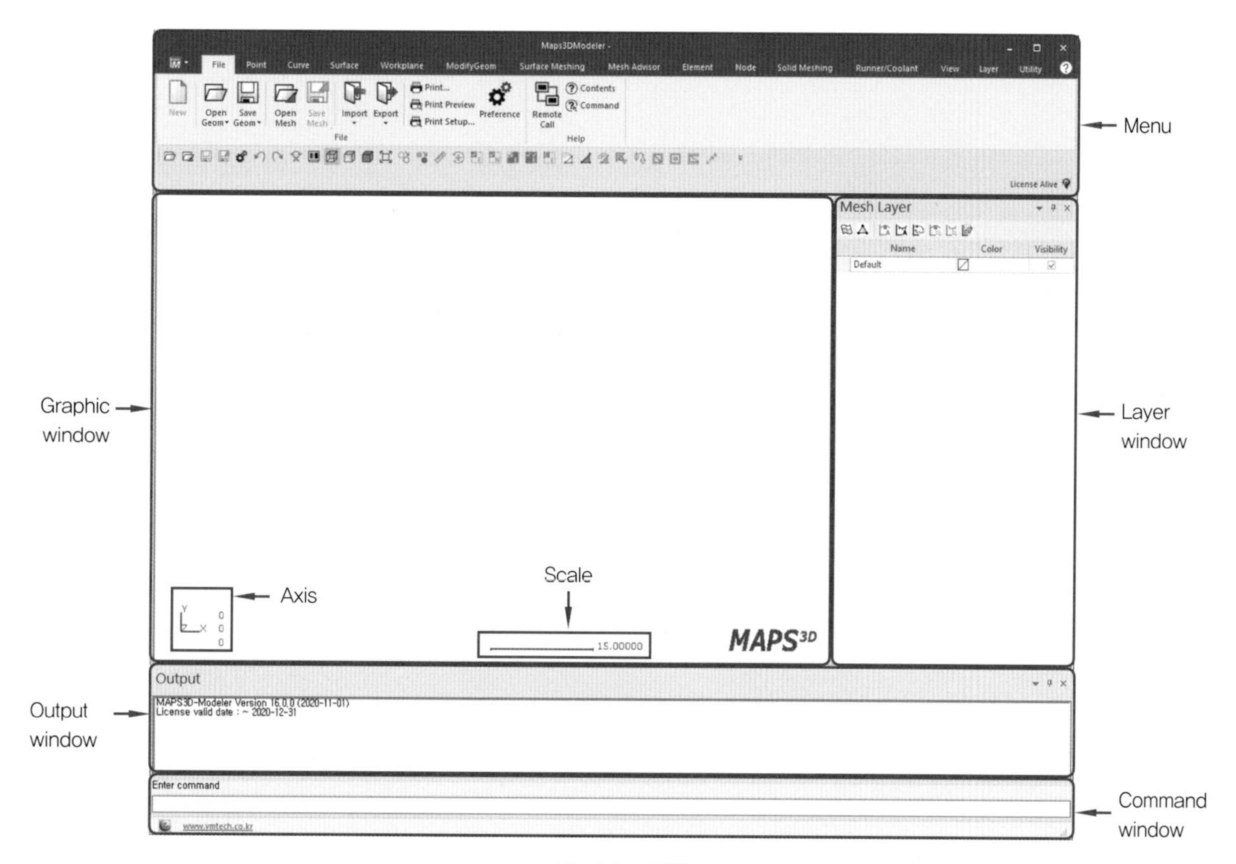

Modeler 구성

MAPS-3D Modeler의 화면은 다음과 같이 구성되어 있다.

항목	주요 기능
Menu	각 속성 및 명령이 나열되어 있음
Graphic window	형상 정보를 표시
Layer window	형상의 각 부위를 Layer를 이용하여 제어할 수 있는 기능
Output window	명령을 수행할 경우 결과를 표시함
Command window	각 명령을 마우스 선택이 아닌 키보드 입력을 통해서 수행되도록 함

(2) Dynamic viewing type

MAPS-3D는 형상을 회전, 이동, 축소, 확대 등과 같이 제어하기 위해서 기본적으로 키보드 및 마우스를 동시에 사용해야 하며, 사용자의 설정에 따라서 UGNX와 같은 방법으로도 사용할 수 있다.

① Menu에서 Utility ➡ Utility ➡ Dynamic viewing type을 선택하여 View type을 변경 할 수 있다.

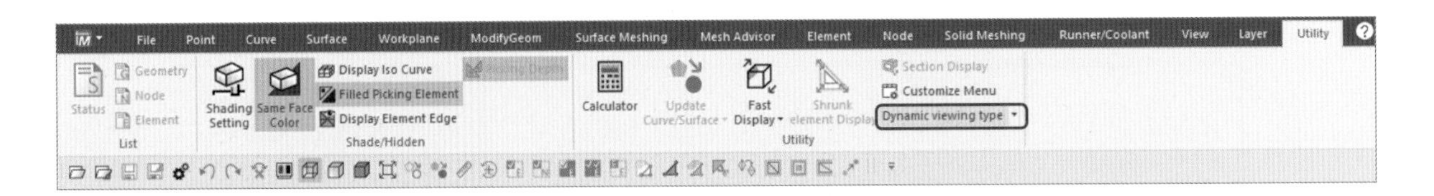

기능	Dynamic viewing type	
	Original(Function Key)	New(Mouse Moving)
Dynamic Panning	F1	왼쪽 클릭
Dynamic Zoom in/out	F2	휠 Up/Down
Dynamic Rotation (XY-Axis)	F3	휠 클릭
Dynamic Rotation (Z-Axis)	F4	F4
Zoom All	F5	F5
Zoom Window	F6	F6
XY Axis view	F7	F7
Iso view	F8	F8
Near view	F9	F9
명령 실행	휠 클릭	Ctrl + 휠 클릭
Drag & Drop	Drag & Drop	Ctrl + Drag & Drop
Set Rotation Center	–	왼쪽 버튼 더블 클릭

Dynamic Viewing	UGNX	MAPS-3D
Pan	M(Wheel) + R Button + Drag	F1 + Drag
Zoom	M(Wheel) Button Up/Down	F2 + Drag
Rotate	M(Wheel) Button + Drag	F3 + Drag

Dynamic viewing type

(3) 입력 및 선택

Modeler의 기능 및 명령은 Output window를 이용하여 키보드로 입력하거나, 마우스를 선택하는 방식으로 사용할 수 있다. 또한, 좌푯값 입력은 절댓값 또는 상댓값으로 입력할 수 있다. 거리측정 없어도 사용 가능한 상댓값을 사용하기 위해서는 사전에 거리가 측정되어야만 입력이 가능하다. Modeler 명령의 부가 기능은 해당 명령이 수행중인 상태에서 오른쪽 마우스를 누르면 세부적으로 나타나게 된다.

① 키보드 입력

- 『 』: 마우스 선택 옵션
- [ ] : 키보드 입력
- @ : 상대좌표 (x, y, z)

② 좌푯값 입력

- 절대좌표

예 10, 20, 0
,,30 (0, 0, 30과 동일)
17/4.5+5, (2.5*3.6)/2.0+5.0, 2.0
dx, 10, dz

- 상대좌표

예 @10,,30 (@10, 0, 30과 동일)
@dx, 10, dz

③ 마우스 선택

- 마우스 단일 선택 : Left button (MB_L)
- 마우스 다중 선택 : Left button & drag
- Entity Label 입력을 통한 선택

예 N25 : Node 25번 선택
N10 : 50 : Node 10~50번 선택
P : Point, C : Curve, S : Surface, N : Node, E : Element

(4) Menu

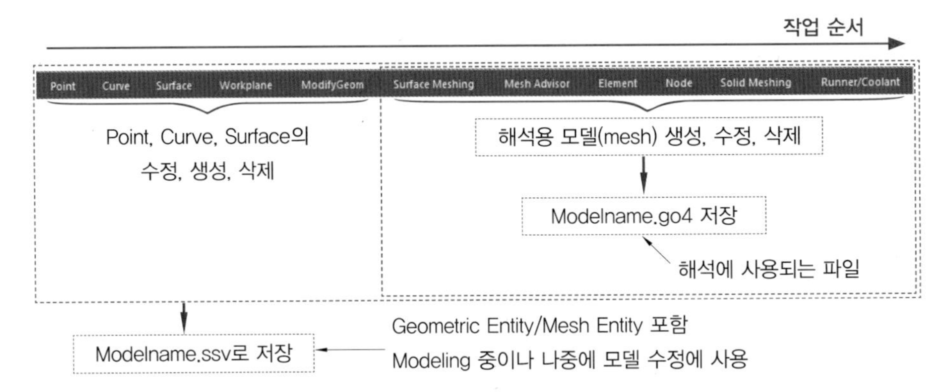

Menu는 Point, Curve, Surface와 같이 각 속성에 따라서 구분되어 있으며, 모델링 편의성을 위해서 좌측에서 우측으로 각 기능이 순차적으로 배치되어 있다.

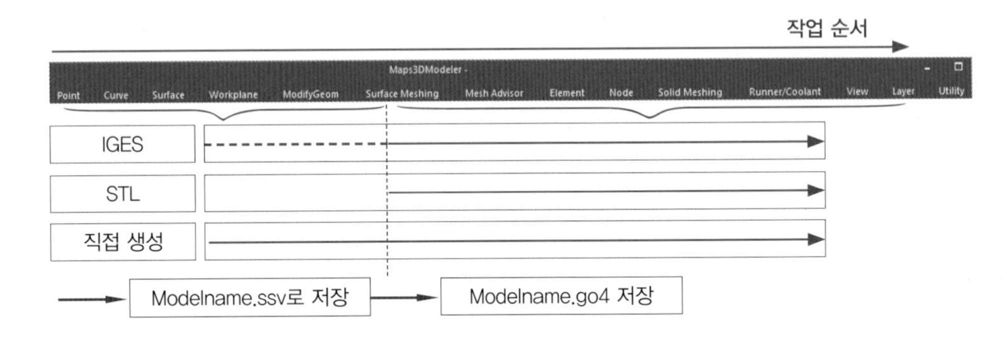

① 모델 파일 (SSV) : 지오메트리 + 유한 요소(삼각형/사면체/1차원)
- ASCII 파일 포맷
- 형상 수정 작업 시 사용되는 파일
- 지오메트리(Point/Curve/Surface)
- 유한 요소(Node/Element)
- Global Mesh Size

② 유한 요소 파일 (GO4) : 유한 요소 (사면체/1차원)
- Binary 파일 포맷
- 해석에 사용하는 파일
- 유한 요소(Node/Element)

③ GO4로 저장이 안 되는 경우
- 파일을 저장할 수 없는 매체(CD)에 저장하는 경우
- 유한 요소가 없는 경우
- 고립된 요소가 존재하는 경우
- 화면에 숨어있는 요소가 존재하는 경우
- 입체 요소와 1차원 요소가 서로 교차하는 경우

(5) 환경 설정(Preference)

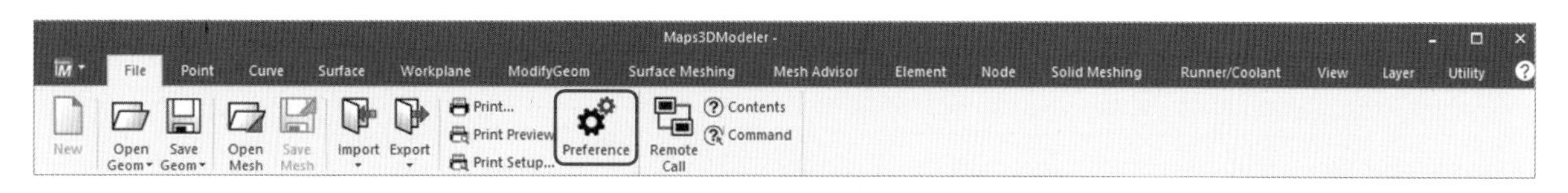

환경 설정

주요 기능 외, 환경 설정의 변경을 통해서 사용자가 원하는 작업 환경을 구성할 수 있으며 변경 가능한 환경은 다음과 같다.

① 언어(한국어/일본어/영어)

② 단위(mm)

③ 색상(배경색, 형상)

- Preference ➡ Color ➡ Point/Curve/Surface/Node/Element
- Point/Curve/Surface/Node/Element ➡ Modify Color

④ 자동 저장(Auto-Save)

⑤ 나타내기(Display)

- 크기(점/선택점), 선폭(선/선택선)
- 작업 면 크기(100mm)

⑥ 허용 값(Tolerance)

- Point tolerance(0.01mm)
- Same plane angle(20.00도)
- Picking tolerance(4 pixel)
- Number of Iso-Curve(1)
- No. of core(6)

⑦ 뷰(View)

- Menu Style/View visibility

(6) 작업 순서

해석을 위한 작업 순서는 IGES, STEP, STL 등과 같은 캐드에서 생성된 형상을 가져와서 제품의 두께를 측정하고, 각 파일의 속성에 따라서 Meshing 또는 Remeshing 명령을 통해 표면 요소를 생성해야 한다. 생성된 표면 요소의 품질이 Modeler에서 검증하는 각 항목에 부합될 경우 Solid meshing 명령을 통해서 3차원 요소가 생성되고 해석을 위한 전용 파일로 저장하는 것이 일반적이다. 만약, 러너 또는 냉각 채널이 존재하지 않을 경우에는 Modeler의 기능을 통해서 자체 생성이 가능하며, 점, 선, 면을 생성 또는 수정하여 러너 또는 냉각 채널을 생성할 수 있다.

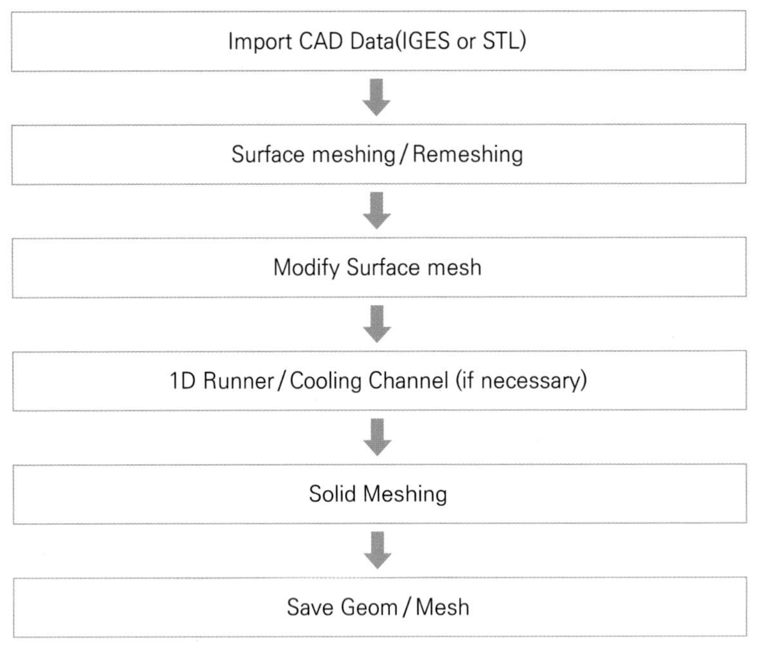

작업 순서

(7) 가져오기

Menu에서 File ➡ File : Import ➡ IGES/STEP/Catia V4 … 선택하여 원하는 확장자 파일을 가져올 수 있다.

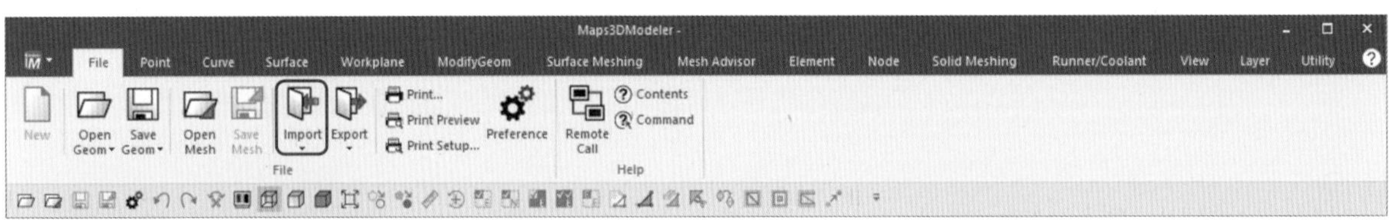

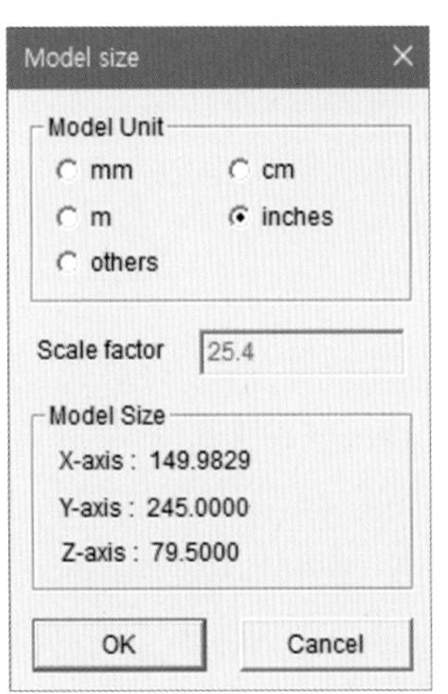

CAD File	확장자
IGES	.igs(.iges)
Step	.stp(.step)
Catia V4	.model
Catia V5	.CATPart
ProE/UGNX	.prt
ACIS	.sat/.sab
Parasolid	.x_t/.x_b
SolidWorks	.sldprt

Mesh File	확장자
Universal File	.unv
Nastran	.dat
LS Dyna	.dyn
STL	.stl

(8) Surface Meshing

Surface meshing을 통해서 면 정보를 표면 삼각형 요소로 변환할 수 있으며, MAPS-3D에서는 제품의 평균 살두께 또는 평균 살두께 대비 80~100%의 크기로 표면 요소를 생성하는 것을 추천한다.

① Surface Meshing ➡ Surface Meshing

- Input : Surface
- Mesh Size : Surface Meshing ➡ Meshing ➡ Set Global Mesh Size
- Meshing : Surface Meshing ➡ Meshing ➡ Meshing ➡ Meshing All/Meshing/Meshing with Points

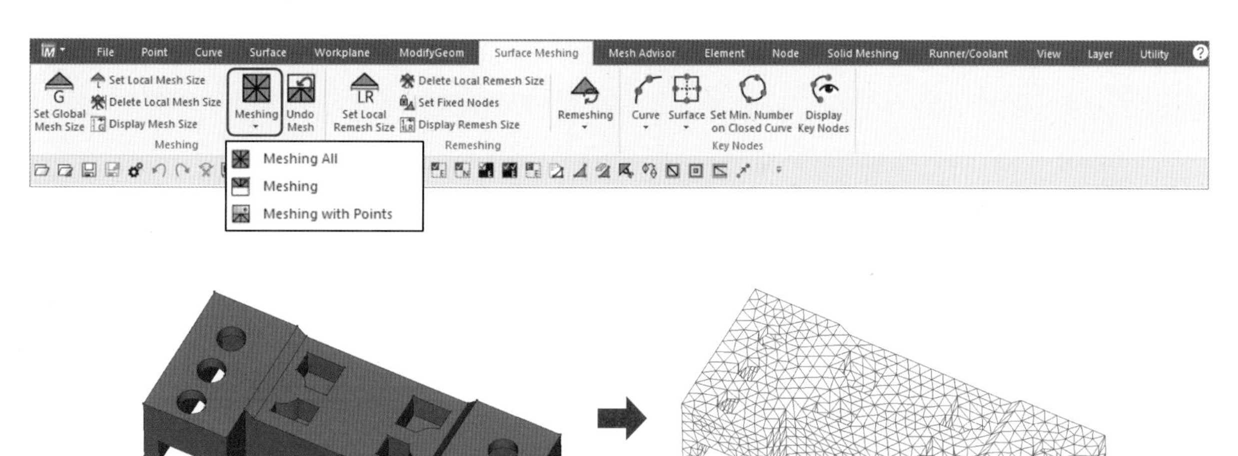

Surface Meshing

② Surface Meshing ➡ Remeshing

- Input : Triangular element
  예 STL mesh
- Remeshing : Surface Meshing ➡ Remeshing ➡ Remeshing ➡ Remeshing All

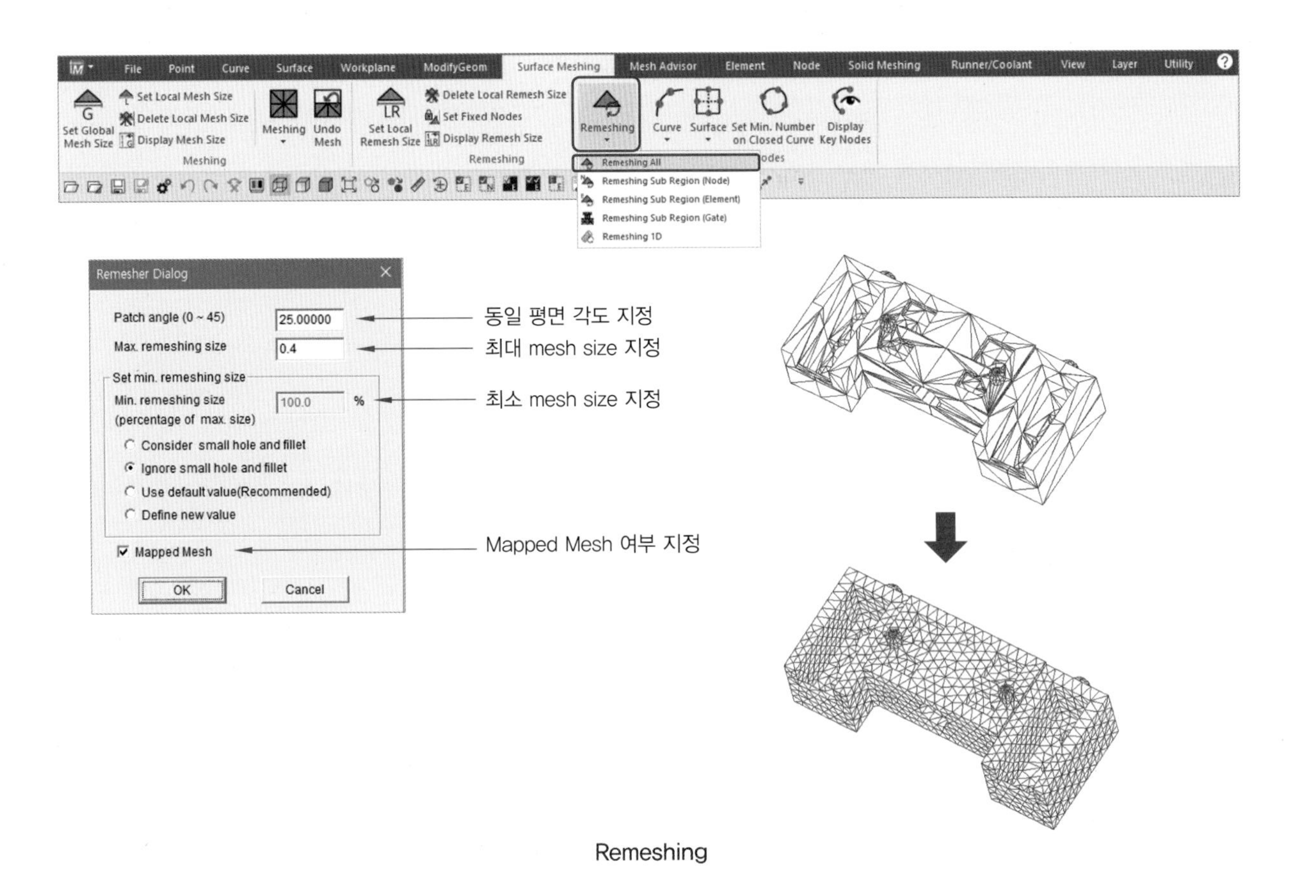

Remeshing

(9) Mesh Advisor

Remeshing 또는 Meshing All을 통해서 생성된 표면 요소를 이용하여 해석수행 시 필요한 3차원 요소를 생성하기 위해서는 각 요소의 연결성에 이상이 없어야 하며, 생성된 표면 요소의 모양은 정삼각형에 일정 수준 이상 근접해야 되므로 Modeler에서는 해당 항목을 검증할 수 있는 기능을 Mesh Advisor에서 제공하고 있다.

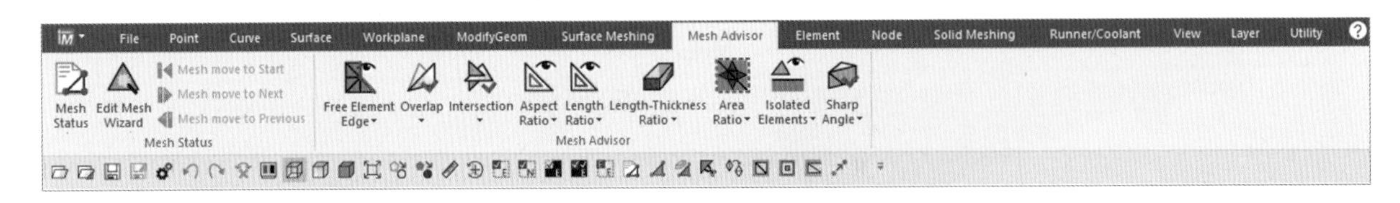

Mesh Advisor

- Mesh Status
- Edit Mesh Wizard
- Free Element Edge
- Overlap
- Intersection
- Aspect Ratio
- Length Ratio
- Length–Thickness Ratio
- Area Ratio
- Isolated Element
- Sharp Angle

① Mesh Advisor ➡ Mesh Status

Mesh Status는 표면 요소의 이상 유/무를 한 번에 검사할 수 있는 기능이다.

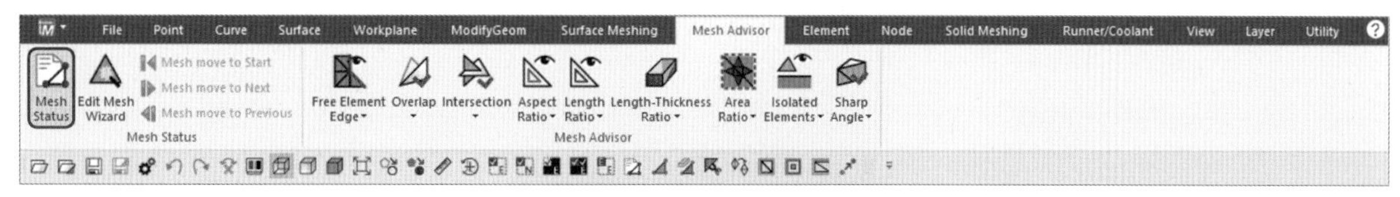

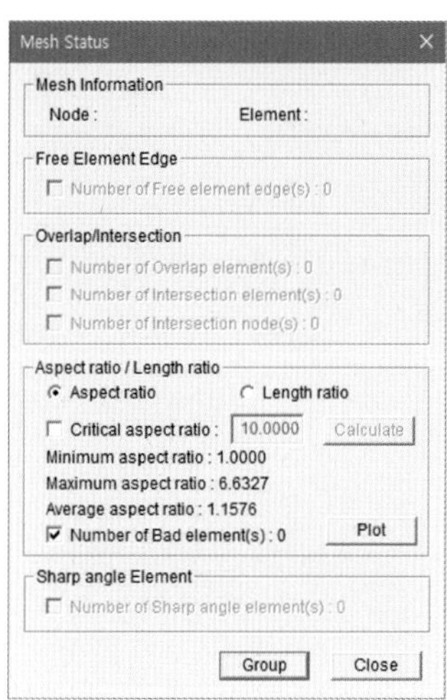

Mesh Status

② Mesh Advisor ➡ Edit Mesh Wizard

Edit Mesh Wizard는 Mesh Advisor에서 확인된 불량 요소를 Wizard 방법을 통해서 쉽고 빠르게 수정할 수 있는 기능을 제공한다.

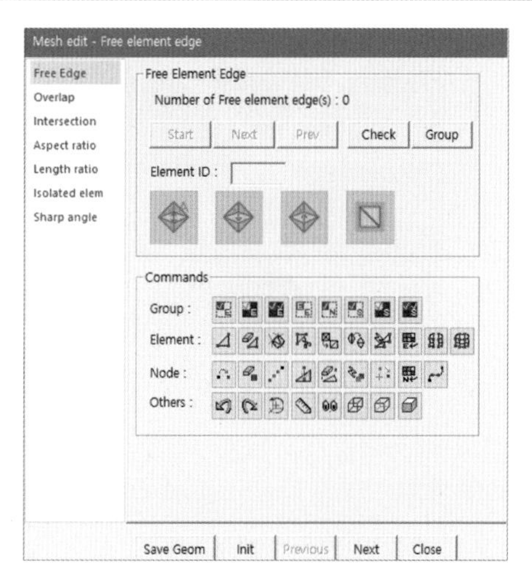

Edit Mesh Wizard

- Free Edge
- Overlap
- Intersection
- Aspect Ratio
- Length Ratio
- Isolated Elements
- Sharp angle

③ Mesh Advisor ➡ Free Element Edge

- Mesh Advisor ➡ Free Element Edge ➡ Display
- Mesh Advisor ➡ Free Element Edge ➡ Send to Group
- 삼각형 Element를 구성하는 Edge가 인접한 Element와 연결되지 않아 Edge가 공유한 Element가 1개만 존재하는 경우 이 Element를 Highlight 한다.

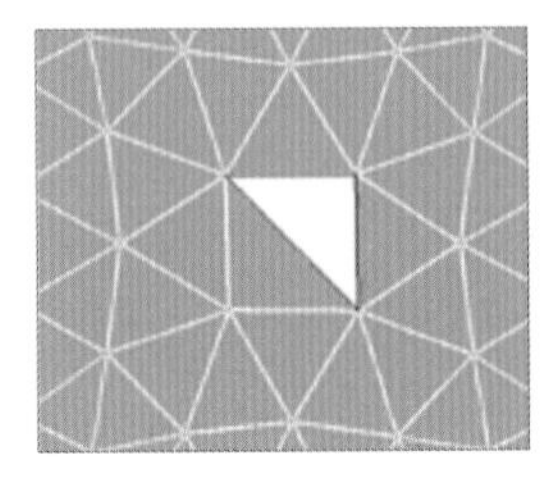
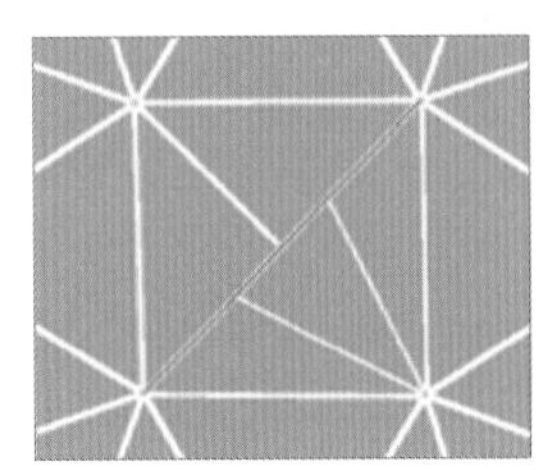
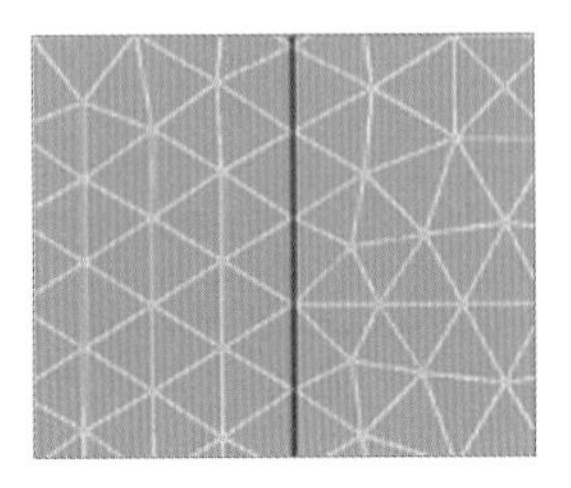

Free edge

④ Mesh Advisor ➡ Overlap

- Mesh Advisor ➡ Overlap ➡ Check
- Mesh Advisor ➡ Overlap ➡ Send to Group
- 동일 평면에서 Element가 중복되어 있는 경우 이 Element를 Highlight 한다.

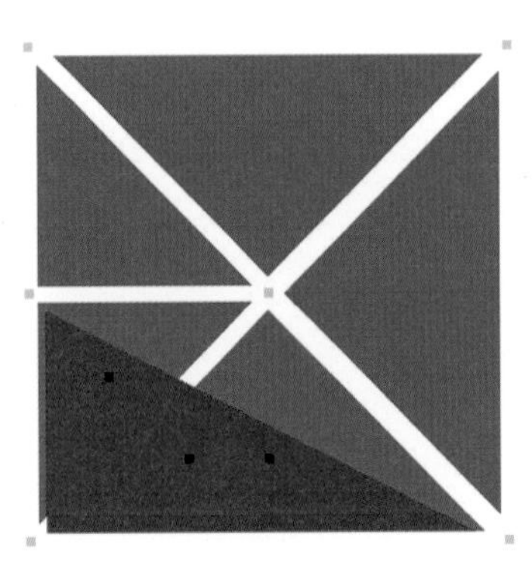

Overlap

⑤ Mesh Advisor ➡ Intersection

- Mesh Advisor ➡ Intersection ➡ Check
- Mesh Advisor ➡ Intersection ➡ Send to Group

- 서로 교차하는 Element가 존재하는 경우 이 Element를 Highlight 한다.

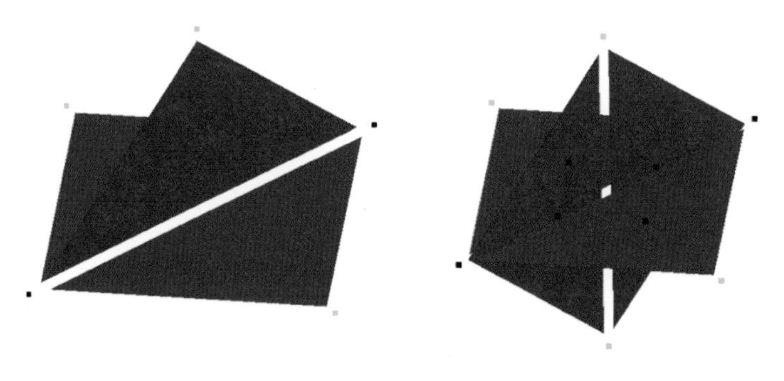

Intersection

⑥ Mesh Advisor ➡ Aspect/Length Ratio

- Mesh Advisor ➡ Aspect Ratio or Length Ratio ➡ Check
- Mesh Advisor ➡ Aspect Ratio or Length Ratio ➡ Send to Group
- Element의 형상이 정삼각형(Shell)/정사면체(Solid)에 가까운 지를 나타내는 지표
- 제품에 음각 혹은 양각을 새긴 영역 또는 필렛(Fillet) 주위에서 큰 값을 갖는다.

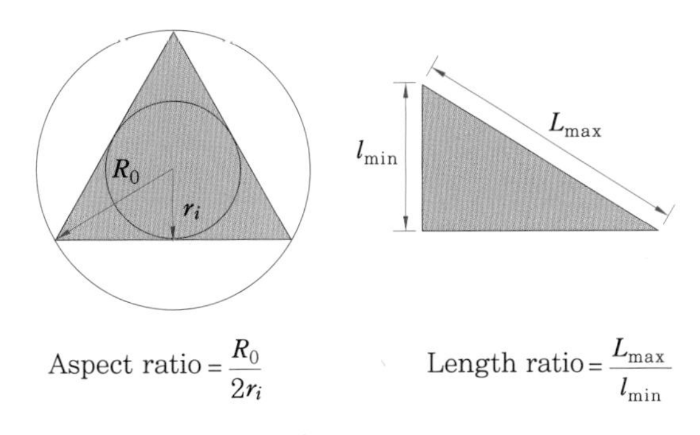

Aspect ratio $= \frac{R_0}{2r_i}$ Length ratio $= \frac{L_{max}}{l_{min}}$

Aspect/Length Ratio

⑦ Mesh Advisor ➡ Isolated Elements

- Mesh Advisor ➡ Isolated Elements ➡ Check
- Mesh Advisor ➡ Isolated Elements ➡ Send to Group
- 임의의 Element를 선택하면 연결되지 않는 Element를 Highlight 한다.

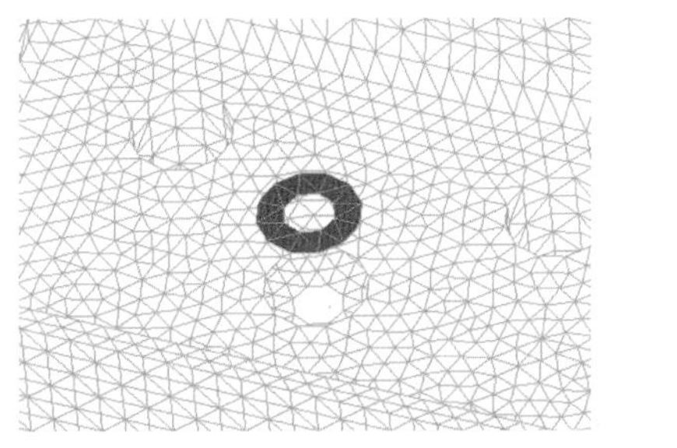

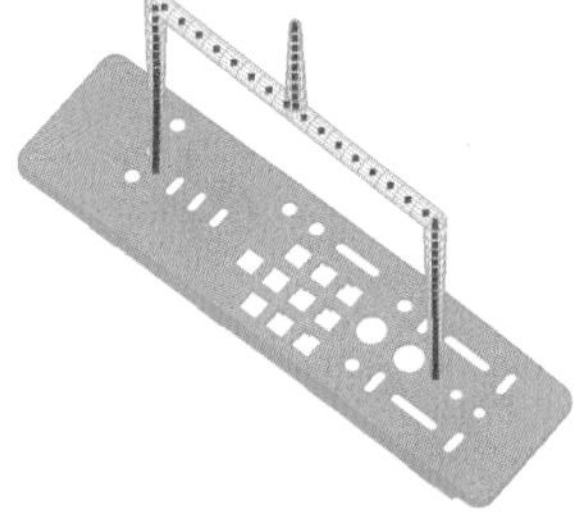

Isolated Elements

⑧ Mesh Advisor ➡ Sharp Angle

- Mesh Advisor ➡ Sharp Angle ➡ Check
- Mesh Advisor ➡ Sharp Angle ➡ Send to Group
- Edge를 공유한 Element들이 이루는 각이 아주 작을 때 이 Element를 Highlight 한다.

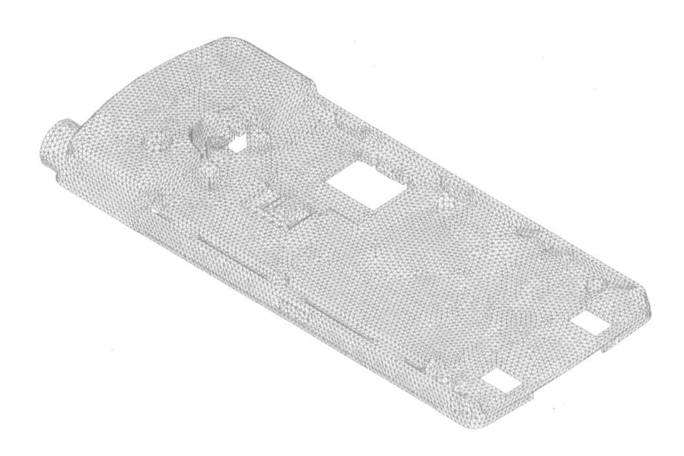

Sharp Angle

(10) Mesh 수정 ➡ Elements

만약, 생성된 표면 요소에 문제가 있을 경우에는 Mesh 수정 명령을 통해서 문제가 되는 부위를 수정할 수 있으며, 주요 명령은 아래와 같다.

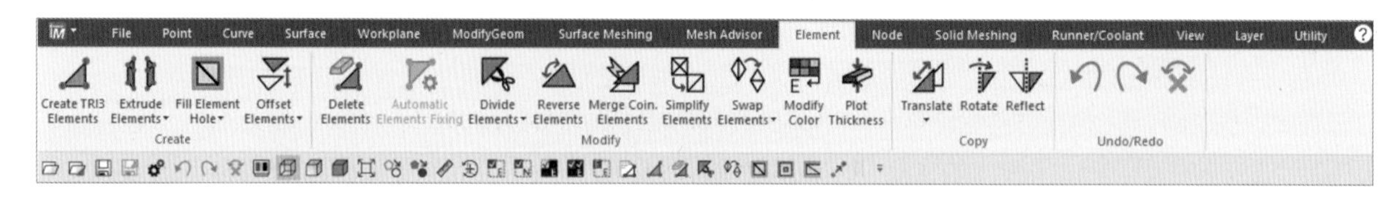

Menu Elements

① Create

- Create TRI3 Elements
- Extrude Elements
- Fill Element Hole
- Offset Elements

② Modify

- Delete Elements
- Divide Elements
- Merge Coin. Elements
- Simplify Elements
- Swap Elements
- Modify Color
- Plot Thickness

③ Copy

- Translate
- Rotate
- Reflect

(11) Mesh 수정 ➡ Nodes

만약, 생성된 표면 요소에 문제가 있을 경우에는 Node 수정 명령을 통해서 문제가 되는 부위를 수정할 수 있으며, 주요 명령은 다음과 같다.

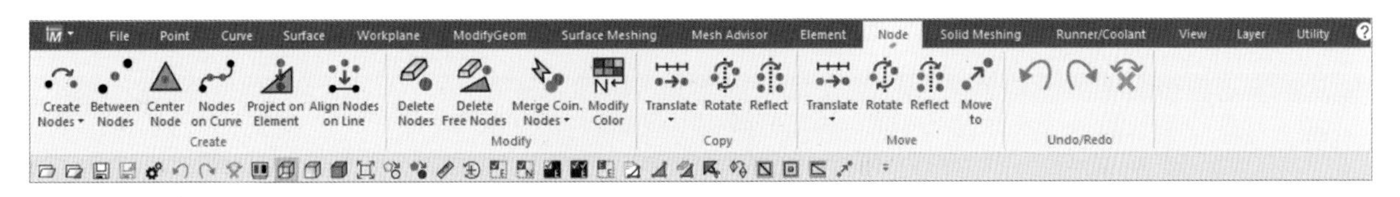

Menu Nodes

① Create

- Create Nodes
- Between Nodes
- Center Nodes
- Nodes on Curve
- Project on Element
- Align Nodes on Line

② Modify

- Delete Nodes
- Delete Free Nodes
- Merge Coin. Nodes
- Modify Color

③ Copy

- Translate
- Rotate
- Reflect

④ Move

- Translate
- Rotate
- Reflect
- Move to

(12) Solid Meshing

Modeler에서 검증하는 각 항목에 이상이 없을 경우 표면 요소를 이용하여 해석에 필요한 3차원 요소를 생성할 수 있으며, 생성 과정에서 사용자의 선택에 따라서 내부 요소의 형상을 제어할 수 있다. Modeler에서는 해석에 가장 적합하도록 각 항목의 기본 값이 사전에 설정되어 있다.

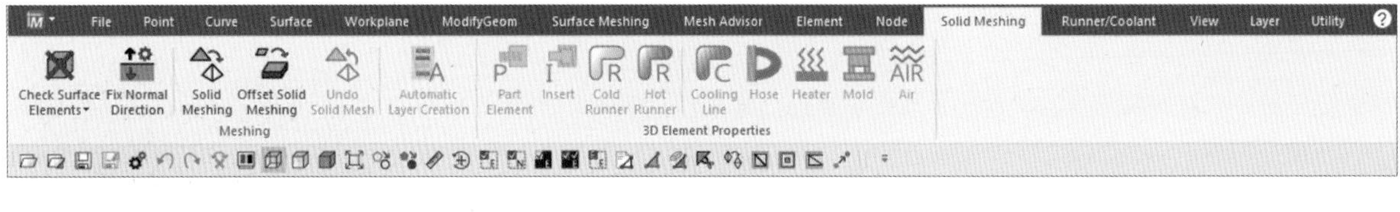

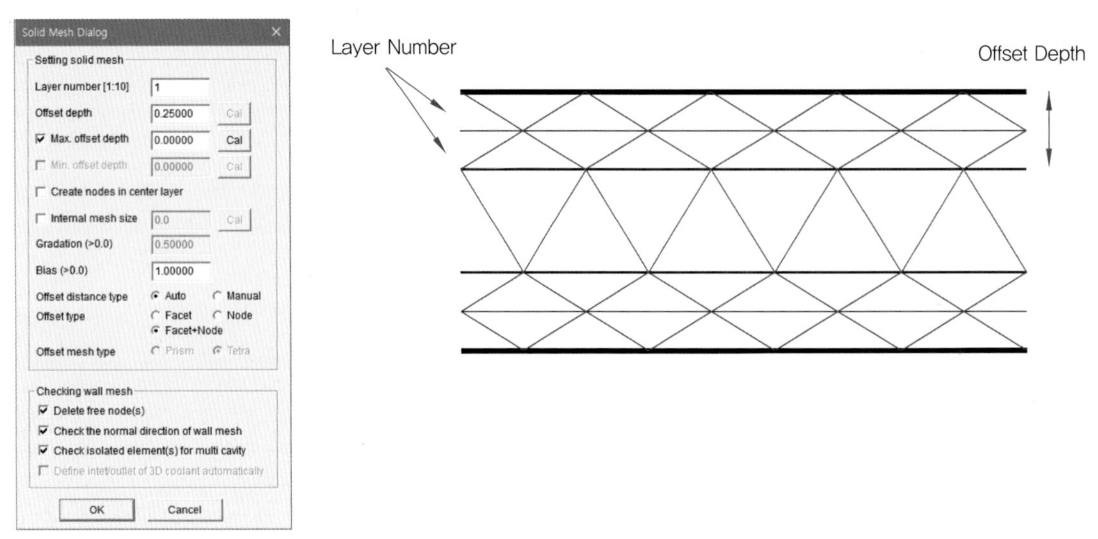

Menu Solid meshing

(13) Save Geom / Mesh

작업 중인 형상은 용도에 따라서 해석 용도 및 형상작업 용도로 구분할 수 있다.

Menu Save Geom / Mesh

① File

- New
- Open / Save Geom : 작업 파일 (확장자 : SSV)
- Open / Save Mesh : 해석 전용 파일 (확장자 : GO4)
- Import
- Export

(14) Runner/Coolant

Modeler에서는 해석 목적 또는 사용자의 선택에 따라서 러너 및 냉각 채널을 생성하거나 수정할 수 있는 기능을 제공한다.

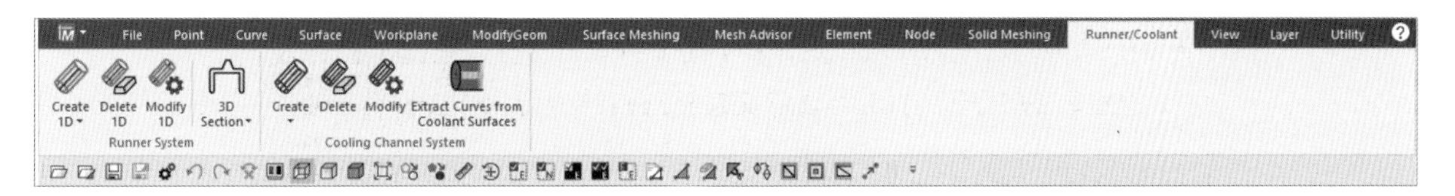

Menu Runner Coolant

① Runner System

- Create 1D
- Delete 1D
- Modify 1D
- 3D Section

② Cooling Channel System

- Create
- Delete
- Modify
- Extract Curves From Coolant Surfaces

(15) View

View 기능을 통해서 요소 또는 형상의 각 속성별로 나타내거나 숨길 수 있으며, 사용자가 원하는 View point로 형상을 놓거나 회전시킬 수 있다.

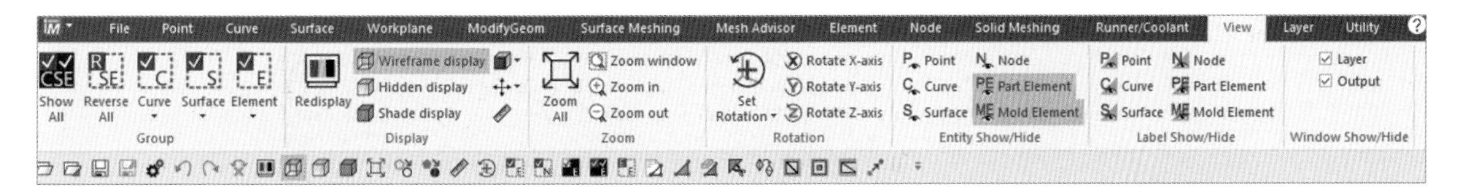

Menu View

① Group

- Display All
- Curve
- Surface
- Element

② Display

- Redisplay

- Wireframe / Hidden / Shade display
- View plane
- Dynamic Viewing
- Measure

③ Zoom

- Zoom All
- Zoom window / in / out

④ Rotation

- Set Rotation
- Rotate X / Y / Z-axis

⑤ Entity Show / Hide

- Point, Curve, Surface, Node, Part Element, Mold Element

⑥ Label Show / Hide

- Point, Curve, Surface, Node, Part Element, Mold Element

(16) Layer

Layer 기능을 통해서 Element 또는 형상을 각 Layer에 포함시켜 Layer별 작업을 가능하도록 한다.

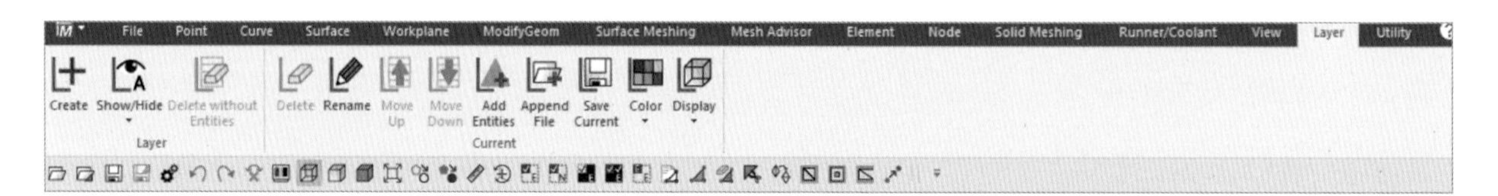

Menu layer

① Layer

- Create
- Show / Hide
- Delete without Entities

② Current

- Delete
- Rename
- Move Up / Down
- Add Entities
- Append File

- Save Current
- Color
- Display

(17) Utility

Utility 기능을 통해서 작업 중인 모든 속성에 대한 정보를 확인할 수 있으며, Graphic window에 나타난 표면 요소 및 형상 정보를 사용자의 설정에 따라서 업데이트할 수 있다.

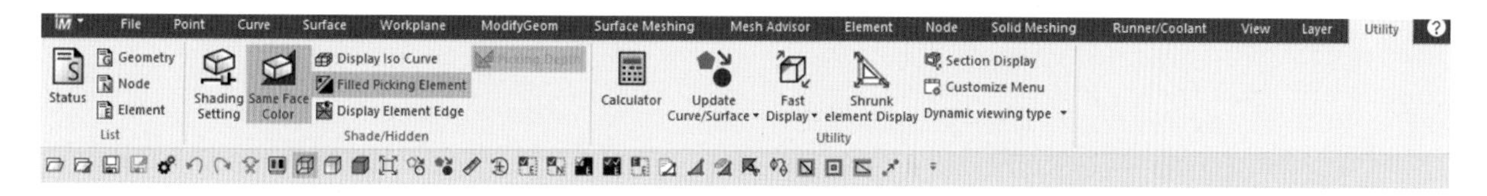

Menu Utility

① List

- Status, Geometry, Node, Element

② Shade/Hidden

- Shade Setting
- Same Face Color
- Display Iso Curve, Filled Picking Element, Display Element Edge, Picking Depth

③ Utility

- Calculator
- Update Curve/Surface
- Fast Display
- Shrunk Element Display
- Section Display, Customize Menu, Dynamic viewing type

PART 3

MAPS-3D Studio

1장 유동 해석
2장 보압 해석
3장 휨 해석
4장 냉각 해석

Chapter 1

유동 해석

1절 따라하기

- MAPS-3D의 Workspace의 개념을 이해하고 생성할 수 있다.
- MAPS-3D의 Project의 개념을 이해하고 생성할 수 있다.
- 수지 선택, 공정 조건 입력, 수지 주입구 등 경계 조건을 설정할 수 있다.
- 유동 해석 결과를 분석할 수 있다.

실습 요약

Workspace 이름	Flow_training
Workspace 위치	〈MyMAPS3D folder〉\Education
Project 이름	Tray
해석 종류	CIM – CIM : Flow
파일	〈MAPS3D folder〉\Tutorial\Model\cd_tray.go4
수지	ABS/LG Chemical/HF-380G
금형 온도	50℃
사출 온도	220℃
충전 시간	1.5sec
수지 주입구 (좌표)	2 점 (–110, 58, –1), (–10, 58, –1)

Tip 표에서 〈MAPS3D folder〉는 사용자의 컴퓨터에 따라 다를 수 있으나, MAPS-3D 설치 시에 별도의 경로를 지정하지 않았다면 "C:\VMTechnology\MAPS3DVX"로 설정되고, 〈MyMAP3D folder〉는 "C:\VMTechnology\My MAPS3DVX Project"로 설정된다.

1-1 수행 순서

(1) MAPS-3D Studio 실행

사출 성형 해석을 수행하기 위하여 MAPS-3D Studio를 먼저 실행한다.

❶ 바탕 화면에서 MAPS-3D Studio 아이콘을 실행한다.

❷ File ➡ Preference에서 기본적인 환경설정이 가능하다.

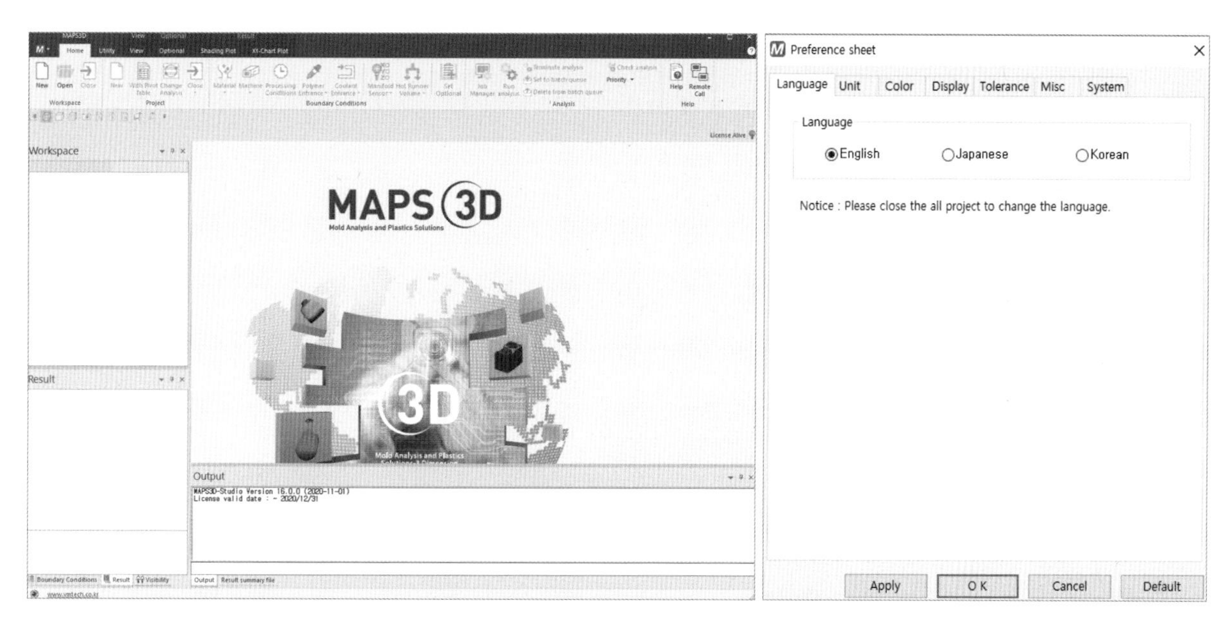

MAPS-3D 실행 창(좌) 및 Preference(우)

(2) Workspace 생성

해석을 수행하기 위해서 먼저 Workspace를 생성한다.

❶ Menu에서 Home ➡ Workspace : New를 선택한다.

❷ Workspace Name에 'Flow_training'을 입력한다.

❸ Set를 클릭하고 〈MyMAP3D folder〉\Education을 선택하여 Workspace 저장 위치를 선택한다. Education 폴더가 존재하지 않는 경우 사용자가 생성한 후 OK를 클릭한다.

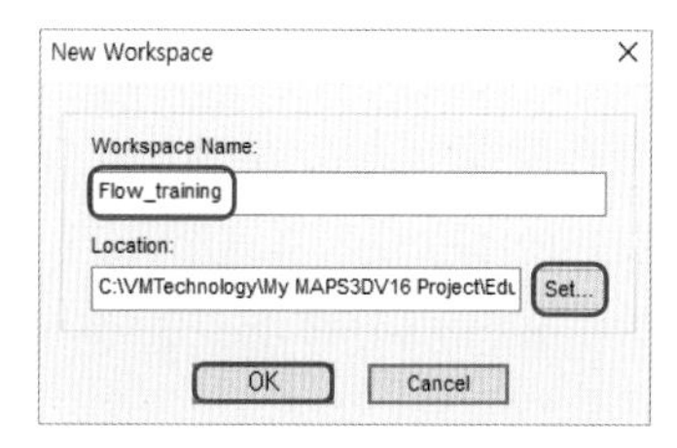

Workspace 입력 화면

(3) Project 생성

유동 해석을 수행하기 위해서 프로젝트를 생성한다. 프로젝트 이름, 해석 종류, 유한 요소 파일명, 각주 등을 입력하여 간단히 생성할 수 있으며, 생성된 프로젝트를 활성화하여 그래픽 창으로 형상을 확인할 수 있다.

❶ Menu에서 Home ➡ Project : New를 선택한다.

❷ Project Name에 'Tray'를 입력한다.

❸ Analysis Type에서 CIM-CIM : Flow를 선택한다.

❹ Mesh File에서 Set를 클릭하고 아래 경로의 파일을 선택한다.

- 〈MAPS3D folder〉\Tutorial\Model\cd_tray.go4

❺ OK를 클릭한다.

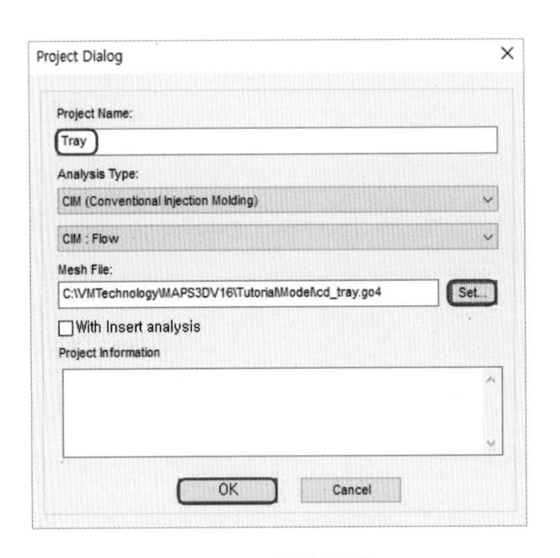

Project 입력 화면

(4) Project 활성화

❶ Project 이름을 선택하고 오른쪽 마우스를 클릭하여 'Set Current'를 선택한다.

- Project 이름을 더블 클릭해도 동일한 효과를 볼 수 있다.

(5) 수지 선정

수지를 선정하기 위해서는 원재료 제조사(Supplier)와 그레이드(Grade)명을 알고 있어야 한다. 문자열, 회사명, 원재료 이름, 첨가제 함량, MI(Melt Index) 등의 검색 조건을 이용하여 편리하게 원하는 수지를 선정할 수 있으며, 원하는 수지가 검색되지 않는다면, 유사 수지를 선정할 수도 있다. 또한 세부 정보 창을 이용하여 유동 해석에 필요한 물성 정보와 온도 범위 등의 정보를 확인할 수 있다.

❶ Boundary Conditions 탭을 선택한다.

❷ Material에서 Set Material을 선택하면 Material Dialog 창이 나타난다.

❸ Set를 클릭한다.

❹ 새로운 창이 생성되면 Search를 선택한다.

❺ String에서 'HF-380G'를 입력한다.

❻ Search를 클릭한다.

❼ 'HF-380G' 수지를 선택한다.

❽ Select를 클릭한다.

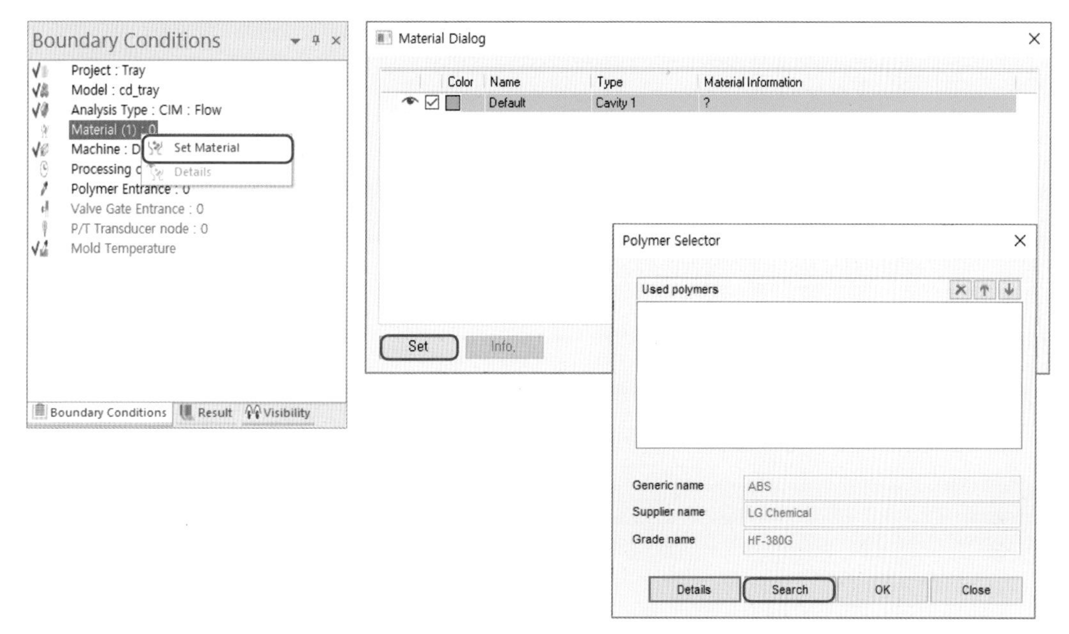

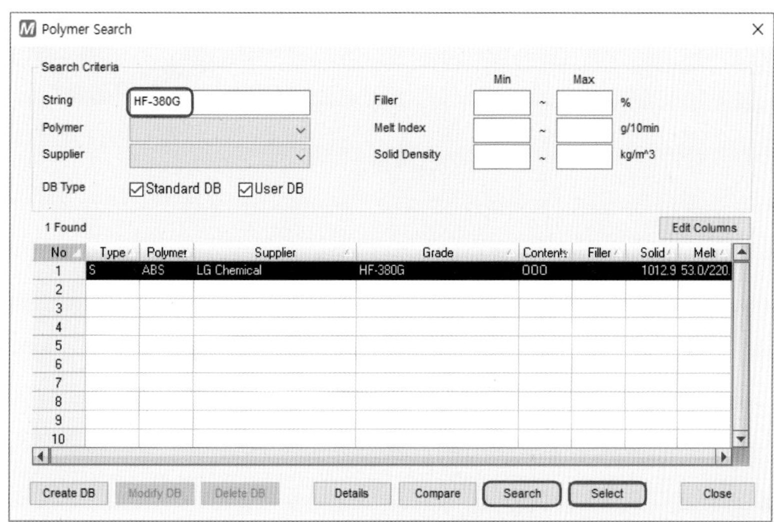

수지 선정 화면

(6) 수지 주입구 지정

일반적으로 러너가 없을 경우에는 제품에 수지 주입구를 지정하여 Flow pattern을 확인하고, 확인된 Flow pattern을 통해서 최적의 게이트 위치를 파악할 수 있다. 해당 결과를 이용하여 러너를 설치 후 해석을 수행하면 게이트 최적화를 위한 시간과 노력을 절약할 수 있다. 제품에 러너 시스템이 설치된 경우 수지 주입구를 지정할 때는 반드시 스프루(Sprue)의 끝단을 지정하여야 한다.

❶ Boundary Conditions 창에서 Polymer Entrance를 선택한다.

❷ 오른쪽 마우스를 클릭하여 Set coordinates entrance를 선택한다.

❸ 첫 번째 수지 주입구 위치를 입력 후 OK를 클릭한다.
- (−110, 58, −1)

❹ 두 번째 수지 주입구 위치를 입력 후 OK를 클릭한다.
- (−10, 58, −1)

❺ Close를 클릭한다.

> **Tip** 수지 주입구 위치가 올바르게 설정되었는지 확인하기 위해서는 Menu에서 Utility ➡ List : Node를 선택하여 수지 주입구에 해당하는 Node를 선택하면 Output 창에서 Node 좌표를 확인할 수 있다.

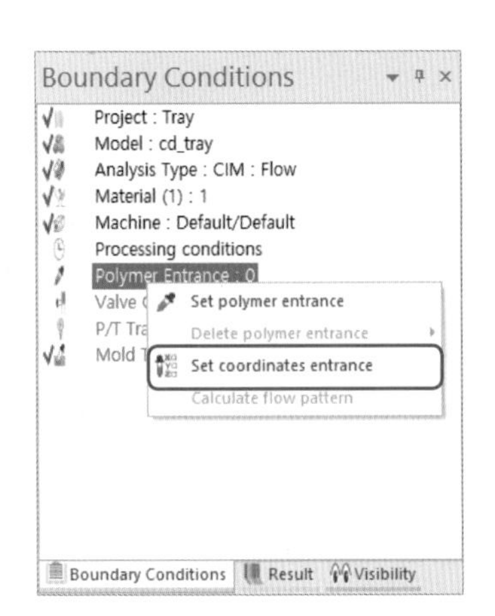

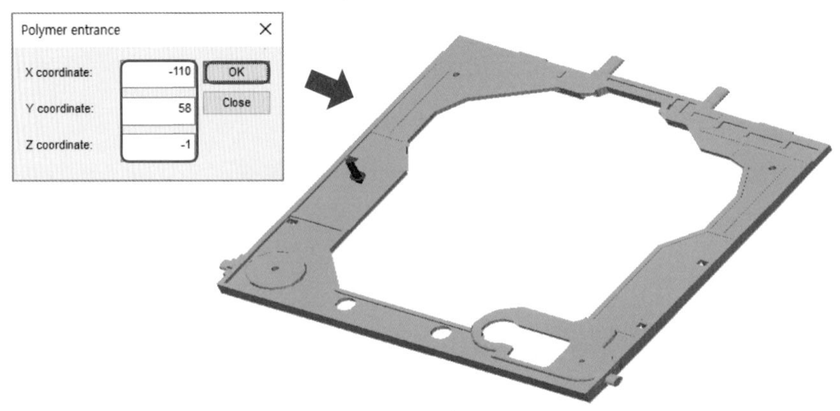

수지 주입구 설정

(7) 사출 조건 설정

사출 시간, 원재료 온도, 금형 온도, 다단사출 조건, 사출/보압 절환 부피비, 사출기 최대 사출압, 핫 러너 온도 등의 성형 조건을 입력하여 유동 해석을 수행한다.

❶ Boundary Conditions 창에서 Processing conditions ➡ Set Processing ➡ Set를 선택한다.

❷ Mold temperature는 '50'을 입력한다.

❸ Melt temperature는 '220'을 입력한다.

④ Filling time은 '1.5'를 입력한다.

⑤ OK를 클릭한다.

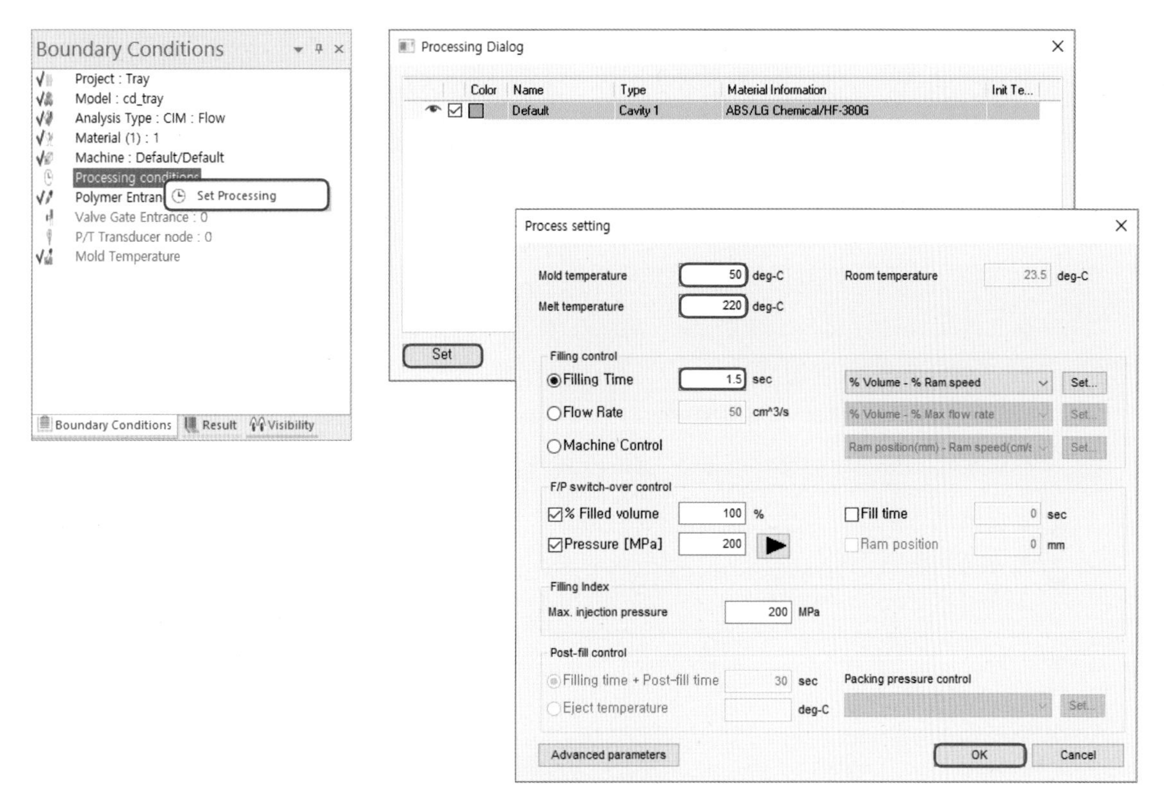

사출 조건 설정

(8) 해석 수행

사출 성형 해석 프로그램에서 해석의 계산 과정을 메시지 화면을 통하여 확인할 수 있으며, 미성형이나 과보압 발생 여부 등을 확인하고 유동 해석이 성공적으로 수행되는지를 확인할 수 있다. 또한 유동 해석 수행 시 계산 시간을 단축하기 위하여 해석을 수행하는 장비의 CPU 여러 개를 하나의 해석에 동시에 사용할 수 있다.

① Menu에서 Home ➡ Analysis : Run Analysis를 클릭한다.

1-2 결과 분석

유동 해석이 완료되면, 결과 확인 창을 통하여 많은 해석 결과 항목들을 확인할 수 있다. 모든 해석 결과는 비활성화되어 있으므로 원하는 해석 결과를 마우스로 선택하면 해당 결과가 그래픽 창에 나타난다. 유동 해석을 통해 제공되는 결과는 Flow pattern, 압력 분포, 온도, 점도, 속도, 속도 벡터, Weld line, Air trap 등이다.

(1) Flow pattern

❶ Result에서 Flow ➡ End of analysis ➡ Flow pattern을 선택한다.

- Flow pattern은 시간에 따라 수지가 캐비티 내부를 채워나가는 정보이며, 푸른색 영역은 최초에 충전된 영역이고, 붉은색 영역은 마지막에 충전되는 영역을 의미한다.

❷ Flow pattern에서 오른쪽 마우스를 클릭하여 Set Property ➡ Plot Type ➡ Contour Shading을 Front로 선택한다.

- 등고면의 간격이 좁은 영역은 유동 속도가 느린 영역을 의미하며, 유동 선단의 온도가 저하되어 유동 정체나 미성형이 발생될 수 있다.
- 등고면의 간격이 넓은 영역은 유동 속도가 빠른 영역을 의미하며, Flow mark, 박리, 탄화 등의 불량이 발생할 수 있다.
- Flow pattern 결과를 통해 Weld line, Air trap, Flow balance의 여부도 확인이 가능하다.
- 애니메이션 도구를 이용하여 동적 결과를 확인할 수 있다.
- 결과를 세분화하기 위해서는 Set Property ➡ Plot Type ➡ Plot control에서 Color number를 증가시키면 된다.

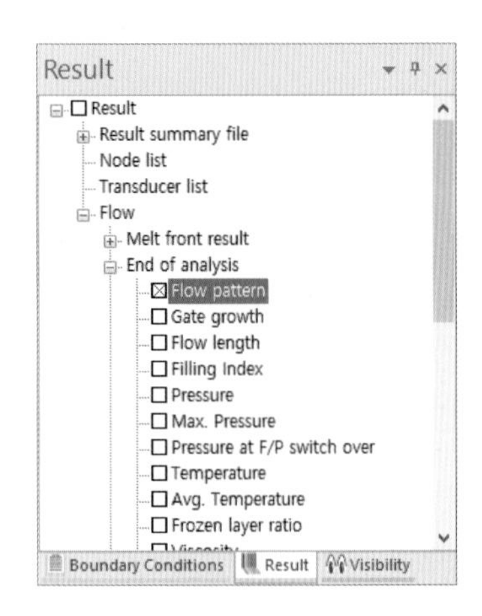

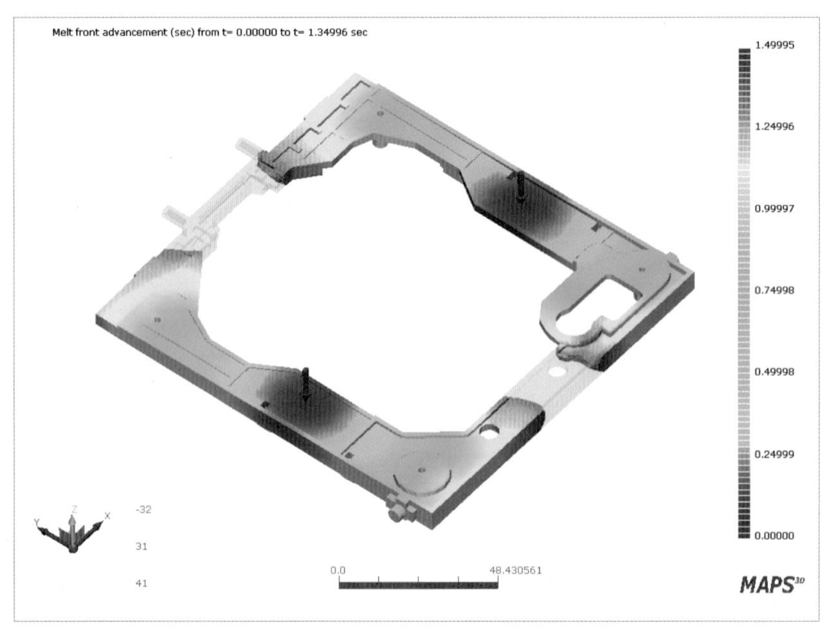

Flow pattern 결과

(2) Pressure

❶ Result에서 Flow ➡ End of analysis ➡ Pressure를 선택한다.

- 충전 완료 시 성형에 필요한 사출 압력 분포이다. 사용자가 설정한 사출 속도로 캐비티를 충전하는 데 필요한 압력을 의미하며, 해석에서 예측된 압력보다 사출기의 사출 압력이 부족하다면 미성형(Short shot)이 발생할 수 있다.

- 일반적으로 사출 압력은 사출기의 최대 사출 압력의 80% 이내에서 성형하는 것이 바람직하며, 가급적 사출기 최대 사출 압력의 60% 이내에서 성형하는 것을 추천한다.

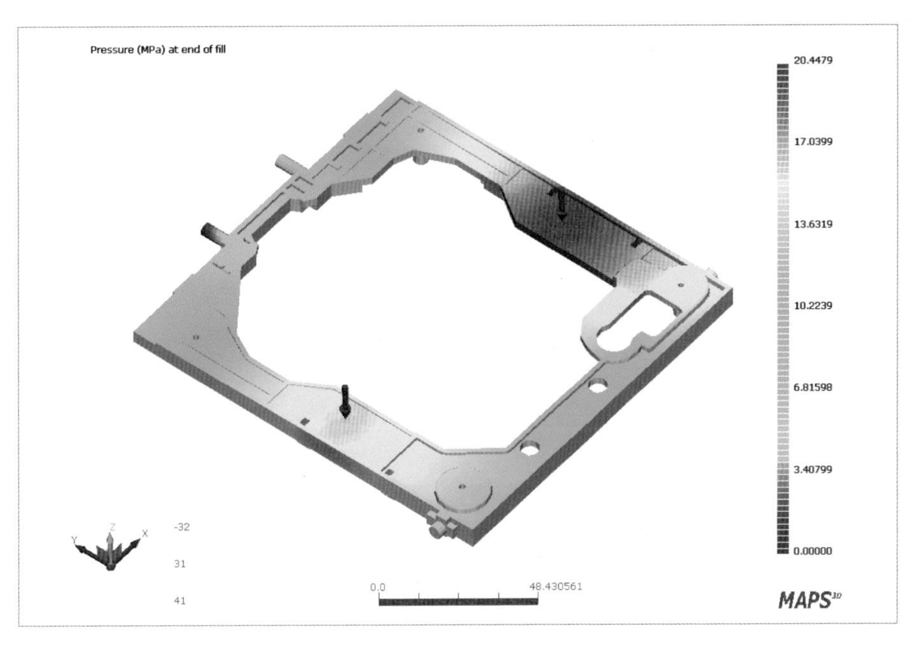

압력 결과

따라하기

01 형상 정보

형상 정보 및 수지 주입구 위치

02 실습 요약

Workspace 이름	Follow_Project
Workspace 위치	〈MyMAPS3D folder〉\Education
Project 이름	3-1
해석 종류	CIM - CIM : Flow
파일	〈MAPS3D folder〉\Tutorial\Model\mp_model.go4
수지	PC+ABS/Lotte Advanced Materials/Staroy HP1000X
금형 온도	60℃
사출 온도	250℃
충전 시간	2sec
수지 주입구 (좌표)	1점 (0, -34, 87)

03 작업 순서

❶ Workspace 생성

- Workspace 이름 : Follow_Project

(동일명의 Workspace가 이미 존재하는 경우에는 Workspace 생성은 생략 가능하다.)

❷ Project 생성

- Project 이름 : 3-1
- 해석 종류 : CIM - CIM : Flow
- 파일 : mp_model.go4

❸ Project 열기

❹ 수지 선정

- 수지 : PC+ABS/Lotte Advanced Materials/Staroy HP1000X

❺ 수지 주입구 설정

- 수지 주입구 (좌표) : 1점 (0, -34, 87)

❻ 사출 조건 설정

- 금형 온도 : 60℃
- 사출 온도 : 250℃
- 충전 시간 : 2sec

❼ 해석 수행

❽ 결과 확인

- Flow pattern
- Pressure

2절 유동 길이

- MAPS-3D의 Project를 복사할 수 있다.
- 수지 주입구 위치에 따른 유동 길이를 분석할 수 있다.
- Pressure에 영향을 미치는 인자를 확인할 수 있다.

실습 요약

Project 이름	Flow_length1	Flow_length2
해석 종류	CIM - CIM : Flow	
파일	〈MAPS3D folder〉\Tutorial\Model\Training_Flow_Test.go4	
수지	PC/SABIC Innovative Plastics USA/Lexan 101	
금형 온도	80℃	
사출 온도	300℃	
충전 시간	2sec	
절환 압력	500MPa	
수지 주입구 (좌표)	1점 (199.75, 25.0, 1.0)	1점 (499.75, 5.0, 1.0)

2-1 수행 순서

(1) Project 생성

Project Dialog
Project Name: Flow_length1
Analysis Type: CIM (Conventional Injection Molding)
CIM : Flow
Mesh File: .VMTechnology\MAPS3DV16\Tutorial\Model\Training_Flow_Test.go4 Set...
With Insert analysis
Project Information
OK Cancel

Project 입력 화면

❶ Menu에서 Home ➡ Project : New를 선택한다.

❷ Project Name에 'Flow_length1'을 입력한다.

❸ Analysis Type에서 CIM – CIM : Flow를 선택한다.

❹ Mesh File에서 Set를 클릭하고, 아래 경로의 파일을 선택한다.

- 〈MAPS3D folder〉\Tutorial\Model\Training_Flow_Test.go4

❺ OK를 클릭한다.

(2) Project 활성화

❶ Project 이름을 선택하고 오른쪽 마우스를 클릭하여 'Set Current'를 선택한다.

- Project 이름을 더블 클릭해도 동일한 효과를 볼 수 있다.

(3) 수지 선정

❶ Boundary conditions 탭을 선택한다.

❷ Material에서 Set Material을 선택하면 Material Dialog 창이 나타난다.

❸ Set를 클릭한다.

❹ 새로운 창이 생성되면 Search를 선택한다.

❺ String에서 'Lexan 101'를 입력한다.

❻ Search를 클릭한다.

❼ 'SABIC Innovative Plastics USA, Lexan 101' 수지를 선택한다.

❽ Select를 클릭한다.

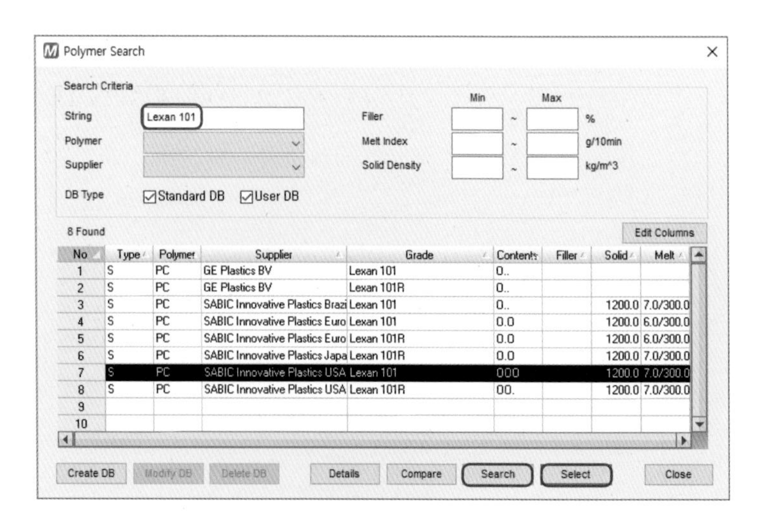

수지 선정 화면

(4) 사출 조건 설정

❶ Boundary Conditions 창에서 Processing conditions ➡ Set Processing ➡ Set를 선택한다.

❷ Mold temperature는 '80'을 입력한다.

❸ Melt temperature는 '300'을 입력한다.

❹ Filling time은 '2'를 입력한다.

❺ F/P switch-over control의 Pressure는 '500'을 입력한다.

❻ OK를 클릭한다.

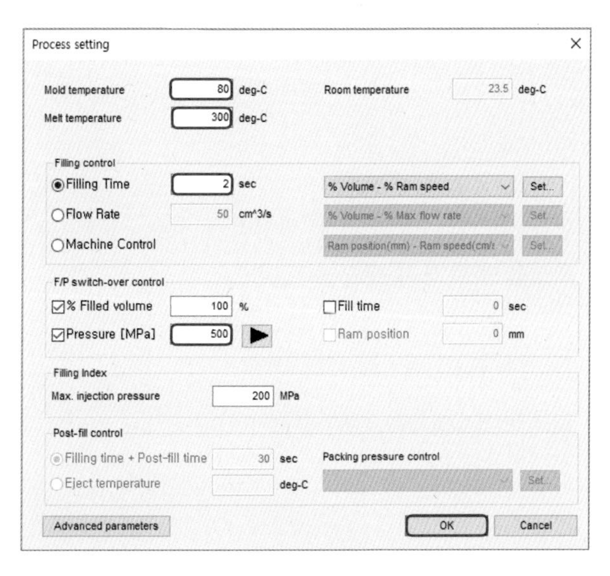

사출 조건 설정

(5) 수지 주입구 설정

❶ 수지 주입구의 위치를 쉽게 설정하기 위해 형상을 View ➡ Display : Hidden으로 설정한다.

❷ 수지 주입구의 위치를 쉽게 설정하기 위해 주입구를 설정할 형상의 좌측면을 더블 클릭하여 회전 중심을 설정한다.

❸ Boundary Conditions 창에서 Polymer Entrance를 선택한다.

❹ 오른쪽 마우스를 클릭하여 Set polymer entrance를 선택한다.

❺ 형상의 좌측면의 한 가운데를 마우스로 클릭하여 수지 주입구를 설정한다.

❻ 마우스 휠 버튼을 클릭하여 설정을 종료한다.

Tip

- 좌푯값으로 설정하는 방법은 '3장 1절 따라하기'를 참조
- 수지 주입구 위치가 올바르게 설정되었는지 확인하기 위해서는 Menu에서 Utility ➡ List : Node를 선택하여 수지 주입구에 해당하는 Node를 선택하면 Output 창에서 Node 좌표를 확인할 수 있다.

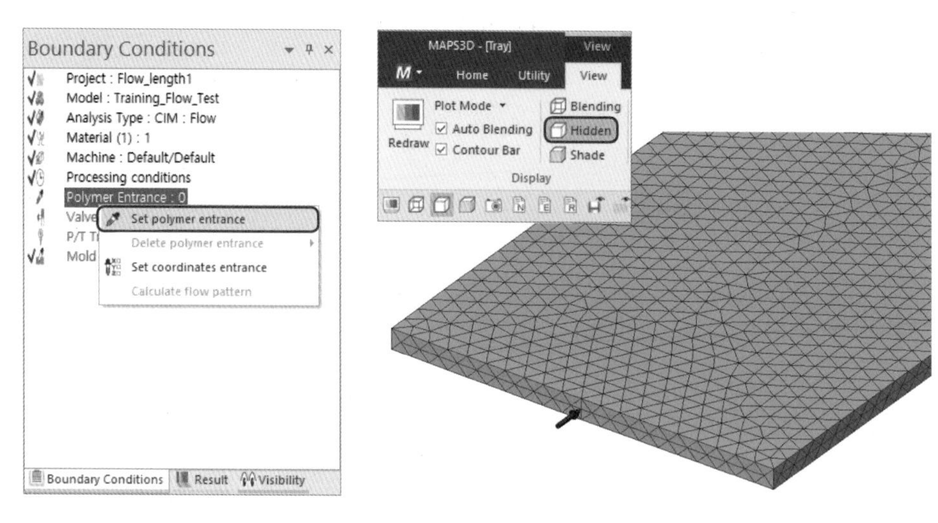

수지 주입구 설정

(6) Project 복사

Project 복사를 통해 여러 개의 Project를 생성하여 사출 시간이나 수지 주입구 등 일부 조건만 변경하면 다수 개의 해석을 빠르게 수행할 수 있다.

❶ Workspace 창에서 복사할 Project를 선택한다.

❷ 오른쪽 마우스를 클릭하여 Copy를 선택한다.

❸ Project의 이름을 'Flow_length2'를 입력 후 OK를 선택한다.

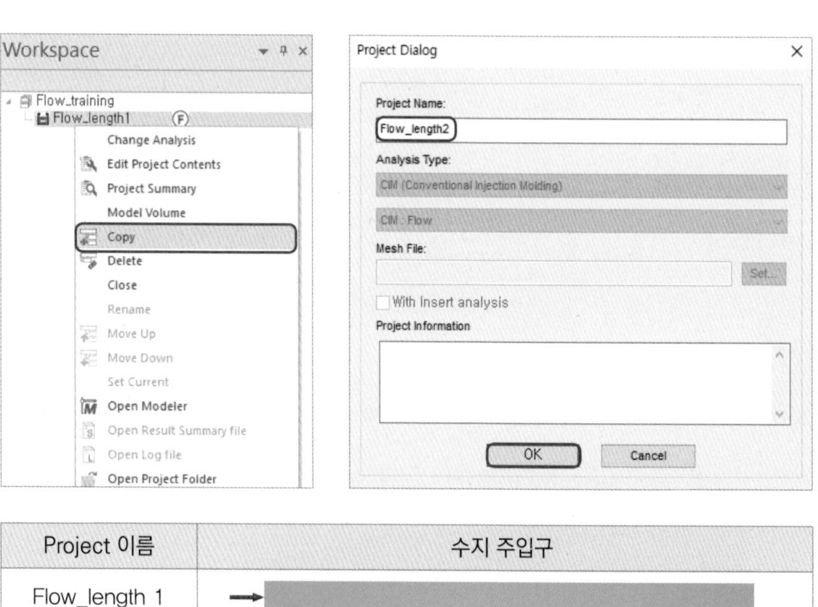

Project 이름	수지 주입구
Flow_length 1	
Flow_length 2	

Project 복사

(7) 수지 주입구 변경

❶ 복사한 Flow_length2를 활성화한다.

❷ Boundary Conditions 창에서 Polymer Entrance를 선택한다.

❸ 기존에 설정되어 있는 주입구를 모두 삭제하기 위해 오른쪽 마우스를 클릭하여 Delete polymer entrance ➡ Delete all을 선택한다.

❹ 형상의 아래 측면의 한 가운데를 마우스로 클릭하여 수지 주입구를 설정한다.

Tip 좌푯값으로 설정하는 방법은 '3장 1절 따라하기'를 참조

(8) 해석 수행

2개 이상의 Project에 대하여 순차적으로 해석을 진행하기 위하여 Job Manager를 사용할 수 있다. Project를 해석 대기 리스트에 추가시키면 앞선 Project의 해석이 완료되는 대로 자동으로 다음 Project의 해석을 진행한다.

❶ Menu에서 Home ➡ Analysis : Job Manager를 클릭한다.

❷ [>>] 를 선택하여 해석 대기 리스트에 추가한다.

❸ Run을 선택하여 해석을 진행한다.

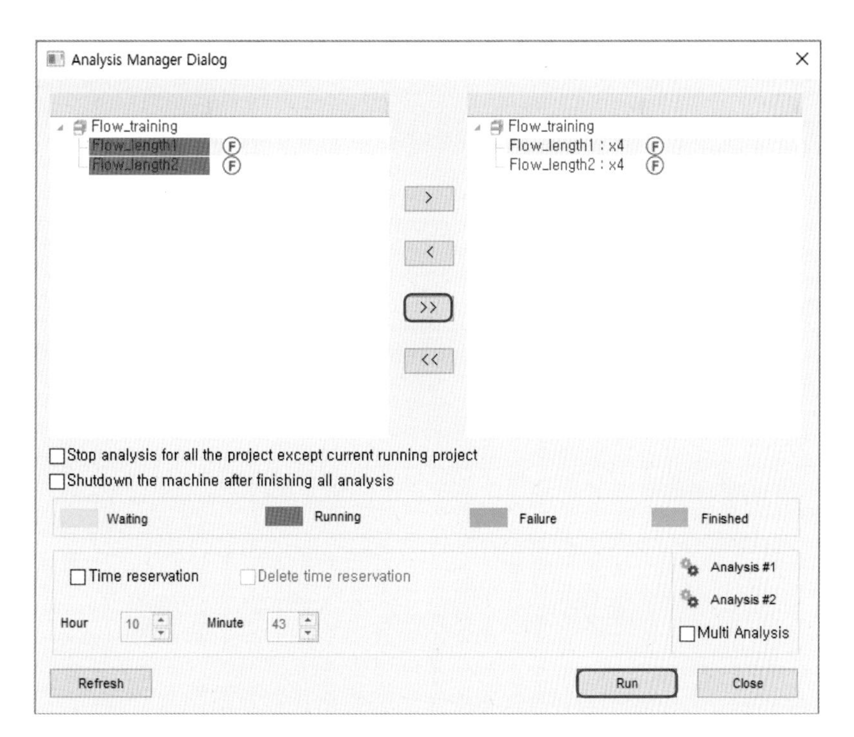

Job Manager를 이용한 해석 수행

2-2 결과 분석

(1) Flow pattern

① Result에서 Flow ➡ End of analysis ➡ Flow pattern을 선택한다.

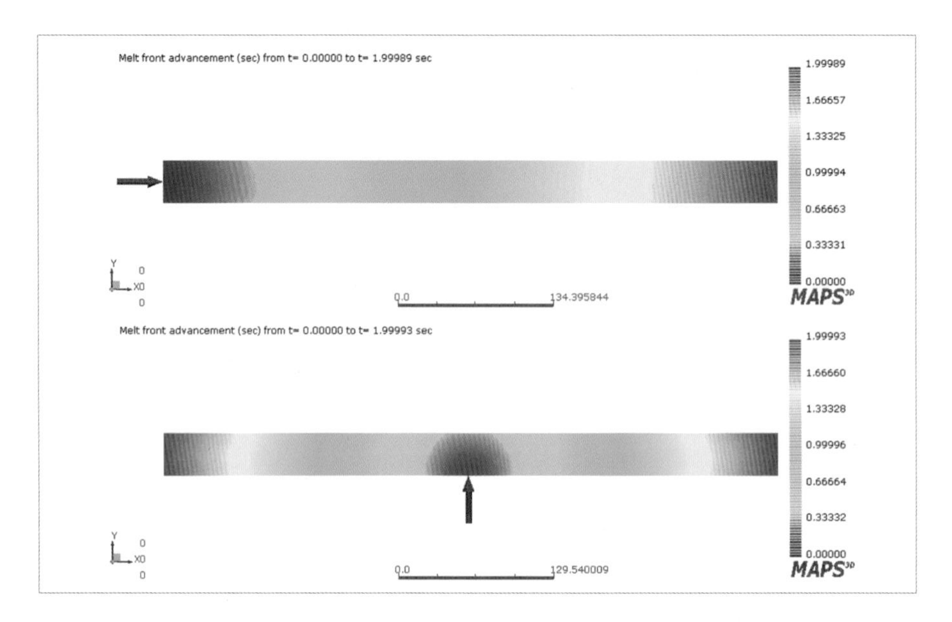

Flow pattern 결과

(2) Pressure

① Result에서 Flow ➡ End of analysis ➡ Pressure를 선택한다.

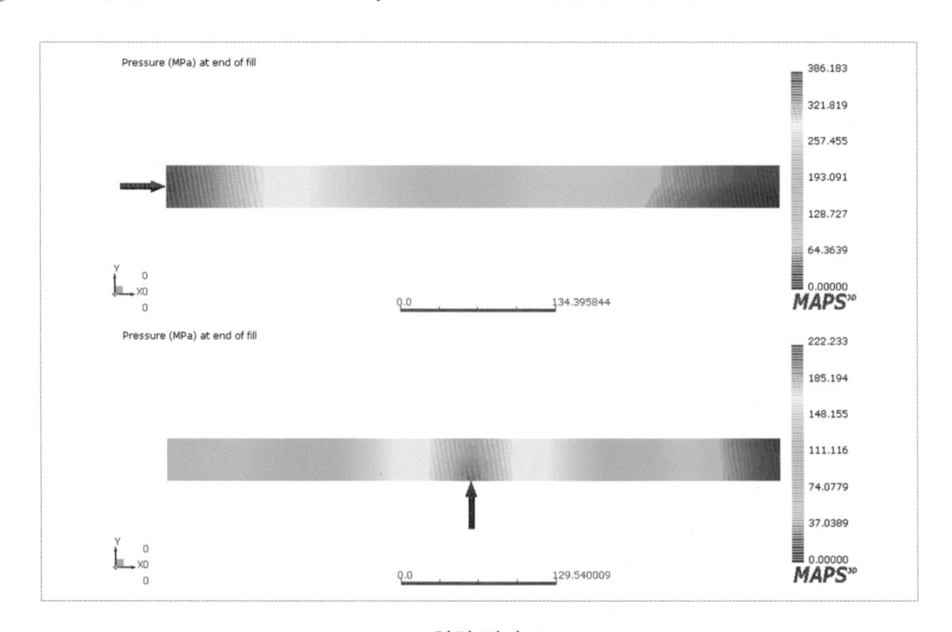

압력 결과

- 일반적으로 평판 형상에 대해서 성형 압력은 다음과 같은 수식으로 표현할 수 있다.

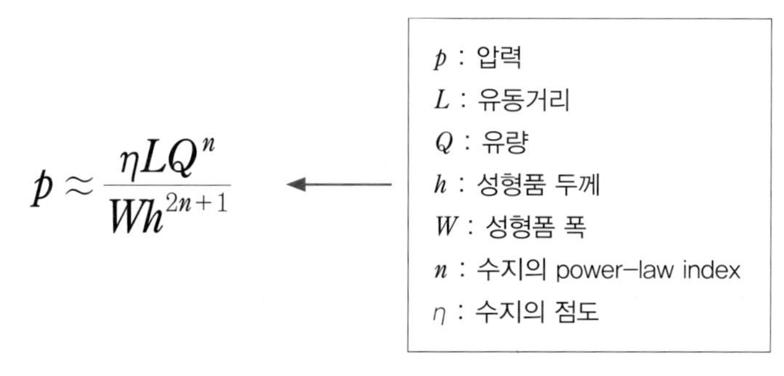

유동거리와 성형 압력과의 관계

- 충전 과정은 일반적으로 짧은 시간이므로, 온도의 영향은 크지 않다고 가정하면 다음과 같이 성형 압력과의 상관관계를 알 수 있다.
  a. 유동거리가 길어질수록 압력 상승
  b. 점도가 높아질수록 압력 상승
  c. 유량 증가 시 압력 상승(사출 속도 증가 시 소요 압력 증가)
  d. 살두께 증가 시 압력 감소
  e. 성형품 폭 증가 시 압력 감소(성형품 폭 감소 시 압력 상승)

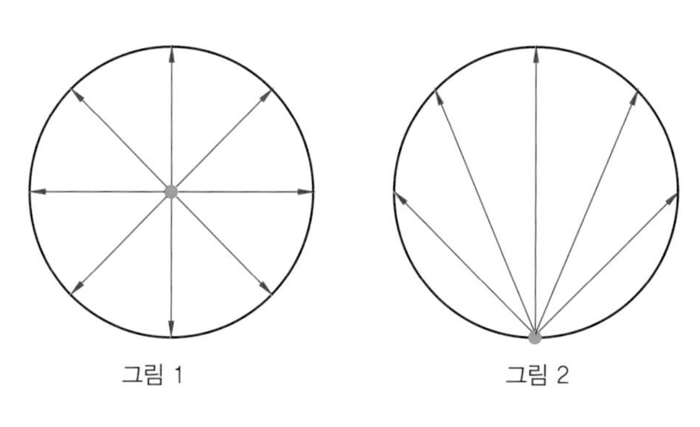

구분	증가	감소
유동거리	압력↑	압력↓
점도	압력↑	압력↓
유량	압력↑	압력↓
살두께	압력↓	압력↑
폭	압력↓	압력↑

유동거리와 압력과의 관계

따라하기

01 형상 정보

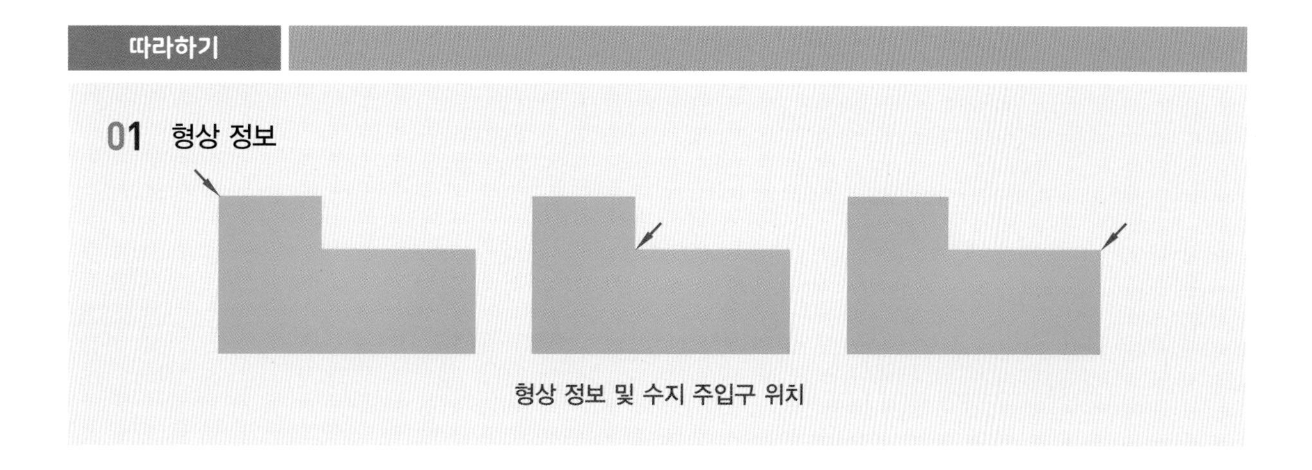

형상 정보 및 수지 주입구 위치

02 실습 요약

Project 이름	3-2A	3-2B	3-2C
해석 종류	CIM - CIM : Flow		
파일	〈MAPS3D folder〉\Tutorial\Model\case23.go4		
수지	PC/SABIC Innovative Plastics Brazil/Lexan 121		
금형 온도	82.5℃		
사출 온도	292.5℃		
충전 시간	2sec		
수지 주입구 (좌표)	1점 (0, 30, 3)	1점 (20, 20, 3)	1점 (50, 20, 3)

03 작업 순서

❶ Workspace 생성

- Workspace 이름 : Follow_Project

(동일명의 Workspace가 이미 존재하는 경우에는 Workspace 생성은 생략 가능하다.)

❷ Project 생성

- Project 이름 : 3-2A
- 해석 종류 : CIM - CIM : Flow
- 파일 : case23.go4

❸ Project 열기

❹ 수지 선정

- 수지 : PC/SABIC Innovative Plastics Brazil/Lexan 121

❺ 수지 주입구 설정

- 수지 주입구 : 1점 (0, 30, 3)

❻ 사출 조건 설정

- 금형 온도 : 82.5℃
- 사출 온도 : 292.5℃
- 충전 시간 : 2sec

❼ Project 복사

- Project 이름 : 3-2B
- Project 이름 : 3-2C

❽ 복사한 Project의 수지 주입구 수정

- 3-2B : 1점 (20, 20, 3)
- 3-2C : 1점 (50, 20, 3)

❾ 해석 수행

❿ 결과 확인

- Flow pattern
- Pressure

3절 유동 밸런스

- 해석 결과에서 가장 나중에 채워지는 영역(충전 말단)을 확인할 수 있다.
- 유동거리와 캐비티 밸런스를 이해할 수 있다.
- 유동거리가 사출 압력에 미치는 영향을 확인할 수 있다.
- 금형 내의 압력 분포와 사출 성형 해석 결과의 의미를 확인할 수 있다.
- P/T Transducer node를 사용할 수 있다.

실습 요약

Project 이름	Cavity2
해석 종류	CIM – CIM : Flow
파일	〈MAPS3D folder〉\Tutorial\Model\flow_pattern_2cavity.go4
수지	ABS / Lotte Advanced Materials / Starex MP0160
금형 온도	60℃
사출 온도	230℃
충전 시간	1sec
수지 주입구	1점

3-1 수행 순서

(1) Project 생성

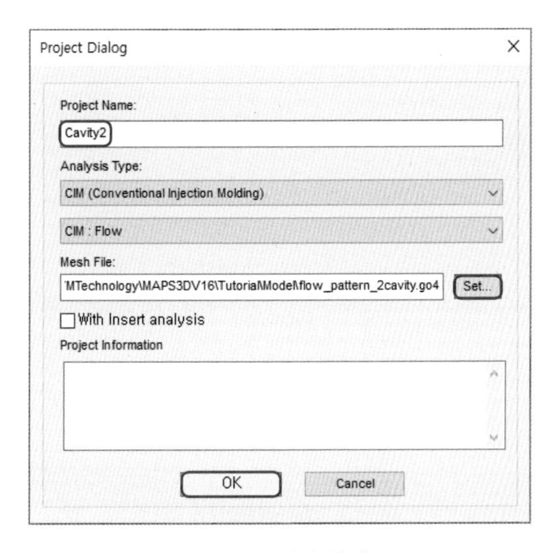

Project 입력 화면

① Menu에서 Home ➡ Project : New를 선택한다.

② Project Name에 'Cavity2'를 입력한다.

③ Analysis Type에서 CIM – CIM : Flow를 선택한다.

④ Mesh File에서 Set를 클릭하고 아래 경로의 파일을 선택한다.
- 〈MAPS3D folder〉\Tutorial\Model\flow_pattern_2cavity.go4

⑤ OK를 클릭한다.

(2) Project 활성화

① Project 이름을 선택하고 오른쪽 마우스를 클릭하여 'Set Current'를 선택한다.
- Project 이름을 더블 클릭해도 동일한 효과를 볼 수 있다.

(3) 수지 선정

① Boundary conditions 탭을 선택한다.

② Material에서 Set Material을 선택하면 Material Dialog 창이 나타난다.

③ Set를 클릭한다.

④ 새로운 창이 생성되면 Search를 선택한다.

⑤ String에서 'MP0160'을 입력한다.

⑥ Search를 클릭한다.

⑦ 'Starex MP0160' 수지를 선택한다.

⑧ Select를 클릭한다.

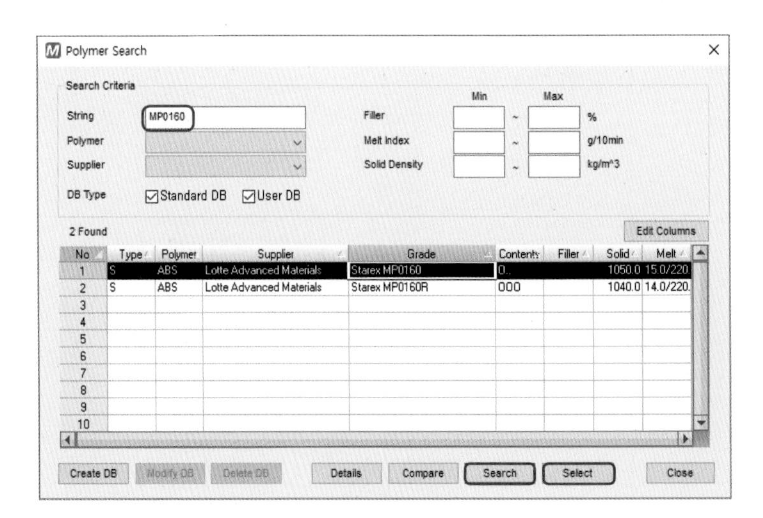

수지 선정 화면

(4) 사출 조건 설정

❶ Boundary Conditions 창에서 Processing conditions ➡ Set Processing ➡ Set를 선택한다.

❷ Mold temperature는 '60'을 입력한다.

❸ Melt temperature는 '230'을 입력한다.

❹ Filling time은 '1'을 입력한다.

❺ OK를 클릭한다.

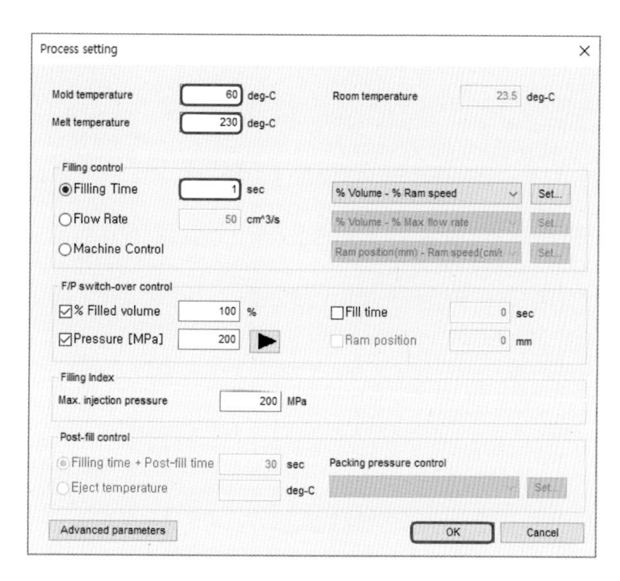

사출 조건 설정

(5) 수지 주입구 설정

형상에 1D Element로 이루어진 러너 시스템이 있을 경우, 수지 주입구는 스프루의 끝단에만 설정할 수 있다.

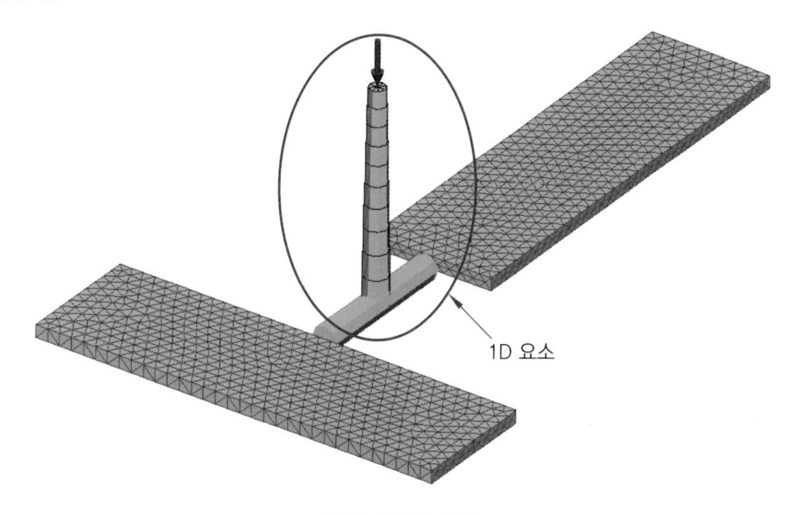

수지 주입구 설정

❶ Boundary Conditions 창에서 Polymer Entrance를 선택한다.

❷ 오른쪽 마우스를 클릭하여 Set polymer entrance를 선택한다.

❸ 스프루의 끝단을 마우스로 클릭하여 수지 주입구를 설정한다.

❹ 마우스 휠 버튼을 클릭하여 설정을 종료한다.

(6) P/T Transducer node 설정

P/T Transducer node는 금형에 온도 센서나 압력 센서를 설정하는 기능이다. 해석이 완료되면 결과 항목에 'Transducer plot'이 추가되며, 센서가 설정된 위치의 압력, 온도 등의 결과를 XY그래프로 확인할 수 있다.

❶ Boundary 창에서 P/T Transducer node를 선택한다.

❷ 오른쪽 마우스를 클릭하여 Set P/T Transducer node를 선택한다.

❸ 형상에서 아래와 같이 스프루 끝단, 러너 분기점, 게이트 끝단 등 총 4곳을 마우스로 클릭하여 Sensor를 설정한다.

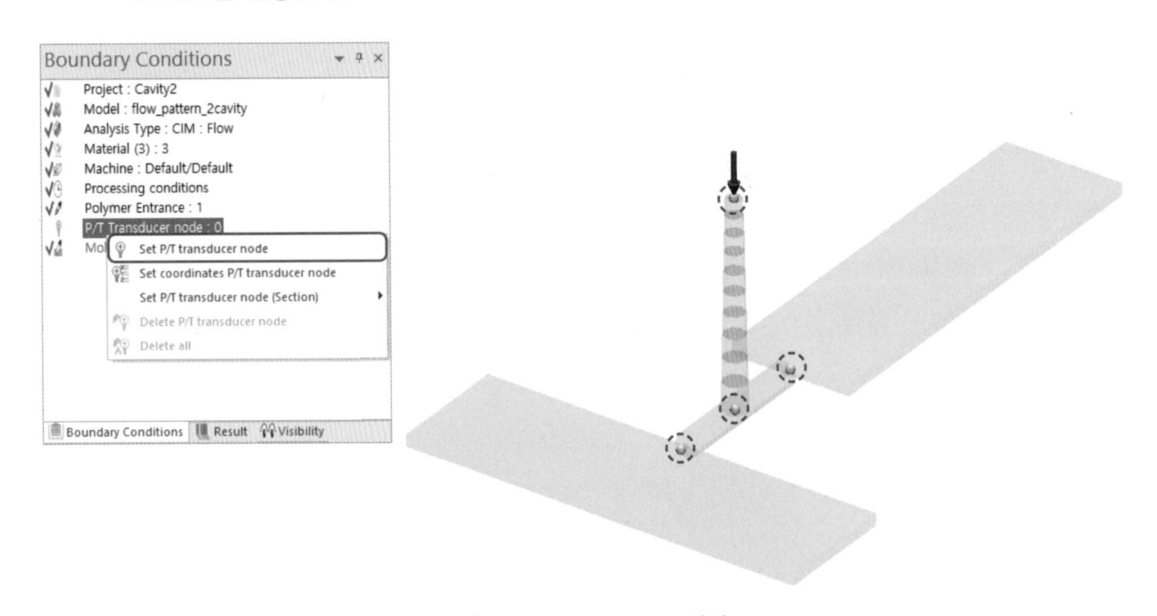

P/T Transducer node 설정

(7) 해석 수행

❶ Menu에서 Home ➡ Analysis : Job Manager를 클릭한다.

❷ Cavity2를 클릭 후 [>]를 선택하여 해석 대기 리스트에 추가한다.

❸ Run을 선택하여 해석을 진행한다.

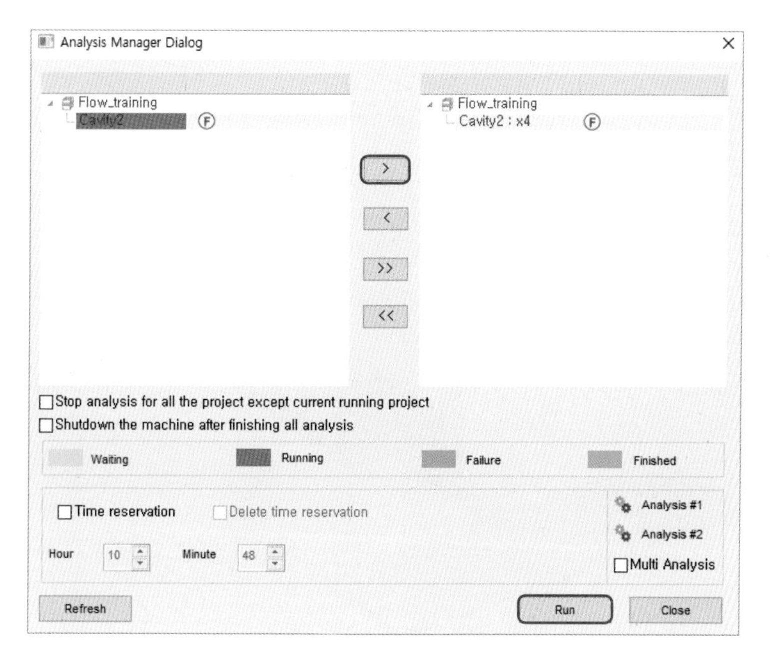

Job Manager를 이용한 해석 수행

3-2 결과 분석

(1) Flow pattern

① Result에서 Flow ➡ End of analysis ➡ Flow pattern을 선택한다.

② Menu에서 Shading Plot ➡ Animation : Backward를 선택하여 이전 스텝으로 이동한다.

- 좌측의 캐비티가 다 채워졌지만 우측의 캐비티는 완전히 충전되지 않은 충전 불균형을 확인할 수 있다.

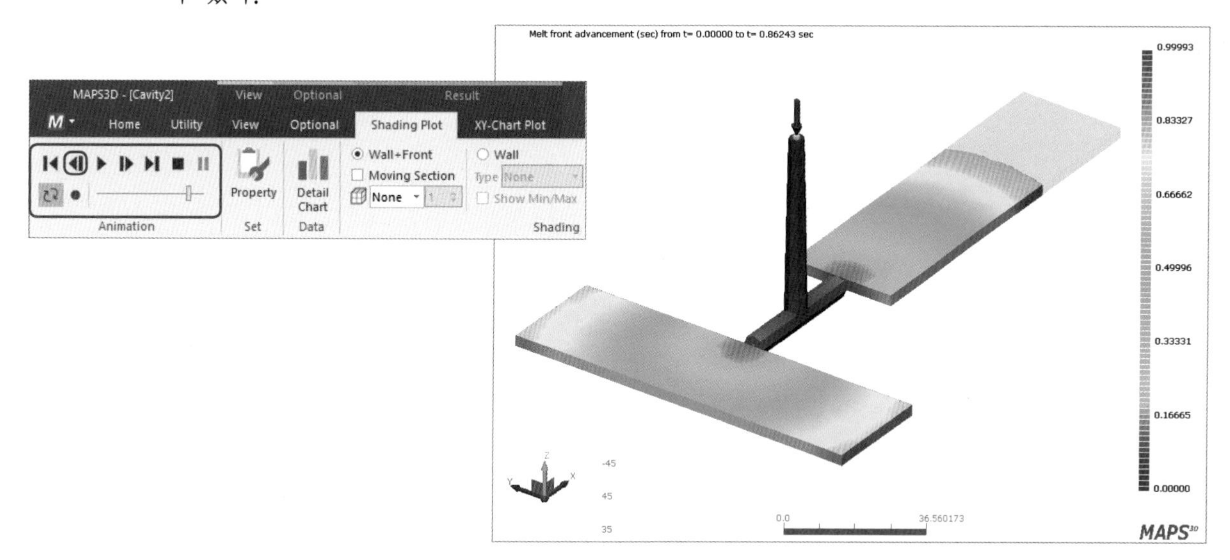

Flow pattern 결과

(2) Entrance pressure vs. time

① Result에서 Flow ➡ Summary plot ➡ Entrance pressure vs. time을 선택한다.

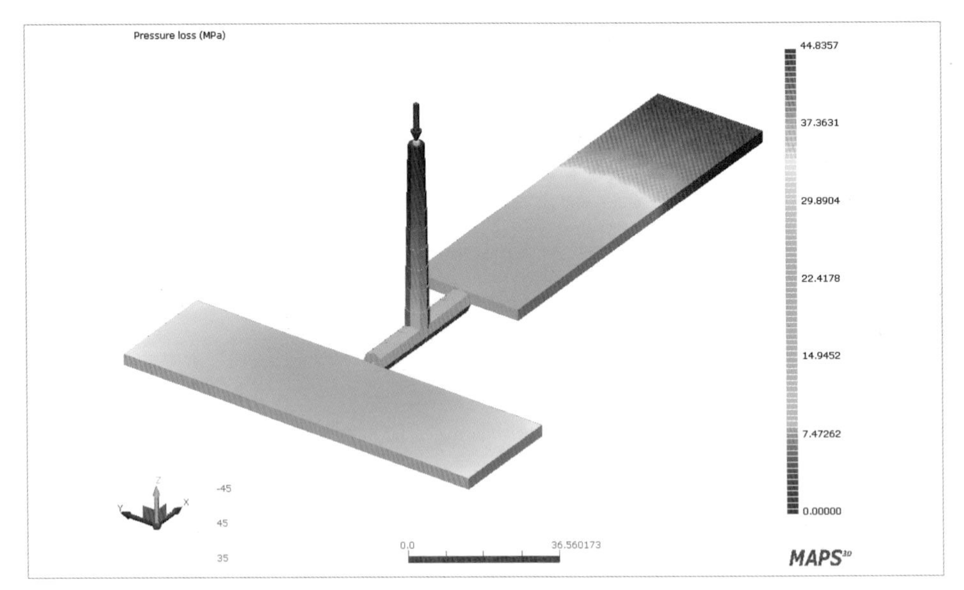

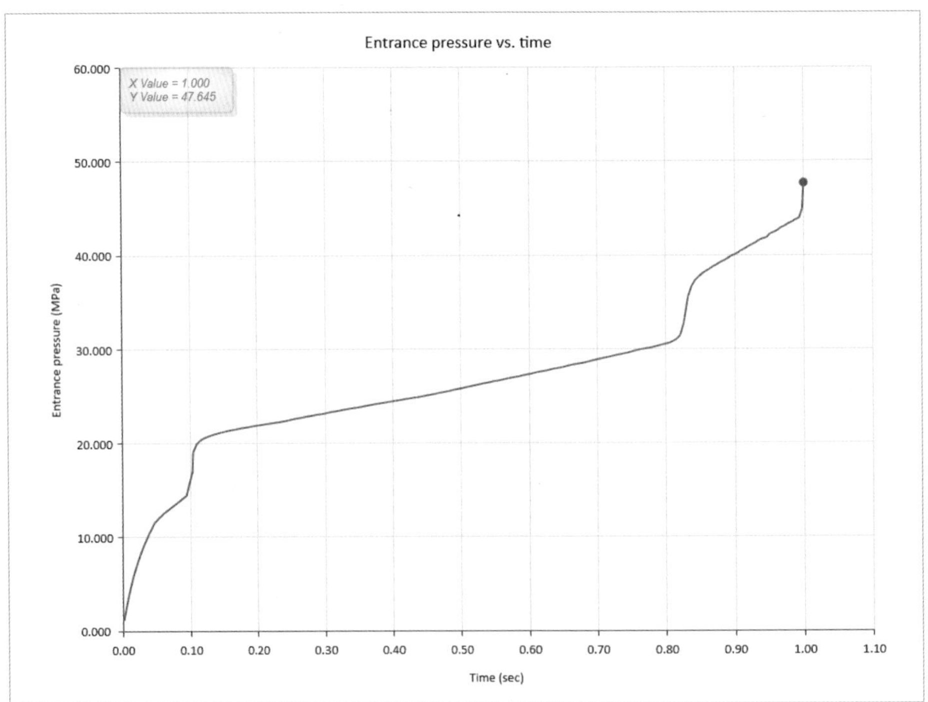

Entrance pressure vs. time 결과

- 일반적으로 수지 주입구의 압력은 충전이 진행됨에 따라 증가한다. 유동 선단의 면적이 급격하게 변화하거나 게이트를 통과할 때, 그리고 좌측의 캐비티가 충전이 완료될 때 압력이 급증하게 된다. 유동 불균형에 의한 압력의 급상승을 방지하기 위해 설계 또는 공정상의 수정 · 검토가 필요하다.

(3) P/T Transducer node

① Result에서 Transducer list ➡ Select all sensor를 선택한다.

② Result에서 Flow ➡ Transducer plot ➡ Pressure vs. time을 선택한다.

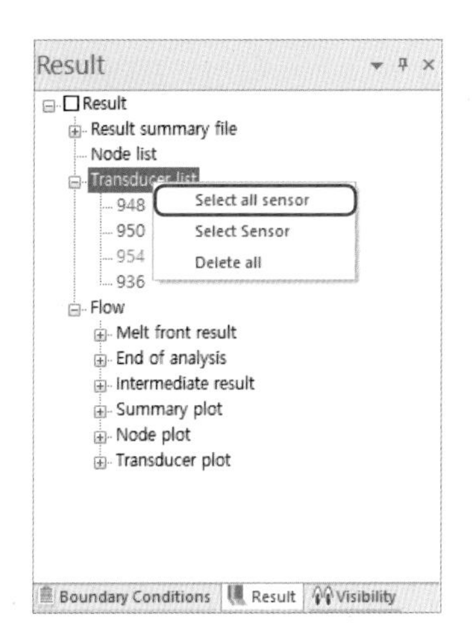

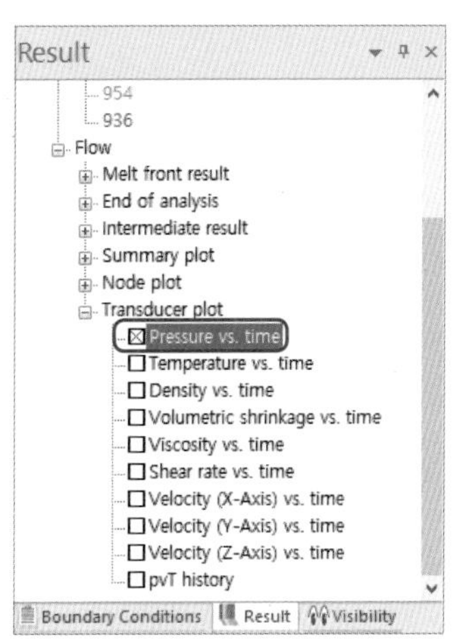

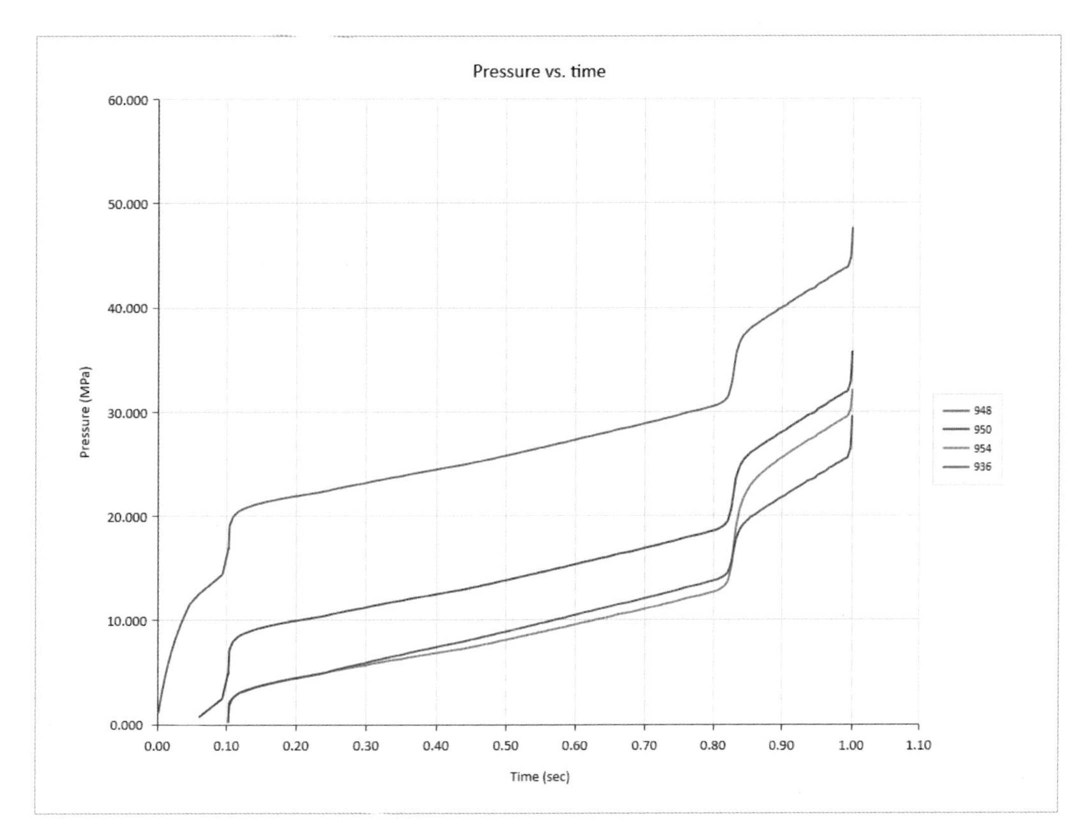

Pressure vs. time 결과

- 스프루, 러너, 게이트에서의 압력 손실은 전체 대비 50% 이하로 유지해야 하며 이는 반대로 제품만을 성형시키는데 필요한 압력(게이트 압력)을 50% 이상으로 유지해야 하는 것을 의미한다.

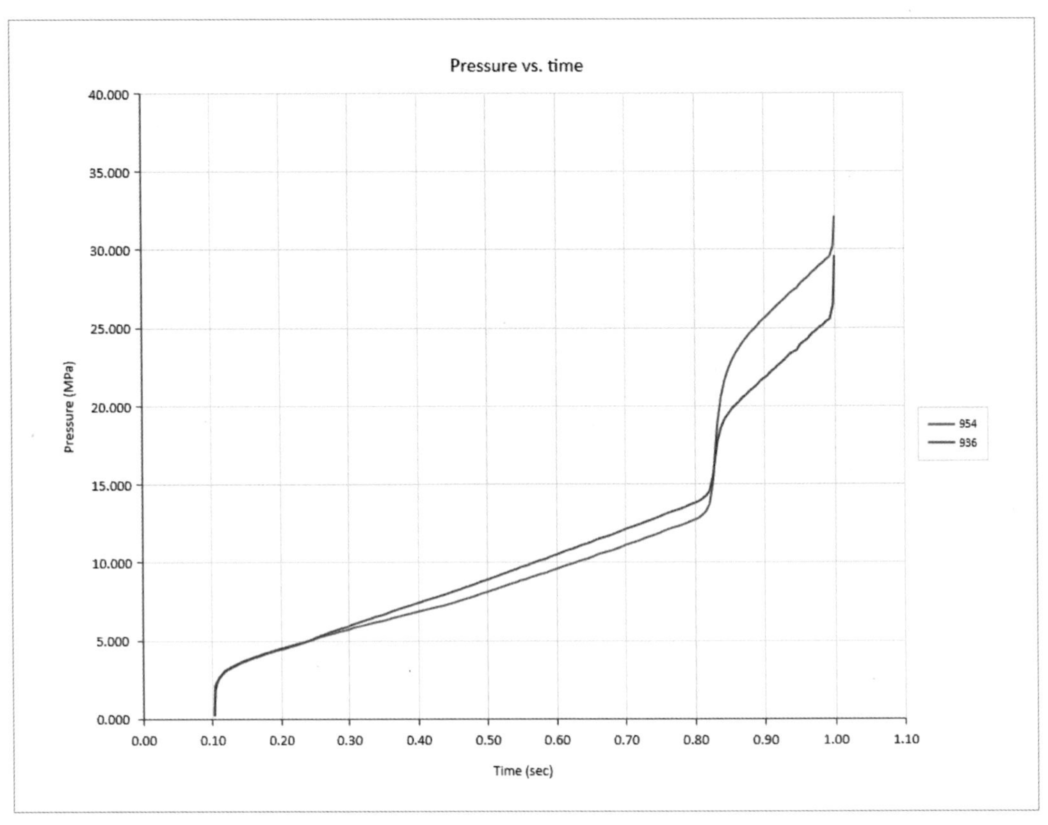

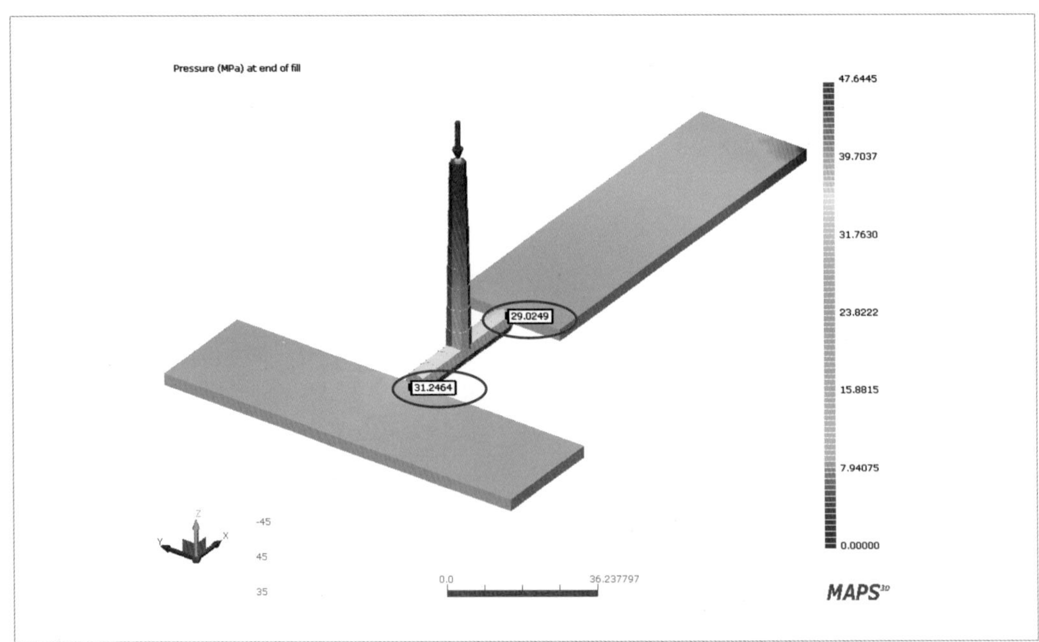

게이트에서의 Pressure vs. time 결과

- 게이트가 여러 개 존재하는 경우에는 각 게이트에서의 압력이 같도록 유지하는 것을 추천한다. 금형에서 각 게이트의 압력이 유사하게 유지되면 캐비티 내부에 전달되는 압력도 유사해져 수축률 차이가 최소화되며, 이는 두 성형품의 치수가 유사해지는 것을 의미한다.

따라하기

01 형상 정보

형상 정보 및 수지 주입구 위치

02 실습 요약

Project 이름	3-3
해석 종류	CIM - CIM : Flow
파일	〈MAPS3D folder〉\Tutorial\Model\Holden Mark.go4
수지	ABS/SABIC Innovative Plastics USA/Cycolac CTR52
금형 온도	60℃
사출 온도	225℃
충전 시간	1sec
수지 주입구 (좌표)	2점 (-21.68, 1.24, 0.03), (22.11, -2.09, 0.12)

03 작업 순서

❶ Workspace 생성

- Workspace 이름 : Follow_Project

(동일명의 Workspace가 이미 존재하는 경우에는 Workspace 생성은 생략 가능하다.)

❷ Project 생성

- Project 이름 : 3-3
- 해석 종류 : CIM - CIM : Flow

- 파일 : Holden Mark.go4

❸ Project 열기

❹ 수지 선정

- 수지 : ABS/SABIC Innovative Plastics USA/Cycolac CTR52

❺ 수지 주입구 설정

- 수지 주입구 : 2점 (앞 쪽 그림 형상 정보 및 수지 주입구 위치 참조)

❻ 사출 조건 설정

- 금형 온도 : 60℃
- 사출 온도 : 225℃
- 충전 시간 : 1sec

❼ 해석 수행

❽ 결과 확인

- Flow pattern
- Entrance pressure vs. time

4절 웰드 라인

- Visibility 옵션을 사용할 수 있다.
- Weld line의 발생 원인을 이해할 수 있다.
- Weld line의 가시화에 영향을 주는 여러 요인을 이해할 수 있다.
- Weld line이 발생한 부위의 강도를 이해할 수 있다.
- Air trap의 발생 원인과 이에 따른 불량을 이해할 수 있다.

실습 요약

Project 이름	Flow_weld
해석 종류	CIM – CIM : Flow
파일	〈MAPS3D folder〉\Tutorial\Model\Hesitation.go4
수지	ABS/LG Chemical/HF-380G
금형 온도	50℃
사출 온도	220℃
충전 시간	1sec
수지 주입구 (좌표)	2점(–60, 1, 1.25), (–60, –1, 1.25)

4-1 수행 순서

(1) Project 생성

❶ Menu에서 Home ➡ Project : New를 선택한다.

❷ Project Name에 'Flow_weld'를 입력한다.

❸ Analysis Type에서 CIM – CIM : Flow를 선택한다.

❹ Mesh File에서 Set를 클릭하고 아래 경로의 파일을 선택한다.

- 〈MAPS3D folder〉\Tutorial\Model\Hesitation.go4

❺ OK를 클릭한다.

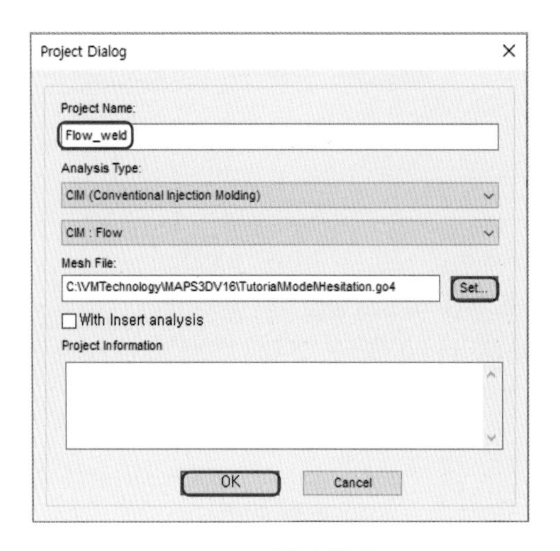

Project 입력 화면

(2) Project 활성화

❶ Project 이름을 선택하고 오른쪽 마우스를 클릭하여 'Set Current'를 선택한다.

- Project 이름을 더블 클릭해도 동일한 효과를 볼 수 있다.

(3) 수지 선정

❶ Boundary conditions 탭을 선택한다.

❷ Material에서 Set Material을 선택하면 Material Dialog 창이 나타난다.

❸ Set를 클릭한다.

❹ 새로운 창이 생성되면 Search를 선택한다.

❺ String에서 'HF-380G'를 입력한다.

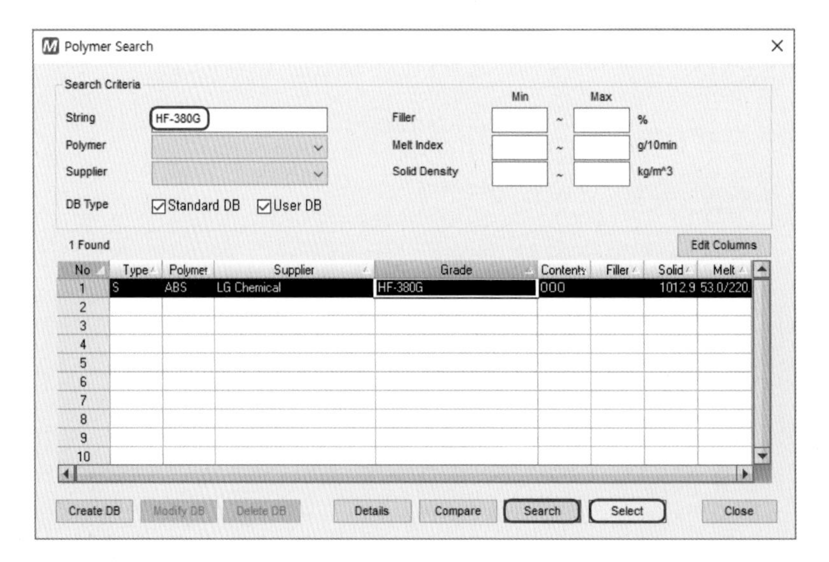

수지 선정 화면

⑥ Search를 클릭한다.

⑦ 'HF-380G' 수지를 선택한다.

⑧ Select를 클릭한다.

(4) 사출 조건 설정

① Boundary Conditions 창에서 Processing conditions ➡ Set Processing ➡ Set를 선택한다.

② Mold temperature는 '50'을 입력한다.

③ Melt temperature는 '220'을 입력한다.

④ Filling time은 '1'을 입력한다.

⑤ OK를 클릭한다.

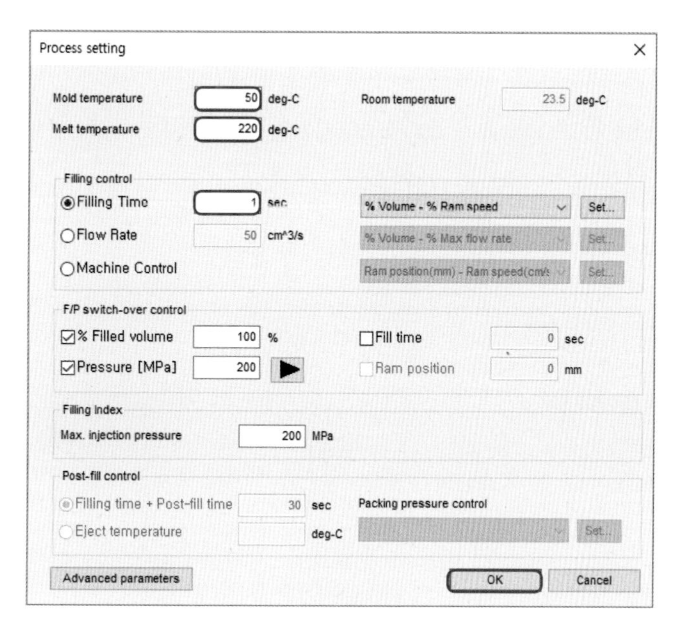

사출 조건 설정

(5) 수지 주입구 설정

① Boundary Conditions 창에서 Polymer Entrance를 선택한다.

② 오른쪽 마우스를 클릭하여 Set coordinates entrance를 선택한다.

③ 수지 주입구 2점 좌표를 입력한다.

- (−60, 1, 1.25)
- (−60, −1, 1.25)

Tip 수지 주입구 위치가 올바르게 설정되었는지 확인하기 위해서는 Menu에서 Utility ➡ List : Node를 선택하여 수지 주입구에 해당하는 Node를 선택하면 Output 창에서 Node 좌표를 확인할 수 있다.

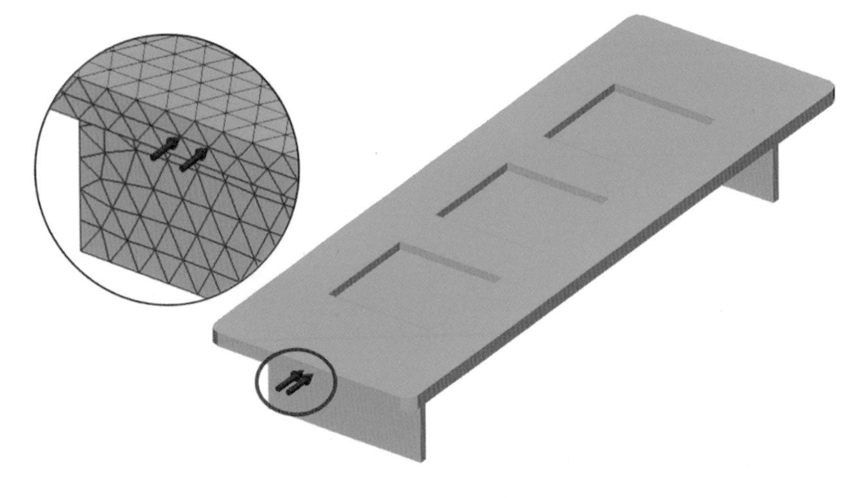

수지 주입구 설정

(6) 해석 수행

① Menu에서 Home ➡ Analysis : Job Manager를 클릭한다.

② Flow_weld를 클릭 후 [>]를 선택하여 해석 대기 리스트에 추가한다.

③ Run을 선택하여 해석을 진행한다.

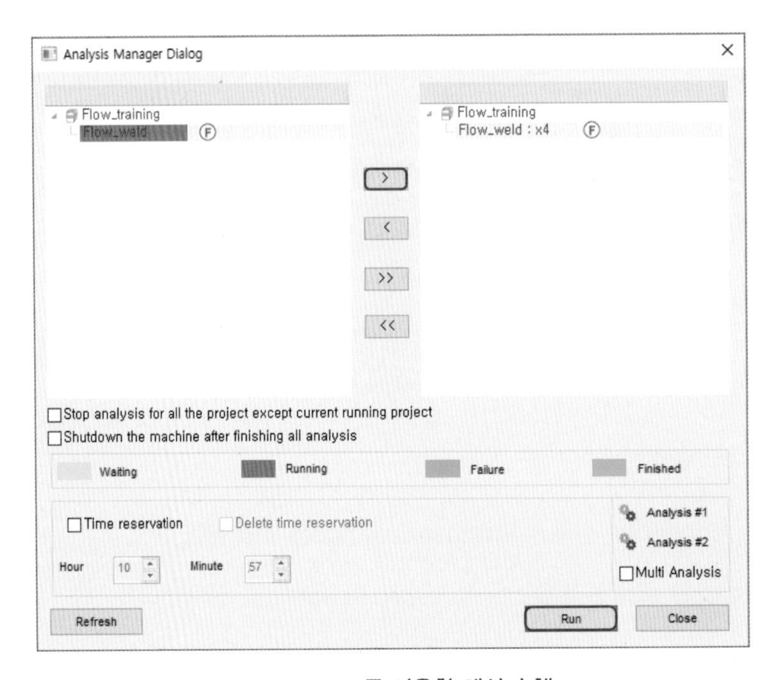

Job Manager를 이용한 해석 수행

(7) Visibility 설정

Visibility는 화면에 표시되는 Node, Element, Feature line, 수지 주입구 등의 Entity와 Modeler에서 분리한 Layer의 표시를 설정할 수 있다.

❶ Visibility ➡ Entity ➡ Part Feature line을 클릭하여 체크상태로 만든다.

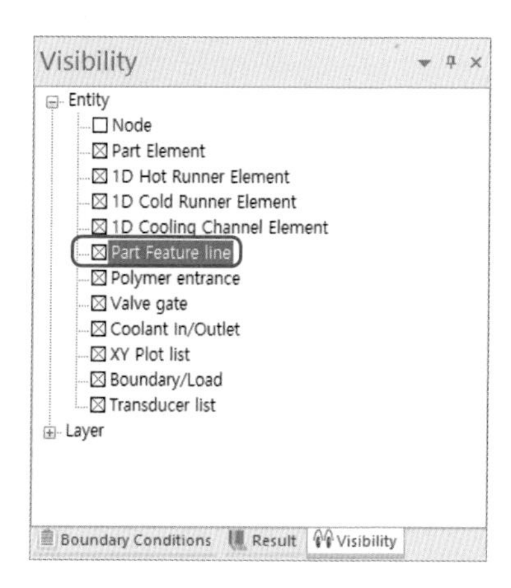

Visibility 설정

4-2 결과 분석

(1) Flow pattern

❶ Result에서 Flow ➡ End of analysis ➡ Flow pattern을 선택한다.

- 제품 두께 차이가 있을 경우 유동 속도가 차이 나는 것을 확인할 수 있다.

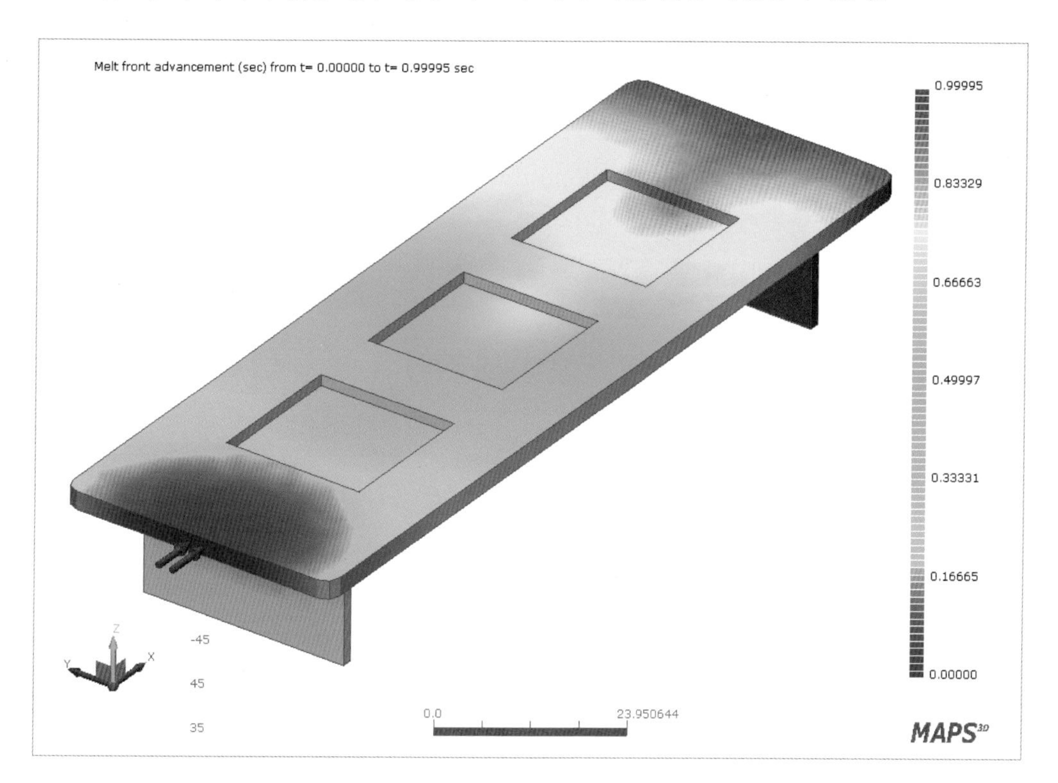

Flow pattern 결과

(2) Weld line

❶ Result에서 Flow ➡ Weld result ➡ Weld line을 선택한다.

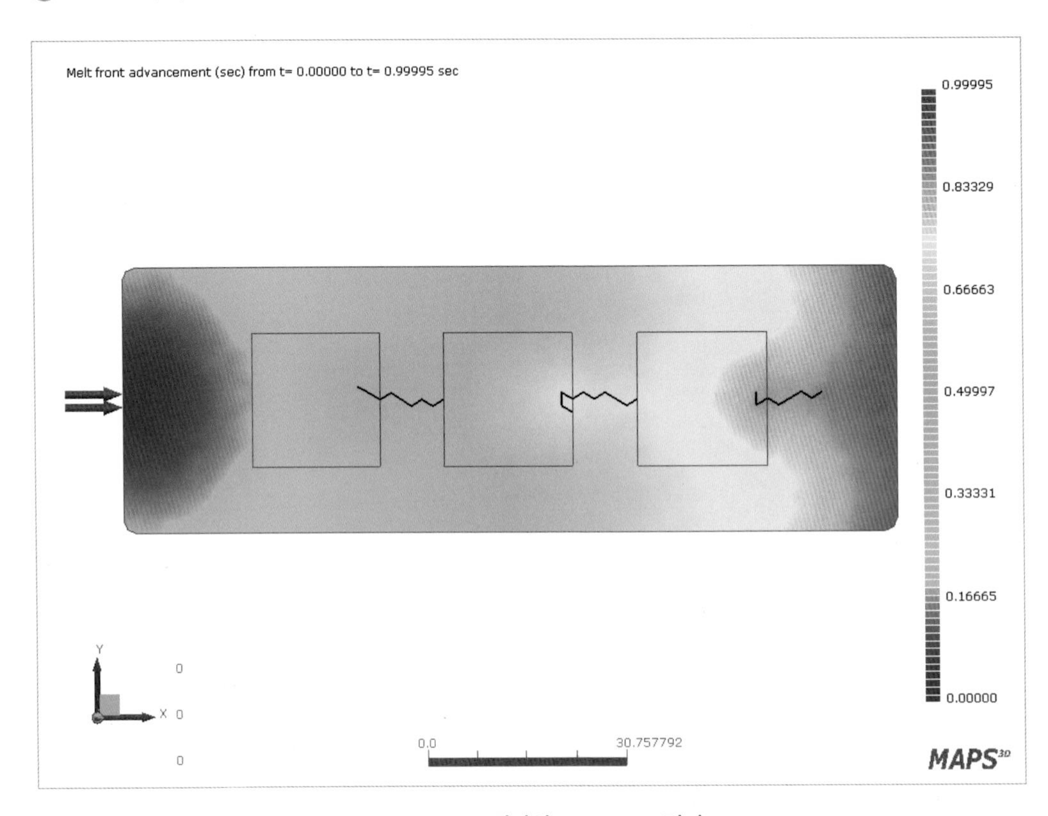

Flow pattern 결과와 Weld line 결과

- Weld line 결과는 Flow pattern 결과와 함께 확인할 수 있다. 제품의 두께 차이로 인해 유동 속도가 차이가 발생하며 이로 인한 Weld line이 형성되는 과정을 확인할 수 있다.
- Weld line은 일반적으로 금형 내에서 2개 이상의 유동 선단이 만날 때 생성되며, 게이트가 여러 개 있거나 금형 내부에 홀 등과 같은 개구부(Opening)가 있는 경우, 그리고 제품의 살두께 차이가 있을 때 나타난다.
- 2개 이상의 유동 선단이 만난다고 해서 반드시 Weld line이 눈에 띄는 것은 아니다. 실험에 의하면 유동선단의 각도가 약 135도보다 작을 때 눈에 잘 띄는 것으로 알려져 있다. 또한 Weld line을 판단하는 작업자 또는 수지 색상에 따라 정도의 차이가 발생할 수 있다. 보다 정확한 Weld line의 평가를 위해서는 실험과 해석 결과를 상시 비교하는 것을 추천한다. 해석 결과의 경우 유한 요소 품질이 좋지 않으면 Weld line의 예측이 부정확할 수 있다.

Weld line 부위의 강도는 유리 섬유가 첨가되지 않은 PC나 PA66은 크게 저하되지 않지만 그 외 수지는 약 25% 정도 낮아지며, 안료, 난연제, 윤활제 등이 포함되면 강도는 더욱 낮아진다. 유리 섬유가 첨가된 수지의 경우 일반적으로 많이 사용되는 GF30%에 대해 약 50% 수준의 강도를 보인다.

유리 섬유 보강 수지에 대한 강도

수지	GF함량(%)	인장강도(%)
PSU	30	62
SAN	30	30
PP	20	67
PP	30	64
PPS	10	38
PPS	40	20
PA66	10	90
PA66	30	60

(3) Air trap

1. Result에서 Flow ➡ End of analysis ➡ Air trap을 선택한다.
2. Result에서 Flow ➡ End of analysis ➡ Flow pattern을 선택한다.
3. Menu에서 Shading Plot ➡ Shading ➡ Front를 선택한다.
4. Menu에서 Shading Plot ➡ Etc ➡ Color Number ➡ '80'을 입력한다.

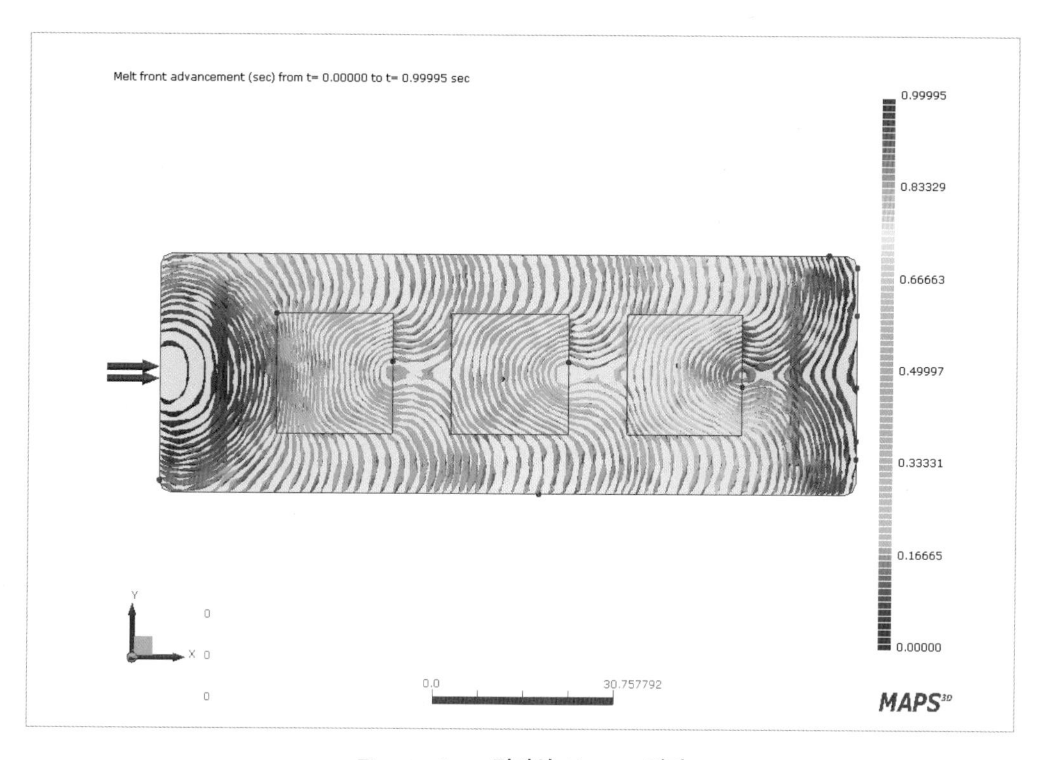

Flow pattern 결과와 Air trap 결과

- Air trap은 금형 내의 공기가 Air vent로 빠져 나가지 못하고 금형 내에 갇히는 현상으로 미성형이나 탄화, 사출 압력 상승의 원인이 된다. Air trap은 게이트 위치 또는 제품 두께 변경을 통해 해결할 수 있다. 또한 Air trap이 발생하는 위치에 Air vent를 설치하여 처리할 수도 있다.

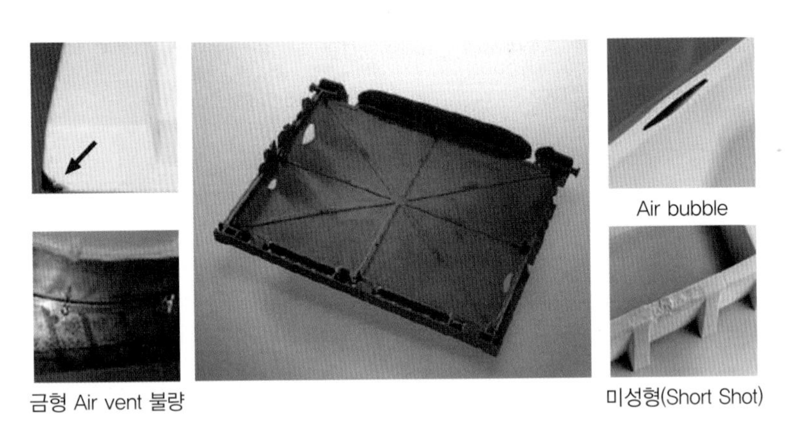

Air trap에 의한 불량

- 가스빼기를 위해 캐비티와 직접적으로 연결되는 Air vent의 깊이는 각 수지의 입자 크기를 고려하여 설계한다. Land 구간은 제품 성형 시 플래시가 생기지 않을 정도의 깊이로 설계하며, 그 외 부분은 가스가 금형 외부로 잘 빠져나갈 수 있게 1~3mm 정도로 깊게 설계한다.

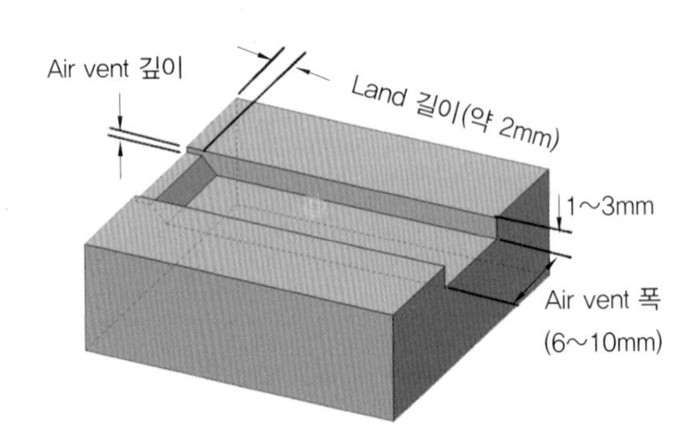

수지별 Air vent 깊이 (단위: μm)

Material	성형 부품	Runner부
PA, PBT, PPS, LCP, TPE	5~10	10~15
PP, PE, POM, PVC(연질)	10~20	15~25
PS, AS, ABS, PMMA, m-PPE, PC, PVC(경질)	20~30	30~40

가스빼기 설계

- 제품 중심부나 금형에 Air vent를 설치할 수 없는 경우 Air vent를 가진 Straight core pin을 사용한다.

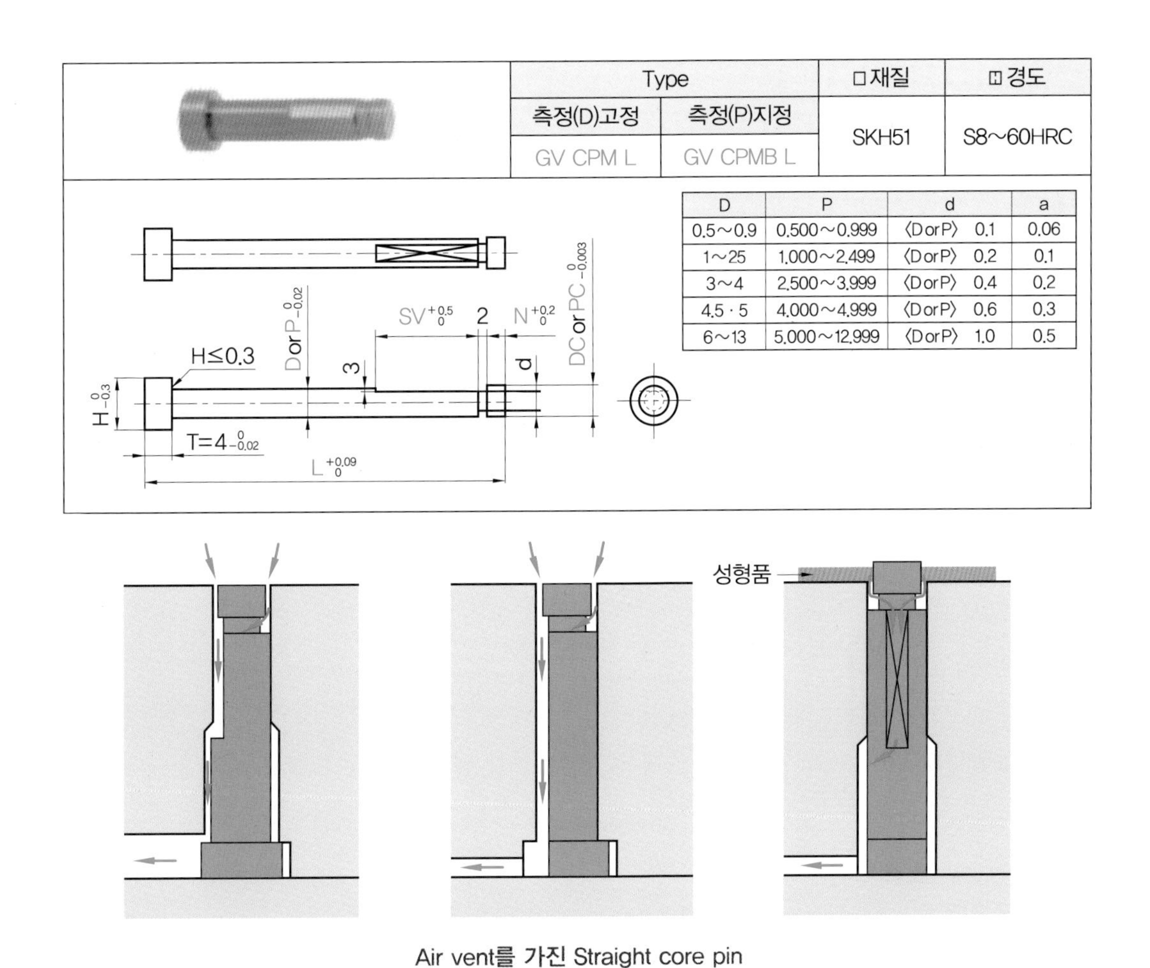

Type		재질	경도
측정(D)고정	측정(P)지정	SKH51	S8~60HRC
GV CPM L	GV CPMB L		

D	P	d	a
0.5~0.9	0.500~0.999	〈D or P〉 0.1	0.06
1~25	1.000~2.499	〈D or P〉 0.2	0.1
3~4	2.500~3.999	〈D or P〉 0.4	0.2
4.5 · 5	4.000~4.999	〈D or P〉 0.6	0.3
6~13	5.000~12.999	〈D or P〉 1.0	0.5

Air vent를 가진 Straight core pin

따라하기

01 형상 정보

형상 정보 및 수지 주입구 위치

02 실습 요약

Project 이름	3-4
해석 종류	CIM - CIM : Flow
파일	〈MAPS3D folder〉\Tutorial\Model\pin_gate.go4
수지	ABS/Lotte Advanced Materials/Starex MP0660
금형 온도	60℃
사출 온도	225℃
충전 시간	2sec
수지 주입구	1점

03 작업 순서

❶ Workspace 생성

- Workspace 이름 : Follow_Project
  (동일명의 Workspace가 이미 존재하는 경우에는 Workspace 생성은 생략 가능하다.)

❷ Project 생성

- Project 이름 : 3-4
- 해석 종류 : CIM - CIM : Flow
- 파일 : pin_gate.go4

❸ Project 열기

❹ 수지 선정

- 수지 : ABS/Lotte Advanced Materials/Starex MP0660

❺ 수지 주입구 설정

- 수지 주입구 : 1점 (스프루 끝단, 앞 쪽 그림 형상 정보 및 수지 주입구 위치 참조)

❻ 사출 조건 설정

- 금형 온도 : 60℃
- 사출 온도 : 225℃
- 충전 시간 : 2sec

❼ 해석 수행

❽ 결과 확인

- Flow pattern
- Weld line
- Air trap

5절 핫 러너

- 충전 말단 영역을 확인할 수 있다.
- 유동거리와 캐비티 밸런스의 상관관계를 이해할 수 있다.
- 유동거리가 사출 압력에 미치는 영향을 이해할 수 있다.
- 사출 압력에 영향을 미치는 요소를 이해할 수 있다.
- 핫 러너 금형을 이해할 수 있다.

실습 요약

Project 이름	hot_runner
해석 종류	CIM – CIM : Flow
파일	〈MAPS3D folder〉\Tutorial\Model\hot_runner_New.go4
수지	PP/LG Chemical/Lupol HI-5302R
금형 온도	45℃
사출 온도	220℃
충전 시간	1sec
수지 주입구	1점

5-1 수행 순서

(1) Project 생성

❶ Menu에서 Home ➡ Project : New를 선택한다.

❷ Project Name에 'hot_runner'를 입력한다.

❸ Analysis Type에서 CIM – CIM : Flow를 선택한다.

❹ Mesh File에서 Set를 클릭하고 다음 경로의 파일을 선택한다.
- 〈MAPS3D folder〉\Tutorial\Model\hot_runner_New.go4

❺ OK를 클릭한다.

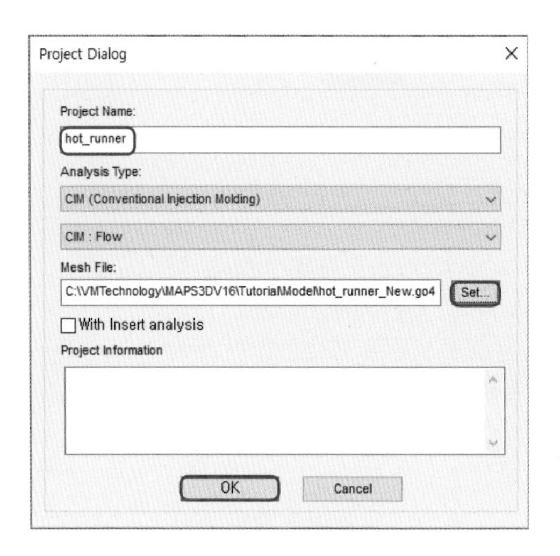

Project 입력 화면

(2) Project 활성화

❶ Project 이름을 선택하고 오른쪽 마우스를 클릭하여 'Set Current'를 선택한다.

- Project 이름을 더블 클릭해도 동일한 효과를 볼 수 있다.

(3) 수지 선정

❶ Boundary conditions 탭을 선택한다.

❷ Material에서 Set Material을 선택하면 Material Dialog 창이 나타난다.

❸ Set를 클릭한다.

❹ 새로운 창이 생성되면 Search를 선택한다.

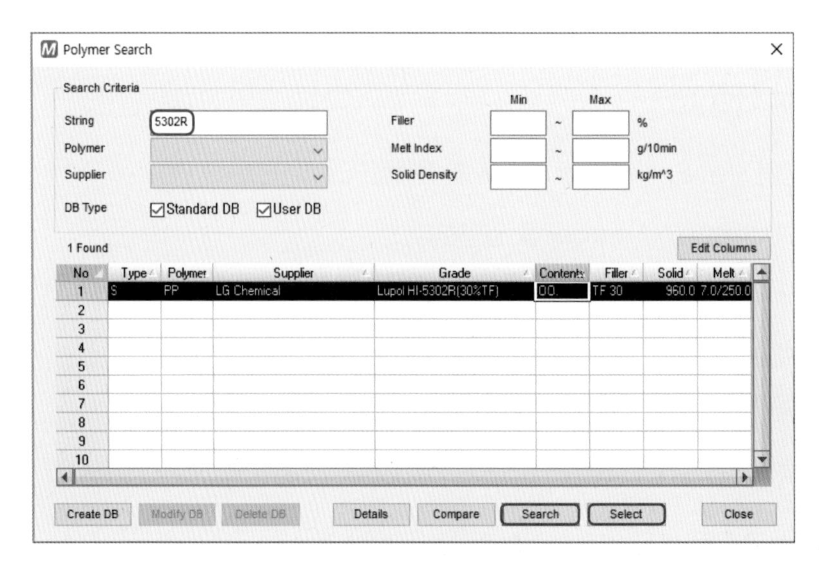

수지 선정 화면

⑤ String에서 '5302R'을 입력한다.

⑥ Search를 클릭한다.

⑦ 'Lupol HI-5302R(30%TF)' 수지를 선택한다.

⑧ Select를 클릭한다.

(4) 사출 조건 설정

① Boundary Conditions 창에서 Processing conditions ➡ Set Processing ➡ Set를 선택한다.

② Mold temperature는 '45'를 입력한다.

③ Melt temperature는 '220'을 입력한다.

④ Filling time은 '1'을 입력한다.

⑤ OK를 클릭한다.

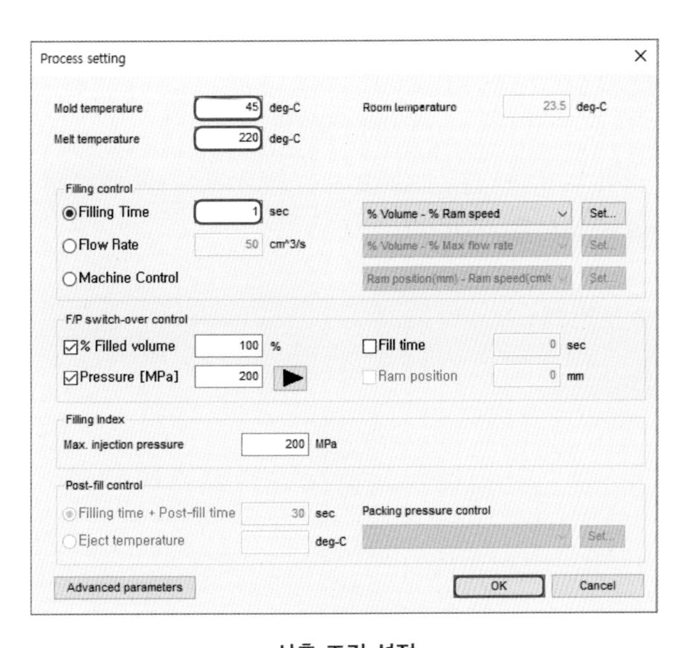

사출 조건 설정

(5) 수지 주입구 설정

① Boundary Conditions 창에서 Polymer Entrance를 선택한다.

② 오른쪽 마우스를 클릭하여 Set polymer entrance를 선택한다.

③ 스프루의 끝단을 마우스로 클릭하여 수지 주입구를 설정한다.

④ 마우스 휠 버튼을 클릭하여 설정을 종료한다.

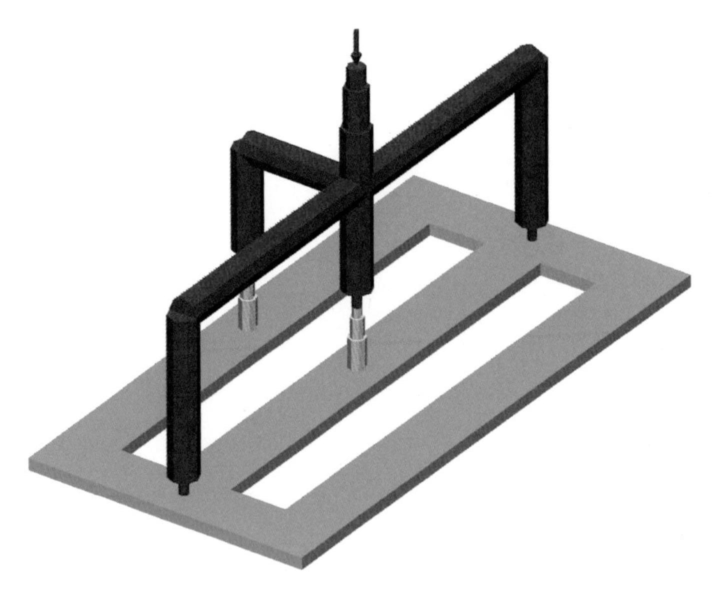

수지 주입구 설정

(6) 해석 수행

❶ Menu에서 Home ➡ Analysis : Job Manager를 클릭한다.

❷ hot_runner를 클릭 후 [>] 를 선택하여 해석 대기 리스트에 추가한다.

❸ Run을 선택하여 해석을 진행한다.

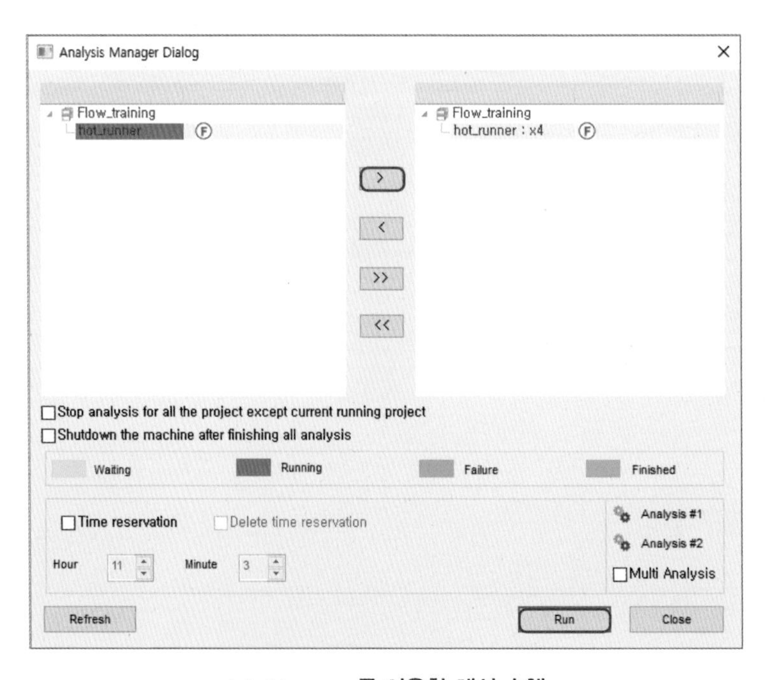

Job Manager를 이용한 해석 수행

5-2 결과 분석

(1) Flow pattern

① Result에서 Flow ➡ End of analysis ➡ Flow pattern을 선택한다.

- 성형품의 상단이 충전 완료되었을 때 하단은 아직 충전되지 않았음을 확인할 수 있다.

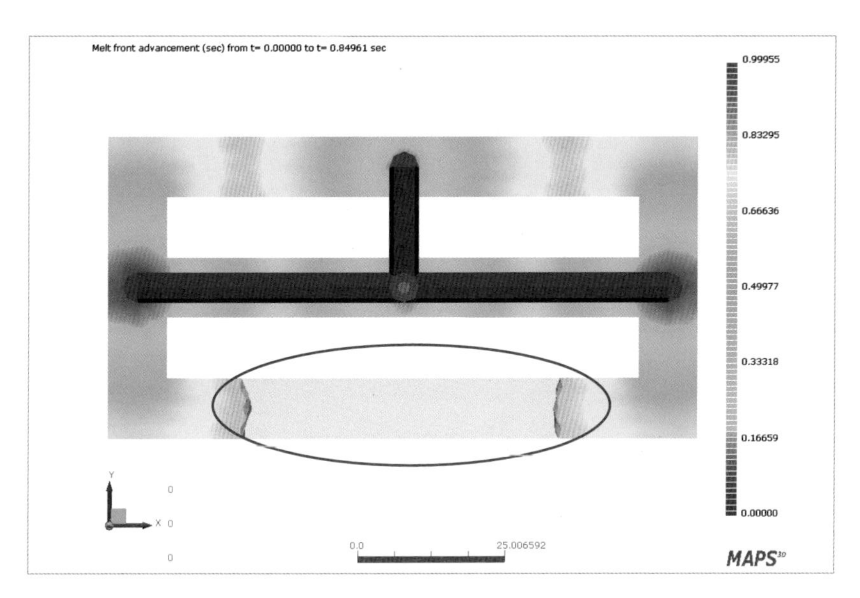

Flow pattern 결과

(2) Pressure loss

① Result에서 Flow ➡ Melt front result ➡ Pressure loss를 선택한다.

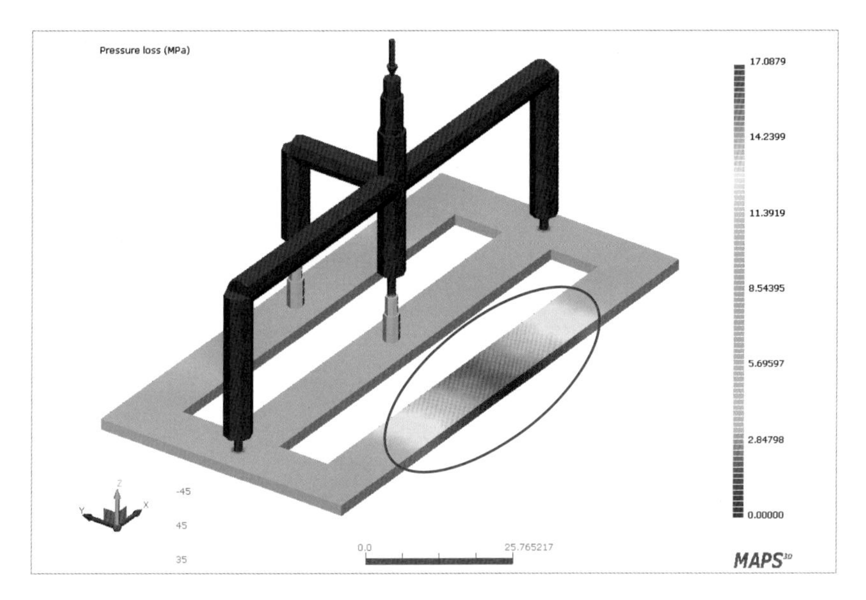

Pressure loss 결과

- Pressure loss 결과는 수지가 도달하기 위해서 어느 정도의 압력이 필요한가를 보여주는 결과이다. 결과 값이 완만하게 증가하면 균형 충전이라는 것을 의미하며 특정 부위의 Pressure loss가 급격하게 나타나면 충전 불균형 발생 가능성이 있을 수 있다.

(3) Entrance pressure vs. time

❶ Result에서 Flow ➡ Summary plot ➡ Entrance pressure vs. time을 선택한다.

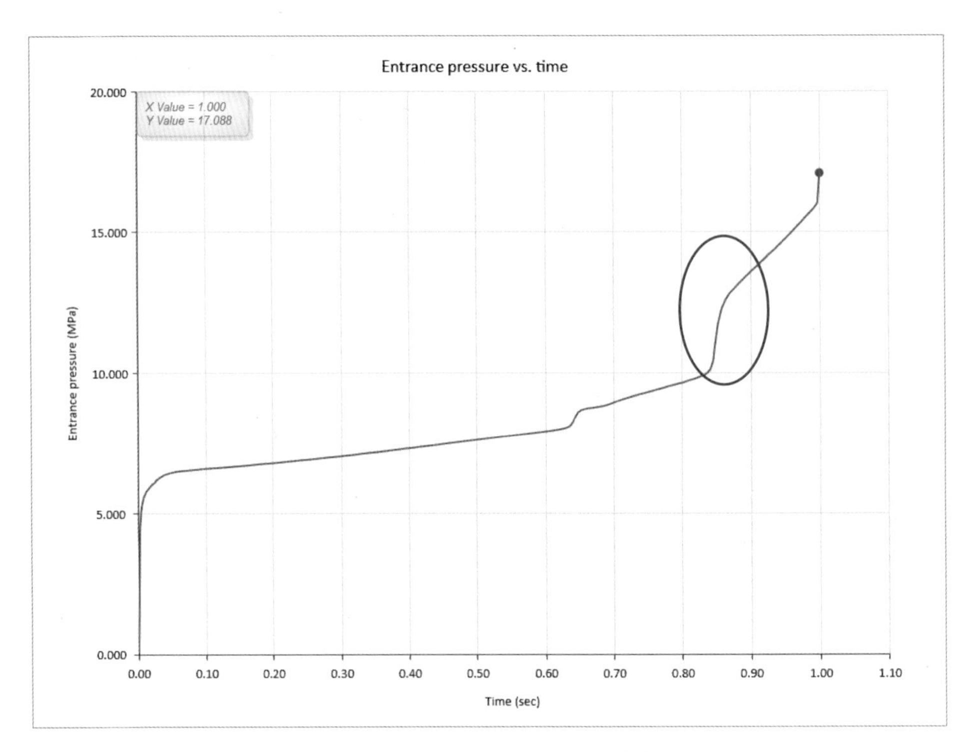

Entrance pressure vs. time 결과

- 제품의 상단이 먼저 충전되었으며, 나머지 하단을 채우기 위해 Pressure가 급격하게 상승함을 확인할 수 있다.

따라하기

01 형상 정보

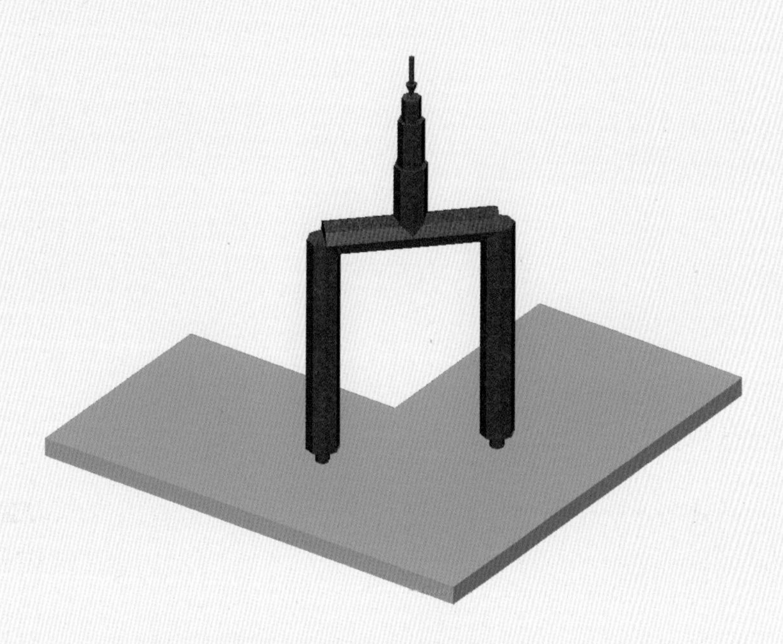

형상 정보 및 수지 주입구 위치

02 실습 요약

Project 이름	3-5
해석 종류	CIM – CIM : Flow
파일	〈MAPS3D folder〉\Tutorial\Model\valve_gate.go4
수지	PC+ABS/LG Chemical/Lupoy NS-5000
금형 온도	70℃
사출 온도	260℃
충전 시간	1sec
수지 주입구	1점

03 작업 순서

❶ Workspace 생성

- Workspace 이름 : Follow_Project

(동일명의 Workspace가 이미 존재하는 경우에는 Workspace 생성은 생략 가능하다.)

❷ Project 생성
- Project 이름 : 3-5
- 해석 종류 : CIM - CIM : Flow
- 파일 : valve_gate.go4

❸ Project 열기

❹ 수지 선정
- 수지 : PC+ABS/LG Chemical/Lupoy NS-5000

❺ 수지 주입구 설정
- 수지 주입구 : 1점 (스프루 끝단, 앞 쪽 그림 형상 정보 및 수지 주입구 위치 참조)

❻ 사출 조건 설정
- 금형 온도 : 70℃
- 사출 온도 : 260℃
- 충전 시간 : 1sec

❼ 해석 수행

❽ 결과 확인
- Flow pattern
- Pressure loss
- Entrance pressure vs. time

6절 밸브 게이트

- 오픈/밸브 타입의 핫 러너 금형을 이해할 수 있다.
- 밸브 게이트의 응용 분야를 이해할 수 있다.
- 밸브 게이트로 시퀀스 제어를 이해할 수 있다.
- 밸브 게이트 사용 시 금형 내압의 변화를 이해할 수 있다.

실습 요약

Project 이름		Valve_test_open	Valve_test_time	Valve_test_mf	Valve_test_sensor
해석 종류		CIM – CIM : Flow			
파일		〈MAPS3D folder〉\Tutorial\Model\Valve_test_new.go4			
수지		PC/SABIC Innovative Plastics USA/Lexan 3412(20%GF) (Fiber 라이선스가 없는 경우, 다른 수지로 대체 가능)			
금형 온도		97.5℃			
사출 온도		327.5℃			
충전 시간		1sec			
수지 주입구		1점			
밸브 게이트	초기 설정	Open	Close		
	Step 1	–	Open – 0.3 sec	Automatic open with melt front	Automatic open with sensor (613, 2623)

6-1 수행 순서

(1) Project 생성

❶ Menu에서 Home ➡ Project : New를 선택한다.

❷ Project Name에 'Valve_test_open'을 입력한다.

❸ Analysis Type에서 CIM – CIM : Flow를 선택한다.

❹ Mesh File에서 Set를 클릭하고 다음 경로의 파일을 선택한다.

- 〈MAPS3D folder〉\Tutorial\Model\Valve_test_new.go4

❺ OK를 클릭한다.

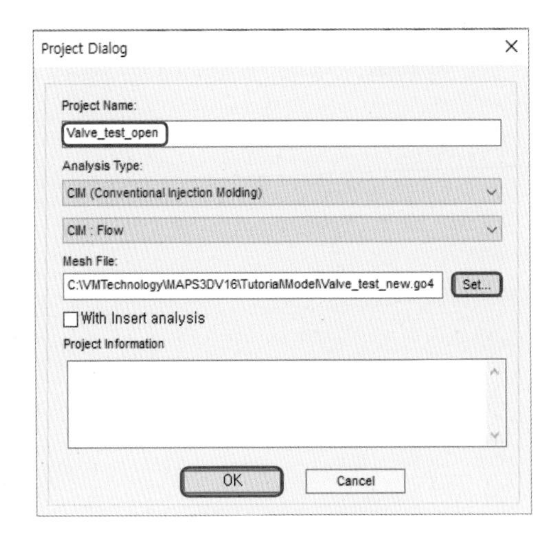

Project 입력 화면

(2) Project 활성화

❶ Project 이름을 선택하고 오른쪽 마우스를 클릭하여 'Set Current'를 선택한다.

- Project 이름을 더블 클릭해도 동일한 효과를 볼 수 있다.

(3) 수지 선정

❶ Boundary conditions 탭을 선택한다.

❷ Material에서 Set Material을 선택하면 Material Dialog 창이 나타난다.

❸ Set를 클릭한다.

❹ 새로운 창이 생성되면 Search를 선택한다.

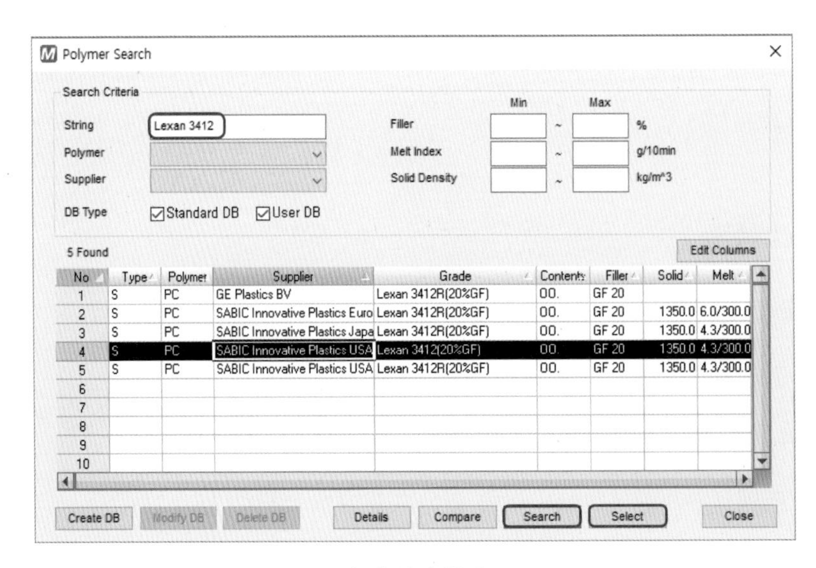

No	Type	Polymer	Supplier	Grade	Content	Filler	Solid	Melt
1	S	PC	GE Plastics BV	Lexan 3412R(20%GF)	00.	GF 20		
2	S	PC	SABIC Innovative Plastics Euro	Lexan 3412R(20%GF)	00.	GF 20	1350.0	6.0/300.0
3	S	PC	SABIC Innovative Plastics Japa	Lexan 3412R(20%GF)	00.	GF 20	1350.0	4.3/300.0
4	S	PC	SABIC Innovative Plastics USA	Lexan 3412(20%GF)	00.	GF 20	1350.0	4.3/300.0
5	S	PC	SABIC Innovative Plastics USA	Lexan 3412R(20%GF)	00.	GF 20	1350.0	4.3/300.0
6								
7								
8								
9								
10								

수지 선정 화면

⑤ String에서 'Lexan 3412'를 입력한다.

⑥ Search를 클릭한다.

⑦ 'SABIC Innovative Plastics USA, Lexan 3412(20%GF)' 수지를 선택한다.

⑧ Select를 클릭한다.

(4) 사출 조건 설정

① Boundary Conditions 창에서 Processing conditions ➡ Set Processing ➡ Set를 선택한다.

② Mold temperature는 '97.5'를 입력한다.

③ Melt temperature는 '327.5'를 입력한다.

④ Filling time은 '1'을 입력한다.

⑤ OK를 클릭한다.

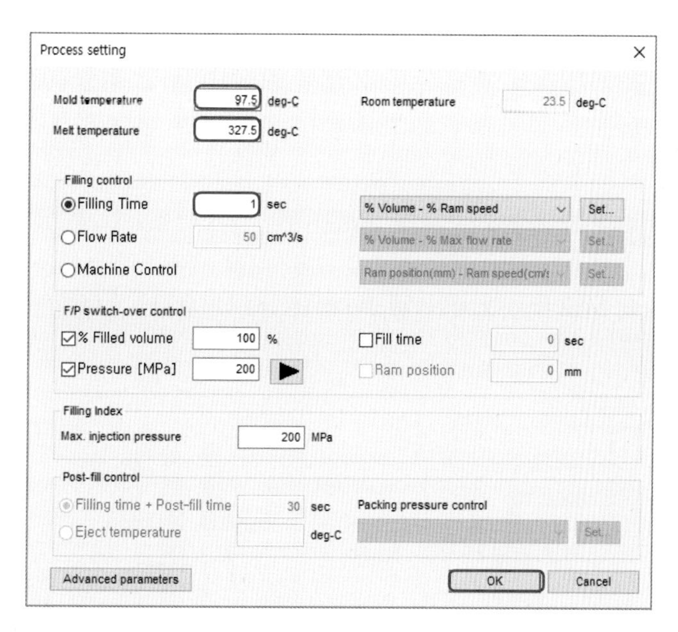

사출 조건 설정

(5) 수지 주입구 설정

① Boundary Conditions 창에서 Polymer Entrance를 선택한다.

② 오른쪽 마우스를 클릭하여 Set polymer entrance를 선택한다.

③ 스프루의 끝단을 마우스로 클릭하여 수지 주입구를 설정한다.

④ 마우스 휠 버튼을 클릭하여 설정을 종료한다.

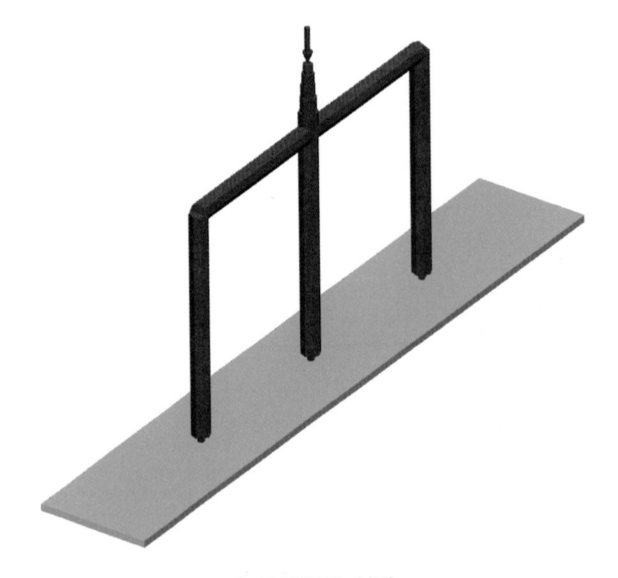

수지 주입구 설정

(6) 밸브 게이트 설정

오픈 타입의 핫 러너 금형은 게이트 부의 실링 제어가 어렵고 취출 시 게이트 자국이 크게 남을 수 있으며, 또한 게이트 부분이 완전히 고화되지 않아 게이트 부근에서 수지가 늘어지는 현상이 나타날 수 있다.

밸브 타입의 핫 러너 금형은 노즐 내의 밸브가 위/아래로 움직일 수 있도록 조정이 가능하다. 사출 시에는 밸브가 위로 이동하여 유로가 확보되며, 취출 시에는 밸브가 아래로 이동하여 유로를 차단한다. 또한 게이트 부근이 완전히 고화되므로 수지가 늘어지는 현상은 나타나지 않는다.

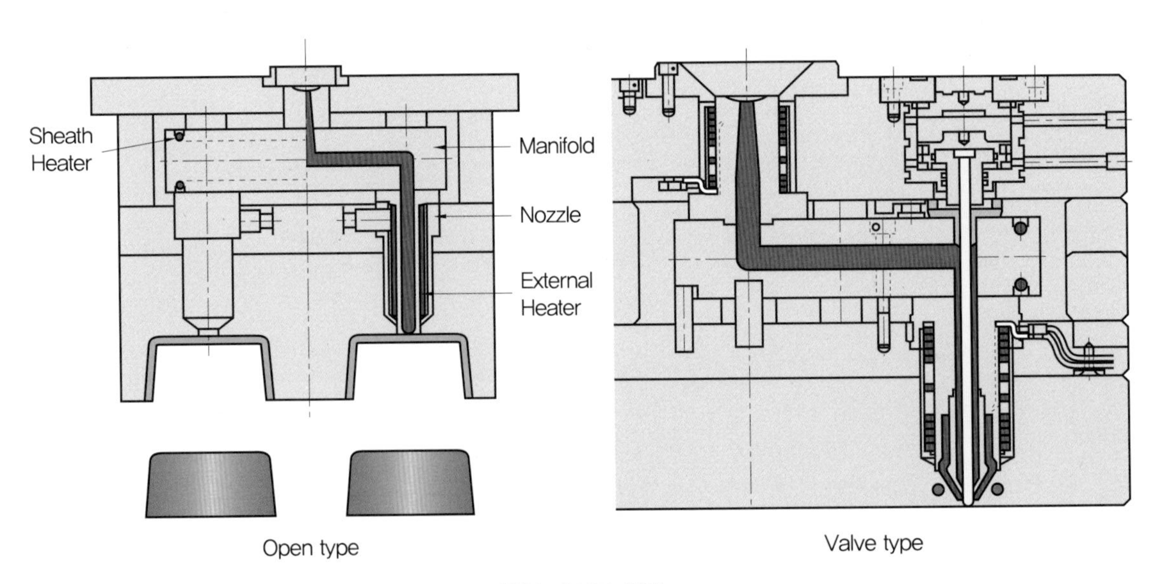

밸브 게이트 타입

밸브 게이트를 설정 – Open

❶ Boundary Conditions에서 Valve Gate Entrance ➡ Set valve gate entrance ➡ 설정할 게이트를 선택한다.

❷ 다음과 같이 각각의 밸브 게이트를 설정한다.
- V1 : Initial status – Open
- V2 : Initial status – Open
- V3 : Initial status – Open

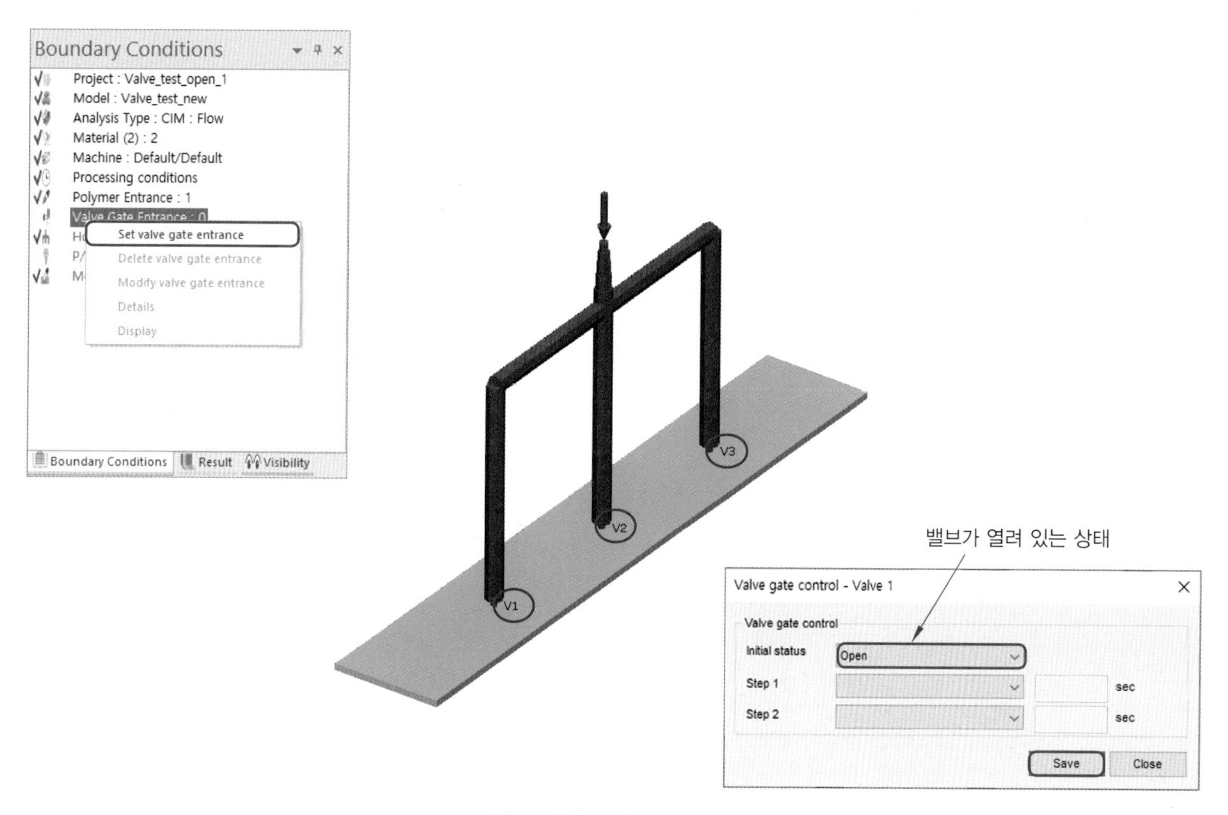

밸브 게이트 설정 – Open

밸브 게이트 설정 – time

❶ Project를 복사한다. 복사할 Project의 이름은 Valve_test_time으로 변경한다.

❷ Boundary Conditions에서 Valve Gate Entrance ➡ Modify valve gate entrance ➡ 설정할 게이트를 선택한다.

❸ 다음과 같이 각각의 밸브 게이트를 설정한다.
- V1 : Initial status – Close, Step 1 – Open (0.3sec)
- V2 : Initial status – Open
- V3 : Initial status – Close, Step 1 – Open (0.3sec)

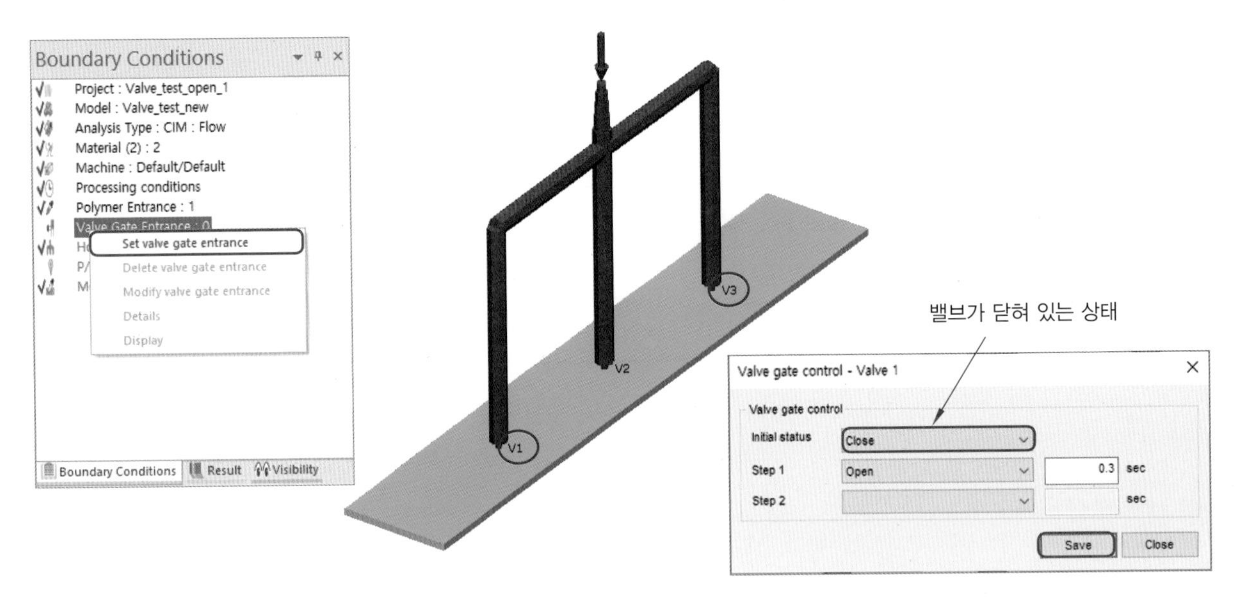

밸브 게이트 설정 – Time

● 밸브 게이트 설정 – Automatic open with melt front

① Project를 복사한다. 복사할 Project의 이름은 Valve_test_mf로 변경한다.

② Boundary Conditions에서 Valve Gate Entrance ➡ Modify valve gate entrance ➡ 설정할 게이트를 선택한다.

③ 다음과 같이 각각의 밸브 게이트를 설정한다.

- V1 : Initial status – Close, Step 1 – Automatic open with melt front
- V2 : Initial status – Open
- V3 : Initial status – Close, Step 1 – Automatic open with melt front

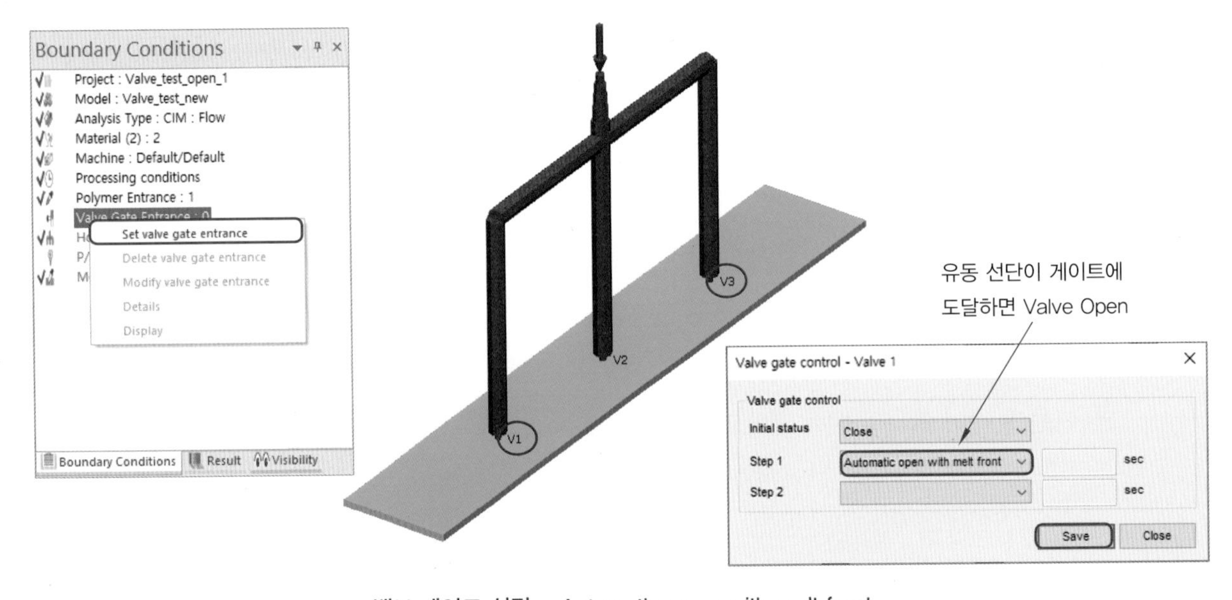

밸브 게이트 설정 – Automatic open with melt front

● **밸브 게이트 설정 – Automatic open with sensor**

① Project를 복사한다. 복사할 Project의 이름은 Valve_test_sensor로 변경한다.

② Boundary Conditions에서 Valve Gate Entrance ➡ Modify valve gate entrance ➡ 설정할 게이트를 선택한다.

③ 아래와 같이 각각의 밸브 게이트를 설정한다.

- V1 : Initial status – Close, Step 1 – Automatic open with sensor (613 Node ID)
- V2 : Initial status – Open
- V3 : Initial status – Close, Step 1 – Automatic open with sensor (2623 Node ID)

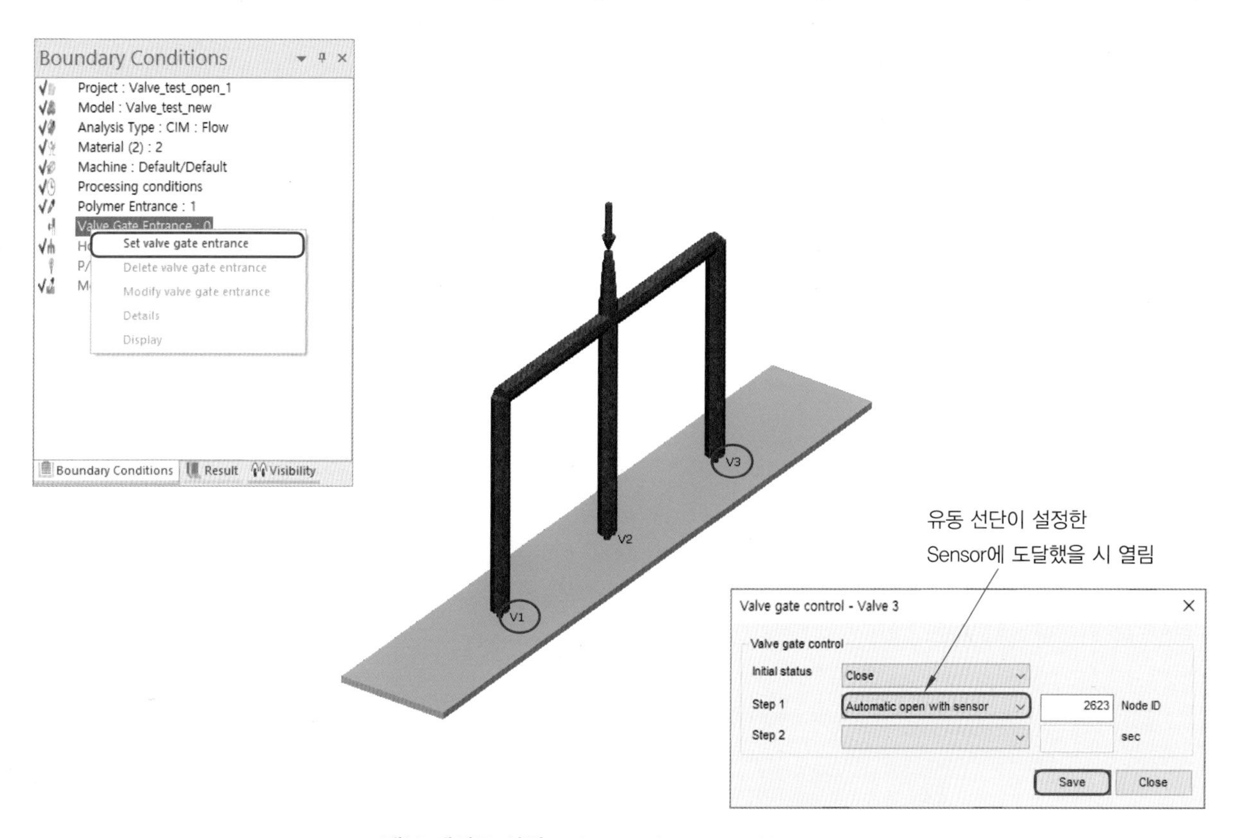

밸브 게이트 설정 – Automatic open with sensor

(7) 해석 수행

① Menu에서 Home ➡ Analysis : Job Manager를 클릭한다.

② Valve_test_open/time/mf/sensor를 클릭 후 [>] 를 선택하여 해석 대기 리스트에 추가한다.

③ Run을 선택하여 해석을 진행한다.

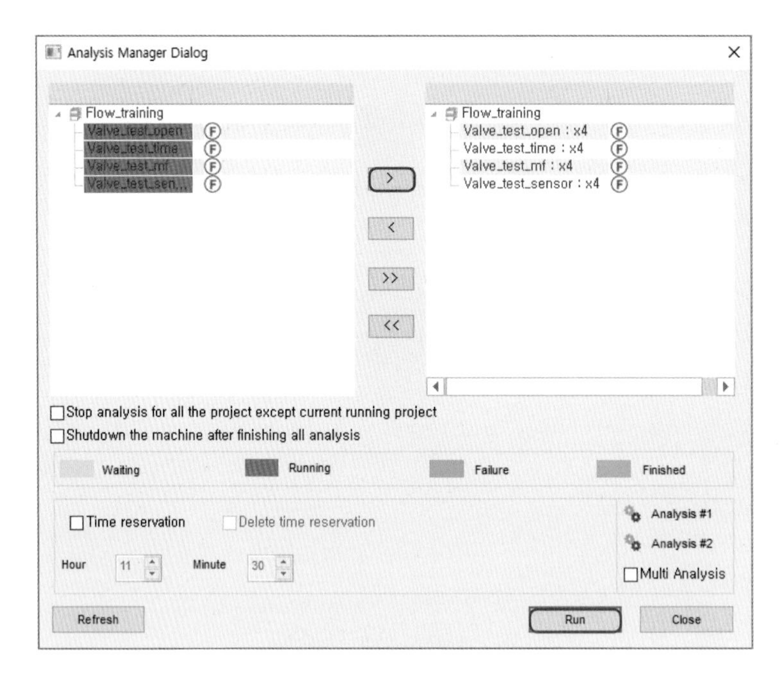

Job Manager를 이용한 해석 수행

6-2 결과 분석

(1) Flow pattern

❶ Result에서 Flow ➡ End of analysis ➡ Flow pattern을 선택한다.

- 밸브 게이트 시퀀스 제어를 적용한 것과 하지 않은 Flow pattern 결과를 확인한다.

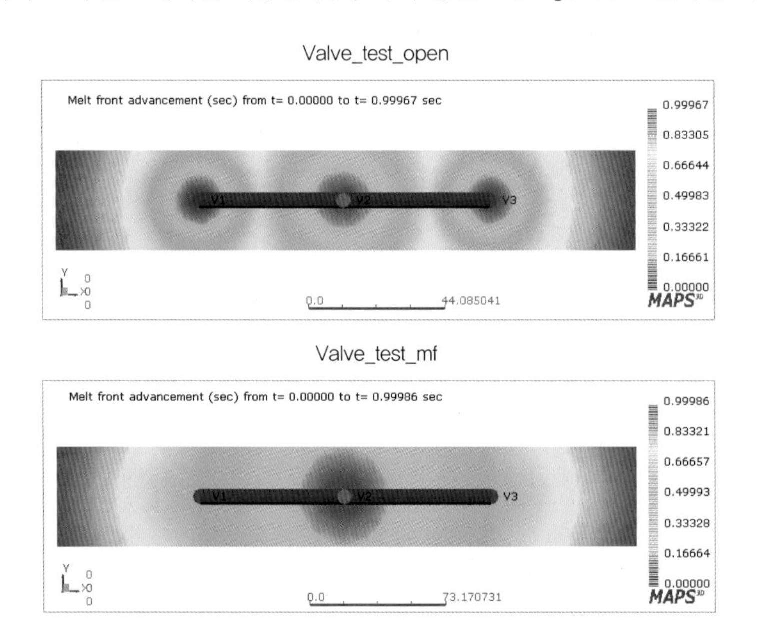

Flow pattern 결과

(2) Weld line

❶ Result에서 Flow ➡ Weld result ➡ Weld line을 선택한다.

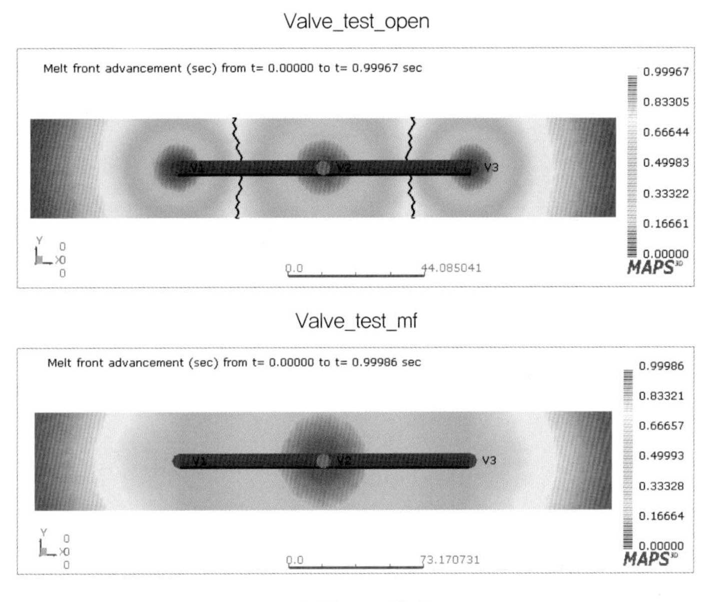

Weld line 결과

- 밸브 게이트의 시퀀스 제어를 적용하지 않는 경우, 2개의 Weld line이 생성되었지만 시퀀스 제어를 적용한 경우 Weld line이 생성되지 않음을 확인할 수 있다.

(3) 최대 압력

❶ Result에서 Flow ➡ End of analysis ➡ Max. Pressure를 선택한다.

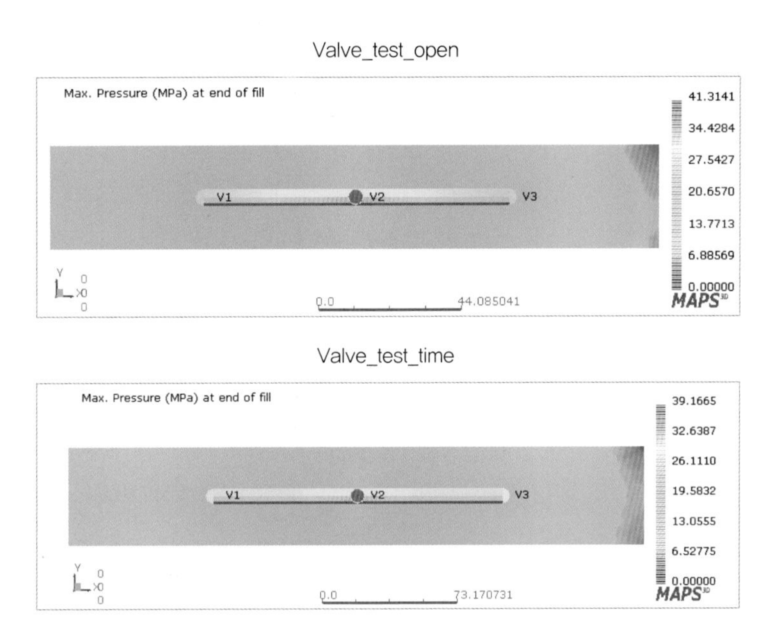

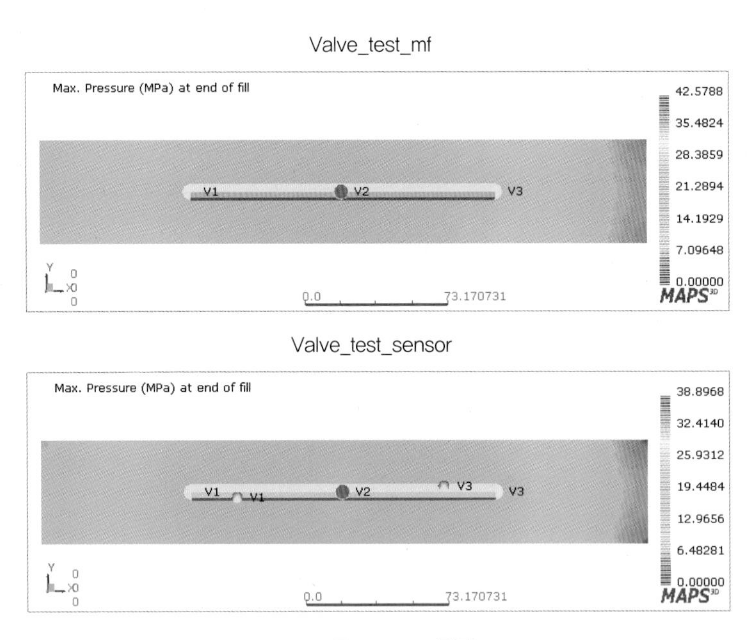

Max. Pressure 결과

- 밸브 게이트 시퀀스 제어를 할 경우 충전 완료 시점의 압력과 공정 중의 최대 압력이 다를 수 있다.

(4) Entrance pressure vs. time

❶ Result에서 Flow ➡ Summary plot ➡ Entrance pressure vs. time을 선택한다.

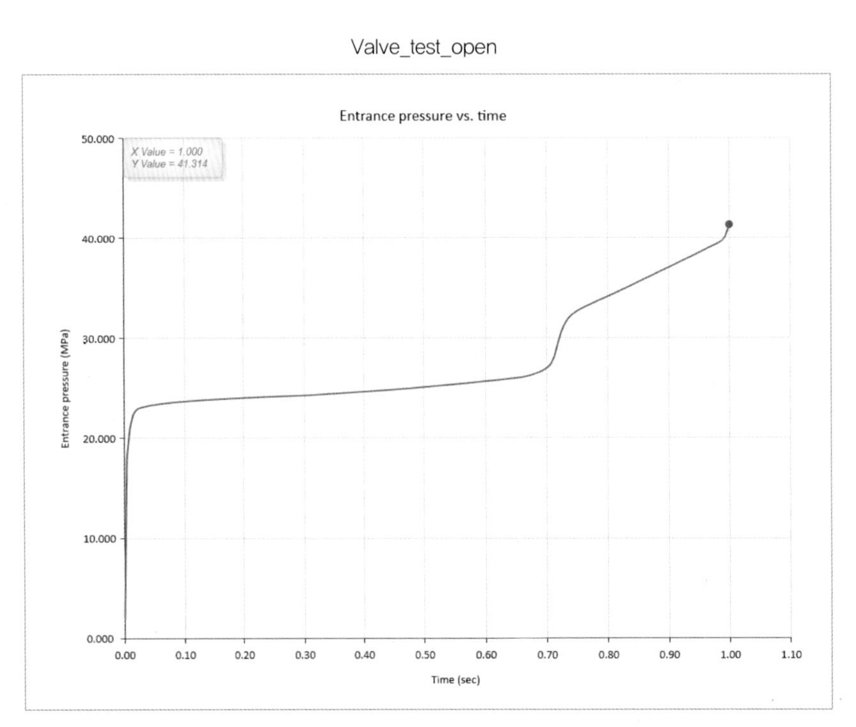

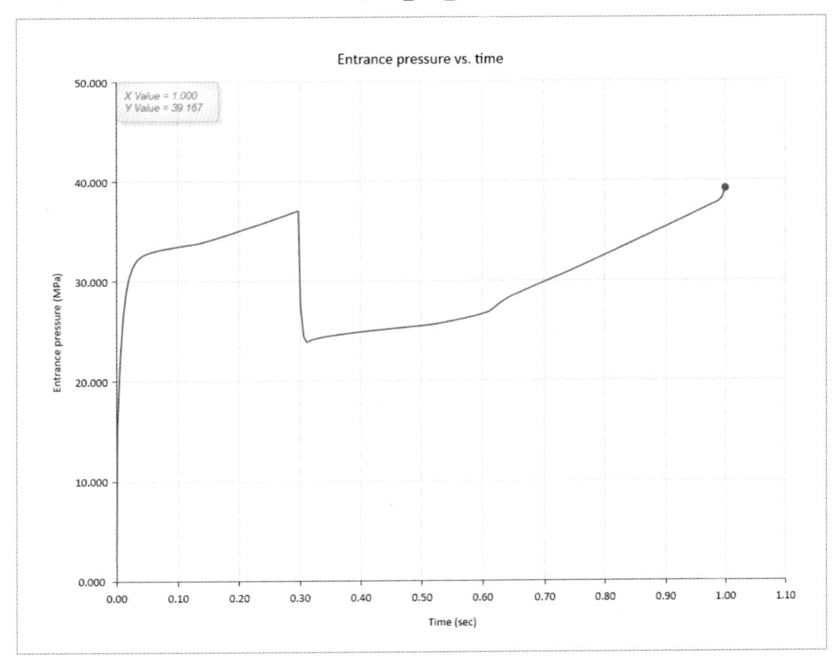

Entrance pressure vs. time

- 시간에 따른 수지 주입구에서의 압력은 앞그림(Value_test_open)과 같이 순차적으로 상승하며, 일반적으로 충전 완료 시의 압력은 성형 시의 최대 압력이다. 그러나 시퀀스 제어를 적용한 경우는 위 그림(Value_test_time)처럼 밸브가 열리는 시점에서 압력이 낮아졌다가 점차 다시 상승한다. 이는 밸브가 열리는 시점에 수지의 유동성이 향상되어 압력이 하강하기 때문이다. 따라서 충전 완료 시점의 압력이 충전 중의 최대 압력보다 낮을 수도 있다.

따라하기

01 형상 정보

형상 정보 및 수지 주입구 위치

02 실습 요약

<table>
<tr><td colspan="2">Project 이름</td><td colspan="3">3-6</td></tr>
<tr><td colspan="2">해석 종류</td><td colspan="3">CIM - CIM : Flow</td></tr>
<tr><td colspan="2">파일</td><td colspan="3">〈MAPS3D folder〉\Tutorial\Model\Valve_test_new.go4</td></tr>
<tr><td colspan="2">수지</td><td colspan="3">PC/LG Chemical/Lupoy GP1000L</td></tr>
<tr><td colspan="2">금형 온도</td><td colspan="3">100℃</td></tr>
<tr><td colspan="2">사출 온도</td><td colspan="3">310℃</td></tr>
<tr><td colspan="2">충전 시간</td><td colspan="3">2sec</td></tr>
<tr><td colspan="2">수지 주입구</td><td colspan="3">1점</td></tr>
<tr><td rowspan="3">밸브 게이트</td><td>번호</td><td>V1</td><td>V2</td><td>V3</td></tr>
<tr><td>초기 설정</td><td>Open</td><td>Close</td><td>Close</td></tr>
<tr><td>Step 1</td><td>-</td><td>Automatic open with melt front</td><td>Automatic open with melt front</td></tr>
</table>

03 작업 순서

❶ Workspace 생성

- Workspace 이름 : Follow_Project

(동일명의 Workspace가 이미 존재하는 경우에는 Workspace 생성은 생략 가능하다.)

❷ Project 생성

- Project 이름 : 3-6
- 해석 종류 : CIM - CIM : Flow
- 파일 : Valve_test_new.go4

❸ Project 열기

❹ 수지 선정

- 수지 : PC/LG Chemical/Lupoy GP1000L

❺ 수지 주입구 설정

- 수지 주입구 : 1점 (스프루 끝단, 앞 쪽 그림 형상 정보 및 수지 주입구 위치 참조)

❻ 사출 조건 설정

- 금형 온도 : 100℃
- 사출 온도 : 310℃
- 충전 시간 : 2sec

❼ 밸브 게이트 설정

- 형상 정보 및 실습 요약의 표 참조

❽ 해석 수행

❾ 결과 확인

- Flow pattern
- Max. Pressure
- Weld line
- Entrance pressure vs. time

7절 사출기 설정

학습 목표

- 사출기의 스크루 동작을 이해할 수 있다.
- 사출기의 스크루 전진 속도를 설정할 수 있다.

실습 요약

Project 이름	machine_control	
해석 종류	CIM – CIM : Flow	
파일	〈MAPS3D folder〉\Tutorial\Model\mp_model.go4	
수지	PC / SABIC Innovative Plastics USA / Lexan 121	
사출기	Sodick / TR20EH2(A)	
금형 온도	85℃	
사출 온도	300℃	
다단 사출	60mm	12.1cm/s
	41.8mm	8.4cm/s
	12mm	0cm/s
수지 주입구	1점	

7-1 수행 순서

(1) Project 생성

❶ Menu에서 Home ➡ Project : New를 선택한다.

❷ Project Name에 'machine_control'을 입력한다.

❸ Analysis Type에서 CIM – CIM : Flow를 선택한다.

❹ Mesh File에서 Set를 클릭하고 아래 경로의 파일을 선택한다.
- 〈MAPS3D folder〉\Tutorial\Model\mp_model.go4

❺ OK를 클릭한다.

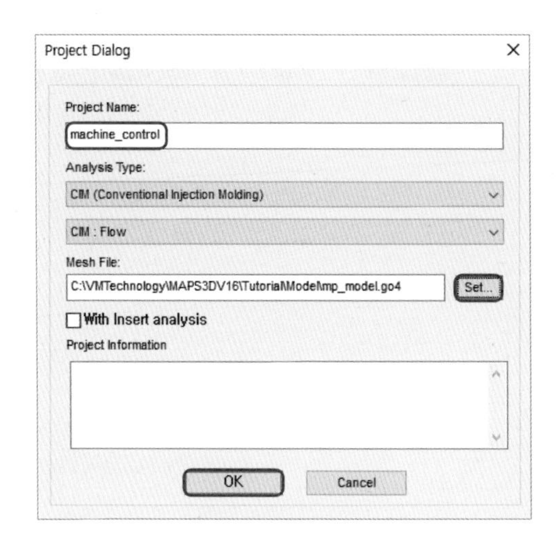

Project 입력 화면

(2) Project 활성화

❶ Project 이름을 선택하고 오른쪽 마우스를 클릭하여 'Set Current'를 선택한다.

- Project 이름을 더블 클릭해도 동일한 효과를 볼 수 있다.

(3) 수지 선정

❶ Boundary conditions 탭을 선택한다.

❷ Material에서 Set Material을 선택하면 Material Dialog 창이 나타난다.

❸ Set를 클릭한다.

❹ 새로운 창이 생성되면 Search를 선택한다.

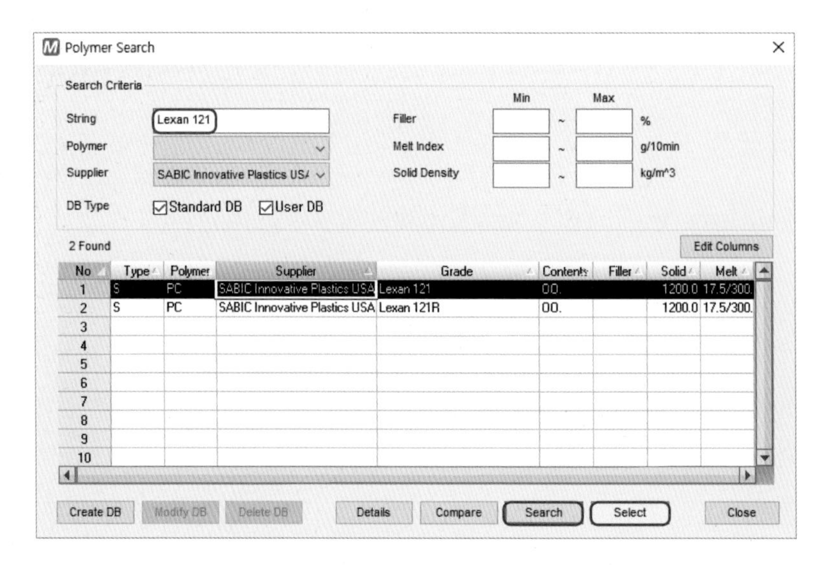

No	Type	Polymer	Supplier	Grade	Contents	Filler	Solid	Melt
1	S	PC	SABIC Innovative Plastics USA	Lexan 121	00.		1200.0	17.5/300.
2	S	PC	SABIC Innovative Plastics USA	Lexan 121R	00.		1200.0	17.5/300.
3								
4								
5								
6								
7								
8								
9								
10								

수지 선정 화면

⑤ String에서 'Lexan 121'을 입력한다.

⑥ Search를 클릭한다.

⑦ 'Lexan 121' 수지를 선택한다.

⑧ Select를 클릭한다.

(4) 사출기 설정

① Boundary conditions 탭을 선택한다.

② Machine에서 Set Machine을 선택한다.

③ String에서 'TR20EH2'를 입력한다.

④ Search를 클릭한다.

⑤ 'TR20EH2 (A)' 사출기를 선택한다.

⑥ Detail을 선택하면 사출기의 정보를 확인할 수 있다. Injection Unit에서 사출기의 최대 사출률, 스크루 직경 등의 정보를 확인할 수 있다.

⑦ Select를 클릭한다.

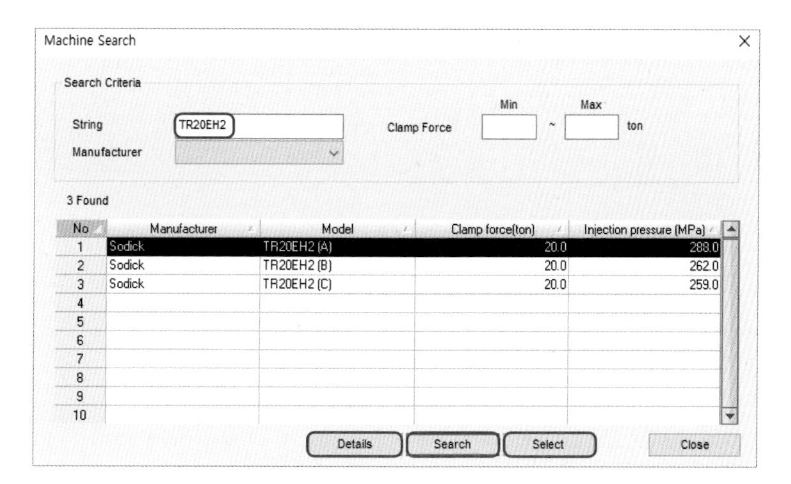

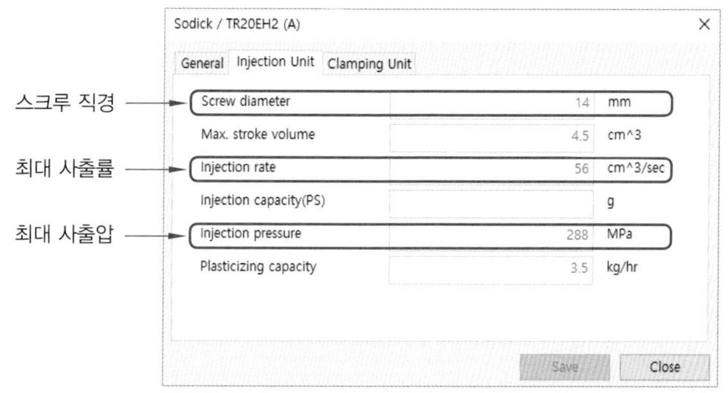

사출기 선정 화면

(5) 사출 조건 설정

❶ Boundary Conditions 창에서 Processing conditions ➡ Set Processing ➡ Set를 선택한다.

❷ Mold temperature는 '85'를 입력한다.

❸ Melt temperature는 '300'을 입력한다.

❹ F/P switch-over control : ▶ 클릭(사출기 최대 압력이 기본 값에서 선택한 사출기의 최대 압력인 288 MPa로 자동 변경된다.)

❺ Filling control : Machine Control 선택 ➡ Set를 선택한다.

❻ 사출기에서 실제 설정하는 방법과 동일한 방법으로 스크루의 위치와 속도를 설정한다. 유속으로 설정할 경우 제품, 콜드 러너의 부피, 스크루의 직경을 이용하여 사출 속도를 결정한다.

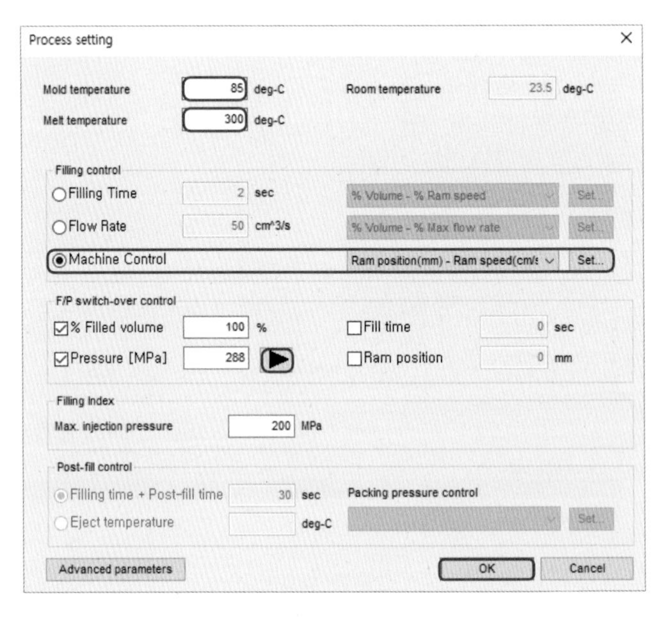

사출 조건 설정

❼ Ram position 설정 방법은 다음과 같다.

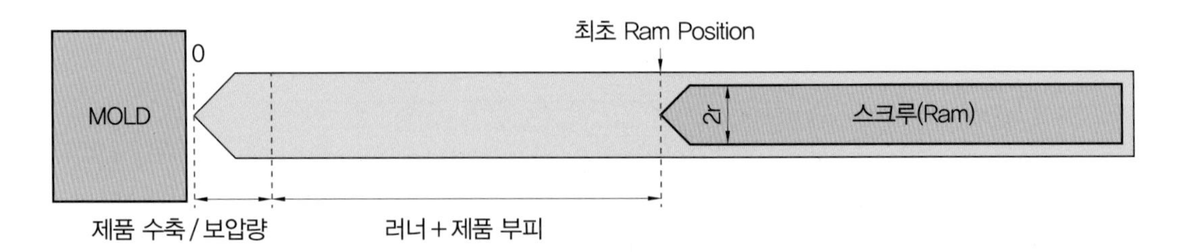

스크루

- 금형 내 캐비티 충전량(콜드 러너+제품)과 수지의 수축량, 쿠션량, 석백량을 고려
- 일반적으로 러너부와 제품부를 구분하여 설정
- 스크루가 후퇴해 있을 때의 노즐부터 스크루까지의 거리를 최초 Ram position으로 설정
- 마지막 속도는 0으로 설정
- Screw diameter, Max. velocity는 반드시 입력

❽ 조건 설정을 위해 필요한 수식은 다음과 같다.

- 러너부 스크루 이동거리 = $\dfrac{\text{러너 부피}}{\text{스크루 단면적}(\pi r^2)}$
- 제품부 스크루 이동거리 = $\dfrac{\text{제품 부피}}{\text{스크루 단면적}(\pi r^2)}$
- 최대 사출 속도 = $\dfrac{\text{Injection rate(사출기 상세정보에서 참고)}}{\text{스크루 단면적}(\pi r^2)}$

❾ 해당 실습의 계산식에 필요한 항목은 다음과 같다.

- 스크루 직경 : 14mm (사출기 상세정보에서 확인)
- 스크루 면적 : $\pi \times \left(\dfrac{14}{2}\right)^2 = 153.94\text{mm}^2$
- Injection rate : $56\text{cm}^3/\text{sec}$ (사출기 상세정보에서 확인)
- 러너 부피 : $2,792\text{mm}^3$
  (MAPS-3D Modeler의 Menu : Utility ➡ List ➡ Status에서 확인)
- 제품 부피 : $4,529\text{mm}^3$
  (MAPS-3D Modeler의 Menu : Utility ➡ List ➡ Status에서 확인)

❿ 위의 항목을 계산 수식에 대입한다.

- 러너부 스크루 이동거리 = $\dfrac{2,792\text{mm}^3}{153.94\text{mm}^2} = 18.14\text{mm}$
- 제품부 스크루 이동거리 = $\dfrac{4,529\text{mm}^3}{153.94\text{mm}^2} = 29.42\text{mm}$
- 최대 사출 속도 = $\dfrac{56\text{cm}^3/\text{sec}}{153.94\text{mm}^2} = \dfrac{56,000\text{mm}^3/\text{sec}}{153.94\text{mm}^2}$
  $= 363.78\text{mm/sec} = 36.378\text{cm/sec}$

⓫ 계산식에서 도출된 값을 사출기 설정에 입력한다.

⓬ Plot을 클릭하여 그래프를 확인한다.

⓭ OK를 클릭한다.

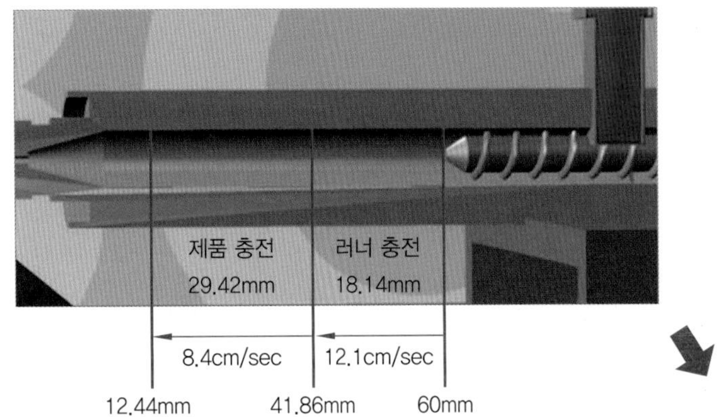

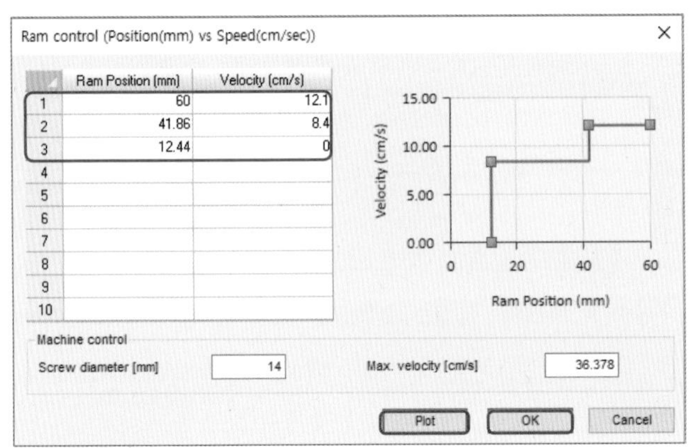

다단 사출 설정

(6) 수지 주입구 설정

❶ Boundary Conditions 창에서 Polymer Entrance를 선택한다.

❷ 오른쪽 마우스를 클릭하여 Set polymer entrance를 선택한다.

❸ 3D 스프루 끝단의 Node를 마우스로 클릭하여 수지 주입구를 설정한다.

❹ 마우스 휠 버튼을 클릭하여 설정을 종료한다.

수지 주입구 설정

(7) 해석 수행

❶ Menu에서 Home ➡ Analysis : Job Manager를 클릭한다.

❷ machine_control을 클릭 후 [>] 를 선택하여 해석 대기 리스트에 추가한다.

❸ Run을 선택하여 해석을 진행한다.

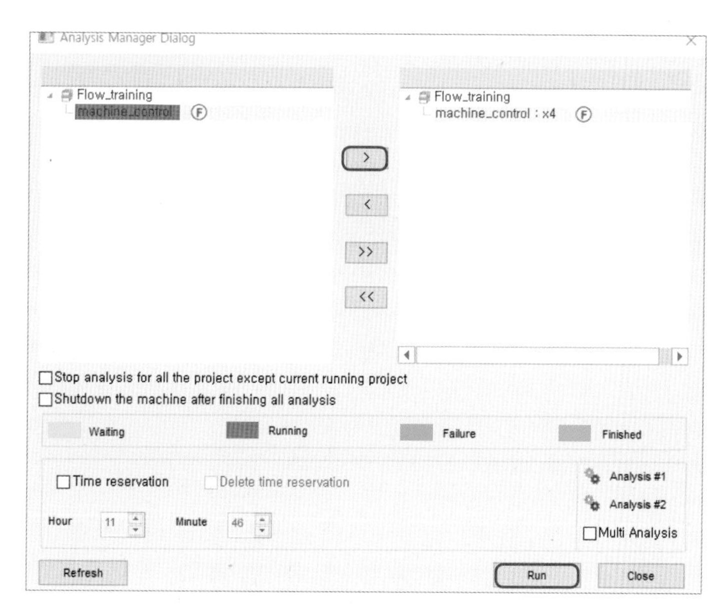

Job Manager를 이용한 해석 수행

7-2 결과 분석

(1) Flow pattern

❶ Result에서 Flow ➡ End of analysis ➡ Flow pattern을 선택한다.

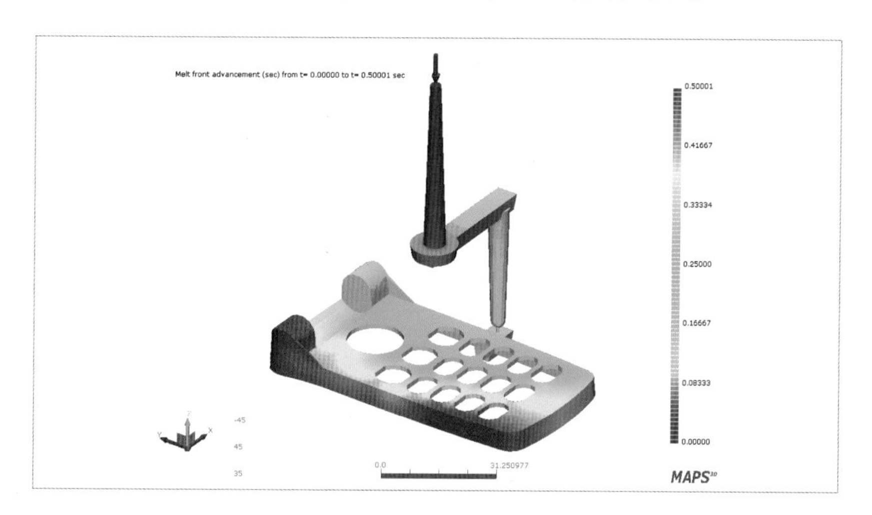

Flow pattern 결과

(2) Entrance pressure vs. volume

❶ Result에서 Flow ➡ Summary Plot ➡ Entrance pressure vs. volume을 선택한다.

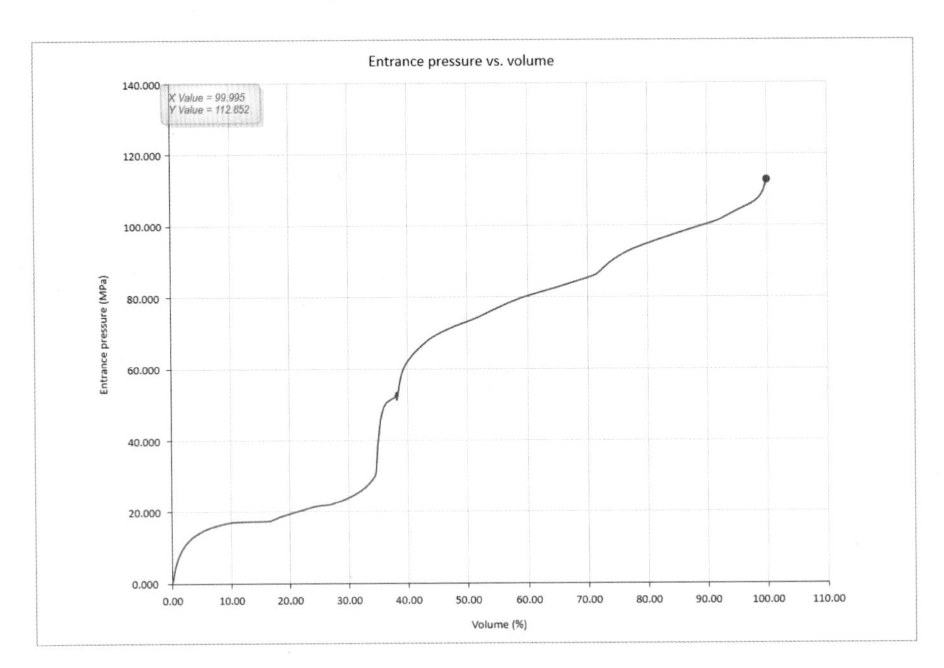

Entrance pressure vs. volume 결과

(3) Flow rate vs. volume

❶ Result에서 Flow ➡ Summary Plot ➡ Flow rate vs. volume을 선택한다.

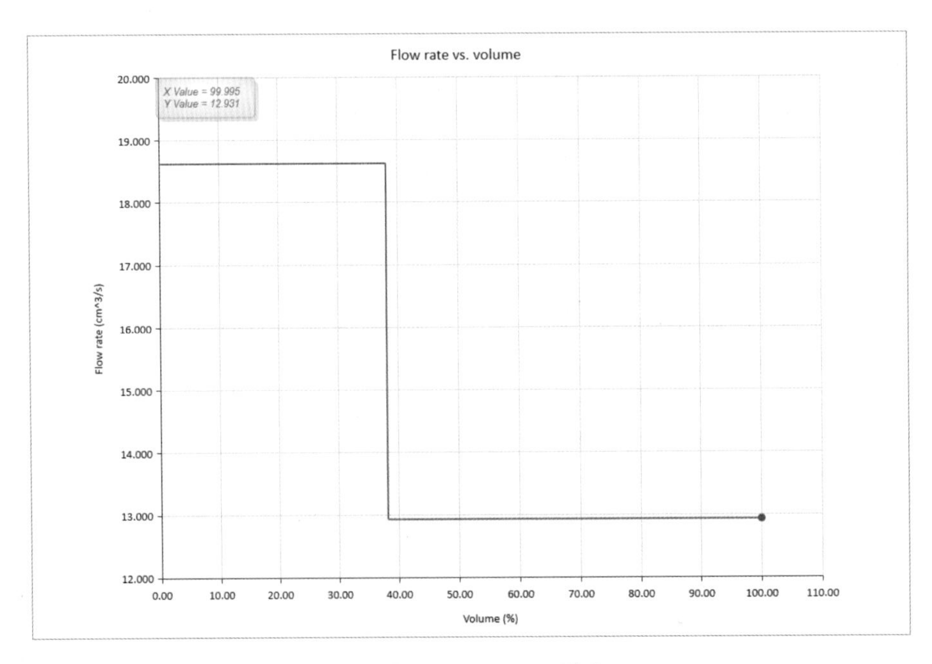

Flow rate vs. volume 결과

따라하기

01 형상 정보

형상 정보 및 수지 주입구 위치

02 실습 요약

<table>
<tr><td>Project 이름</td><td colspan="2">3-7</td></tr>
<tr><td>해석 종류</td><td colspan="2">CIM – CIM : Flow</td></tr>
<tr><td>파일</td><td colspan="2">〈MAPS3D folder〉\Tutorial\Model\side_gate.go4</td></tr>
<tr><td>수지</td><td colspan="2">ABS/SABIC Innovative Plastics USA/Cycolac CTR52</td></tr>
<tr><td>사출기</td><td colspan="2">Default</td></tr>
<tr><td>금형 온도</td><td colspan="2">60℃</td></tr>
<tr><td>사출 온도</td><td colspan="2">225℃</td></tr>
<tr><td rowspan="3">다단 사출</td><td>60mm</td><td>12.1cm/s</td></tr>
<tr><td>41.8mm</td><td>8.4cm/s</td></tr>
<tr><td>12mm</td><td>0cm/s</td></tr>
<tr><td>수지 주입구</td><td colspan="2">1점</td></tr>
</table>

03 작업 순서

❶ Workspace 생성

- Workspace 이름 : Follow_Project
  (동일명의 Workspace가 이미 존재하는 경우에는 Workspace 생성은 생략 가능하다.)

❷ Project 생성

- Project 이름 : 3-7
- 해석 종류 : CIM - CIM : Flow
- 파일 : side_gate.go4

❸ Project 열기

❹ 수지 선정

- 수지 : ABS/SABIC Innovative Plastics USA/Cycolac CTR52

❺ 수지 주입구 설정

- 수지 주입구 : 1점 (스프루 끝단, 앞 쪽 그림 형상 정보 및 수지 주입구 위치 참조)

❻ 사출 조건 설정

- 금형 온도 : 60℃
- 사출 온도 : 225℃

❼ 사출기 조건 설정

- Machine control 선택
- 다단 사출 설정 : 표 참고

❽ 해석 수행

❾ 결과 확인

- Flow pattern
- Entrance pressure vs. volume
- Flow rate vs. volume

Chapter 2

보압 해석

1절 기본 순서

- 보압 공정에 대해 이해할 수 있다.
- 보압 해석을 할 수 있다.

실습 요약

Workspace 이름	Pack_Test
Workspace 위치	〈MyMAPS3D folder〉\Education
Project 이름	Pack
해석 종류	CIM – CIM : Flow + Pack
파일	〈MAPS3D folder〉\Tutorial\Model\rad_tank_side.go4
수지	PS/Trinseo/Styron 678D
금형 온도	40℃
사출 온도	245℃
충전 시간	1sec
보압 시간	2sec
보압 크기	80%
사이클 타임	30sec
수지 주입구	1점

1-1 수행 순서

(1) Workspace 생성

❶ Menu에서 Home ➡ Workspace : New를 선택한다.

❷ Workspace Name에 'Pack_Test'를 입력한다.

❸ Set를 클릭하고 〈MyMAP3D folder〉\Education을 선택하여 Workspace 저장 위치를 선택한다.

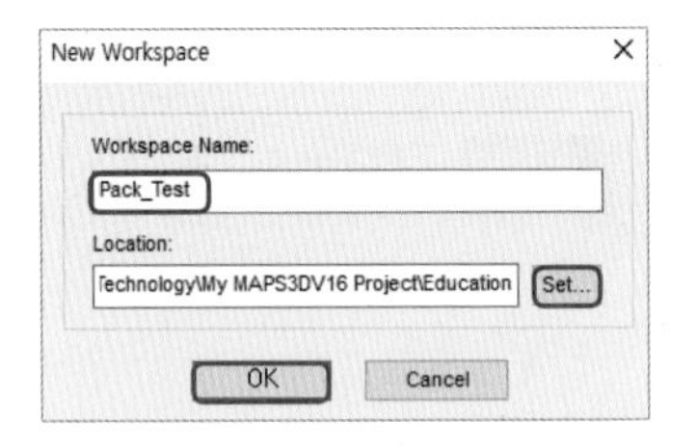

Workspace 생성 화면

(2) Project 생성

❶ Menu에서 Home ➡ Project : New를 선택한다.

❷ Project Name에 'Pack'을 입력한다.

❸ Analysis Type에서 CIM – CIM : Flow + Pack을 선택한다.

❹ Mesh File에서 Set를 클릭하고 다음 경로의 파일을 선택한다.

- 〈MAPS3D folder〉\Tutorial\Model\rad_tank_side.go4

❺ OK를 클릭한다.

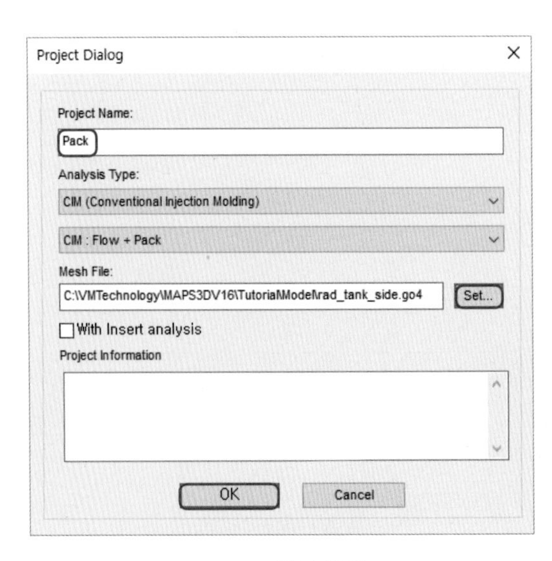

Project 생성 화면

(3) Project 활성화

❶ Project 이름을 선택하고 오른쪽 마우스를 클릭하여 'Set Current'를 선택한다.

- Project 이름을 더블 클릭해도 동일한 효과를 볼 수 있다.

(4) 수지 선정

❶ Boundary conditions 탭을 선택한다.

❷ Material에서 Set Material을 선택하면 Material Dialog 창이 나타난다.

❸ Set를 클릭한다.

❹ 새로운 창이 생성되면 Search를 선택한다.

❺ String에서 '678'을 입력한다.

❻ Search를 클릭한다.

❼ 'Styron 678D' 수지를 선택한다.

❽ Select를 클릭한다.

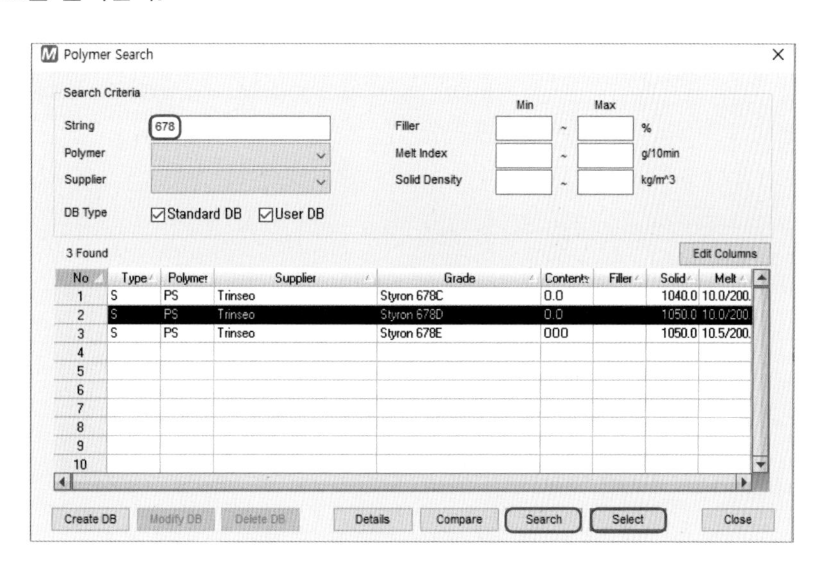

수지 선정 화면

(5) 사출 조건 설정

❶ Boundary Conditions 창에서 Processing conditions ➡ Set Processing ➡ Set를 선택한다.

❷ Mold temperature는 '40'을 입력한다.

❸ Melt temperature는 '245'를 입력한다.

❹ Filling Time은 '1'을 입력한다.

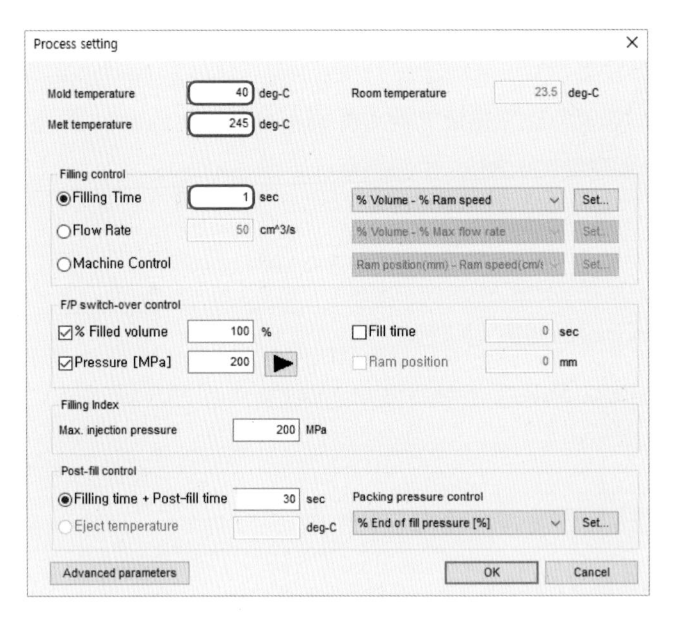

사출 조건 설정

(6) 보압 조건 설정

금형 충전 완료 시 수지의 온도 및 압력에 따른 밀도 차에 의해서 수축이 발생하게 된다. 일정 압력을 유지하면서 수축된 양만큼의 수지를 보충하는 공정을 보압이라고 한다. 보압 해석을 통해 최적의 보압 크기와 시간을 도출할 수 있으며, 불균일한 수축을 최소화할 수 있다. 또한 형체력을 최소화하고 제품의 최종 중량을 예측할 수 있다.

❶ Filling time + Post-fill time은 '30'을 입력한다.

❷ 보압 제어는 '% End of fill pressure[%]'를 선택한다.

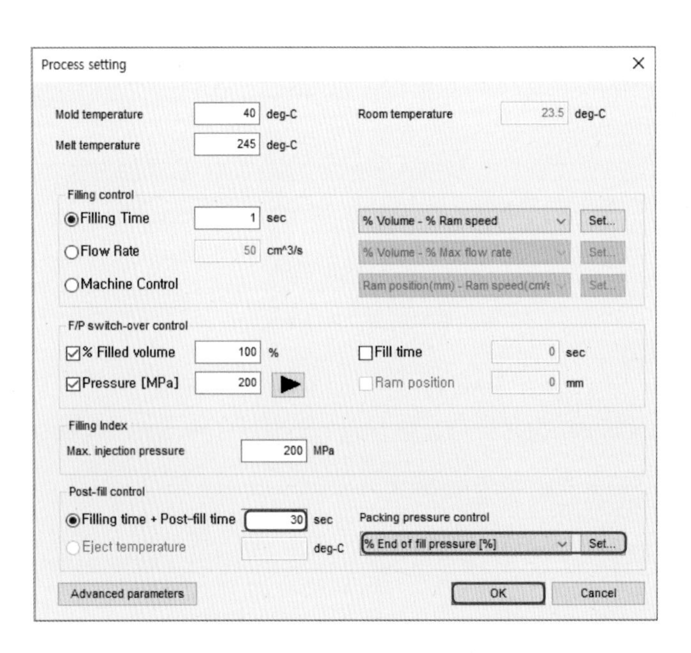

③ 보압 제어에서 Set를 선택 후 보압 시간은 '2'를, 보압 크기는 '80'을 입력한다.

④ Plot을 클릭하여 그래프를 확인한 후 OK를 클릭한다.

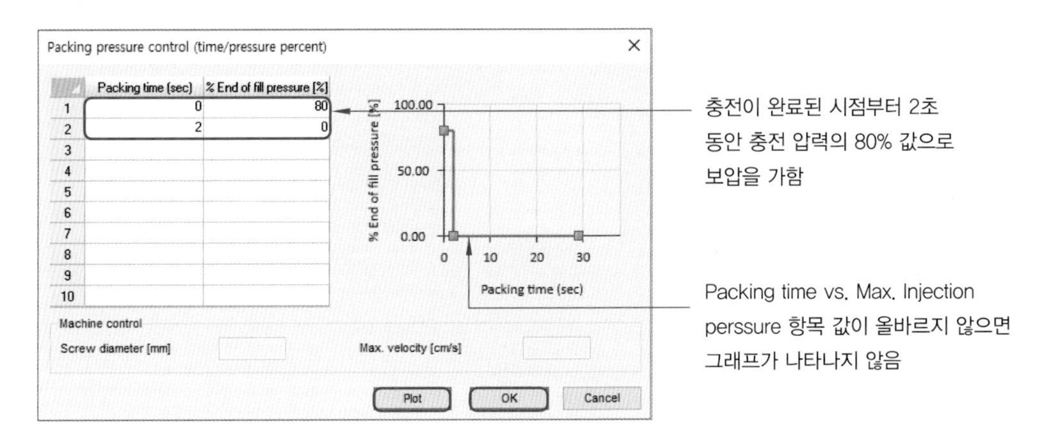

보압 조건 설정

⑤ OK를 클릭하여 사출조건 설정창을 빠져나온다.

(7) 수지 주입구 설정

① Boundary Conditions 창에서 Polymer Entrance를 선택한다.

② 오른쪽 마우스를 클릭하여 Set polymer entrance를 선택한다.

③ 3D 스프루 끝단의 Node를 마우스로 클릭하여 수지 주입구를 설정한다.

④ 마우스 휠 버튼을 클릭하여 설정을 종료한다.

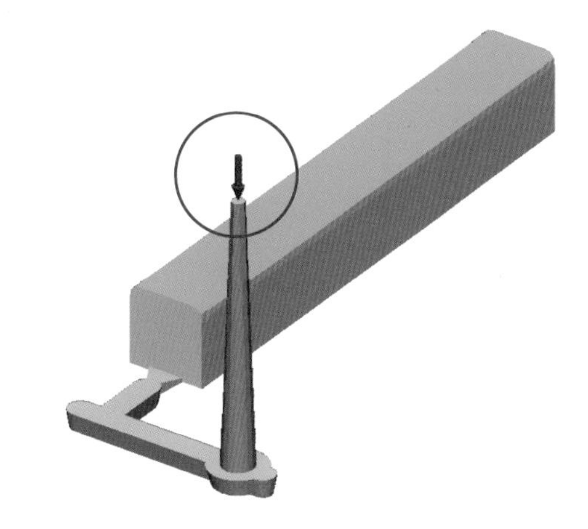

수지 주입구 설정

(8) 해석 수행

① Menu에서 Home ➡ Analysis : Job Manager를 클릭한다.

❷ Pack를 클릭 후 [>] 를 선택하여 해석 대기 리스트에 추가한다.

❸ Run을 선택하여 해석을 진행한다.

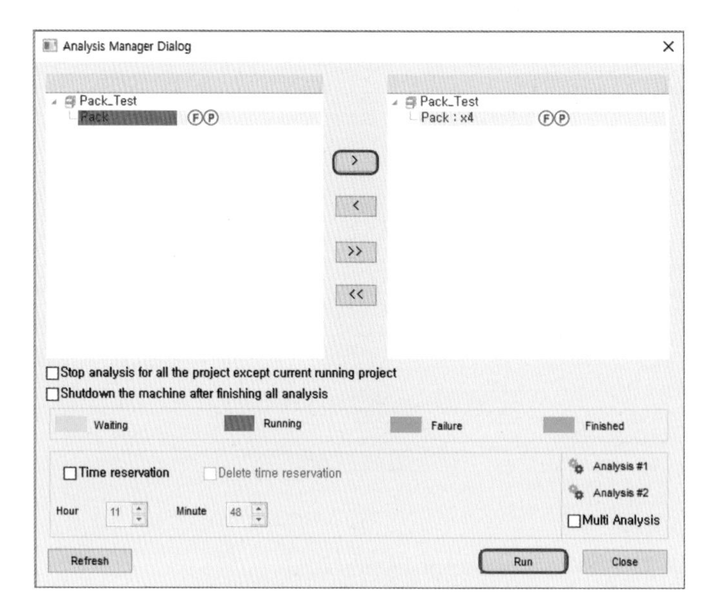

Job Manager를 이용한 해석 수행

1-2 결과 분석

(1) Pressure

❶ Result에서 Flow 및 Pack ➡ End of analysis ➡ Pressure을 선택한다.

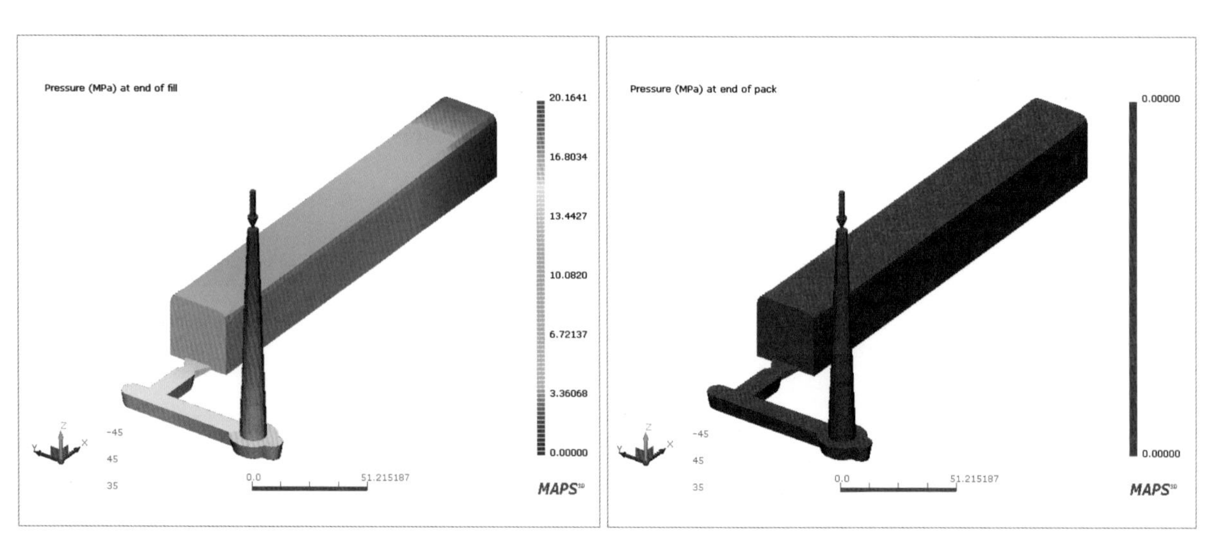

유동 해석과 보압 해석의 Pressure 결과

(2) Density

① Result에서 Flow 및 Pack ➡ End of analysis ➡ Density를 선택한다.

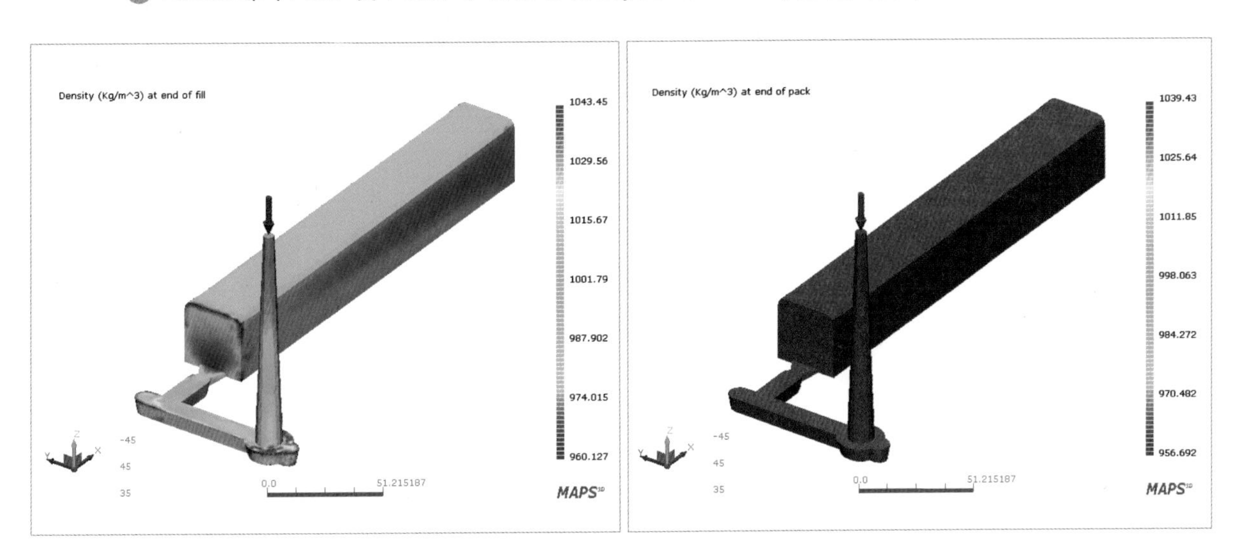

유동 해석과 보압 해석의 Density 결과

(3) Volumetric shrinkage

① Result에서 Flow 및 Pack ➡ End of analysis ➡ Volumetric shrinkage를 선택한다.

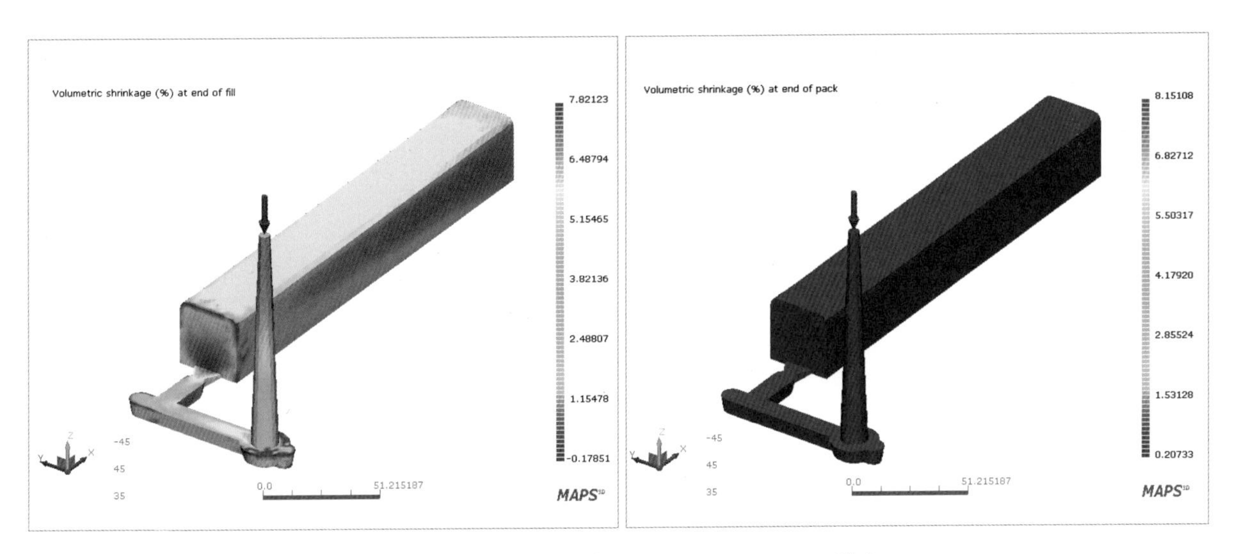

유동 해석과 보압 해석의 Volumetric shrinkage 결과

(4) Frozen volume part vs. time

① Result에서 Pack ➡ Summary plot ➡ Frozen volume part vs. time을 선택한다.

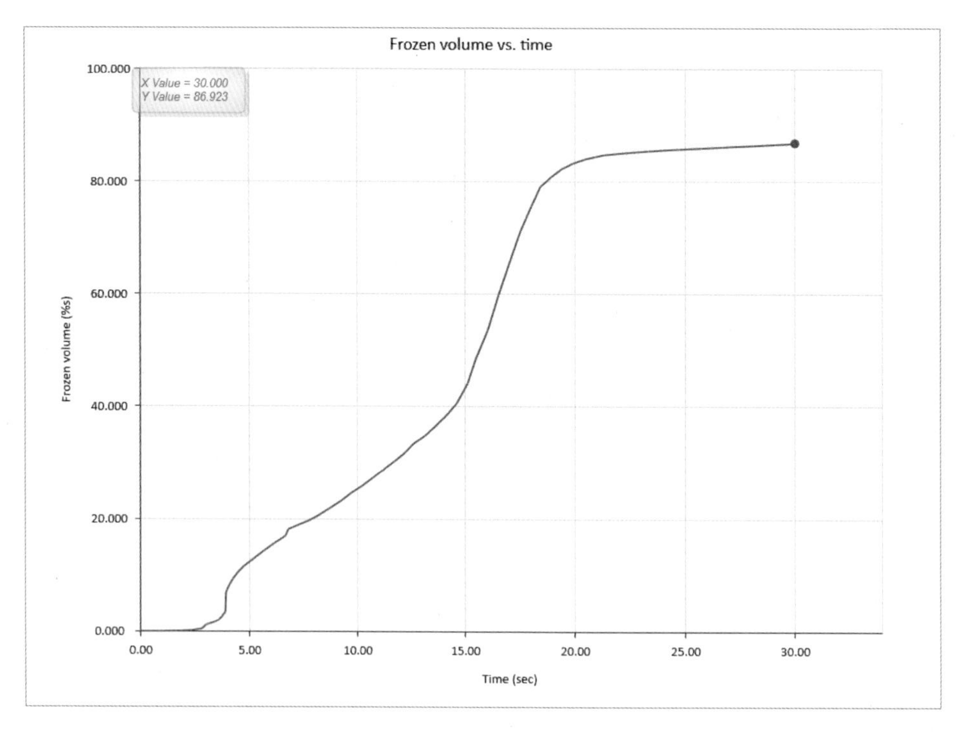

보압 해석의 Frozen volume part vs. time 결과

(5) Mass vs. time

❶ Result에서 Pack ➡ Summary plot ➡ Mass vs. time을 선택한다.

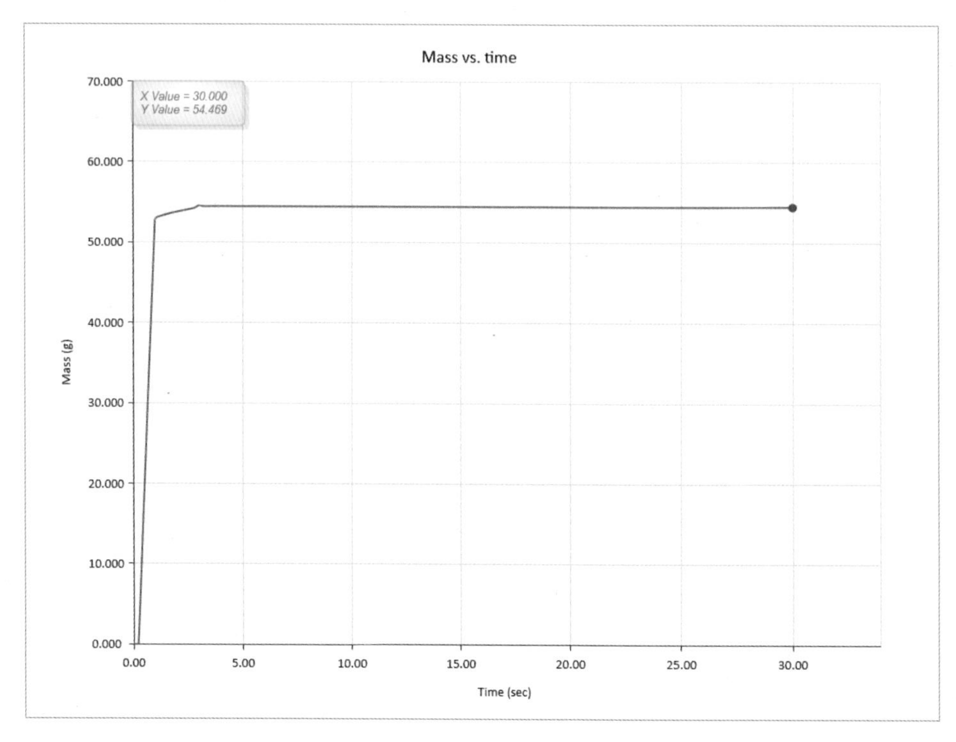

보압 해석의 Mass vs. time 결과

따라하기

01 형상 정보

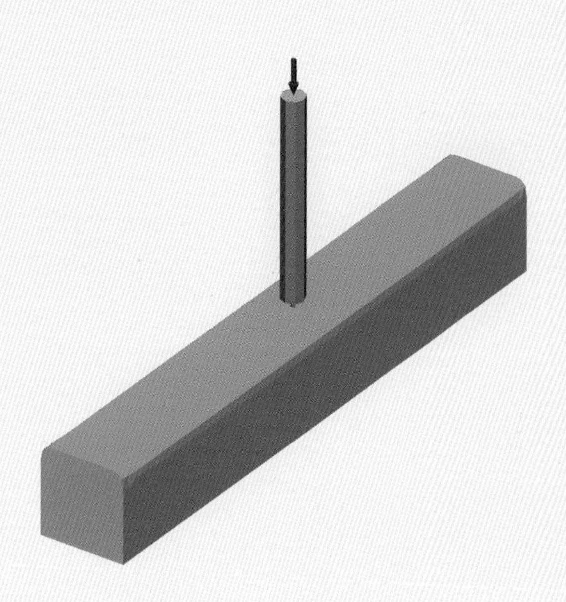

형상 정보 및 수지 주입구 위치

02 실습 요약

Workspace 이름	Follow_Project
Workspace 위치	〈MyMAPS3D folder〉\Education
Project 이름	3-8
해석 종류	CIM - CIM : Flow + Pack
파일	〈MAPS3D folder〉\Tutoria\Model\rad_tank_cen.go4
수지	PS/Trinseo/Styron 678D
금형 온도	40℃
사출 온도	245℃
충전 시간	1sec
보압 시간	2sec
보압 크기	80%
사이클 타임	30sec
수지 주입구	1점

03 작업 순서

❶ Workspace 생성

- Workspace 이름 : Follow_Project
  (동일명의 Workspace가 이미 존재하는 경우에는 Workspace 생성은 생략 가능하다.)

❷ Project 생성

- Project 이름 : 3-8
- 해석 종류 : CIM - CIM : Flow + Pack
- 파일 : rad_tank_cen.go4

❸ Project 열기

❹ 수지 선정

- 수지 : PS/Trinseo/Styron 678D

❺ 수지 주입구 설정

- 수지 주입구 : 1점 (러너 끝단, 앞 쪽 그림 형상 정보 및 수지 주입구 위치 참조)

❻ 사출 조건 설정

- 금형 온도 : 40℃
- 사출 온도 : 245℃
- 충전 시간 : 1sec
- 사이클 타임 : 30sec
- 보압 조건 : 표 참고

❼ 해석 수행

❽ 결과 확인

- Pressure
- Density
- Volumetric shrinkage
- Frozen volume part vs. time
- Mass vs. time

Chapter 3

휨 해석

1절 기본 순서

- 수축 및 휨의 정의와 원인을 이해할 수 있다.
- 휨 해석의 활용 분야를 이해할 수 있다.
- 휨 해석을 수행할 수 있다.

실습 요약

Workspace 이름	Warp_Test
Workspace 위치	〈MyMAPS3D folder〉\Education
Project 이름	Warp
해석 종류	CIM – CIM : Flow + Pack + Warp
파일	〈MAPS3D folder〉\Tutorial\Model\rad_tank_cen.go4
수지	PS / Trinseo / Styron 678D
금형 온도	40℃
사출 온도	245℃
충전 시간	1sec
보압 시간	2sec
보압 크기	80%
사이클 타임	50sec
수지 주입구	1점

1-1 수행 순서

(1) Workspace 생성

❶ Menu에서 Home ➡ Workspace : New를 선택한다.

❷ Workspace Name에 'Warp_Test'를 입력한다.

❸ Set를 클릭하고 〈MyMAP3D folder〉\Education을 선택하여 Workspace 저장 위치를 선택한다.

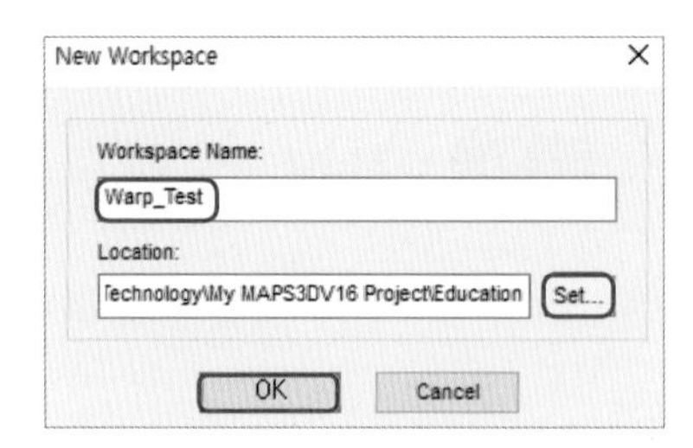

Workspace 생성 화면

(2) Project 생성

❶ Menu에서 Home ➡ Project : New를 선택한다.

❷ Project Name에 'Warp'을 입력한다.

❸ Analysis Type에서 CIM – CIM : Flow + Pack + Warp을 선택한다.

❹ Mesh File에서 Set를 클릭하고 다음 경로의 파일을 선택한다.

- 〈MAPS3D folder〉\Tutorial\Model\rad_tank_cen.go4

❺ OK를 클릭한다.

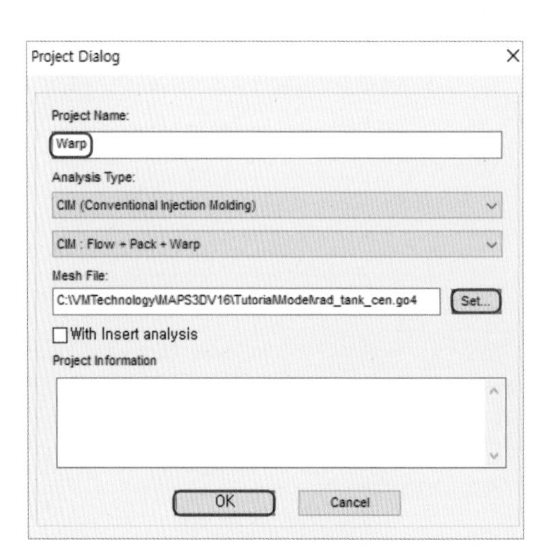

Project 생성 화면

(3) Project 활성화

❶ Project 이름을 선택하고 오른쪽 마우스를 클릭하여 'Set Current'를 선택한다.

- Project 이름을 더블 클릭해도 동일한 효과를 볼 수 있다.

(4) 수지 선정

❶ Boundary conditions 탭을 선택한다.

❷ Material에서 Set Material을 선택하면 Material Dialog 창이 나타난다.

❸ Set를 클릭한다.

❹ 새로운 창이 생성되면 Search를 선택한다.

❺ String에서 '678'을 입력한다.

❻ Search를 클릭한다.

❼ 'Styron 678D' 수지를 선택한다.

❽ Select를 클릭한다.

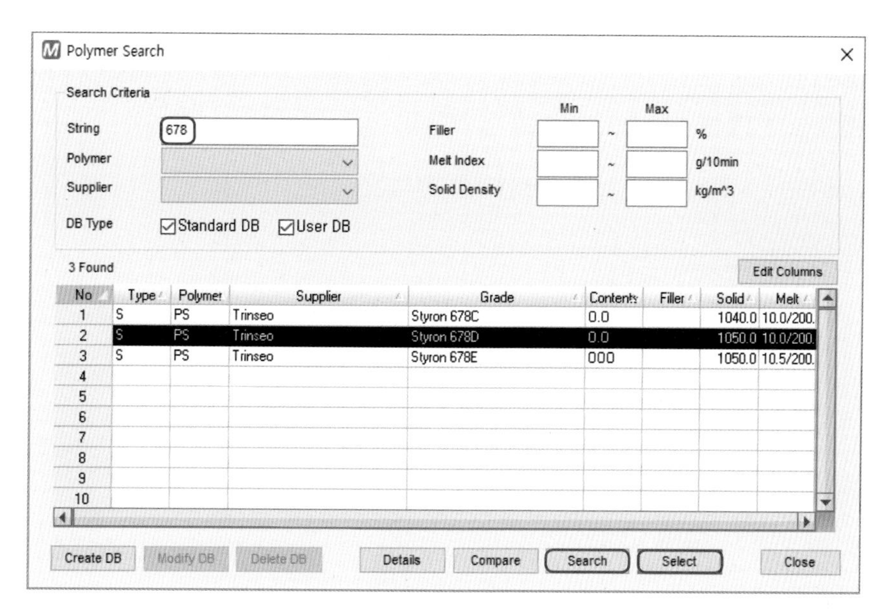

수지 선정 화면

(5) 사출 조건 설정

❶ Boundary Conditions 창에서 Processing conditions ➡ Set Processing ➡ Set를 선택한다.

❷ Mold temperature는 '40'을 입력한다.

❸ Melt temperature는 '245'를 입력한다.

❹ Filling Time은 '1'을 입력한다.

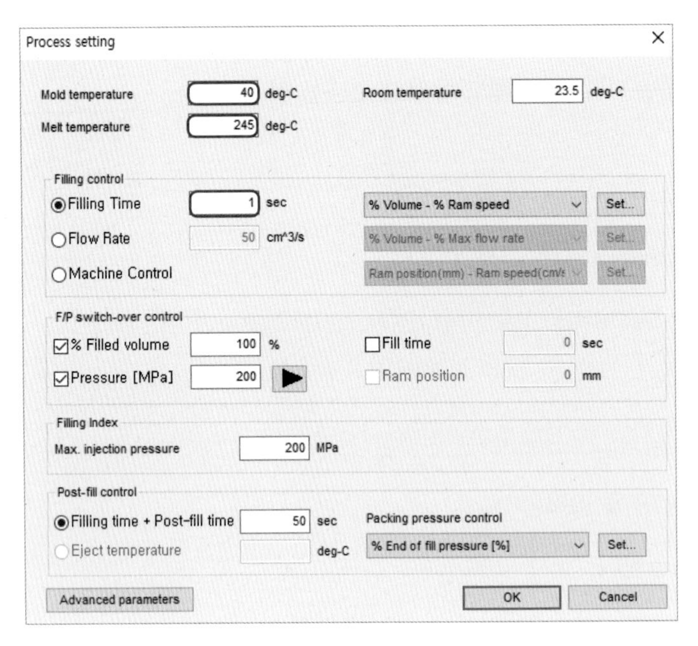

사출조건 설정

(6) 보압 조건 설정

❶ Filling time + Post-fill time은 '50'을 입력한다.

❷ 보압 제어는 '% End of fill pressure[%]'를 선택한다.

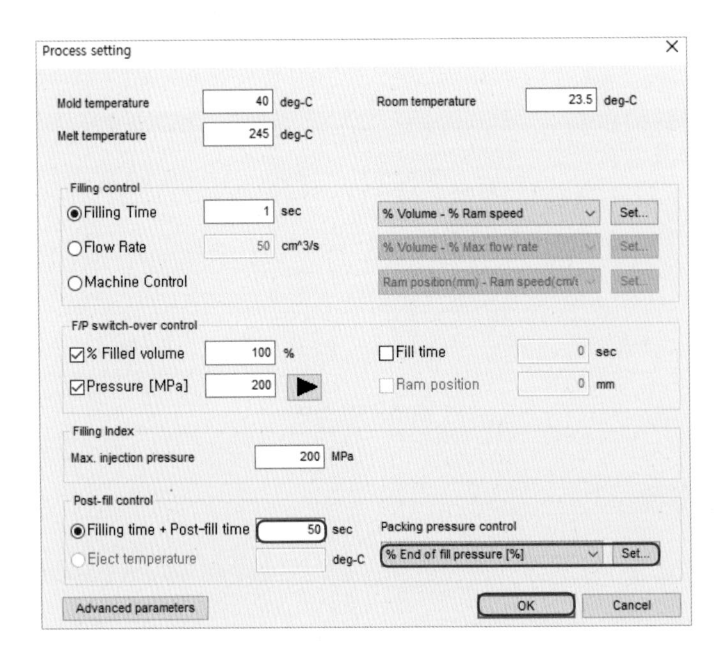

❸ 보압 제어에서 Set를 선택 후 보압 시간은 '2'를 입력하고, 보압 크기는 '80'을 입력한다.

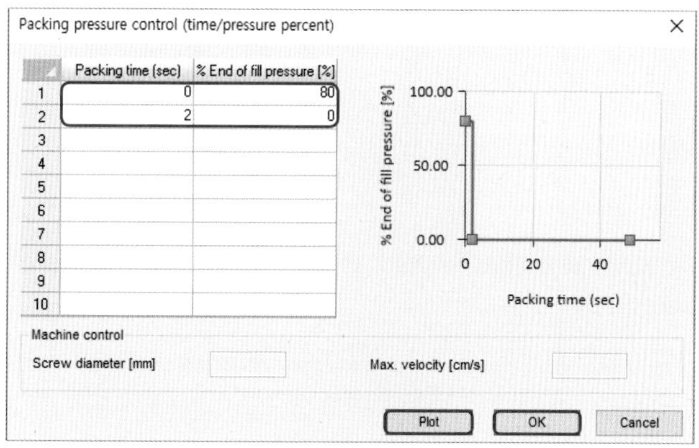

보압 조건 설정

❹ Plot을 클릭하여 그래프를 확인한 후 OK를 클릭한다.

❺ OK를 클릭하여 사출조건 설정창을 빠져나온다.

(7) 휨 조건 설정

휨 해석은 금형 내 휨과 취출 후의 휨으로 구분되는데 일반적으로 취출 후의 휨을 해석하므로 별도로 성형 조건을 설정할 필요는 없다. 만약 실내 온도가 23.5℃가 아닐 경우 'Room Temperature'를 변경하여 변형 해석을 진행한다.

(8) 수지 주입구 설정

❶ Boundary Conditions 창에서 Polymer Entrance를 선택한다.

❷ 오른쪽 마우스를 클릭하여 Set polymer entrance를 선택한다.

❸ 3D 스프루 끝단의 Node를 마우스로 클릭하여 수지 주입구를 설정한다.

❹ 마우스 휠 버튼을 클릭하여 설정을 종료한다.

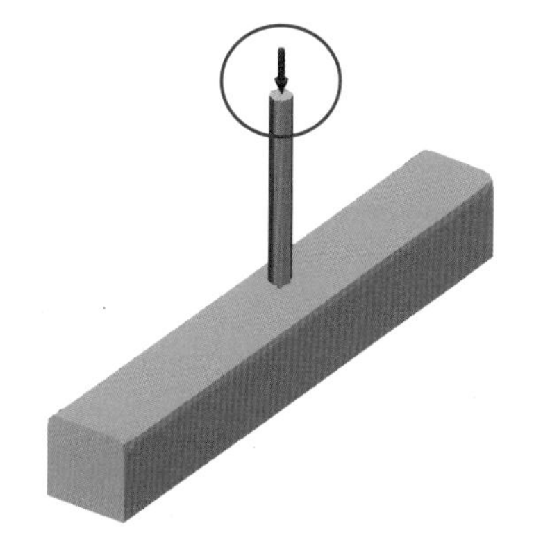

수지 주입구 설정

(9) 해석 수행

① Menu에서 Home ➡ Analysis : Job Manager를 클릭한다.

② Warp를 클릭 후 [>] 를 선택하여 해석 대기 리스트에 추가한다.

③ Run을 선택하여 해석을 진행한다.

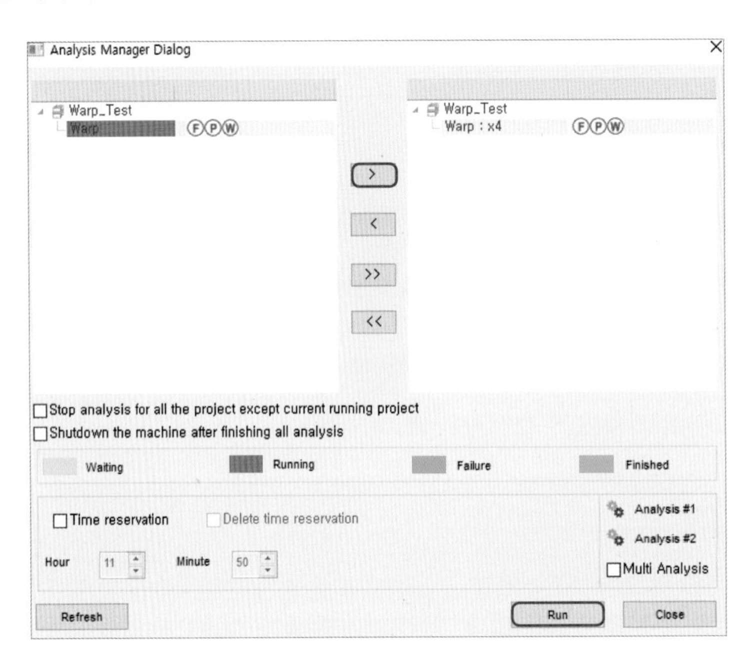

Job Manager를 이용한 해석 수행

1-2 결과 분석

수축의 원인은 온도 분포에 의한 잔류응력, 성형 조건에 따른 부피 변화, 금형 내 구속 그리고 결정성 수지에 의한 결정화 등이 있다. 온도 분포에 의한 잔류응력은 금형의 상하 온도 분포의 차이와 냉각에 의한 온도 변화가 원인이며, 성형 조건에 따른 부피 변화는 보압 공정 동안의 보압 유지 시간과 압력 변화, 사출 온도 등의 공정 조건에 기인한다.

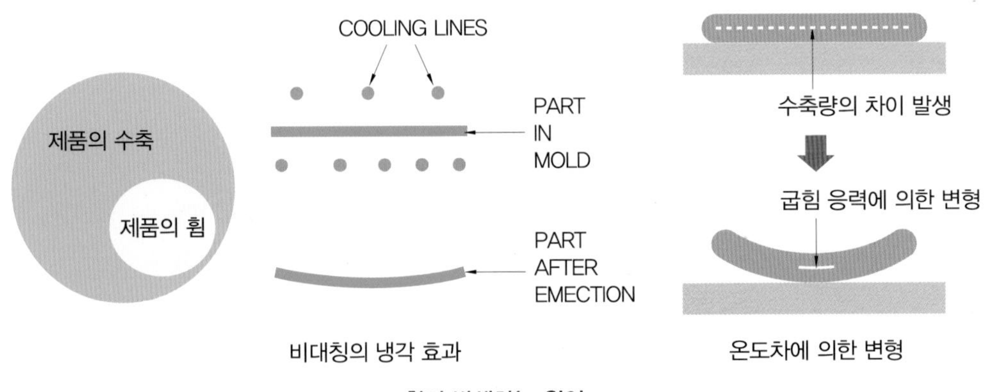

휨이 발생하는 원인

(1) X-Displacement

① Result에서 Result ➡ Warp ➡ End of analysis ➡ X-Displacement를 선택한다.

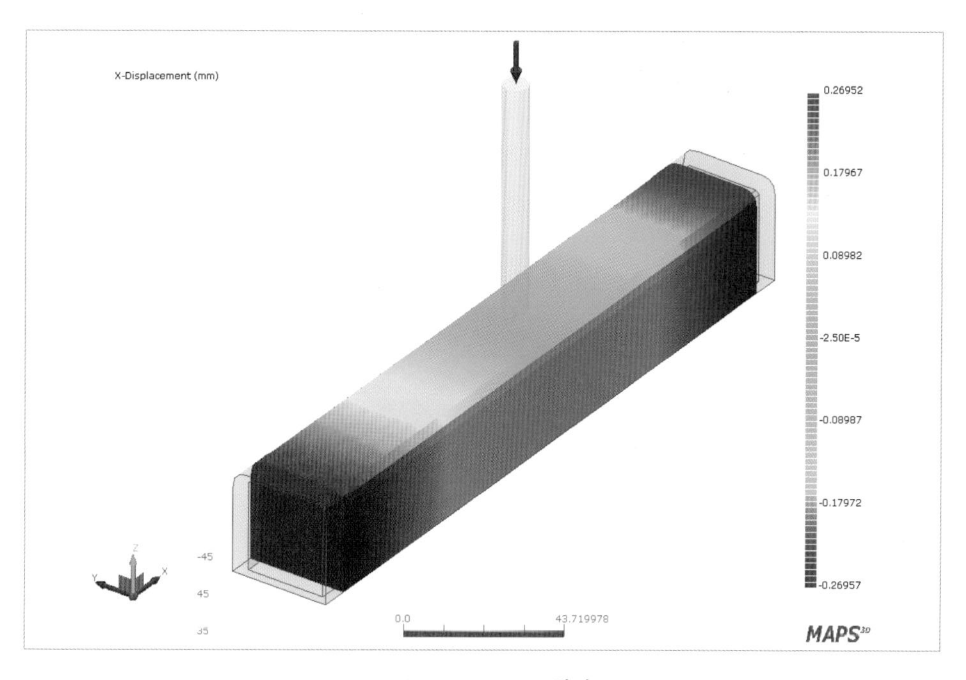

X-Displacement 결과

(2) Y-Displacement

① Result에서 Result ➡ Warp ➡ End of analysis ➡ Y-Displacement를 선택한다.

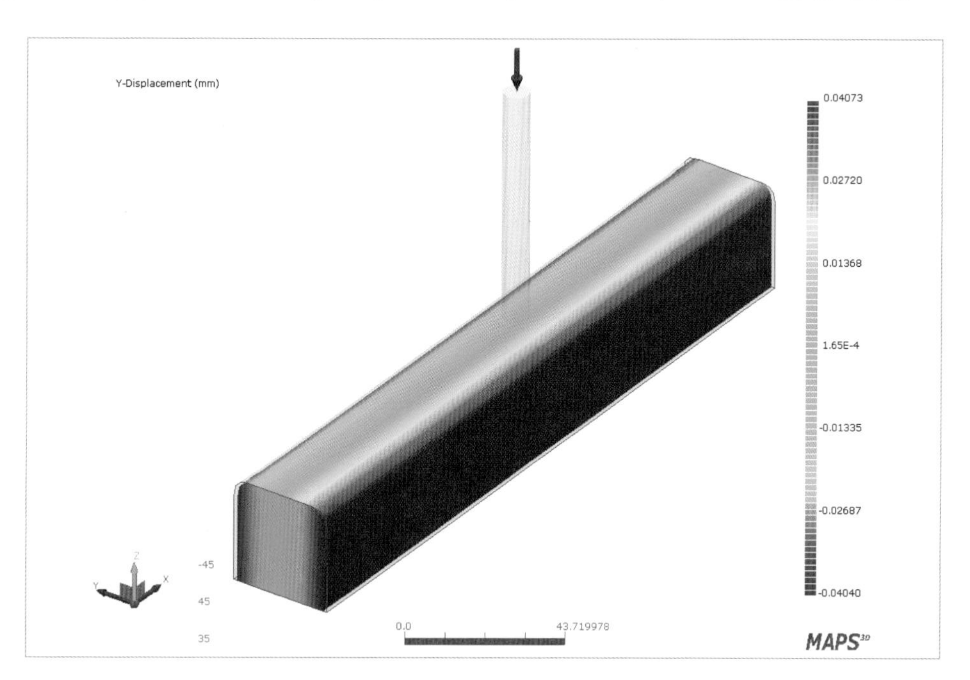

Y-Displacement 결과

(3) Z-Displacement

① Result에서 Result ➡ Warp ➡ End of analysis ➡ Z-Displacement를 선택한다.

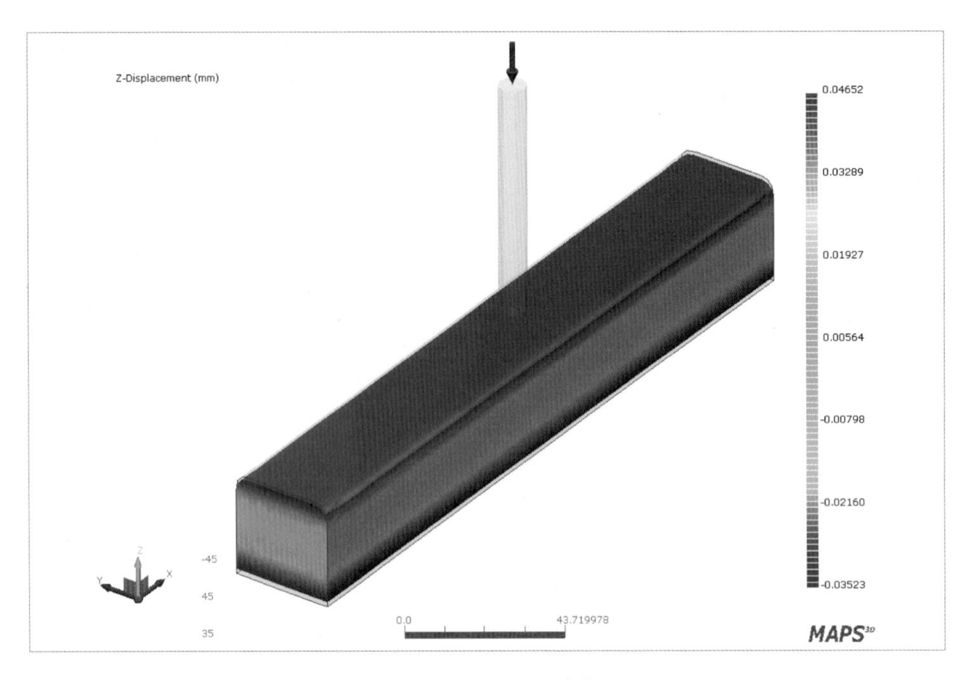

Z-Displacement 결과

(4) Total-Displacement

① Result에서 Result ➡ Warp ➡ End of analysis ➡ Total-Displacement를 선택한다.

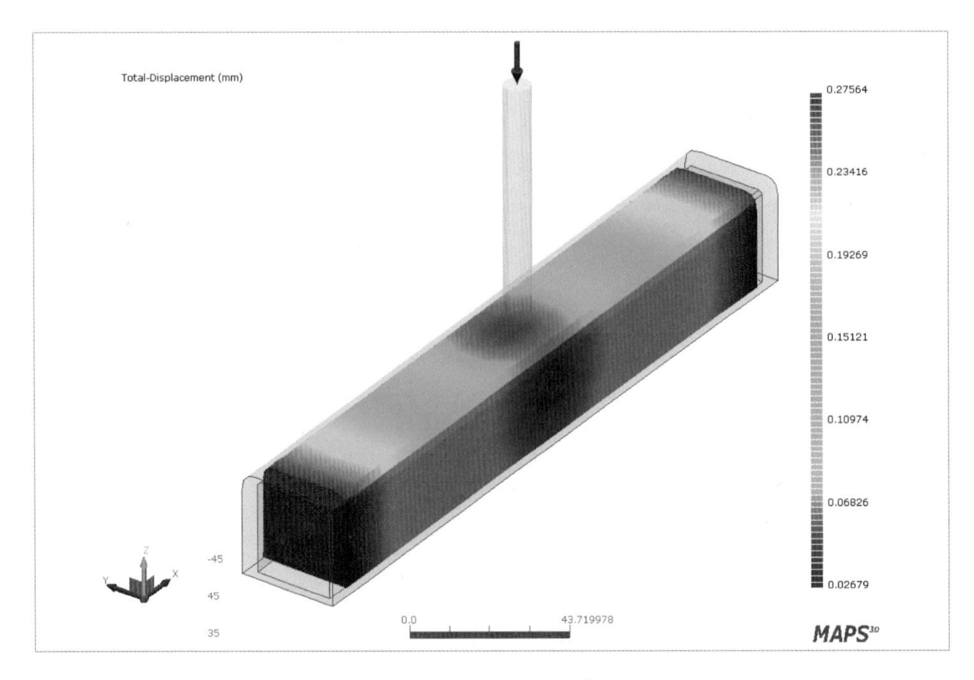

Total-Displacement 결과

따라하기

01 형상 정보

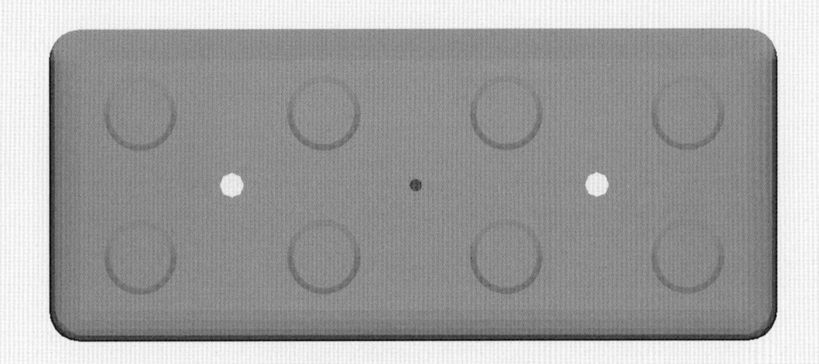

형상 정보 및 수지 주입구 위치

02 실습 요약

Workspace 이름	Follow_Project
Workspace 위치	〈MyMAPS3D folder〉\Education
Project 이름	3-9
해석 종류	CIM - CIM : Flow + Pack + Warp
파일	〈MAPS3D folder〉\Tutorial\Model\lego.go4
수지	PBT/Dupont/Crastin S610SF NC010
금형 온도	80℃
사출 온도	247.5℃
충전 시간	1sec
보압 시간	1sec
보압 크기	80%
사이클 타임	15sec
수지 주입구 (좌표)	1점 (28, 0, 2)

03 작업 순서

❶ Workspace 생성

- Workspace 이름 : Follow_Project

(동일명의 Workspace가 이미 존재하는 경우에는 Workspace 생성은 생략 가능하다.)

❷ Project 생성

- Project 이름 : 3-9
- 해석 종류 : CIM - CIM : Flow + Pack + Warp
- 파일 : lego.go4

❸ Project 열기

❹ 수지 선정

- 수지 : PBT/Dupont/Crastin S610SF NC010

❺ 수지 주입구 설정

- 수지 주입구 (좌표) : 1점 (28, 0, 2)

❻ 사출 조건 설정

- 금형 온도 : 80℃
- 사출 온도 : 247.5℃
- 충전 시간 : 1sec
- 사이클 타임 : 15sec
- 보압 조건 : 표 참고

❼ 해석 수행

❽ 결과 확인

- X-Displacement
- Y-Displacement
- Z-Displacement
- Total-Displacement

Chapter 4

냉각 해석

1절 기본 순서

- 냉각 해석의 목적을 이해할 수 있다.
- 냉각 해석을 수행할 수 있다.

실습 요약

Workspace 이름		Cool
Workspace 위치		〈MyMAPS3D folder〉\Education
Project 이름		Cool
해석 종류		CIM – CIM : Cool
파일		〈MAPS3D folder〉\Tutorial\Model\quick_analysis.go4
수지		ABS/Lotte Advanced Materials/Starex MP0160R
사출 온도		230℃
사이클 타임		30sec
냉각 채널	냉각 매체	Water
	온도	50℃
	레이놀즈수	10000
	금형 재질	ANSI 1020

1-1 수행 순서

(1) Workspace 생성

❶ Menu에서 Home ➡ Workspace : New를 선택한다.

❷ Workspace Name에 'Cool'을 입력한다.

❸ Set를 클릭하고 〈MyMAP3D folder〉\Education을 선택하여 Workspace 저장 위치를 선택한다.

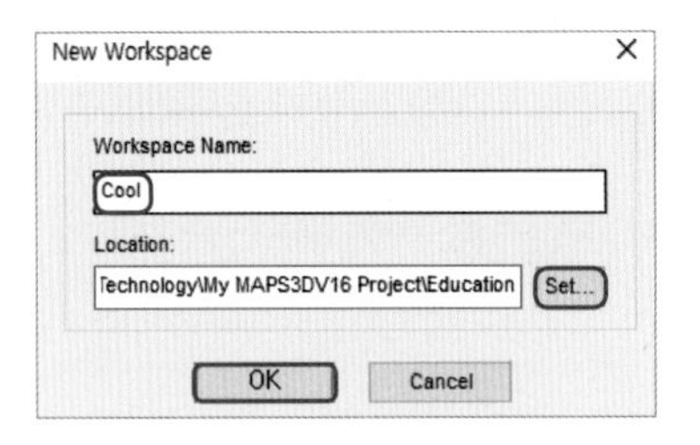

Workspace 생성 화면

(2) Project 생성

❶ Menu에서 Home ➡ Project : New를 선택한다.

❷ Project Name에 'Cool'을 입력한다.

❸ Analysis Type에서 CIM – CIM : Cool을 선택한다.

❹ Mesh File에서 Set를 클릭하고 다음 경로의 파일을 선택한다.

- 〈MAPS3D folder〉\Tutorial\Model\quick_analysis.go4

❺ OK를 클릭한다.

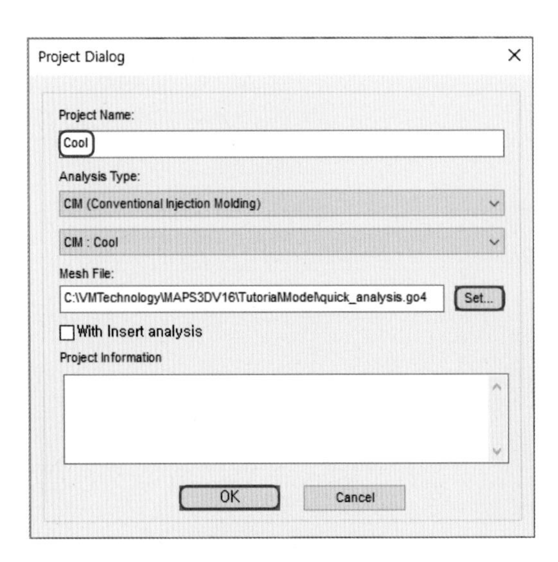

Project 생성 화면

(3) Project 활성화

① Project 이름을 선택하고 오른쪽 마우스를 클릭하여 'Set Current'를 선택한다.

- Project 이름을 더블 클릭해도 동일한 효과를 볼 수 있다.

(4) 수지 선정

① Boundary conditions 탭을 선택한다.

② Material에서 Set Material을 선택하면 Material Dialog 창이 나타난다.

③ Set를 클릭한다.

④ 새로운 창이 생성되면 Search를 선택한다.

⑤ String에서 'MP0160R'을 입력한다.

⑥ Search를 클릭한다.

⑦ 'Starex MP0160R' 수지를 선택한다.

⑧ Select를 클릭한다.

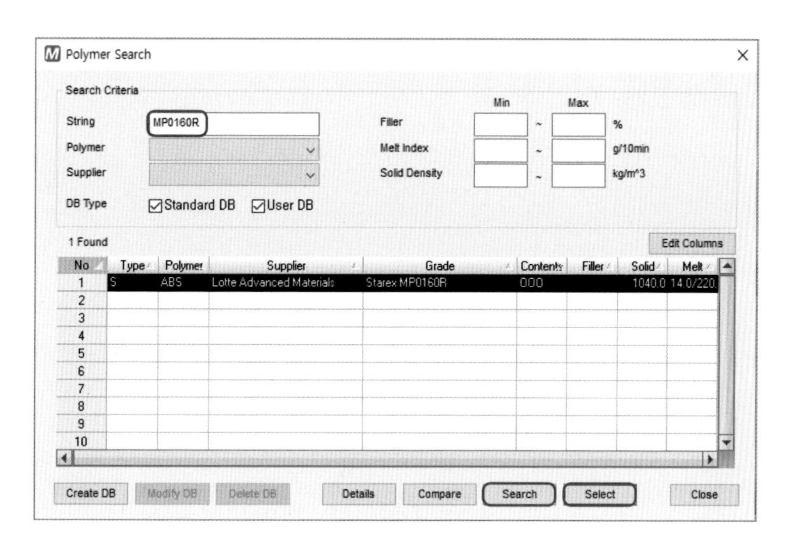

수지 선정 화면

(5) 경계 조건 설정

① Boundary Conditions 창에서 Processing conditions ➡ Set Processing ➡ Set를 선택한다.

② Melt temperature는 '230'을 입력한다.

③ Filling time + Post–fill time은 '30'을 입력한다.

④ OK를 클릭한다.

사출조건 설정

(6) Coolant 조건 설정

❶ Boundary Conditions : Coolant Entrance ➡ Set Coolant Inlet/Outlet을 선택한다.

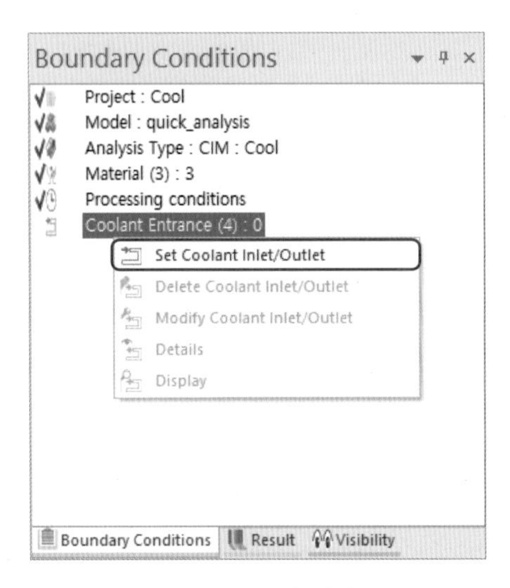

Coolant 조건 설정

❷ Coolant material는 'Water'를 선택 후 다음(N)을 클릭한다.

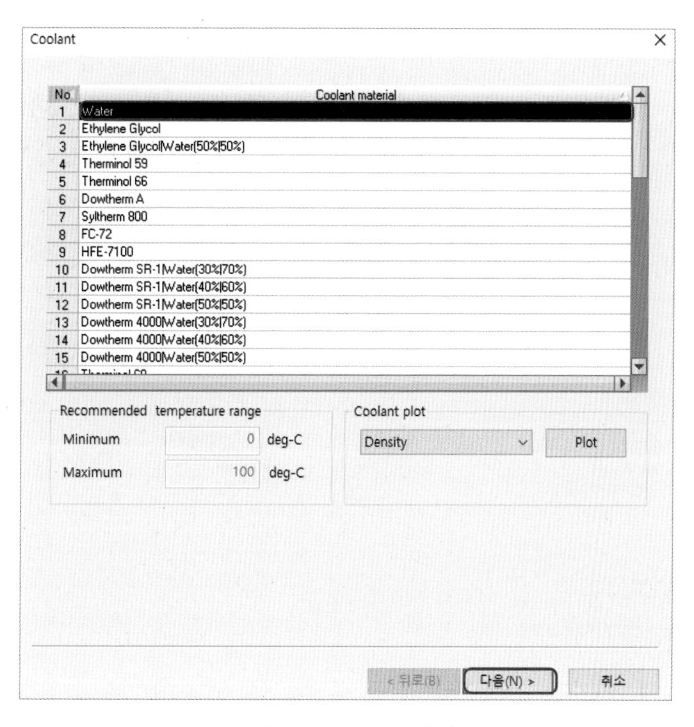

Coolant material 설정

❸ Coolant temperature는 '50'을 입력한다.

❹ 레이놀즈수(Raynold's number)를 선택 후 '10000'을 입력하고 다음(N)을 클릭한다.

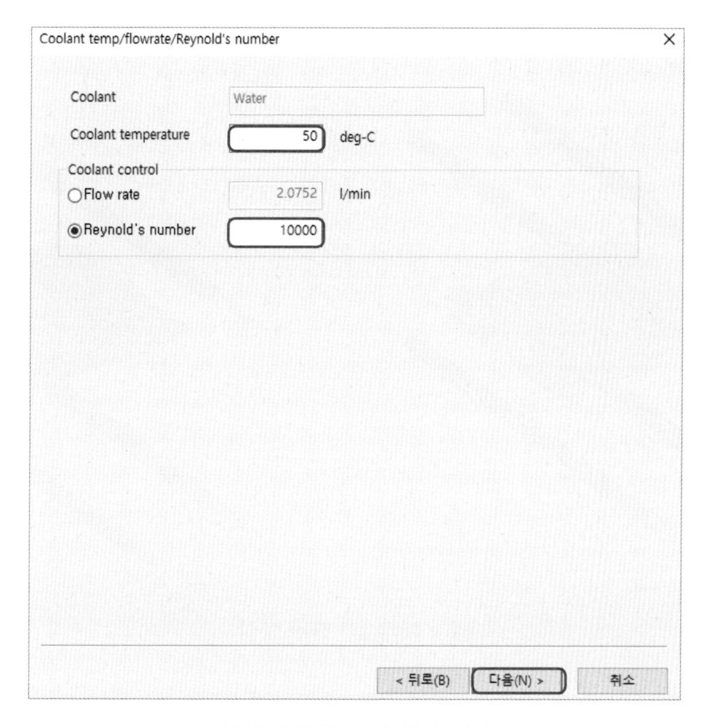

냉각 매체 온도 및 유량 설정

❺ 금형 재질은 'ANSI 1020'을 선택 후 마침을 클릭한다.

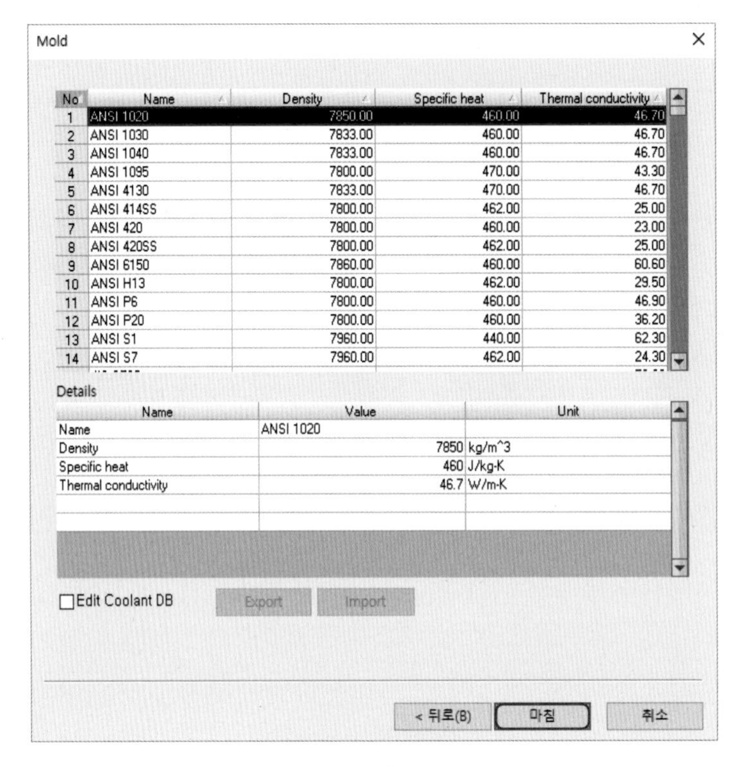

No	Name	Density	Specific heat	Thermal conductivity
1	ANSI 1020	7850.00	460.00	46.70
2	ANSI 1030	7833.00	460.00	46.70
3	ANSI 1040	7833.00	460.00	46.70
4	ANSI 1095	7800.00	470.00	43.30
5	ANSI 4130	7833.00	470.00	46.70
6	ANSI 414SS	7800.00	462.00	25.00
7	ANSI 420	7800.00	460.00	23.00
8	ANSI 420SS	7800.00	462.00	25.00
9	ANSI 6150	7860.00	460.00	60.60
10	ANSI H13	7800.00	462.00	29.50
11	ANSI P6	7800.00	460.00	46.90
12	ANSI P20	7800.00	460.00	36.20
13	ANSI S1	7960.00	440.00	62.30
14	ANSI S7	7960.00	462.00	24.30

Details

Name	Value	Unit
Name	ANSI 1020	
Density	7850	kg/m^3
Specific heat	460	J/kg-K
Thermal conductivity	46.7	W/m-K

금형 재질 설정

❻ 냉각 주입구를 설정한다. Coolant를 처음 선택한 위치가 입구가 되며, 출구는 자동으로 설정된다.

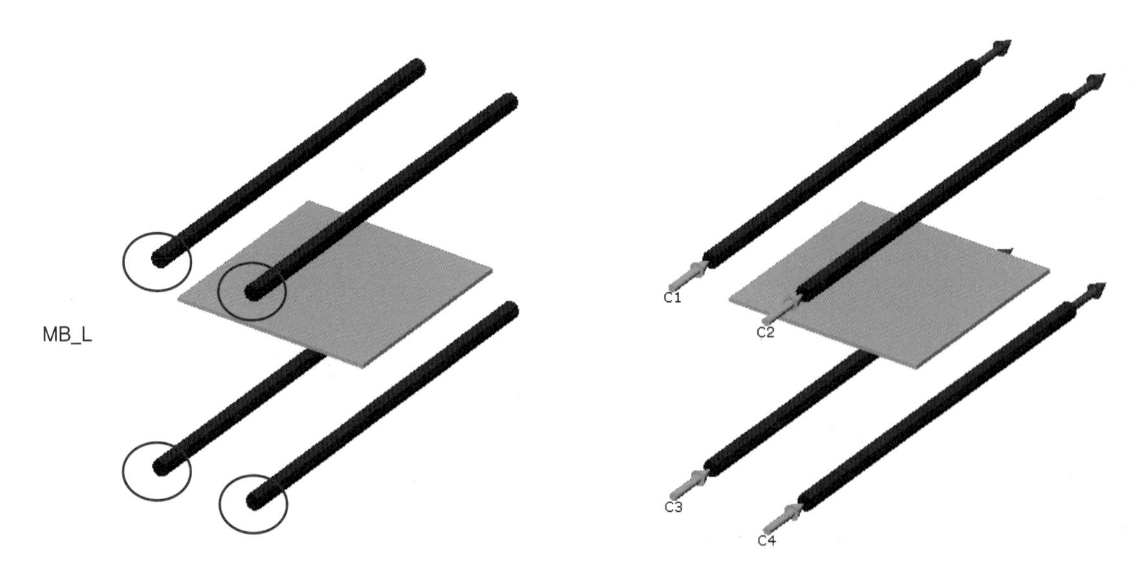

냉각 매체 입 · 출구 설정

(7) 해석 수행

❶ Menu에서 Home ➡ Analysis : Job Manager를 클릭한다.

❷ Cool을 클릭 후 [>] 를 선택하여 해석 대기 리스트에 추가한다.

❸ Run을 선택하여 해석을 진행한다.

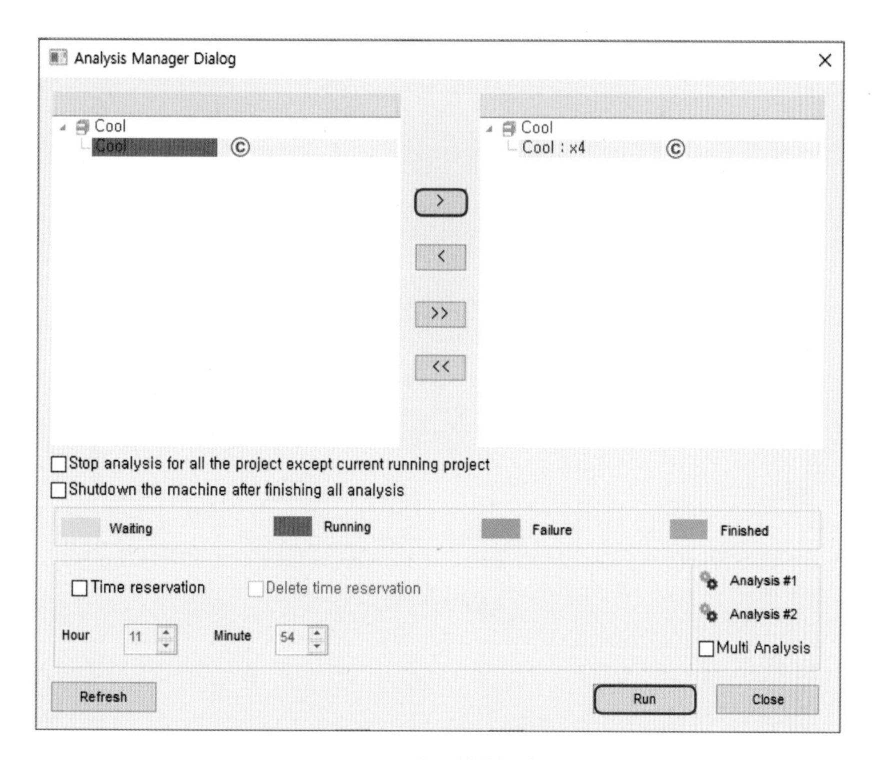

Job Manager를 이용한 해석 수행

1-2 결과 분석

냉각 해석의 목적은 신속한 냉각 조건 설정을 통한 냉각 효율 향상과 냉각 소요 시간의 감소를 통해 생산성을 향상시키는 것과 균일한 냉각을 통해 제품의 잔류응력 및 열응력을 감소시키고, 제품의 치수 정밀도와 표면 품질을 향상시켜 품질을 개선시키는 것, 그리고 냉각 공정 및 채널 크기 등 최적의 냉각 시스템의 설계를 하는 데 있다.

(1) 금형 벽면 온도

❶ Result에서 Result ➡ Cool ➡ End of analysis ➡ Mold wall temperature를 선택한다.

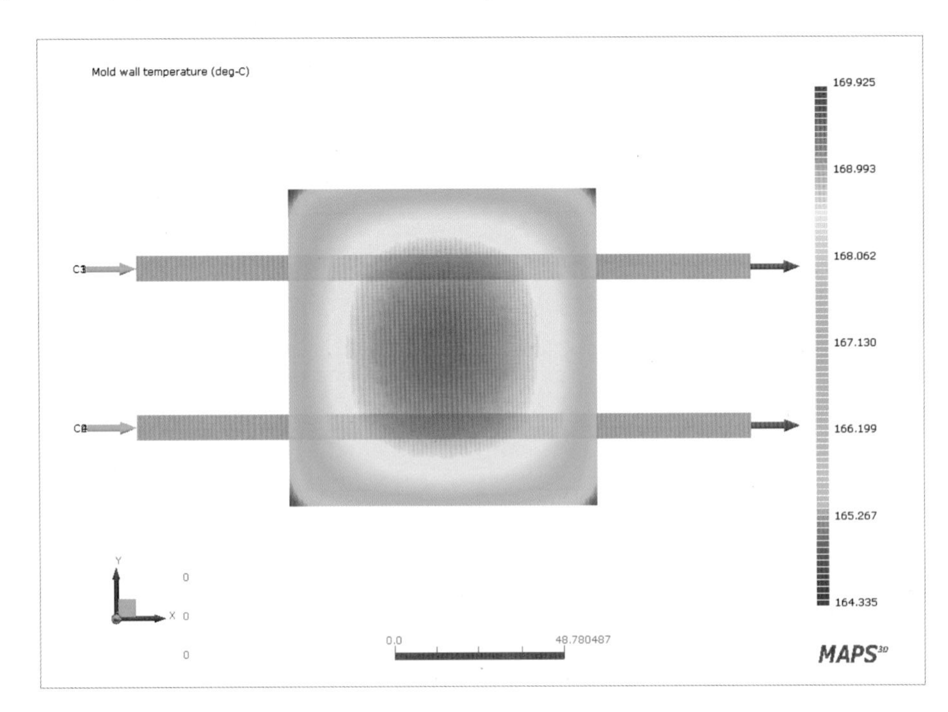

금형 상측 벽면 온도 분포

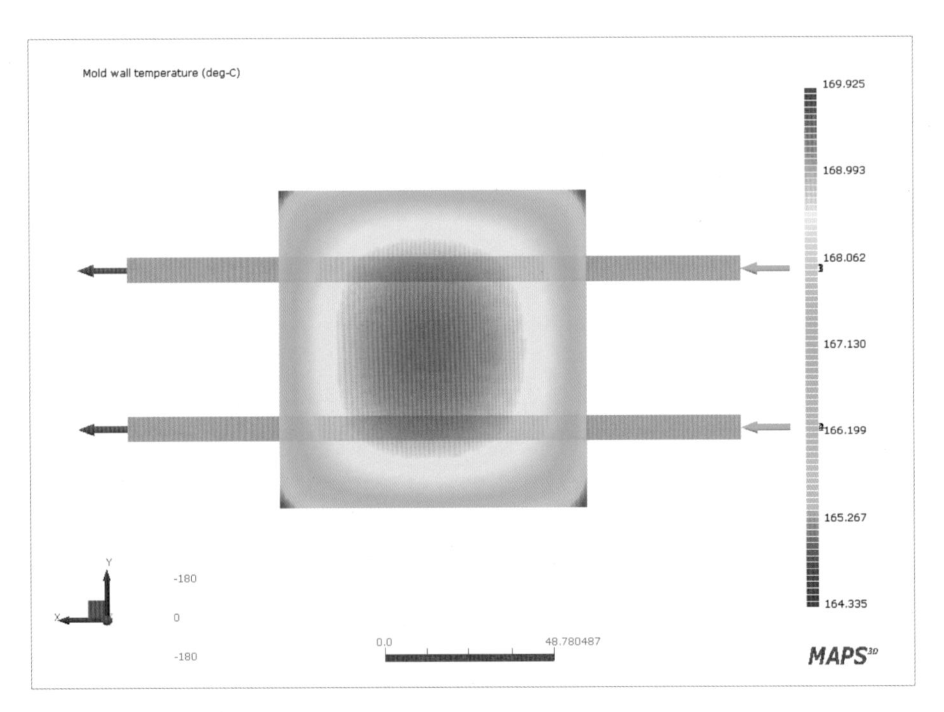

금형 하측 벽면 온도 분포

Mold wall temperature 결과

(2) Manifold 전체 정보

❶ Result에서 Result ➡ Cool ➡ Manifold overview ➡ Inlet temperature 또는 Flow rate를 선택한다.

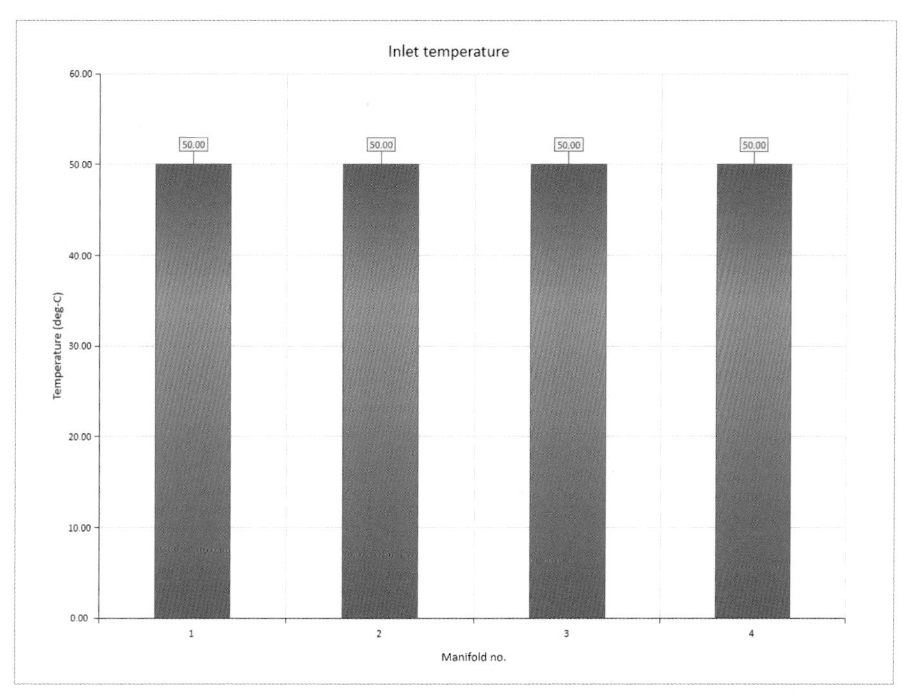

냉각 채널의 입구 온도

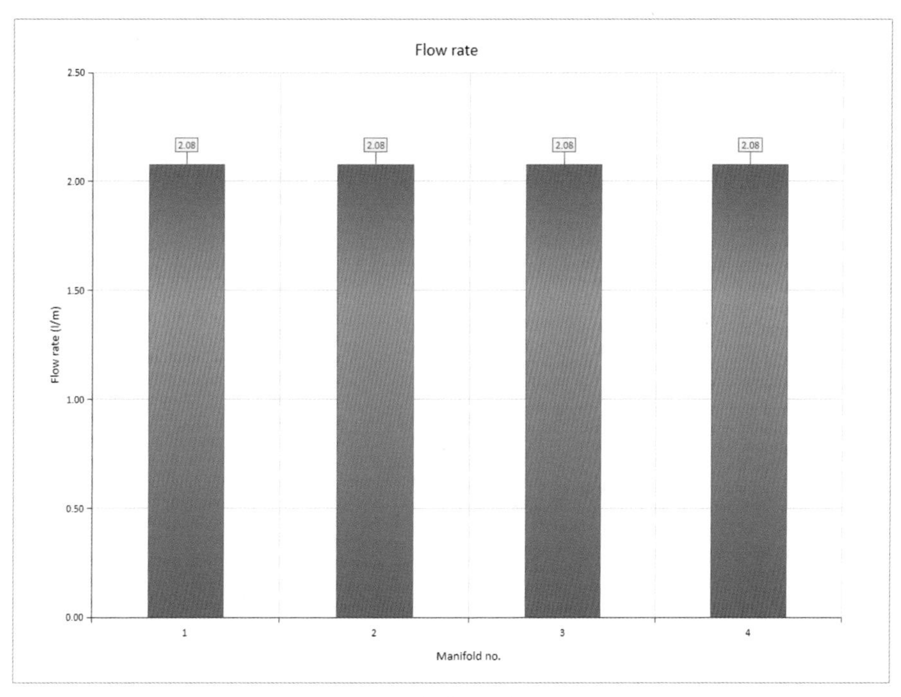

냉각 채널 유량

Inlet temperature 결과와 Flow rate 결과

(3) Manifold 정보

❶ Result에서 Result ➡ Cool ➡ Manifold Information ➡ MB_R ➡ Manifold Information을 선택한다. 선택한 냉각 채널에 대해서만 결과를 확인할 수 있다.

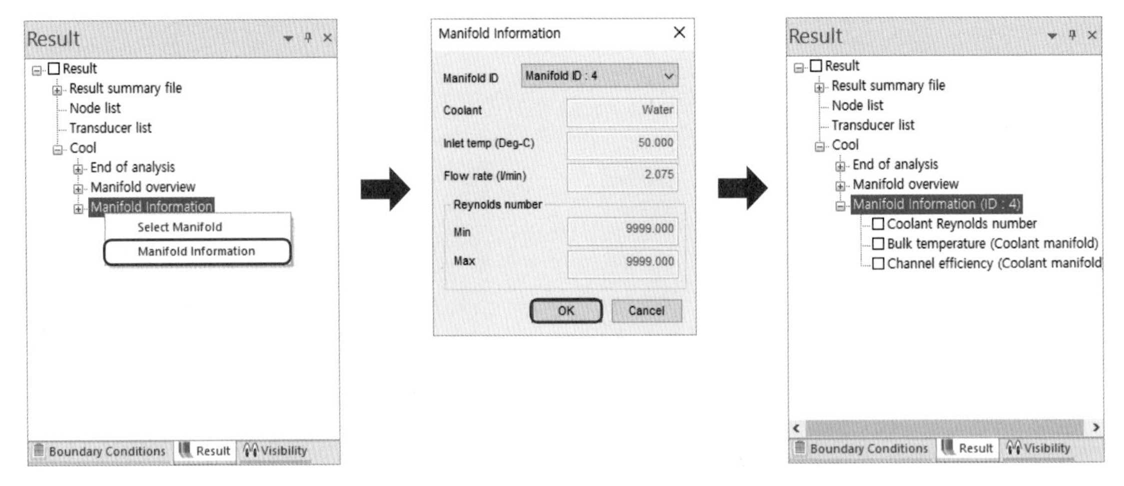

Manifold information 선택

따라하기

01 형상 정보

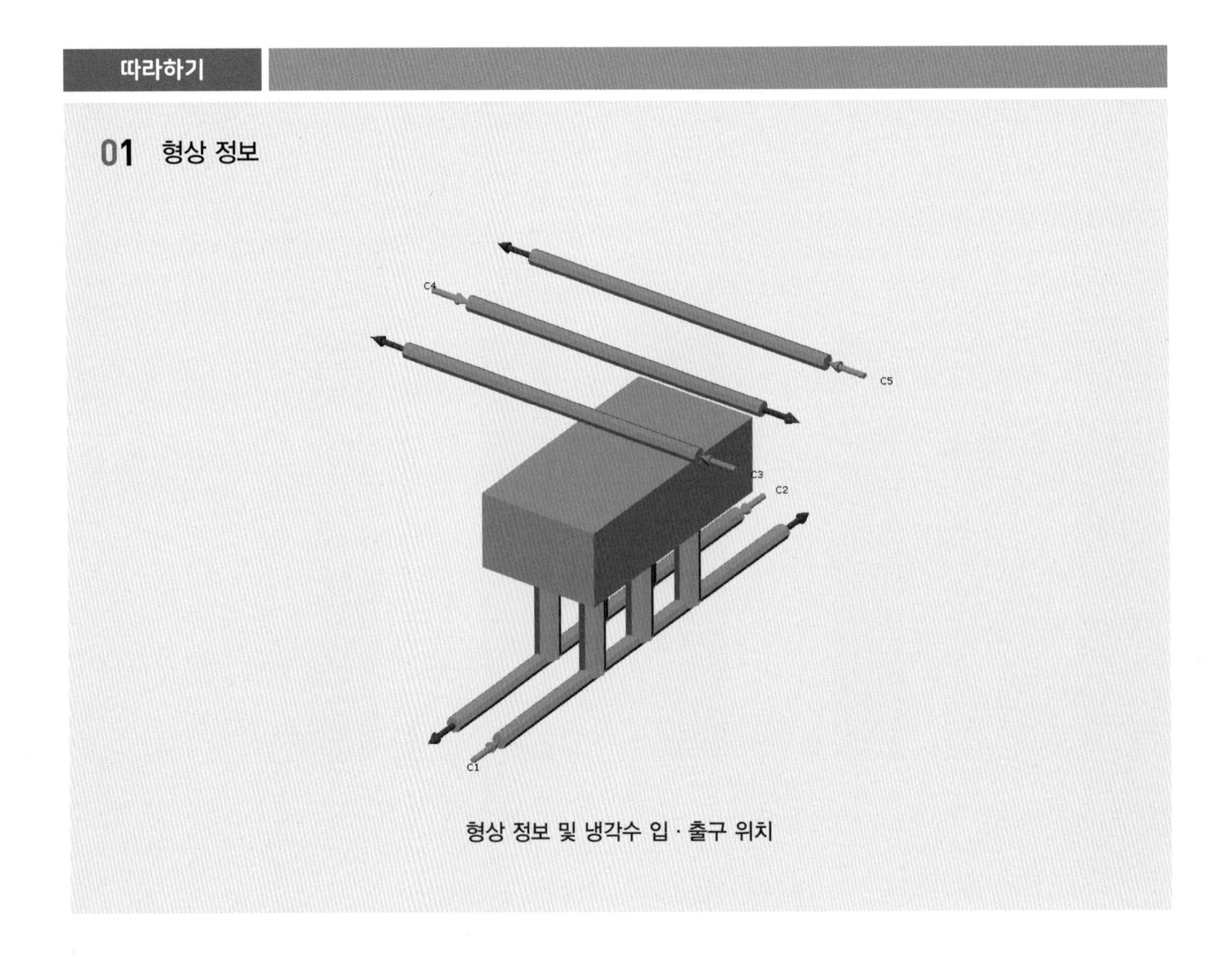

형상 정보 및 냉각수 입 · 출구 위치

02 실습 요약

<table>
<tr><td colspan="2">Workspace 이름</td><td>Follow_Project</td></tr>
<tr><td colspan="2">Workspace 위치</td><td>〈MyMAPS3D folder〉\Education</td></tr>
<tr><td colspan="2">Project 이름</td><td>3-10</td></tr>
<tr><td colspan="2">해석 종류</td><td>CIM - CIM : Cool</td></tr>
<tr><td colspan="2">파일</td><td>〈MAPS3D folder〉\Tutorial\Model\cool_1.go4</td></tr>
<tr><td colspan="2">수지</td><td>PP/Lotte Chemical/Hopelen J-150</td></tr>
<tr><td colspan="2">사출 온도</td><td>225℃</td></tr>
<tr><td colspan="2">사이클 타임</td><td>10sec</td></tr>
<tr><td rowspan="4">냉각 채널</td><td>냉매</td><td>Water</td></tr>
<tr><td>온도</td><td>50℃</td></tr>
<tr><td>레이놀즈수</td><td>10000</td></tr>
<tr><td>금형 재질</td><td>ANSI 1020</td></tr>
</table>

03 작업 순서

❶ Workspace 생성

- Workspace 이름 : Follow_Project

(동일명의 Workspace가 이미 존재하는 경우에는 Workspace 생성은 생략 가능하다.)

❷ Project 생성

- Project 이름 : 3-10
- 해석 종류 : CIM - CIM : Cool
- 파일 : cool_1.go4

❸ Project 열기

❹ 수지 선정

- 수지 : PP/Lotte Chemical/Hopelen J-150

❺ 사출 조건 설정

- 사출 온도 : 225℃
- 사이클 타임 : 10sec

❻ 냉각 채널 설정

- 입 · 출구 설정 : 앞 쪽 그림 형상 정보 및 냉각수 입 · 출구 위치 참조
- 냉각 매체 설정 : 실습 요약 참조

❼ 해석 수행

❽ 결과 확인

- Mold wall temperature
- Inlet temperature
- Flow rate

2절 냉각 효율

- 냉각 매체의 유량을 설정할 수 있다.
- 냉각 매체의 유량 변화에 따른 냉각 성능을 이해할 수 있다.

실습 요약

Project 이름		1000	2300	5000	7000	10000
해석 종류		CIM – CIM : Cool				
파일		〈MAPS3D folder〉\Tutorial\Model\Warp.go4				
수지		ABS/BASF AG/Terlulan 877M				
사출 온도		265℃				
사이클 타임		15sec				
냉각 채널	냉매	Water				
	온도	60℃				
	레이놀즈수	1000	2300	5000	7000	10000
	금형 재질	ANSI 1020				

2-1 수행 순서

(1) Project 생성

❶ Menu에서 Home ➡ Project : New를 선택한다.

❷ Project Name에 '1000'을 입력한다.

❸ Analysis Type에서 CIM – CIM : Cool을 선택한다.

❹ Mesh File에서 Set를 클릭하고 아래 경로의 파일을 선택한다.

- 〈MAPS3D folder〉\Tutorial\Model\Warp.go4

❺ OK를 클릭한다.

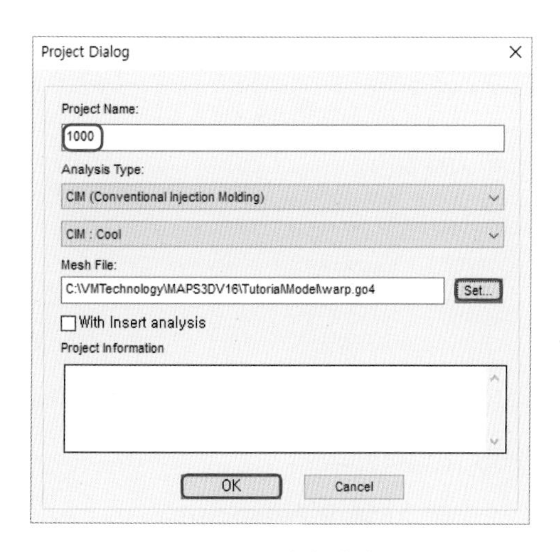

Project 생성 화면

(3) Project 활성화

❶ Project 이름을 선택하고 오른쪽 마우스를 클릭하여 'Set Current'를 선택한다.

- Project 이름을 더블 클릭해도 동일한 효과를 볼 수 있다.

(4) 수지 선정

❶ Boundary conditions 탭을 선택한다.

❷ Material에서 Set Material을 선택하면 Material Dialog 창이 나타난다.

❸ Set를 클릭한다.

❹ 새로운 창이 생성되면 Search를 선택한다.

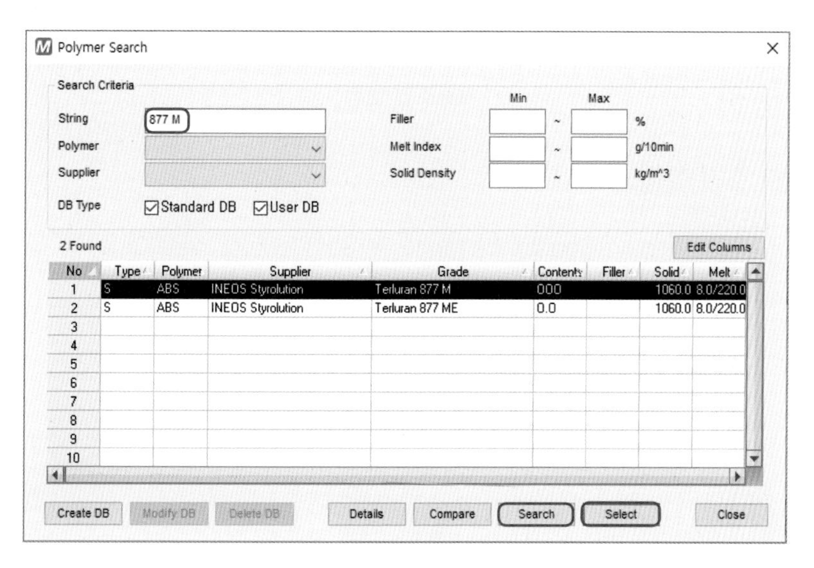

수지 선정 화면

⑤ String에서 '877 M'을 입력한다.

⑥ Search를 클릭한다.

⑦ 'Terluran 877 M' 수지를 선택한다.

⑧ Select를 클릭한다.

(5) 경계 조건 설정

① Boundary Condition 창에서 Processing conditions ➡ Set Processing ➡ Set를 선택한다.

② Melt temperature는 '265'를 입력한다.

③ Filling time + Post-fill time은 '15'를 입력한다.

④ OK를 클릭한다.

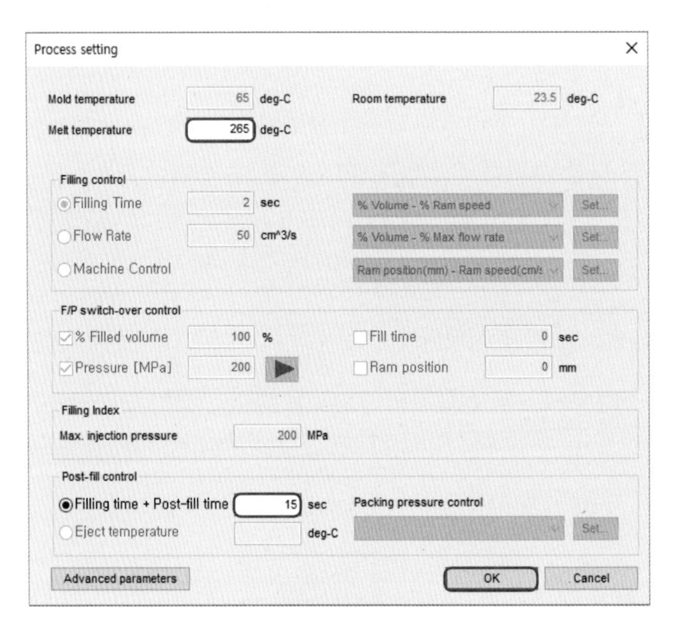

사출조건 설정

(6) Coolant 조건 설정

① Boundary Conditions : Coolant Entrance ➡ Set Coolant Inlet/Outlet을 선택한다.

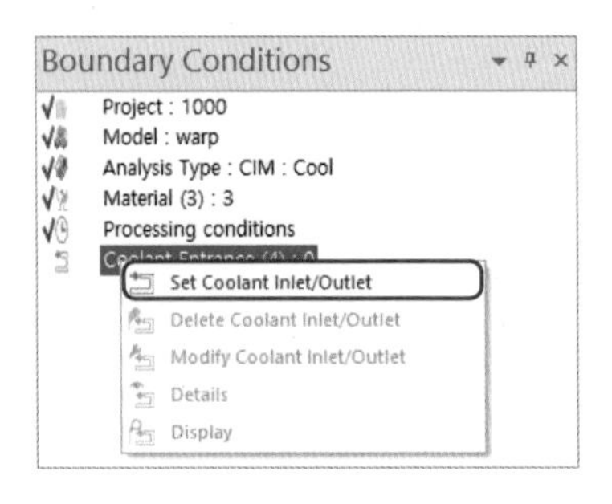

Coolant 조건 설정

❷ Coolant material은 'Water'를 선택 후 다음(N)을 클릭한다.

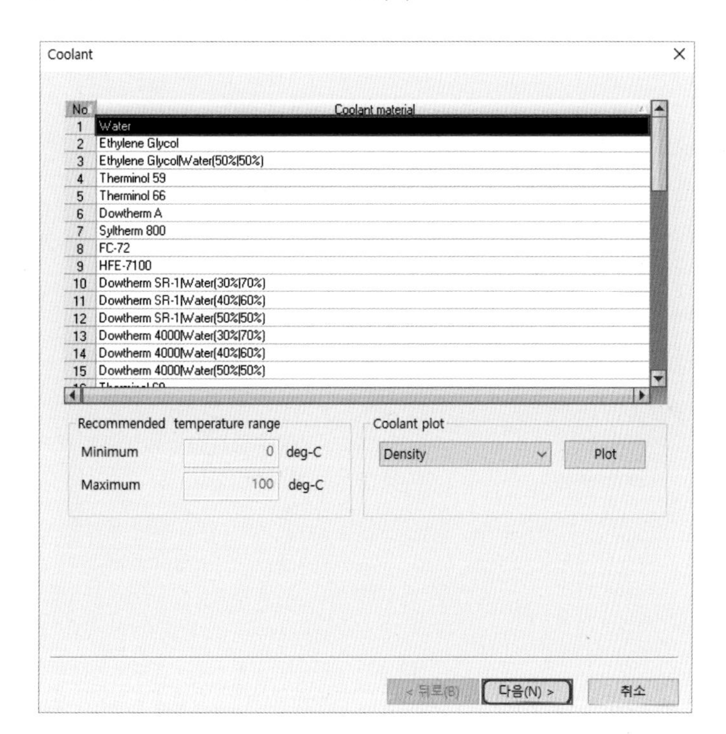

냉각 매체 설정

❸ Coolant temperature는 '60'을 입력한다.

❹ 레이놀즈수(Raynold's number)를 선택 후 '1000'을 입력하고 다음(N)을 클릭한다.

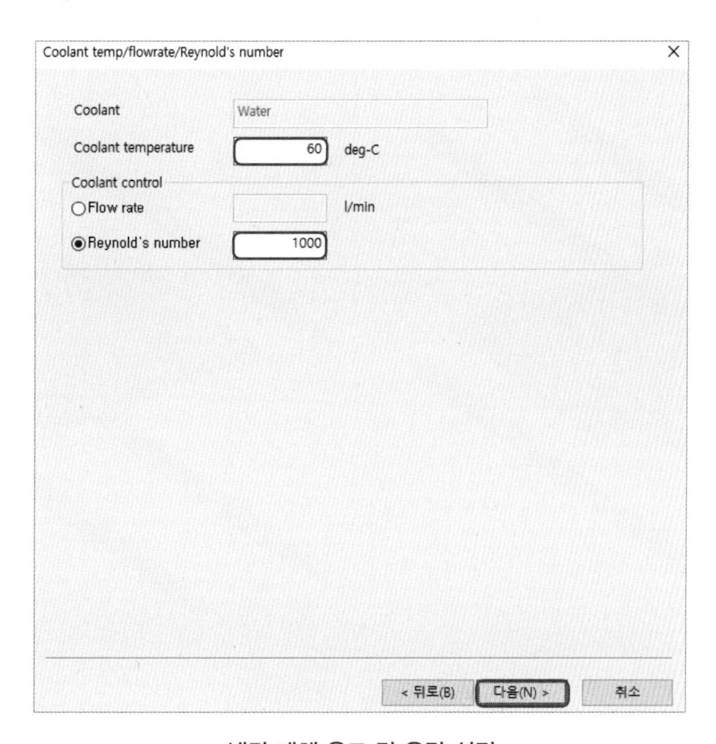

냉각 매체 온도 및 유량 설정

❺ 금형 재질은 'ANSI 1020'을 선택 후 마침을 클릭한다.

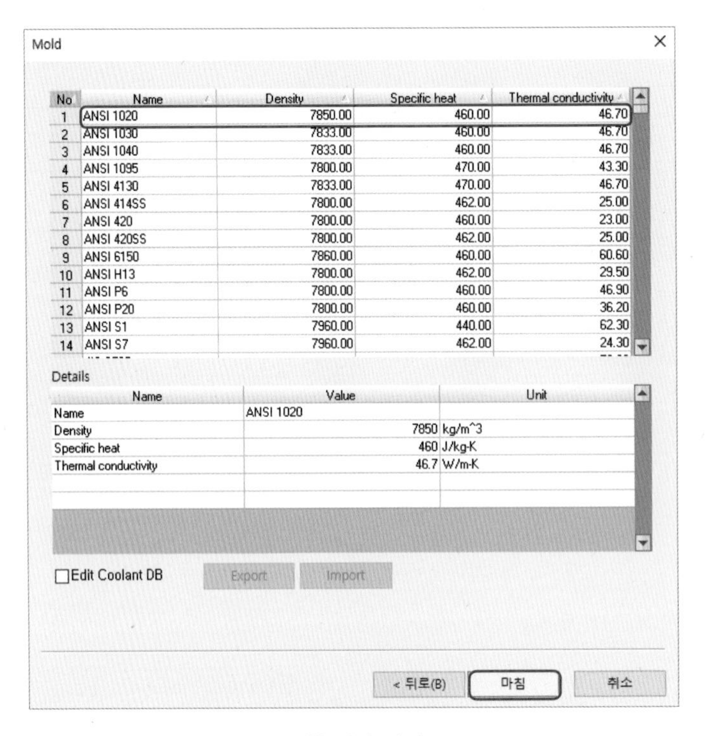

금형 재질 설정

❻ 냉각 주입구를 설정한다.

- 냉각 채널을 처음 선택한 위치가 입구가 되며 출구는 자동으로 설정된다.

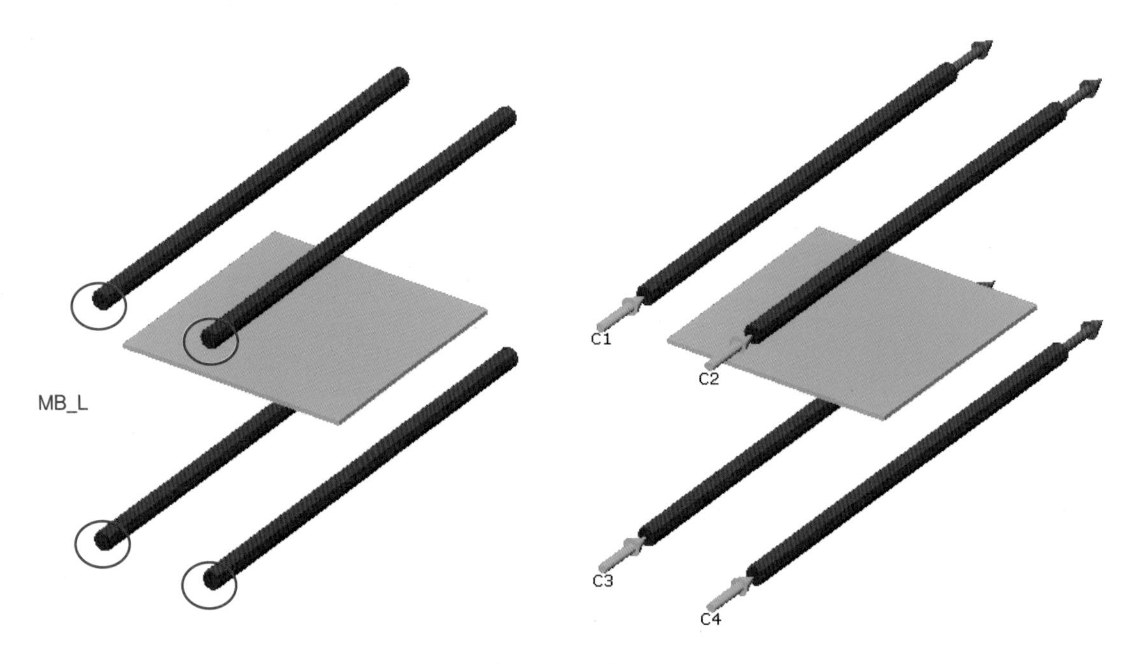

냉각 매체 입 · 출구 설정

(7) Project 복사

① Workspace창에서 복사할 Project를 선택한다.

② 오른쪽 마우스를 클릭하여 Copy를 선택한다.

③ Project의 이름 '2300'을 입력 후 OK를 선택한다.

④ 나머지 Project에 대해서 '5000', '7000', '10000'의 이름으로 복사한다.

(8) Coolant 조건 변경

① Boundary Conditions : Coolant Entrance ➡ Modify Coolant Inlet/Outlet을 선택한다.

② 모든 냉각 채널에 대해 레이놀즈수(Raynold's number)를 '2300'으로 변경한다.

③ 나머지 Project에 대해서도 동일한 방법으로 레이놀즈수(Raynold's number)를 변경한다.

(9) 해석 수행

① Menu에서 Home ➡ Analysis : Job Manager를 클릭한나.

② 1000/2300/5000/7000/10000을 클릭 후 [>] 를 선택하여 해석 대기 리스트에 추가한다.

③ Run을 선택하여 해석을 진행한다.

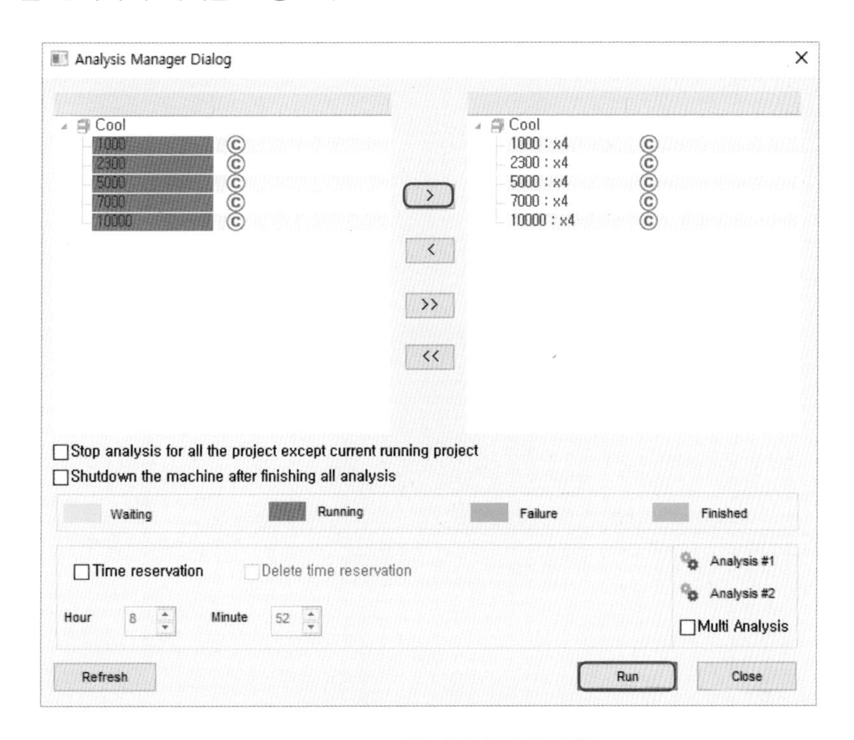

Job Manager를 이용한 해석 수행

2-2 결과 분석

일반적으로 냉각 매체의 레이놀즈수(Raynold's number)가 2300 이하일 경우 층류 상태를 유지한다. 이때의 냉각 효율은 난류 상태의 1/3 수준이다. 즉, 냉각 매체의 유동이 난류일 때 효율이 좋다는 것을 의미하는데, 냉각 매체의 유량을 증가시키거나 냉각 채널의 직경을 감소시키면 층류를 난류로 바꿀 수 있다.

(1) 금형 표면 온도

❶ Result에서 Result ➡ Cool ➡ End of analysis ➡ Mold wall temperature를 선택한다.

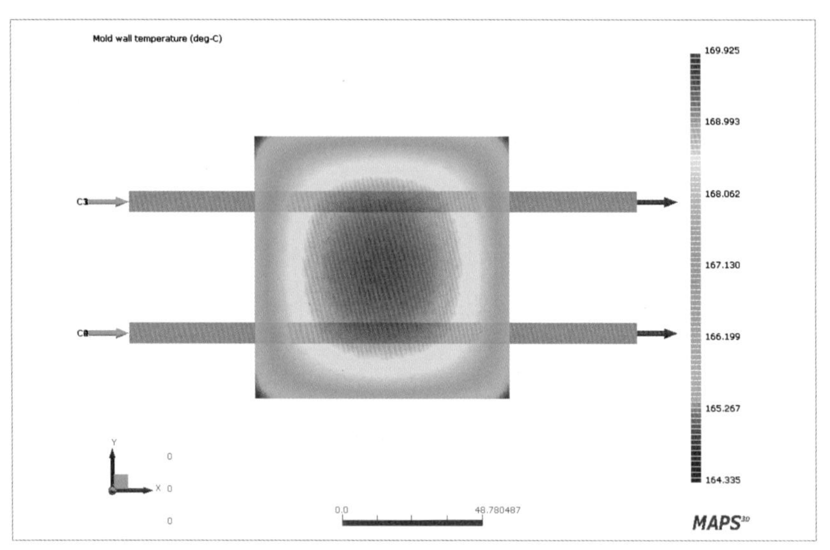

금형 상측 벽면 온도 분포

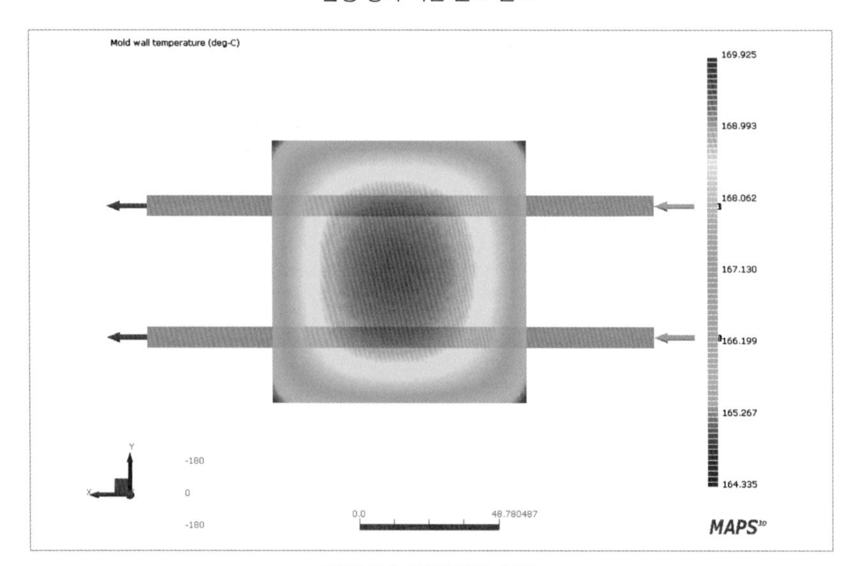

금형 하측 벽면 온도 분포

Mold wall temperature 결과

❷ 레이놀즈수(Raynold's number)가 10000일 때

- 냉각 채널 내의 냉각 매체의 유동이 난류 상태를 유지하며, 금형 벽면의 온도가 비교적 낮고 고른 분포를 보인다.

❸ 레이놀즈수(Raynold's number)가 2300일 때

- 냉각 채널 내의 냉각 매체의 유동이 층류 상태를 유지하며, 금형 벽면의 온도가 비교적 높고 고르지 않는 분포를 보인다.

따라하기

01 형상 정보

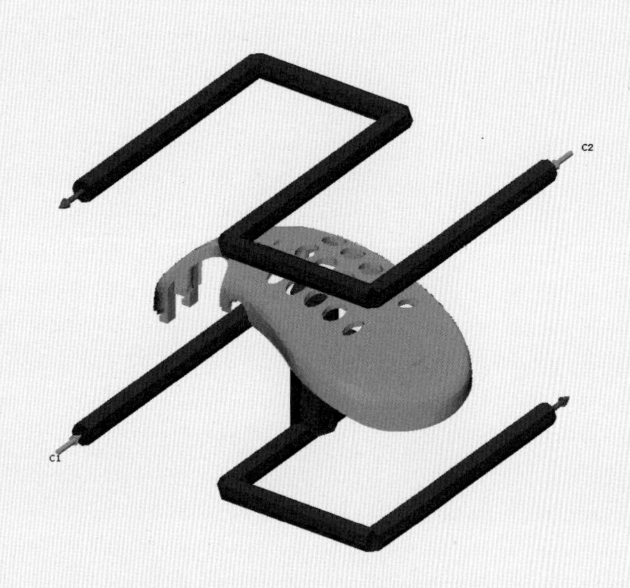

형상 정보 및 냉각수 입·출구 위치

02 실습 요약

<table>
<tr><td colspan="2">Project 이름</td><td>3-11</td><td>3-11_Re2300</td></tr>
<tr><td colspan="2">해석 종류</td><td colspan="2">CIM - CIM : Cool</td></tr>
<tr><td colspan="2">파일</td><td colspan="2">〈MAPS3D folder〉\Tutorial\Model\mouse_cool.go4</td></tr>
<tr><td colspan="2">수지</td><td colspan="2">PA66/Desco/Deslon DSC201R</td></tr>
<tr><td colspan="2">사출 온도</td><td colspan="2">277.5℃</td></tr>
<tr><td colspan="2">사이클 타임</td><td colspan="2">30sec</td></tr>
<tr><td rowspan="4">냉각 채널</td><td>냉매</td><td colspan="2">Water</td></tr>
<tr><td>온도</td><td colspan="2">60℃</td></tr>
<tr><td>레이놀즈수</td><td>10000</td><td>2300</td></tr>
<tr><td>금형 재질</td><td colspan="2">ANSI 1020</td></tr>
</table>

03 작업 순서

❶ Workspace 생성

- Workspace 이름 : Follow_Project
  (동일명의 Workspace가 이미 존재하는 경우에는 Workspace 생성은 생략 가능하다.)

❷ Project 생성

- Project 이름 : 3-11
- 해석 종류 : CIM - CIM : Cool
- 파일 : mouse_cool.go4

❸ Project 열기

❹ 수지 선정

- 수지 : PA66/Desco/Deslon DSC201R

❺ 사출 조건 설정

- 사출 온도 : 277.5℃
- 사이클 타임 : 30sec

❻ 냉각 채널 설정

- 입 · 출구 설정 : 앞 쪽 그림 형상 정보 및 냉각수 입 · 출구 위치 참조
- 냉각 매체 설정 : 실습 요약 참조

❼ Project 복사

- Project 이름 : 3-11_Re2300
- 냉각 매체 수정 : 레이놀즈수(Raynold's number)를 2300으로 변경

❽ 해석 수행

❾ 결과 확인

- Mold wall temperature

PART 4

MAPS-3D Modeler

1장 Mesh 생성
2장 1D 러너 생성
3장 냉각 채널 생성
4장 Mesh 수정

Mesh 생성

1절 Mesh data

- STL 파일을 가져와서 2D Element를 생성할 수 있다.
- Remesh 명령을 이용하여 2D Element를 재생성할 수 있다.
- Mesh status를 통해서 Mesh 품질(Mesh quality)을 확인할 수 있다.
- 3D Element를 생성하여 유동 해석을 수행할 수 있다.

실습 요약

파일	〈MAPS3D folder〉\Tutorial\Model\braket_motor.stl
Model Unit	mm
Max. remeshing size	1.5
Patch angle	25
Set min. remeshing size	Ignore small hole and fillet
수행 순서	1. STL 파일 가져오기 및 단위 선택 2. 두께 측정 3. Remeshing 4. Mesh 품질 확인 5. 3D Mesh 생성하기 6. Mesh 파일 저장하기
주요 명령어	Import / Measure / Remeshing / Mesh Status / Solid Meshing / Save Mesh

1-1 Mesh 파일의 종류 및 이해

유한 요소로 형상을 표현하는 Mesh 데이터는 3D 프린팅과 같이 CAD S/W와 가공기와의 데이터 교환을 위한 용도와 구조 해석, 열전달 해석, 유체 해석 등과 같은 다양한 해석을 위한 용도로 구분된다.

MAPS-3D Modeler는 4가지 Mesh 데이터 파일을 가져와서 작업할 수 있다.

- STL 파일 : CNC 가공, 3D 프린팅과 같은 가공기에서 사용을 위한 Mesh 데이터
- Universal/Nastran/LS Dyna : 각종 해석을 위해 생성된 파일

Mesh 데이터는 용도 또는 S/W의 특징에 따라서 유한 요소의 형상이 나르므로 MAPS-3D를 통한 사출 성형 해석을 수행하기 위해서는 MAPS-3D에서 요구되는 형상으로 재생성하고 손상된 영역이 있다면 수정작업이 필요하다.

1-2 단위계의 설정

STL 파일은 파일 내부에 해당 데이터에 적용된 단위계(Unit)가 기재되지 않았으므로 파일을 불러들이는 과정에서 단위계를 정확하게 선택해야만 불러들인 형상의 치수가 정확하게 표시된다.

만약, 단위계를 잘못 선택하면 선택된 단위계에 따라서 형상의 크기는 축소 또는 확대되어 표시되므로 유의해야 한다.

1-3 수행 순서

(1) STL 파일 가져오기

SLT 파일을 가져오기 위해서는 Import 명령을 실행하는 방법과 해당 파일을 선택하여 Drag & Drop 형식으로 Modeler에 끌어 놓는 방법이 있다.

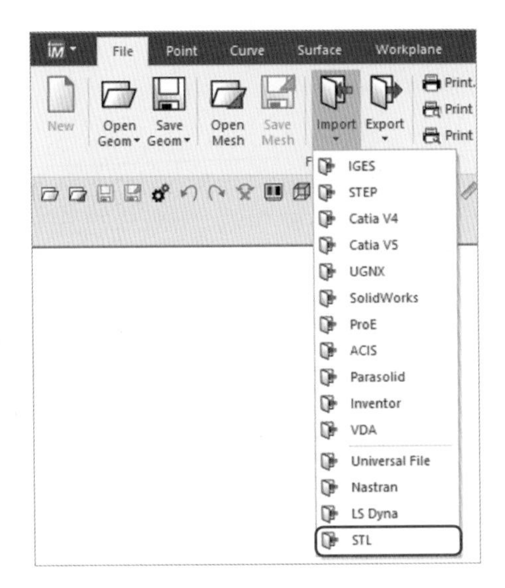

STL 선택

❶ Menu에서 File ➡ File : Import ➡ STL을 선택한다.

❷ 파일을 선택한다.

- 파일 : 〈MAPS3D folder〉\Tutorial\Model\bracket_motor.stl

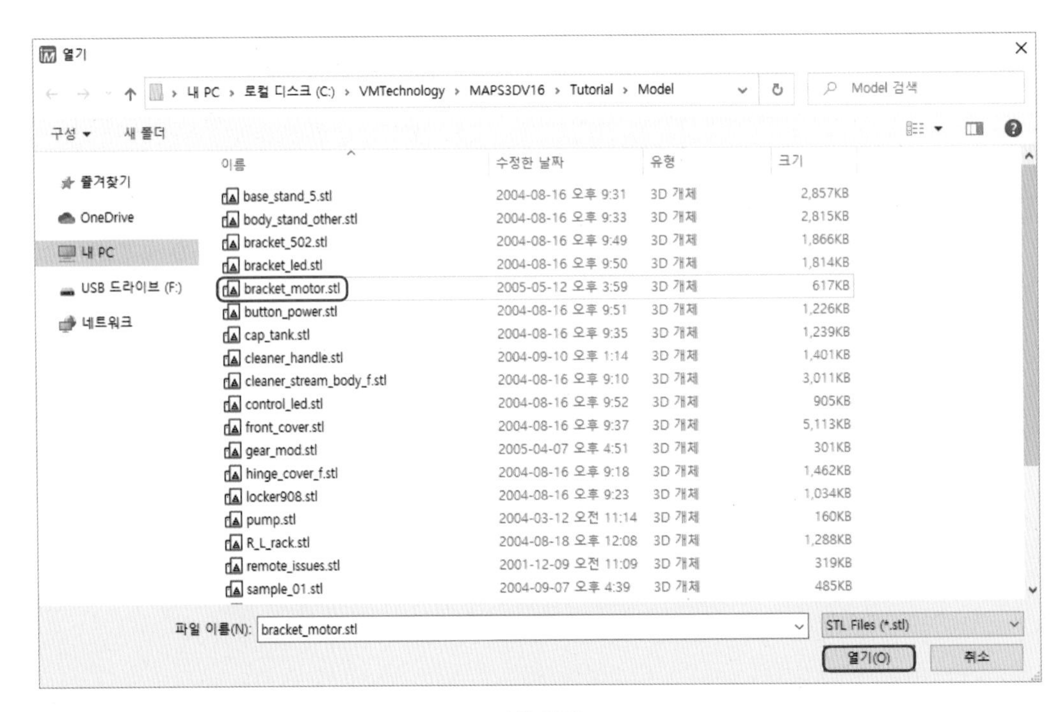

파일 경로

❸ 단위를 mm로 선택한다.

- STL 파일은 파일 내부에 파일 생성 과정에서 적용된 단위 정보가 없으므로 Model unit에 나타나 있는 단위 또는 사용자가 Scale factor를 직접 입력해서 불러들인 형상의 크기를 Model size에서 확인해야 한다.

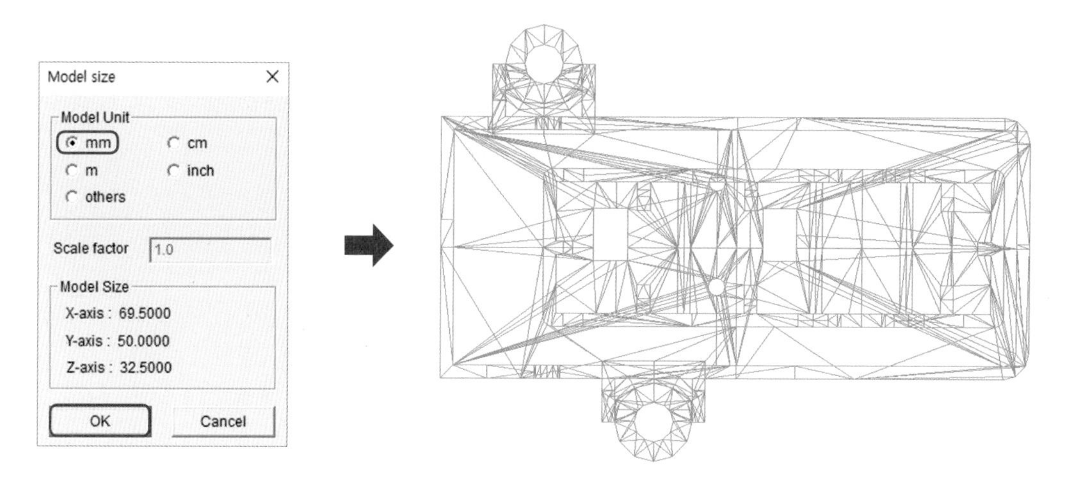

단위 설정 및 형상 정보

(2) Remeshing

MAPS-3D에서는 해석을 위해서 생성되는 2D Element 1개의 크기는 평균 살두께 대비 80~100% 크기로 생성하는 것을 추천하고 있으므로 가져오는 파일의 두께를 측정하여 평균 살두께를 검토하는 작업이 필요하다.

STL 파일과 같은 형식은 원본 파일에 Element 및 Node에 대한 정보가 존재한다. 하지만, 해석에는 적합하지 않으므로 Remeshing 명령을 통해서 해석에 적합한 Element로 재구성하는 작업이 필요하다. 재구성하는 과정에서 필렛과 동공 같은 형상의 존재 여부에 따라 특정 부위를 입력 값보다 작게 생성하는 기능을 제공한다.

❶ Menu에서 View ➡ Display : Measure를 선택하여 제품의 두께를 측정한다.

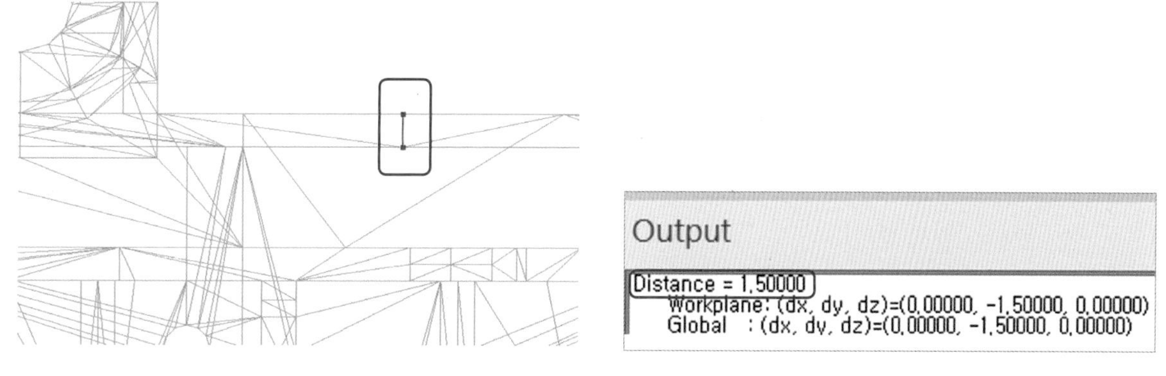

제품 두께 측정 값

❷ Menu에서 Surface Meshing ➡ Remeshing : Remeshing ➡ Remeshing All을 선택하여 Mesh를 재생성한다.

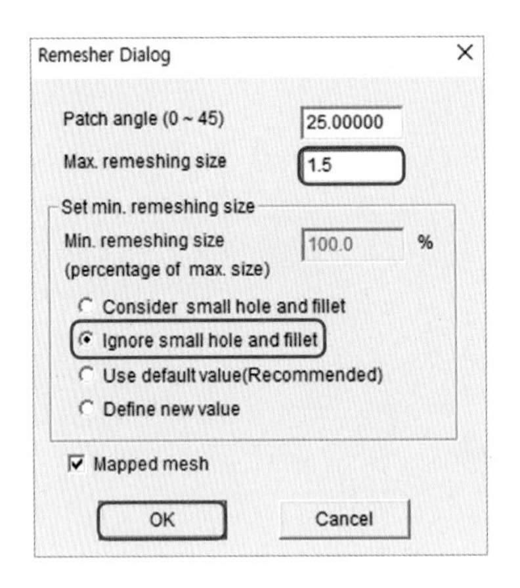

Remeshing 설정 창

- Patch angle : 25 (기본 값)
- Max. remeshing size : 1.5
- Set min. remeshing size : Ignore small hole and fillet

❸ Remeshing 후 그림과 같이 Mesh가 재생성된 것을 확인한다.

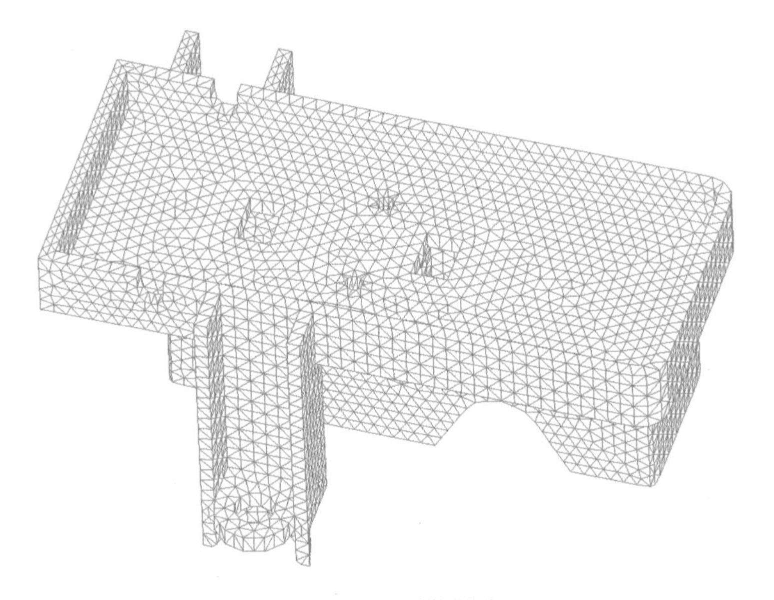

Remeshing 적용 화면

(3) Mesh 품질 확인

해석을 위한 3D Element를 생성하기 위해서는 Remeshing을 통해서 생성된 2D Element의 연결성과 2D Element가 해석에 적합할 정도로 정삼각형에 근접했는지 여부를 확인해야 되므로 연결성 및 정삼각형의 정도를 검토하기 위해서 Mesh status를 실행하는 것이 필요하다.

❶ Menu에서 Mesh Advisor ➡ Mesh Status : Mesh Status를 선택하여 Mesh 품질을 확인한다.

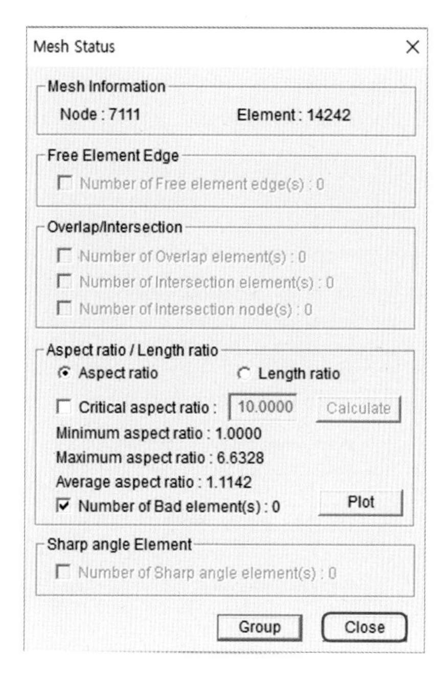

Mesh Status 창

- Mesh 품질 확인 항목과 허용 기준

Mesh 품질 확인 항목과 허용 기준표

항목	허용 기준
Aspect Ratio	10 이하
Length Ratio	10 이하
Intersection Element	0
Overlap Element	0
Free Element Edge	0
Sharp Angle Element	0이 아니어도 해석은 가능(형상을 고려하여 수정 여부 결정)

(4) 3D Mesh 생성하기

Mesh status를 이용하여 2D Mesh의 연결성 및 정삼각형에 근접한 형상 여부에서 문제가 없는 것을 확인했다면 해석을 위한 3D Element를 생성하는 작업을 Solid meshing 기능을 수행할 수 있다.

❶ Menu에서 Solid Meshing ➡ Meshing : Solid Meshing을 선택한다.

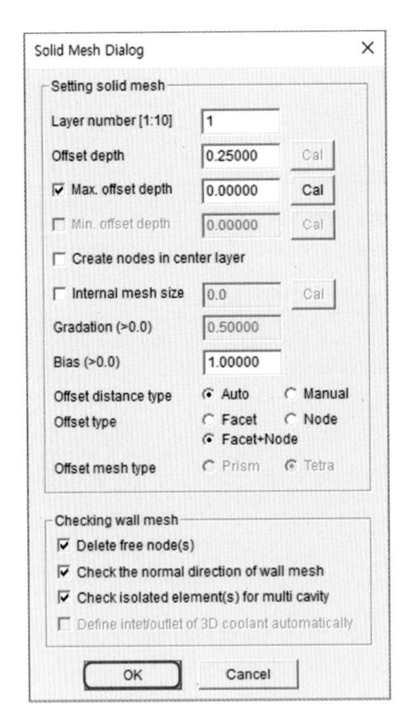

Solid meshing 설정 창

❷ Menu에서 View ➡ Group : Element ➡ Show Group by Element를 선택하여 그림과 같이 제품의 내부를 확인한다.

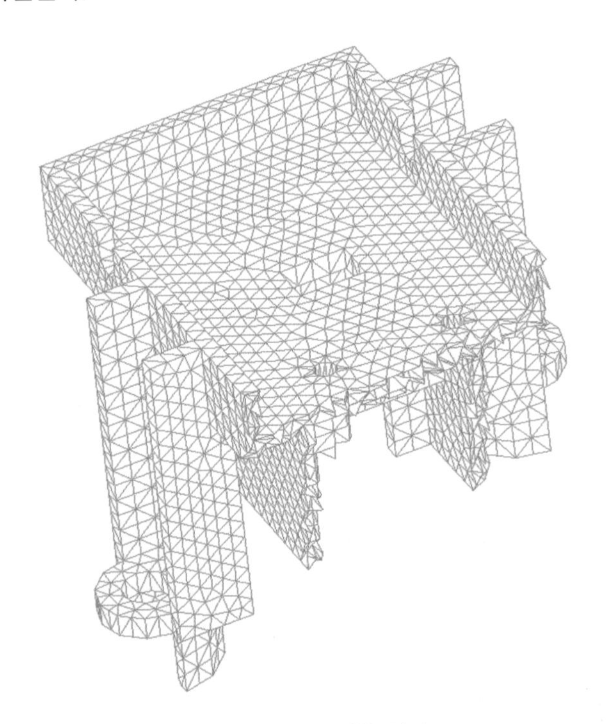

Solid meshing 적용 화면

❸ Menu에서 View ➡ Group : Element ➡ Show All을 선택하여 전체 형상을 화면에 나타낸다.

(5) Mesh 파일 저장하기

Solid meshing을 이용해서 생성된 3D Mesh는 해석을 위해서 해석 전용 파일인 GO4 파일로 저장해야 한다.

❶ Menu에서 File ➡ File : Save Mesh를 선택하여 Mesh를 저장한다.

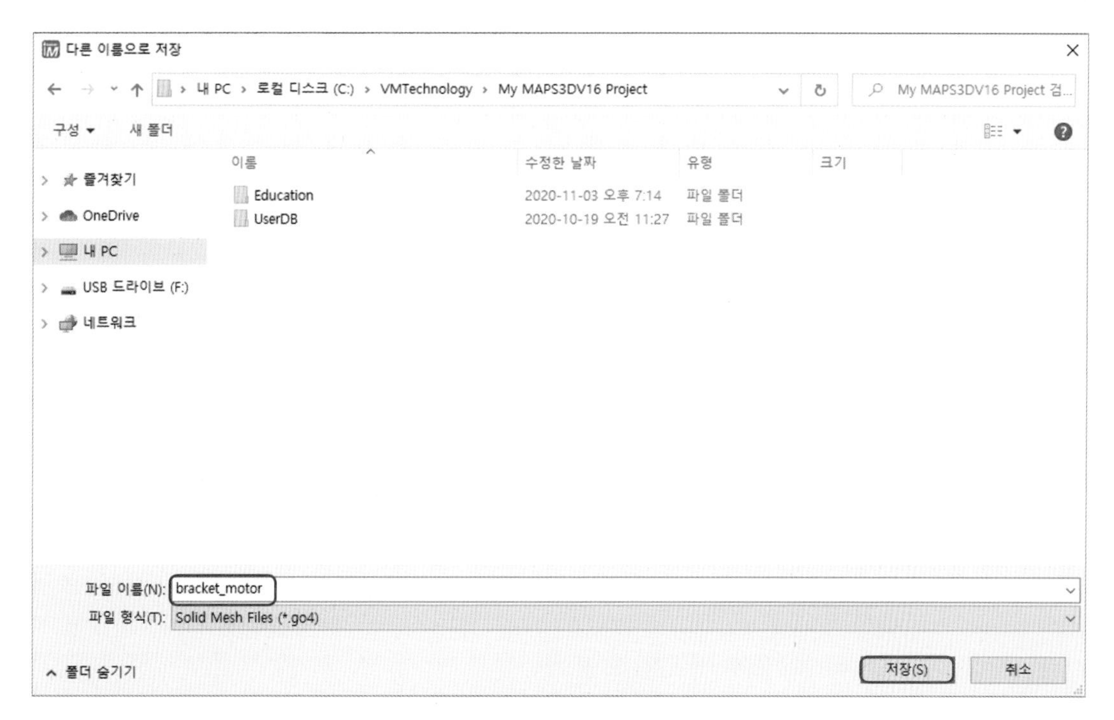

Mesh 파일의 저장

따라하기

01 형상 정보

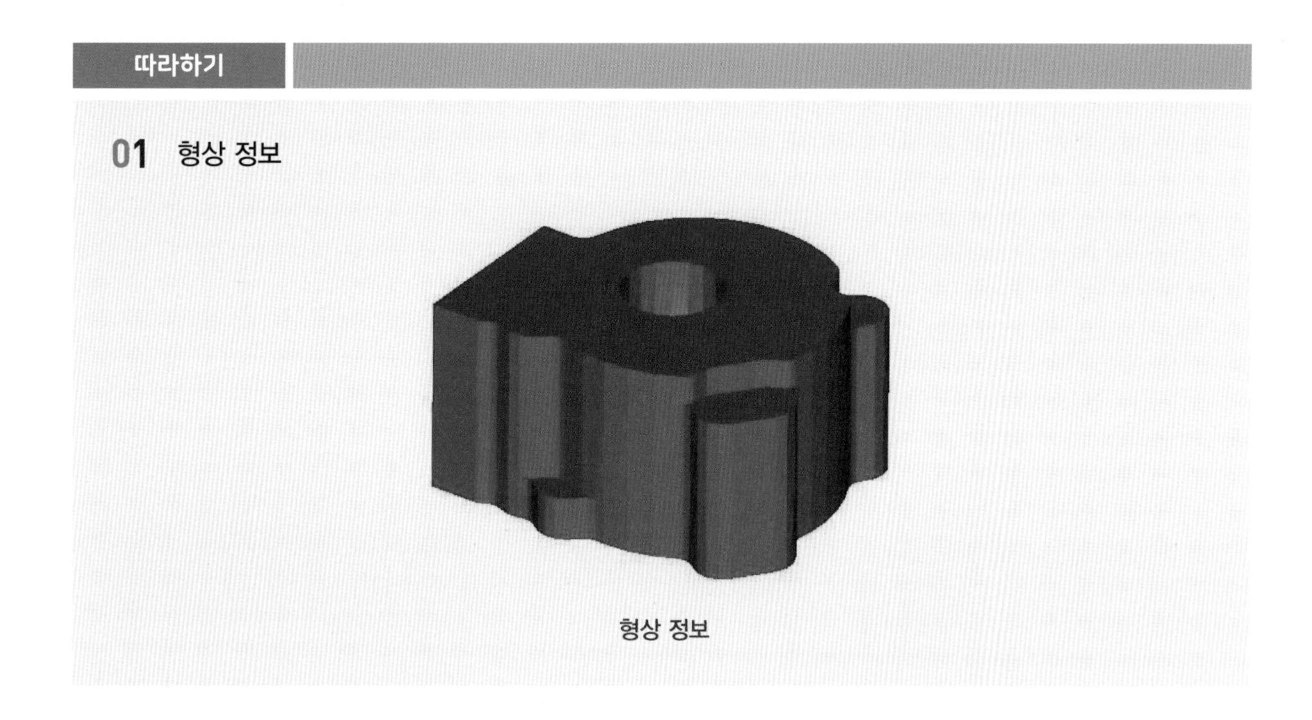

형상 정보

02 실습 요약

목적	Remeshing All 명령어 사용 시 min. remeshing size에 따른 영향을 파악한다.
파일	〈MAPS3D folder〉\Tutorial\Model\Pump.stl
Model unit	mm
Max. remeshing size	10
Min. remeshing size	1. Consider small hole and fillet 2. Ignore small hole and fillet 3. Use default value(Recommended)

03 작업 순서

❶ STL 파일 가져오기

- 파일 : Pump.stl

❷ Remeshing all 실행

- Max. Remeshing size = 10
- Patch angle = 25
- Set. min remeshing size 선택

❸ 생성된 2D Element의 개수 및 모양 확인
(Min. remeshing size의 종류에 따라 반복 실습)

2절 CAD data

- IGES 파일을 가져와서 2D Element를 생성할 수 있다.
- Surface meshing 명령을 이용하여 2D Element를 생성할 수 있다.
- Mesh advisor를 통해서 Mesh 품질을 확인할 수 있다.
- 3D Mesh를 생성하여 유동 해석을 수행할 수 있다.

실습 요약

파일	〈MAPS3D folder〉\Tutorial\Model\sample_01.igs
Mesh size	0.4
Set Internal mesh size	Use default value
수행 순서	1. IGES 파일 가져오기 2. 두께 측정 3. Meshing all 4. Mesh 품질 확인 5. 3D Mesh 생성하기 6. Mesh 파일 저장하기
주요 명령어	Import, Measure, Meshing, Mesh Status, Solid Meshing, Save Mesh

2-1 CAD 파일의 종류 및 이해

3D CAD에서 생성된 형상을 해석하기 위해서는 CAD에서 생성된 면을 유한 요소로 변환하는 작업이 필요하다. 하지만, 각각의 CAD에서 생성되는 파일의 형식(format)이 다르므로 모든 CAE S/W는 각 S/W에 적합한 CAD 데이터를 지정하고 있다.

MAPS-3D Modeler는 11가지 CAD 데이터 파일을 불러들여 작업을 수행할 수 있다.

- IGES
  Initial Graphics Exchange Specification의 약자이며, 서로 다른 CAD 간에 데이터를 전송할 수 있도록 설계된 중립 파일
- STEP
  ISO 10303-21에서 규정된 3D CAD 파일이며, 유사 확장자로 STP가 사용되기도 함

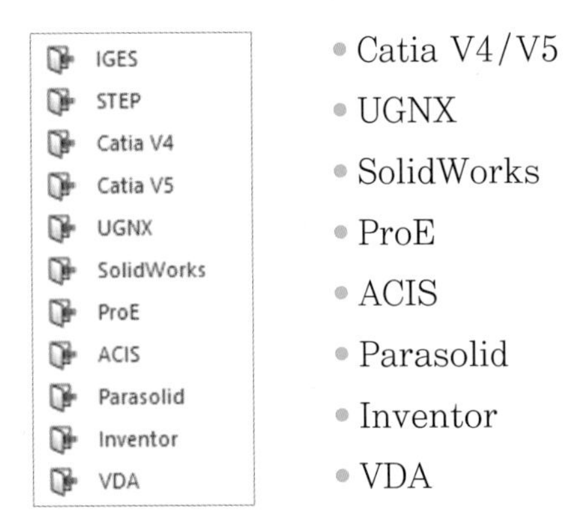

- Catia V4/V5
- UGNX
- SolidWorks
- ProE
- ACIS
- Parasolid
- Inventor
- VDA

2-2 수행 순서

(1) IGES 파일 가져오기

IGES 파일을 가져오기 위해서는 Import 명령을 사용하는 방법과 파일을 선택하여 Drag & Drop 형식으로 Modeler에 끌어 놓는 방법이 있다. 단, IGES, STEP 파일과 같이 면, 선, 점으로 구성된 파일을 가져오는 경우에는 파일 경로명에 한글이 포함되지 않도록 유의해야 한다.

① Menu에서 File ➡ File : Import ➡ IGES를 선택한다.

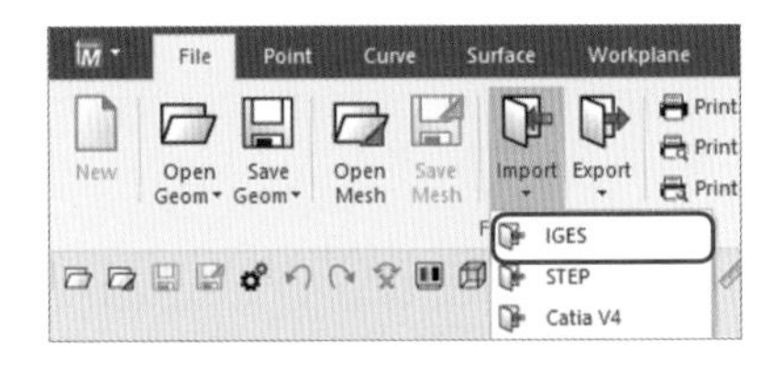

IGES 선택

② 파일을 선택한다.

- 파일 : 〈MAPS3D folder〉\Tutorial\Model\sample_01.igs

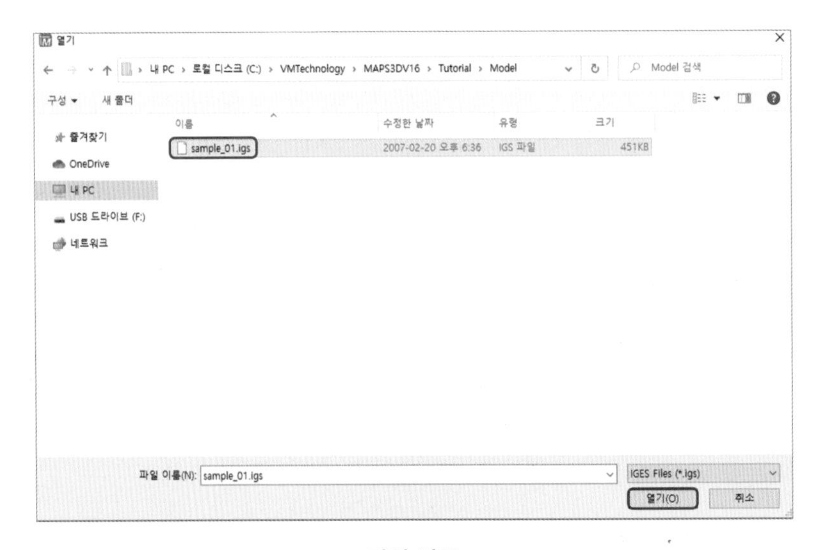

파일 경로

(2) Surface Meshing

MAPS-3D에서는 해석을 위해서 생성되는 2D Element 1개의 크기는 평균 살두께 대비 80~100% 크기로 생성하는 것을 추천하고 있으므로 불러들인 파일의 두께를 측정하여 평균 살두께를 검토하는 작업이 필요하다.

IGES, STEP 파일과 같은 유형의 파일은 면, 선, 점을 이용하여 형상을 나타내는 파일이므로 Meshing all 명령을 이용해서 2D Element를 생성하는 작업이 필요하다. Element를 생성하는 과정에서 필렛, 동공과 같은 형상이 존재할 경우 입력된 값보다 작은 크기의 2D Element를 생성하는 기능도 제공한다.

❶ Menu에서 View ➡ Display : Measure를 선택하여 제품의 두께를 측정한다.

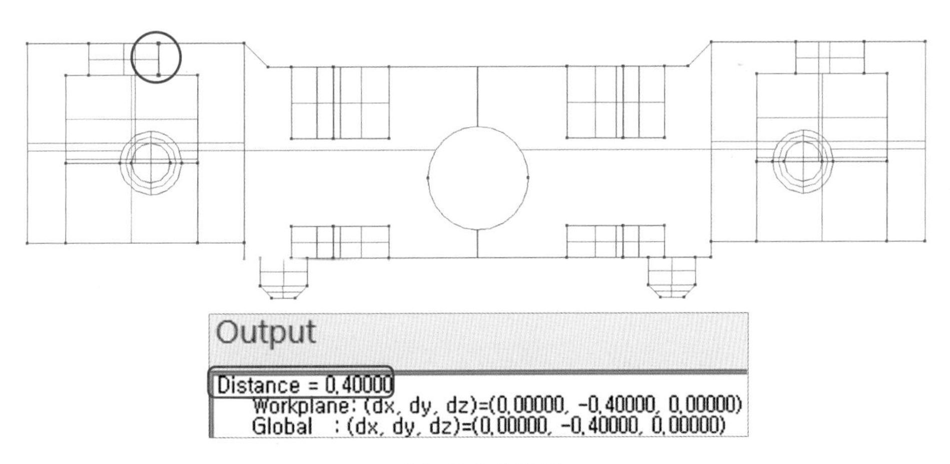

제품 두께 측정 값

❷ Menu에서 Surface Meshing ➡ Meshing : Meshing ➡ Meshing All을 선택하여 Mesh를 생성한다.

- Mesh size : 0.4
- Set Internal mesh size : Use default value
- Menu : View ➡ Entity Show/Hide : Part Element 활성화

Surface Meshing Dialog

Mesh size 0.4

Set Internal mesh size

Internal mesh size 80.0 %

(percentage of mesh size on boundary edges)

Use default value(Recommended)

Define new value

Set the value as global mesh size

Reset key nodes on boundary curves of surfaces

Mapped mesh

OK Cancel

Meshing 설정 창

❸ Surface Meshing 후 그림과 같이 Mesh가 생성된 것을 확인한다.

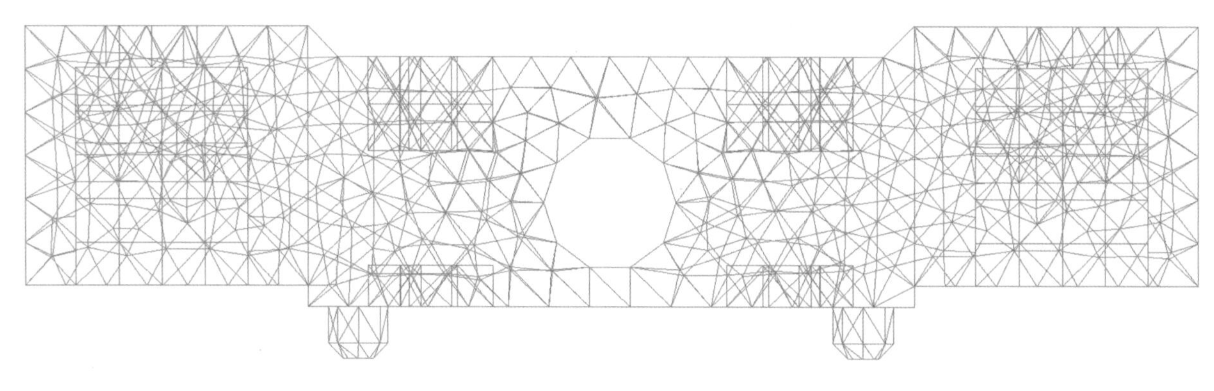

Meshing 적용 화면

(3) Mesh 품질 확인

해석을 위한 3D Element를 생성하기 위해서는 Meshing all을 통해서 생성된 2D Element의 연결성 및 형상에 문제가 없어야 되므로 Mesh status를 이용하여 Mesh 품질을 검사해야 한다.

❶ Menu에서 Mesh Advisor ➡ Mesh Status : Mesh Status를 선택하여 Mesh 품질을 확인한다.

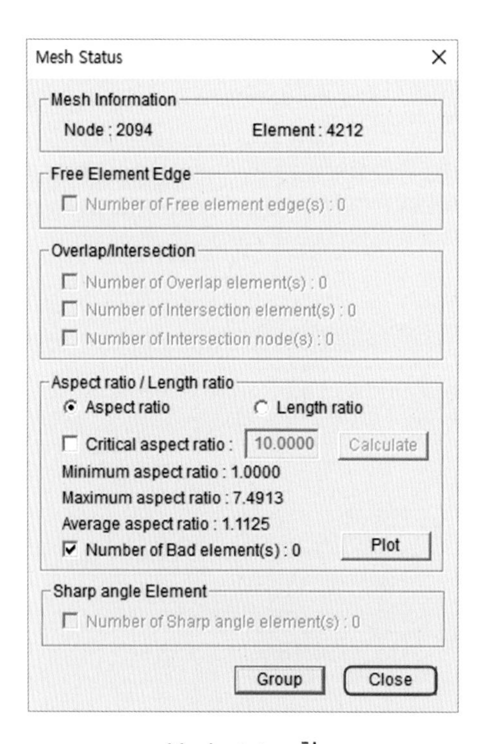

Mesh status 창

• Mesh 품질 확인 항목과 허용 기준

Mesh 품질 확인 항목과 허용 기준표

항목	허용 기준
Aspect Ratio	10 이하
Length Ratio	10 이하
Intersection Element	0
Overlap Element	0
Free Element Edge	0
Sharp Angle Element	0이 아니어도 해석은 가능(형상을 고려하여 수정 여부 결정)

(4) 3D Mesh 생성하기

Mesh status를 이용하여 2D Mesh의 연결성 및 정삼각형에 근접한 형상 여부에서 문제가 없는 것을 확인했다면 해석을 위한 3D Element를 생성하는 작업을 Solid meshing 기능을 수행할 수 있다.

❶ Menu에서 Solid Meshing ➡ Meshing : Solid Meshing을 선택한다.

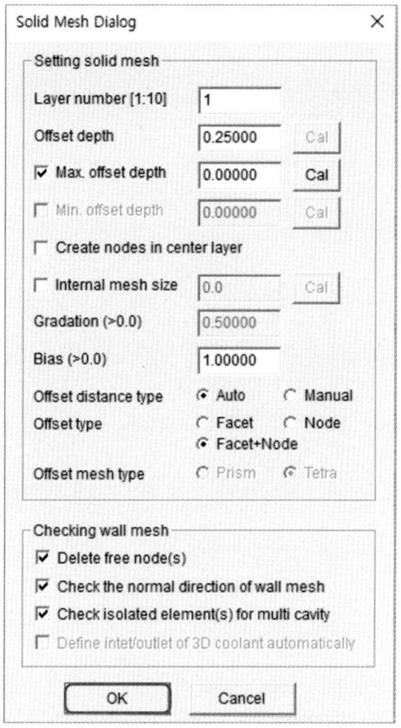

Solid meshing 설정 창

❷ Menu에서 View ➡ Group : Element ➡ Show Group by Element를 선택하여 그림과 같이 제품의 내부를 확인한다.

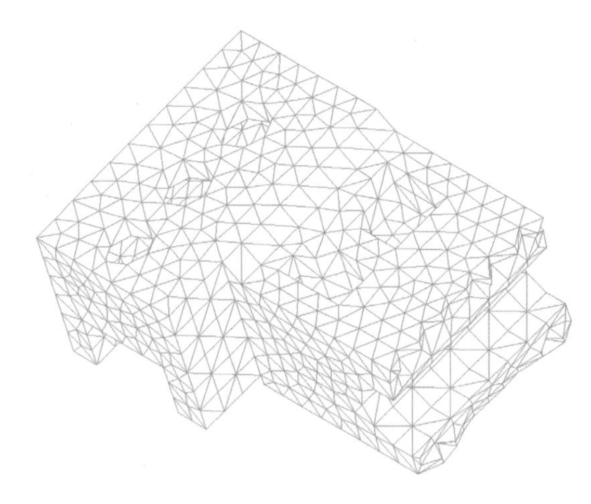

Solid meshing 적용 화면

❸ Menu에서 View ➡ Group : Element ➡ Show All을 선택하여 전체 형상을 화면에 나타낸다.

(5) Mesh 파일 저장하기

Solid meshing을 이용해서 생성된 3D Mesh는 해석을 위해서 해석 전용 파일인 GO4 파일로 저장해야 한다.

❶ Menu에서 File ➡ File : Save Mesh를 선택하여 Mesh를 저장한다.

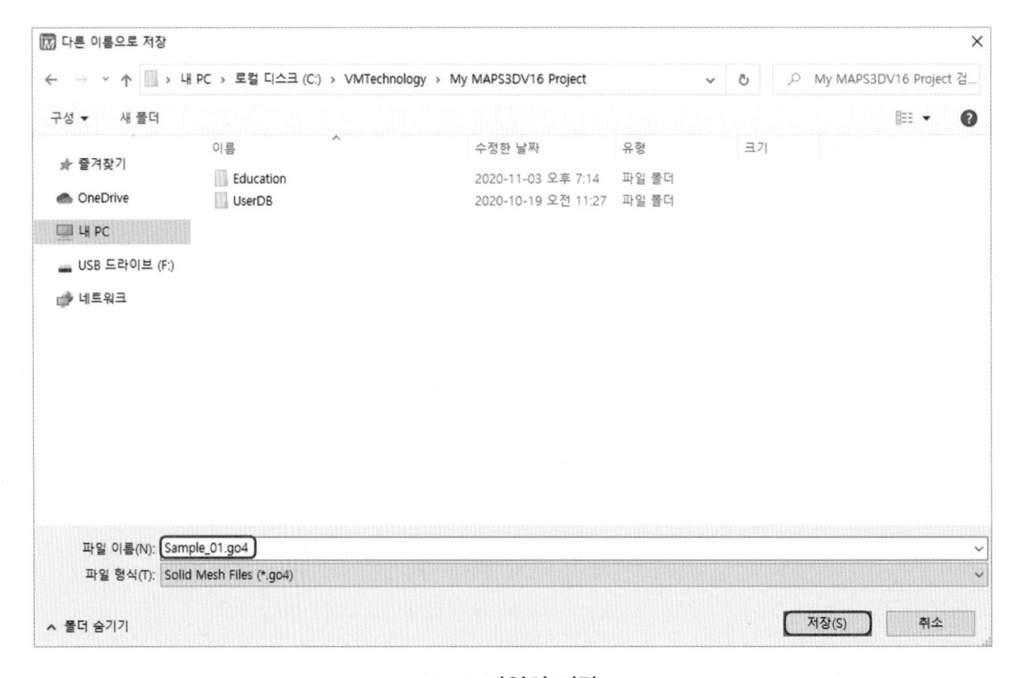

Mesh 파일의 저장

따라하기

01 형상 정보

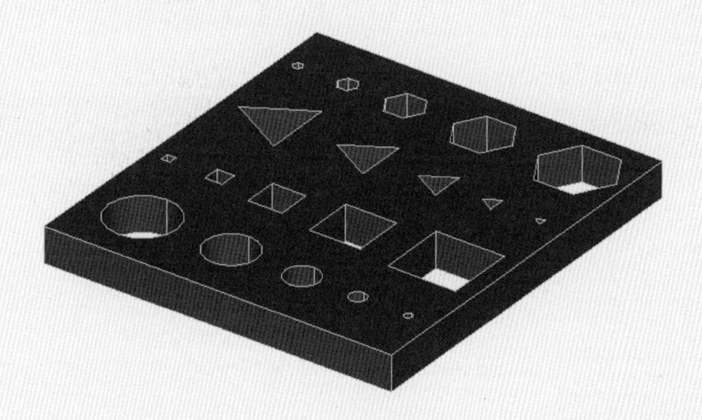

형상 정보

02 실습 요약

목적	Set Internal mesh size의 설정 변경에 따른 Element 개수 및 형상 비교
파일	〈MAPS3D folder〉\Tutorial\Model\Shaper.ssv
Mesh size	2
Internal mesh size	1. 100% 2. 80% (Default value) 3. 50% 4. 30%

03 작업 순서

❶ 파일 읽기

- 파일 : Shaper.ssv

❷ Meshing all 실행

- Mesh size = 2
- Internal mesh size = 100%, 80%, 50%, 30%

❸ 생성된 2D Element 및 Node의 개수 및 모양 확인

1D 러너 생성

- Workplane을 이해하고 새롭게 설정할 수 있다.
- 좌표계에 따른 입력을 이해한다.
- 선을 생성하여 1D 러너를 생성할 수 있다.

실습 요약

파일	〈MAPS3D folder〉\Tutorial\Model\remote_issues.stl
Model unit	inch
Max. remeshing size	1
Patch angle	25
Set min. remeshing size	Ignore small hole and fillet
수행 순서	1. STL 파일 가져오기 및 단위 선택 2. 두께 측정 3. Free Element Edge 수정 4. Remeshing 5. Workplane 설정 6. 스프루/러너 생성 7. 제품과 러너 연결부의 절점 연결 및 Sub. region remeshing 8. 3D Mesh 생성하기 9. Mesh 파일 저장하기
주요 명령어	Import, Measure, Remeshing, Fill Element Hole, Global Transformation, Line, Project on Element, Move to, Create

1 1D 러너의 이해 및 적용

제품을 충전하기 위해 구성되는 러너는 러너 주변의 가열 기구 유 · 무에 따라서 핫 러너와 콜드 러너로 구분된다. 또한, 제품 품질과 원가절감을 위해서는 러너의 직경, 크기 및 게이트 위치를 최적화하는 작업이 필요하다. 하지만, 금형 개발 단계에서 게이트의 위치가 명확하지 않거나, 러너의 부위별 세부 치수가 확정되지 않을 경우에는 러너의 중심선에 두께 및 속성을 부여해서 해석을 수행하면 제품 품질 최적화를 빠르게 할 수 있다.

CAD에서 각 부위의 치수를 정확하게 입력해서 생성된 3D 러너와 달리 중심선에 직경과 핫 러너/콜드 러너와 같은 속성을 부여한 것을 **1D 러너**라고 한다.

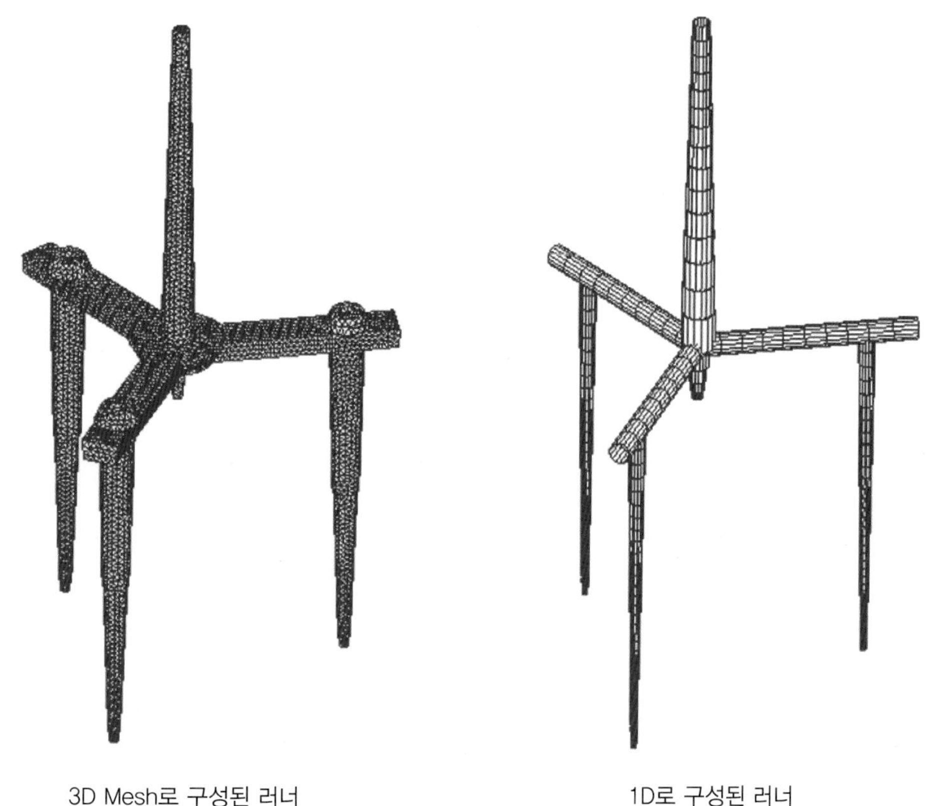

3D 러너 및 1D 러너 예시

2 수행 순서

(1) STL 파일 가져오기

STL 파일을 가져오기 위해서는 Import 명령을 실행하거나, 해당 파일을 선택하여 Drag & Drop 형식으로 Modeler에 끌어놓는 방법이 있다.

❶ Menu에서 File ➡ File : Import ➡ STL을 선택한다.

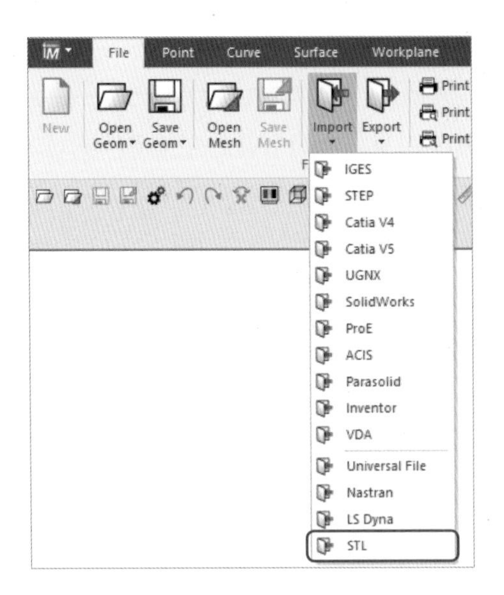

STL 선택

❷ 파일을 선택한다.

- 파일 : 〈MAPS3D folder〉\Tutorial\Model\remote_issues.stl

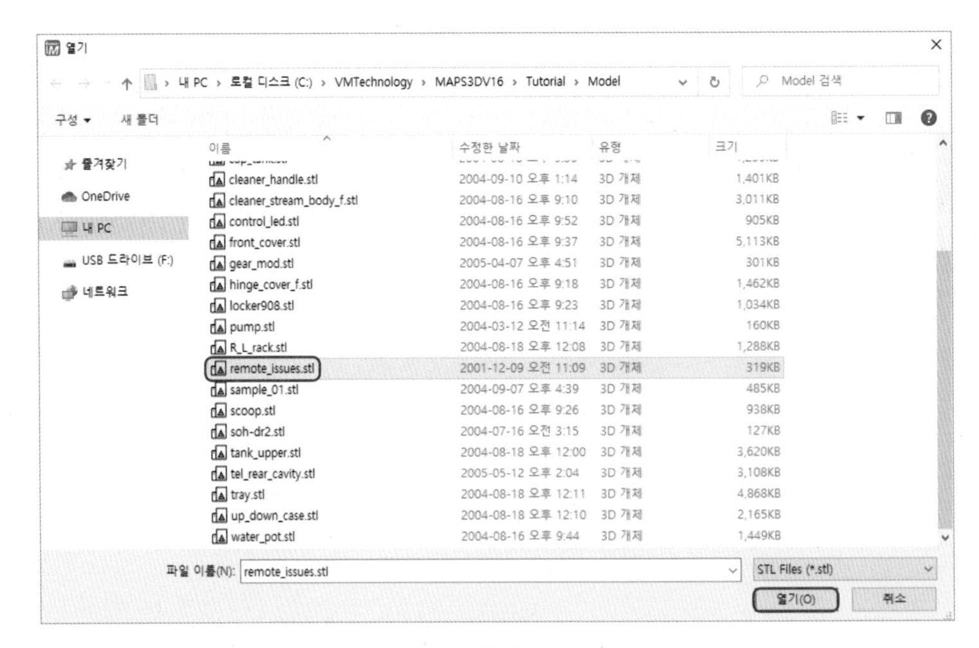

파일 경로

❸ 단위를 inch로 선택한다.

STL 파일은 파일 내부에 파일 생성 과정에서 적용된 단위 정보가 없으므로 Model unit에 나타나 있는 단위를 선택하거나, 사용자가 Scale factor를 직접 입력하여 불러들인 형상의 크기를 Model size에서 확인해야만 한다.

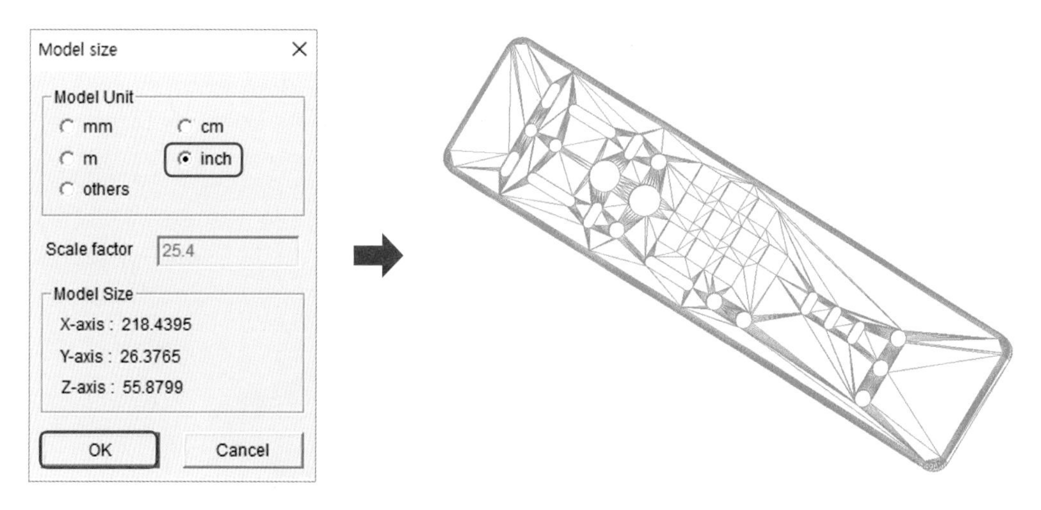

단위 설정 및 형상 정보

(2) Mesh 품질 확인

해석을 위한 3D Element를 생성하기 위해서는 생성된 2D Element의 연결성 및 형상이 Modeler에서 검토하는 항목에 해당 사항이 없어야 하며, 각 항목을 검토하기 위해서 Mesh Status를 실행하는 것이 필요하다. remote issues 모델을 Mesh Status를 통해서 확인할 경우 Free Element Edge가 4곳에서 발견됨을 확인할 수 있다.

❶ Menu에서 Mesh Advisor ➡ Mesh Status : Mesh Status를 선택하여 Element 품질을 확인한다.

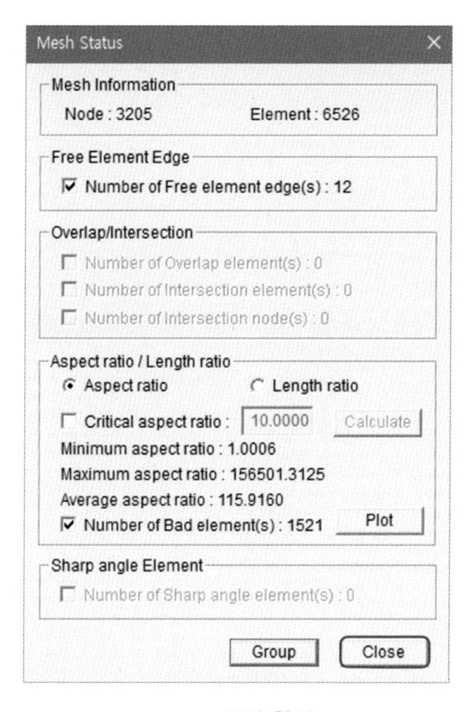

Mesh 품질 확인

(3) Free Element Edge 확인

① Menu에서 Mesh Advisor ➡ Mesh Advisor : Free Element Edge ➡ Display를 선택하여 Free Element Edge 부분을 확인한다.

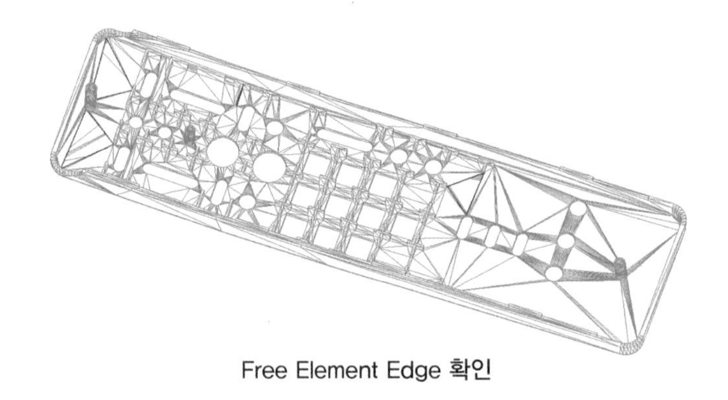

Free Element Edge 확인

(4) Mesh 수정

Free Element Edge가 발생할 경우 해당 영역을 Fill Element Hole 명령을 통해서 간편하게 수정할 수 있다. 단, Fill Element Hole 명령을 수행하기 전에 Free Element Edge가 발생한 영역이 평면 또는 곡면인지 여부와 Free Element Edge가 구성하는 영역이 Close Loop 또는 Open Loop 형태인지를 파악하는 것이 필요하다.

remote issues 모델의 경우 Free Element Edge가 Close Loop로 구성되어 있고, 해당 면이 평면에 근접하므로 Fill Element Hole 명령 중에 Closed Loop를 선택하여 Free Element Edge를 간편하게 수정할 수 있다.

① Menu에서 Mesh Advisor ➡ Mesh Advisor : Free Element Edge ➡ Send to Group을 선택하여 수정이 필요한 영역만 그룹으로 나타낸다.

② Menu에서 Element ➡ Create : Fill Element Hole ➡ Closed Loop를 선택한다.

③ Free Element Edge 위의 Node 한 점을 선택하여 Element를 수정한다.

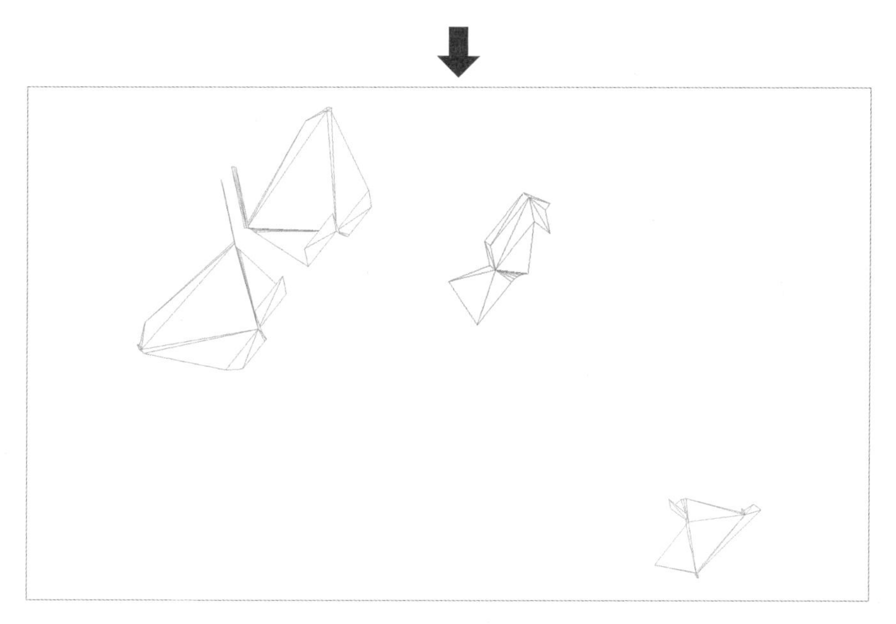

Free Element Edge 수정

(5) Remeshing

MAPS-3D에서는 해석을 위해서 생성되는 2D Element의 크기를 평균 살두께 대비 80~100% 크기로 생성하는 것을 추천하고 있으므로 읽어들인 파일의 두께를 측정하여 평균 살두께를 검토하는 작업이 필요하다.

STL 파일과 같은 형식은 원본 파일에 2D Elemnet 및 Node에 대한 정보가 존재하지만 해석을 수행하기에 적합하지 않으므로 Remesing 명령을 통해서 해석에 적합한 2D Mesh로 재구성하는 작업이 필요하다. 재구성하는 과정에서 필렛, 동공과 같은 형상의 존재 여부에 따라 특정 부위를 입력 값보다 작게 생성하는 기능을 제공한다.

❶ Menu에서 Surface Meshing ➡ Remeshing : Remeshing ➡ Remeshing All을 선택하여 Mesh를 재생성한다.

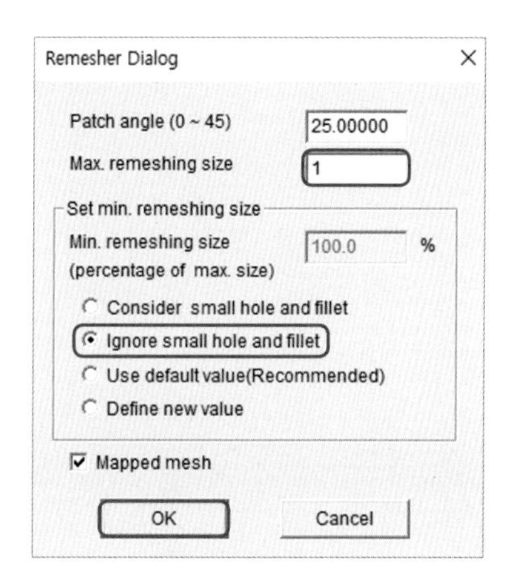

Remeshing 설정 창

- Patch angle : 25 (기본값)
- Max. remeshing size : 1
- Set min. remeshing size : Ignore small hole and fillet

❷ Remeshing 후 그림과 같이 Mesh가 재생성된 것을 확인한다.

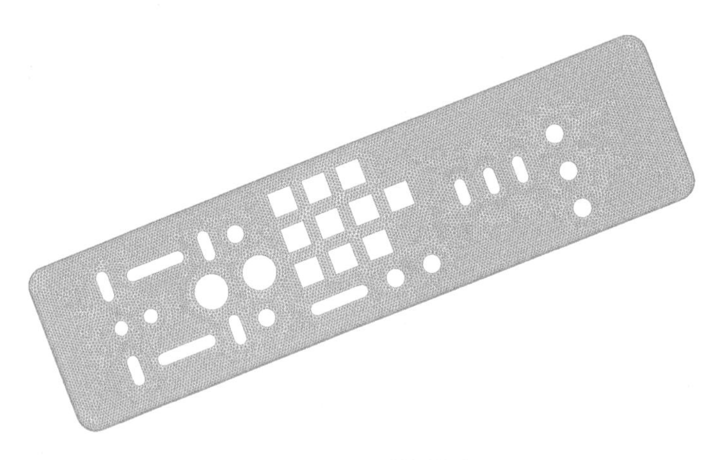

Remeshing 적용 화면

(6) 파일 저장하기

해석을 위한 3D Element가 아닌 상태로 작업한 내용을 파일로 저장하고자 할 때에는 SSV파일 포맷으로 저장할 수 있다.

❶ Menu에서 File ➡ File : Save Geom ➡ Save Geom을 선택하여 저장한다.

- 파일 : 〈MyMAPS3D folder〉\Education\remote_issue.ssv

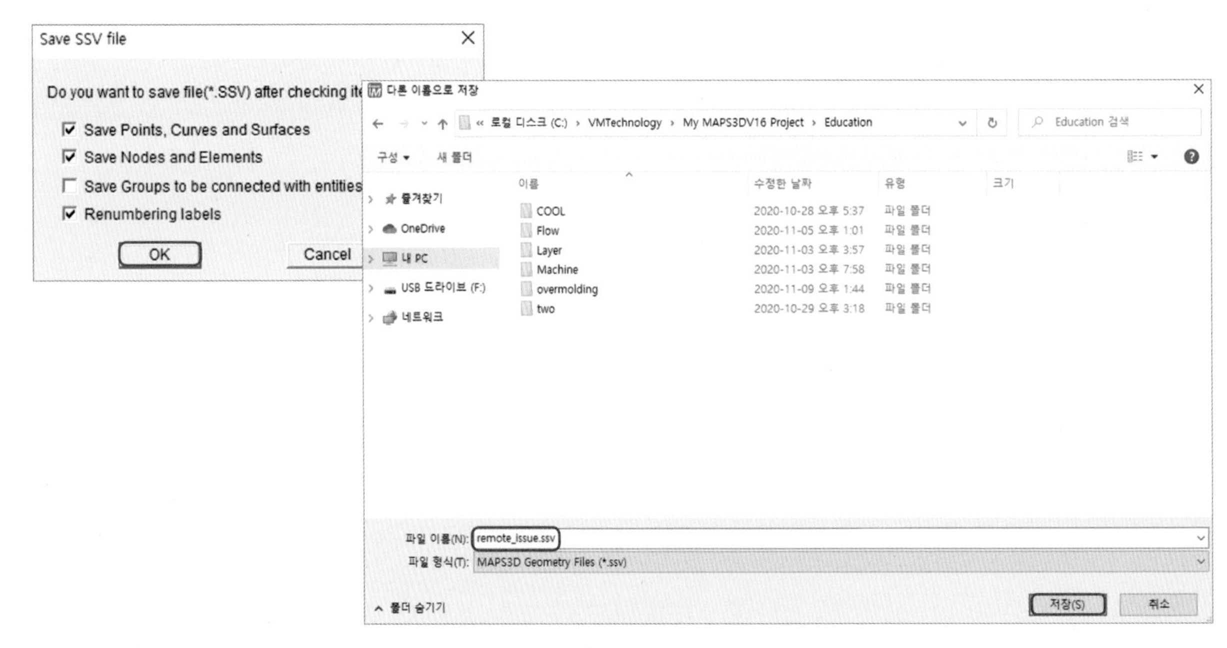

Save Geom

(7) Workplane 정의

일반적으로 제품을 설계하는 경우, 각 부품들의 조립 정확성 여부 또는 특정 작업을 위해 제품의 기준 축을 통일해서 각 부품이 설계되는 것이 일반적이다. 하지만, 금형 설계 또는 사출 성형 해석에서는 금형의 파팅 면을 XY 평면으로 부여하고 사출기 노즐이 닿는 방향을 Z축으로 부여한다. 또한 금형 좌·우 중심을 XY축의 기준점으로 설정하게 되므로 제품 설계에 적용한 축과는 다르게 축을 설정한다. MAPS-3D에서는 해당 축 또는 기준면을 Workplane으로 명명하고 있으며, Workplane의 수정을 다음과 같은 작업으로 수행할 수 있다.

Workplane의 용도

- 기존 XYZ축과 달리 별도의 지역 좌표(Local coordinate)를 정의할 때 사용
- 임의의 평면상에 중심과 반경을 가진 원을 생성할 때 사용
- XY/YZ/ZX평면이 아닌 면에 점 혹은 선을 투영(Projection)할 때 사용
- 3D CAD에서 작성된 형상의 파팅 면이 XY평면과 일치하지 않을 때 사용
- 유동 해석에서 투영면을 계산하여 형체력을 예측할 때 사용

좌표변환(Global transformation)이란?

- 형체력은 성형 중에 발생되는 압력이 제품의 투영면에 작용하는 힘을 의미하므로 형상의 파팅 면이 XY평면과 일치해야만 정확한 형체력이 계산됨
- 일반적으로 스프루/러너 등은 파팅 면에 수직이거나 그 면 상에 존재
- 모델링의 편의를 위해서 모든 형상이나 Mesh를 새로운 면으로 좌표 변환
- 이 경우 금형의 파팅 면과 Workplane의 XY평면을 일치시키고 금형의 코어 방향으로 Z축 설정

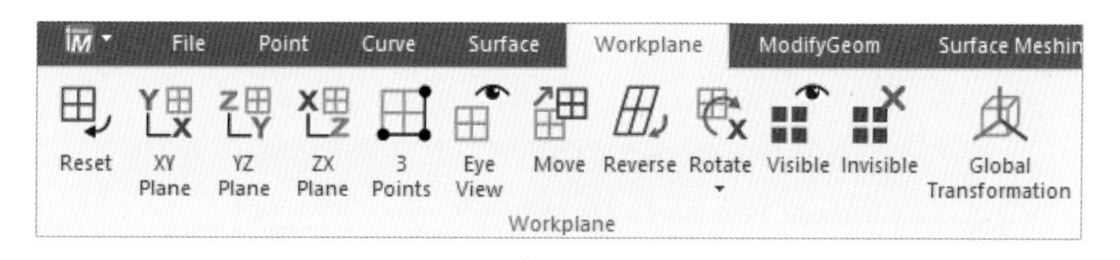

Workplane 탭

(8) Workplane 회전

작업 형상을 XY평면으로 놓을 경우 제품의 측면이 +Z방향으로 나타나게 되므로 제품을 X축을 기준으로 이용하여 +90°로 회전하면 제품의 상측이 금형의 Z축 방향으로 놓이게 된다. 그러므로 Workplane을 X축 방향으로 +90°회전시키는 작업을 수행하도록 한다.

❶ Menu에서 Workplane ➡ Workplane : Visible를 선택하여 Workplane을 활성화한다.

❷ Menu에서 Workplane ➡ Workplane : Rotate ➡ X-axis를 선택하여 X축을 기준으로 Workplane을 회전한다.

- Enter rotation angle : 90

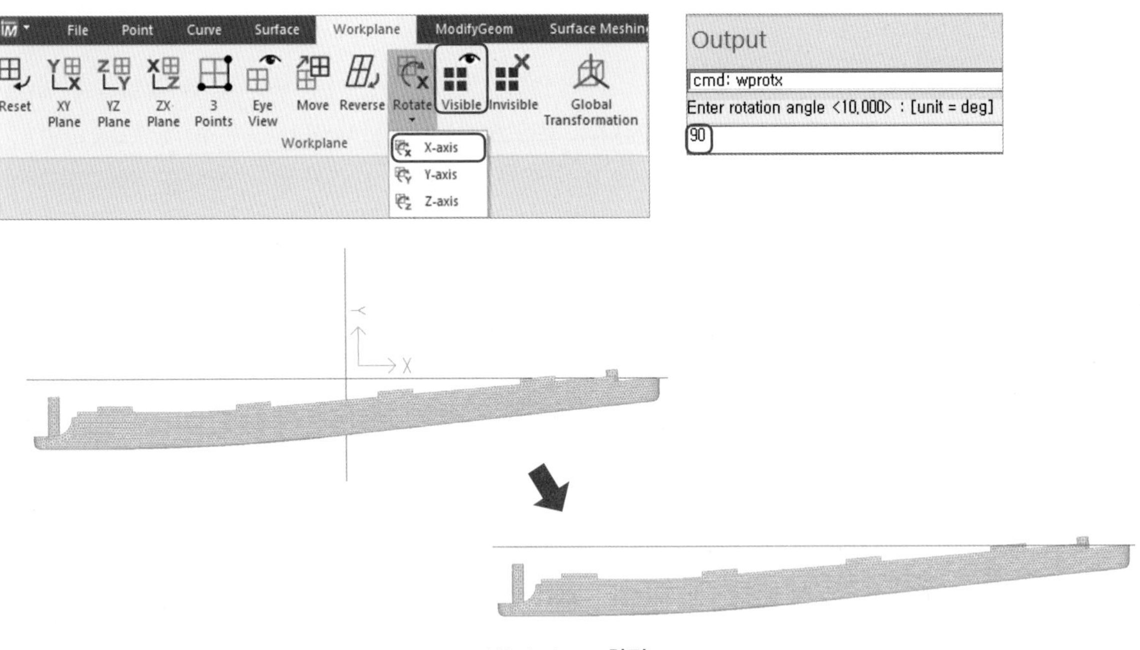

Workplane 회전

(9) Workplane 좌표 변환

Rotate를 이용하여 Workplane을 변경할 경우, 변경된 축은 지역 좌표계로 변경됨을 의미하므로 Global transformation을 수행해야만 절대좌표로 변환된다. 만약, 지역 좌표계를 Rotate 이전 좌표계로 변환하고자 할 경우에는 Reset 명령을 실행하면 된다.

① Menu에서 Workplane ➡ Workplane : Global Transformation을 선택하여 좌표를 변환한다.

② Menu에서 Workplane ➡ Workplane : Reset를 선택하여 좌표를 초기화한다.

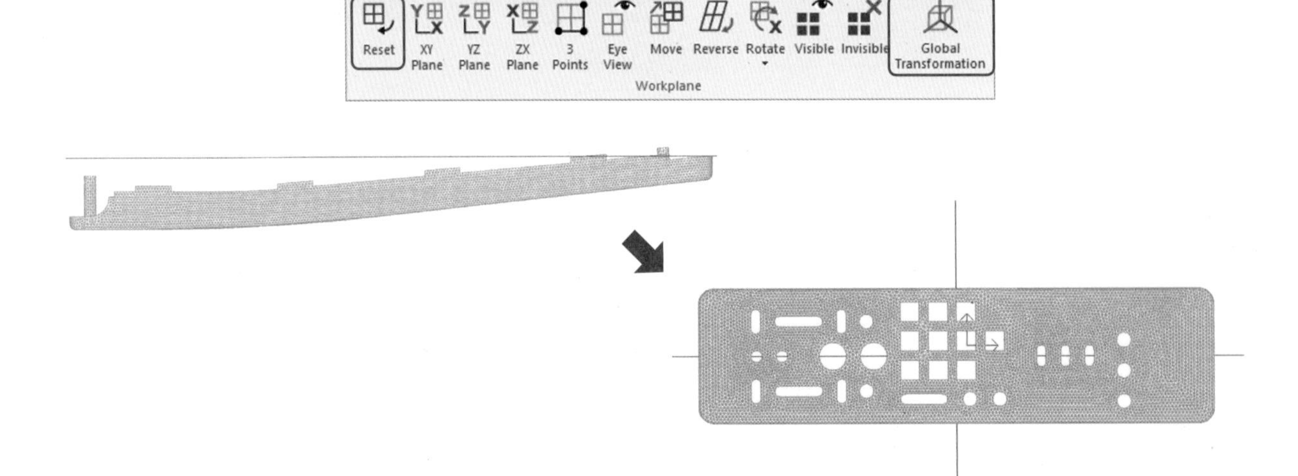

Workplane 좌표 변환

(10) 중심선 생성 ➡ 스프루/러너 생성

3차원으로 구성된 러너가 없을 경우, 선에 직경 및 속성(콜드 러너, 핫 러너)을 부여하면 해당 선에 1D Element가 생성된다. 생성된 1D Element는 설정된 속성에 따라서 해석에 적용되므로 게이트 변경 또는 냉각 채널 변경에 따른 영향을 3D Element보다 빠르게 파악할 수 있다.

선을 생성하기 위해서는 원하는 위치에 2개의 점을 생성하여 각 점을 선택해서 생성할 수 있으나, 첫 번째 점 대비 상대 거리를 입력하는 방법을 이용할 경우 2개의 점을 직접 선택하는 것보다 쉽게 라인을 생성할 수 있다. Modeler에서 상댓값으로 입력하기 위해서는 X축 좌표 앞 칸에 "@"를 입력하면 된다.

❶ Menu에서 Curve ➡ Create : Line ➡ SingleLine을 선택하여 좌푯값을 입력하여 Line을 생성한다.

- L1 : [0,0,150] ➡ [@0,0,-70] 또는 [@ , , -70]
- L2 : P2 선택 ➡ [@-65,0,0] 또는 [@-65 , ,] 또는 [@-65]
- L3 : P2 선택 ➡ [@65,0,0] 또는 [@65 , ,] 또는 [@65]

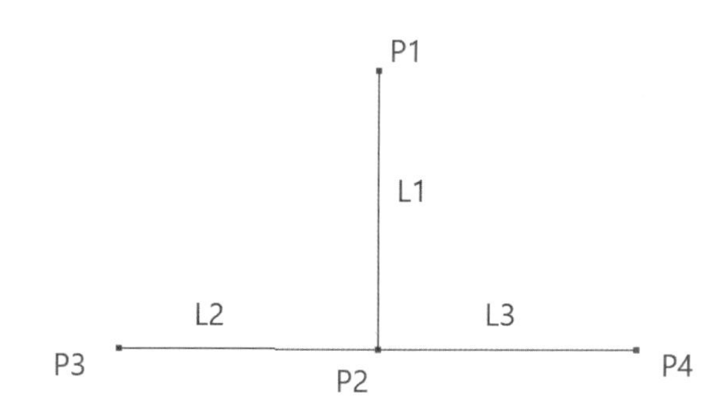

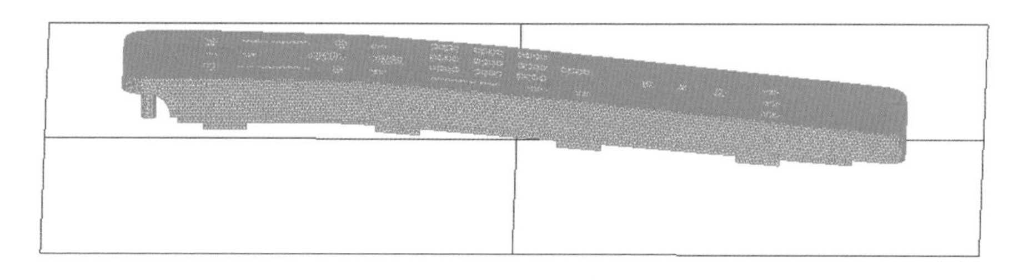

중심선 생성 - 스프루/러너 생성

(11) 중심선 생성 ➡ 게이트 생성

❶ Menu에서 View ➡ Entity Show/Hide : Node를 선택하여 Node를 활성화한다.

❷ Menu에서 Node ➡ Create : Create Nodes ➡ Create Nodes를 선택하여 Node를 생성한다.

- P3, P4를 선택하여 Node 생성

❸ Menu에서 File ➡ File : Preference ➡ Color : Node를 선택하여 Node 색상(Red)을 변경한다.

④ Menu에서 Node ➡ Create : Project on Element를 선택하여 Element 위에 Z축 수직 방향으로 Node를 생성한다.

- N1, N2 선택

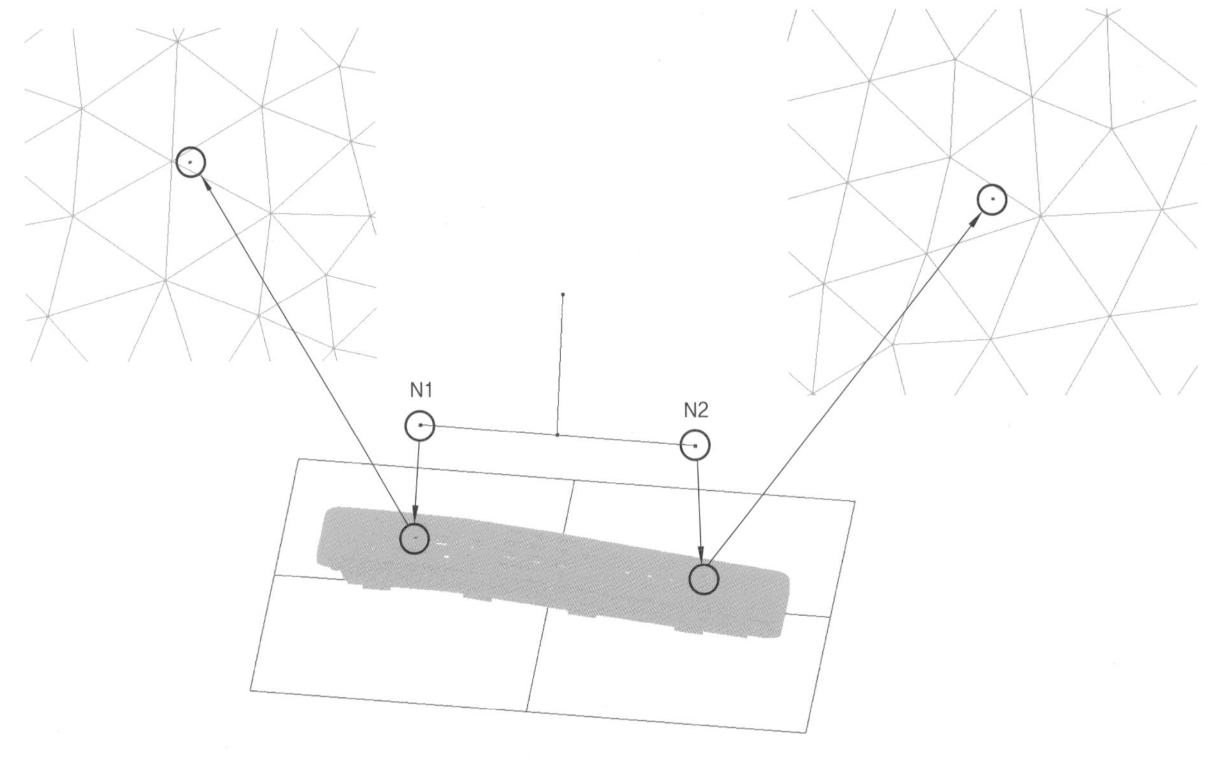

중심선 생성 – 게이트 생성

⑤ Menu에서 Curve ➡ Create : Line ➡ SingleLine을 선택한다.

⑥ Node를 선택하여 Line을 생성한다.

- L4 : N1 선택 ➡ N3 선택
- L5 : N4 선택 ➡ N2 선택

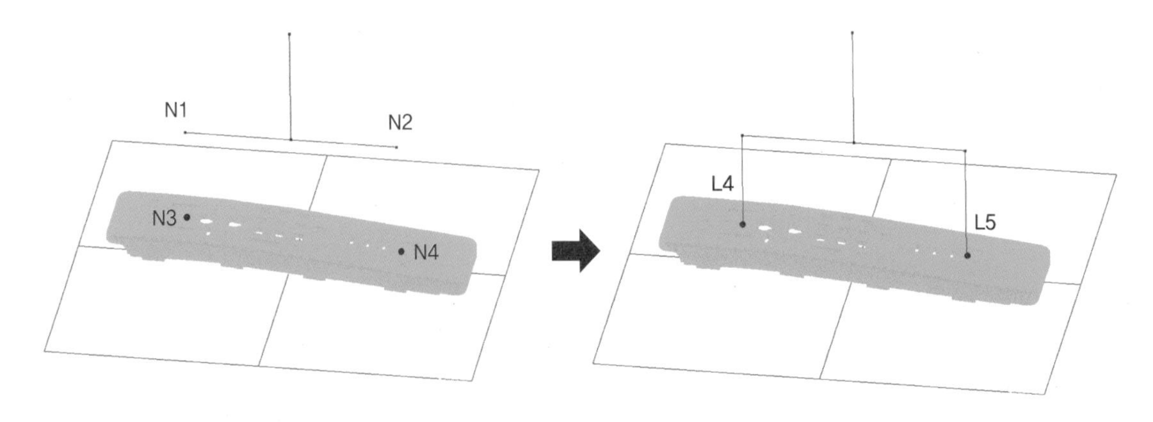

러너 중심선 생성

(12) Node 연결

사출 성형 해석에서는 온도, 압력 등과 같은 물리적인 결과가 Node를 통해서 전달되므로 생성된 선과 제품의 Node를 연결하지 않으면 해석이 불가능하거나 비정상적인 결과를 예측하게 된다. 그러므로 러너가 생성될 선과 제품의 Node를 연결하는 작업이 필수적으로 수행되어야 한다.

❶ Menu에서 Node ➡ Move : Move to를 선택하여 Node와 Node를 연결한다.

- N5 선택 ➡ N3 선택
- N4도 같은 방법으로 수정

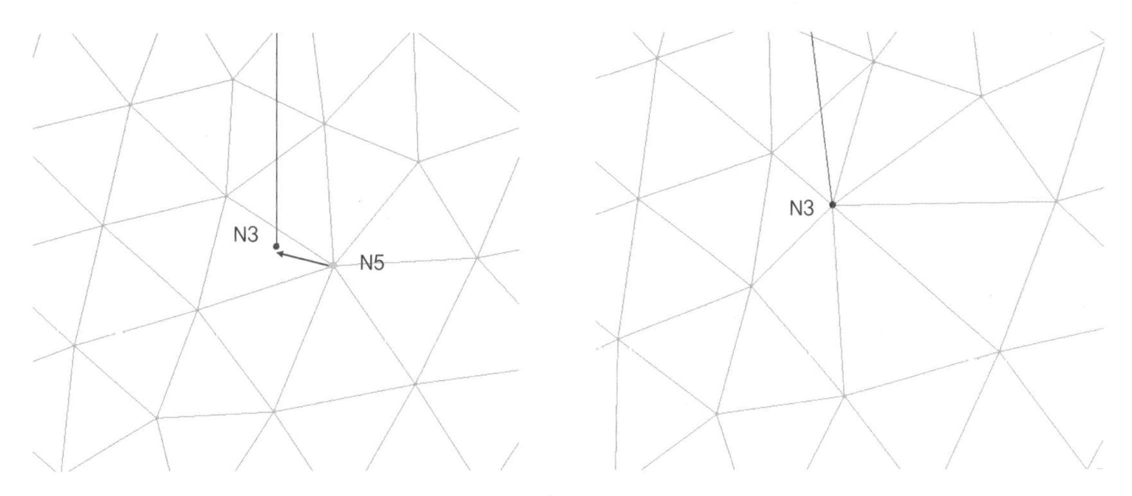

중심선 생성 – Node 연결

(13) Remeshing Sub Region

러너가 연결되는 Node를 둘러싼 2D Element가 불균일한 크기 또는 형상으로 구성되어 있다면 해석 정확도가 저하되므로 해석 정확도 향상을 위해서 해당 영역의 Element를 Remeshing Sub Region을 통해서 수정하는 작업이 필요하다.

❶ Menu에서 Surface Meshing ➡ Remeshing : Remeshing ➡ Remeshing Sub Region (Node)을 선택하여 선택한 Node를 기준으로 Remeshing한다.

- N3, N4 선택
- Mesh size : 1
- Number of node expansion : 3
- Set min. remeshing size : Ignore small hole and fillet

(14) 1D 러너 시스템 ➡ 스프루 Element 생성

생성된 중심선은 Sprue Design 명령을 통해서 스프루와 유사한 형상의 1D Element로 생성할 수 있다. Sprue Design 명령을 수행하면 나타나는 입력창에 스프루의 타입(콜드 러너 또는 핫 러너)을 선택하고 스프루의 시작점 및 끝점의 직경만 입력하도록 한다.

❶ Menu에서 Runner/Coolant ➡ Runner System : Create 1D ➡ Sprue Design을 선택하여 1D Element(스프루)를 생성한다.

- L1 선택 ➡ P1 선택
- Runner Type : Cold Runner
- Nozzle tip diameter (Dt) : 4
- Runner root diameter (Dr) : 8
- Element Length (Le) : 0

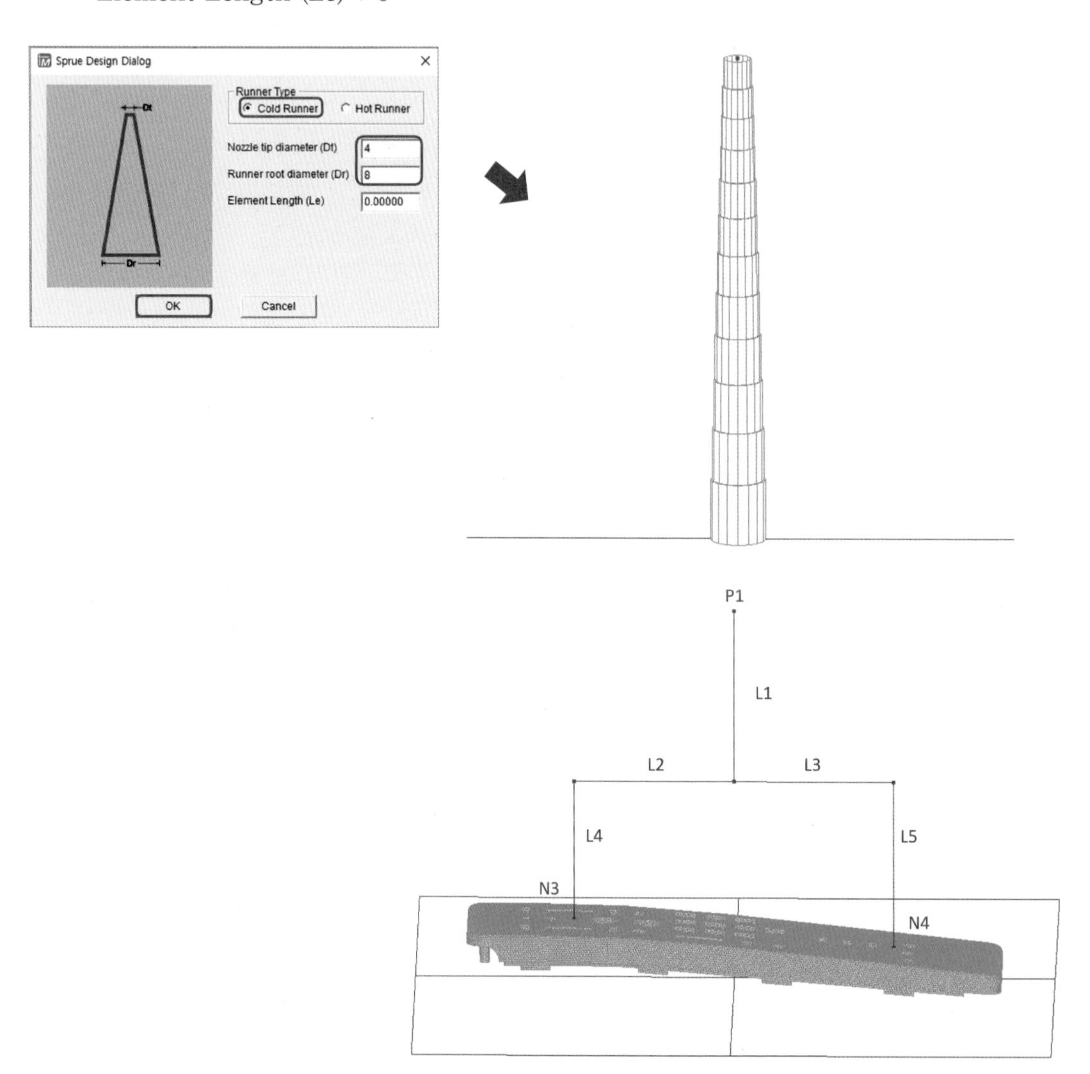

1D 러너 시스템 생성 – 스프루

(15) 1D 러너 시스템 ➡ 러너 Element 생성

러너 또한 스프루와 동일한 방식으로 1D Element를 생성할 수 있으나, 러너의 형상 및 속성이 다양하게 지원되는 Runner System 명령을 통해서 선을 러너로 생성하는 것이 작업의 편의성을 향상할 수 있다.

❶ Menu에서 Runner/Coolant ➡ Runner System : Create 1D ➡ Line Mesh를 선택하여 1D 러너를 생성한다.

- Type : Cold runner
- Circle/SemiCircle Diameter (D) : 8
- L2, L3 선택

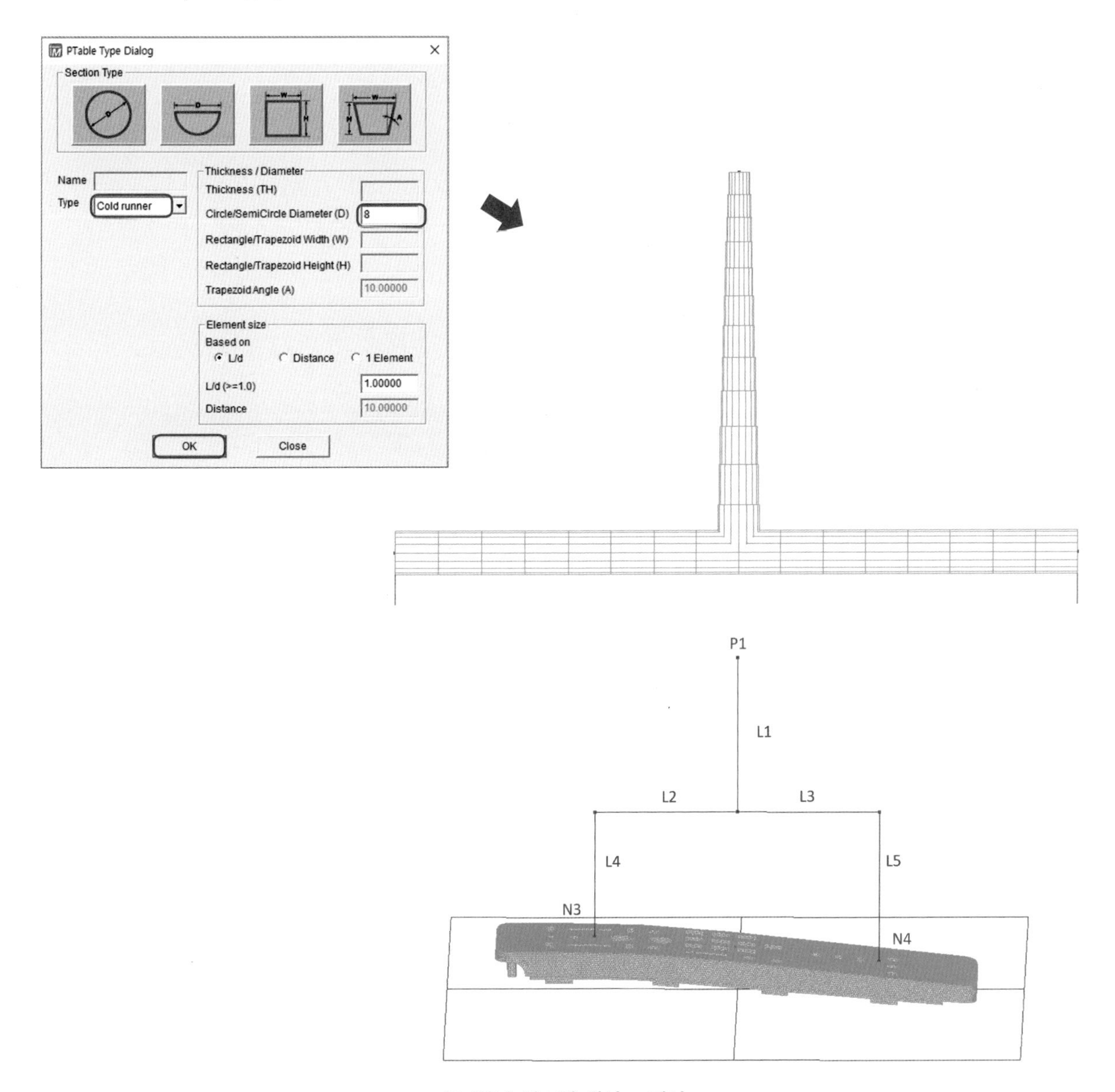

1D 러너 시스템 생성 – 러너

(16) 1D 러너 시스템 ➡ 게이트 Element 생성

게이트가 포함된 러너의 경우, 러너의 시작점 및 게이트 직경이 다양하게 설계되므로 Runner System 명령을 통해서 1차원 러너로 생성하는 것이 유용하다.

① Menu에서 Runner/Coolant ➡ Runner System : Create 1D ➡ Gate Design을 선택하여 1D 게이트를 생성한다.

- L4 선택 ➡ N3 선택
- Runner Type : Cold Runner
- Land Diameter (Dl) : 1
- Land Length (Ll) : 2
- Runner tip diameter (Dt) : 4
- Runner root diameter (Dr) : 8
- Element Length (Le) : 0
- L5 선택 ➡ N4 선택 (위의 조건값 동일)

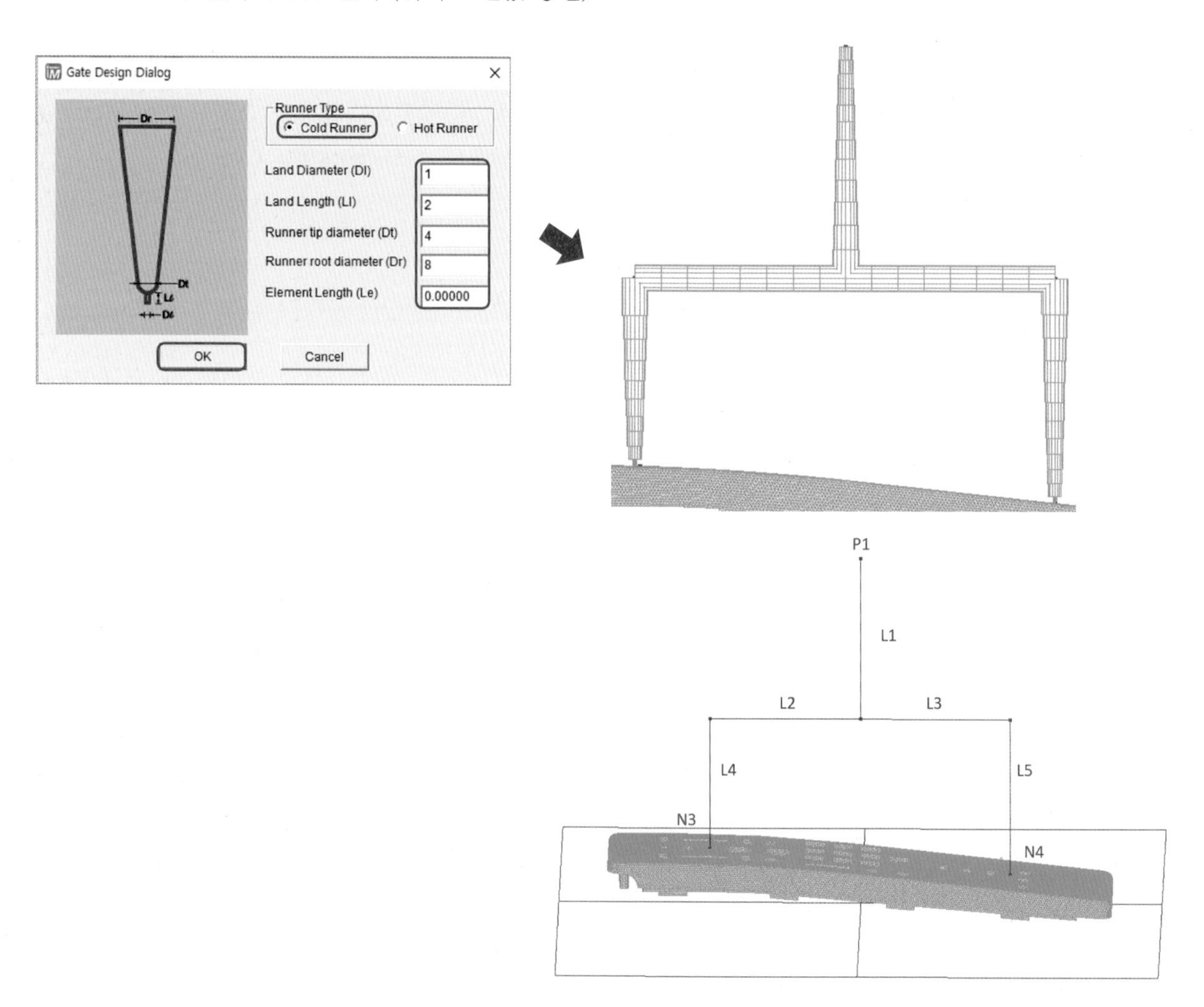

1D 러너 시스템 생성 – 게이트

(17) 3D Mesh 생성하기

❶ Menu에서 Solid Meshing ➡ Meshing : Solid Meshing을 선택한다.

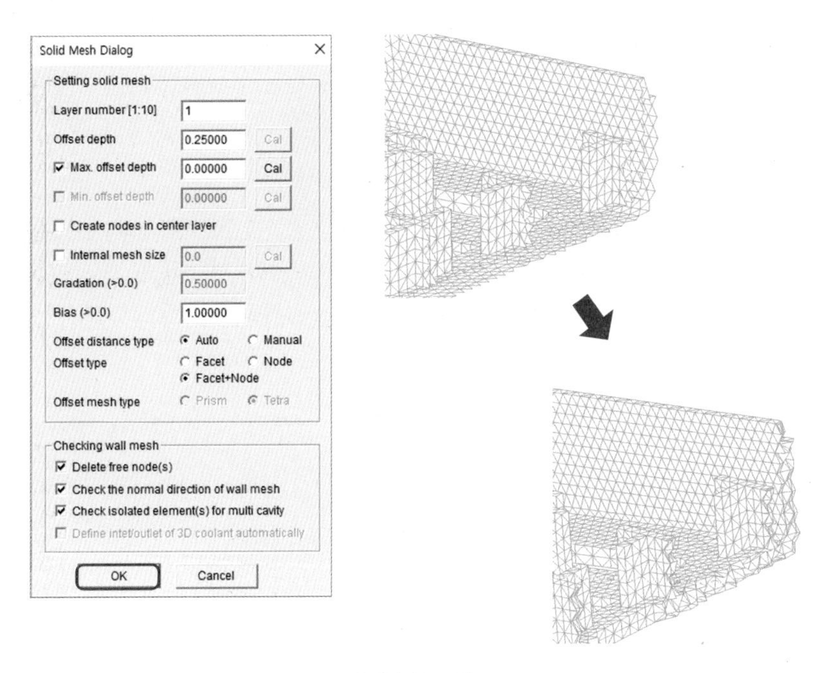

Solid Meshing

(18) Mesh 파일 저장하기

❶ Menu에서 File ➡ File : Save Mesh를 선택하여 Mesh를 저장한다.

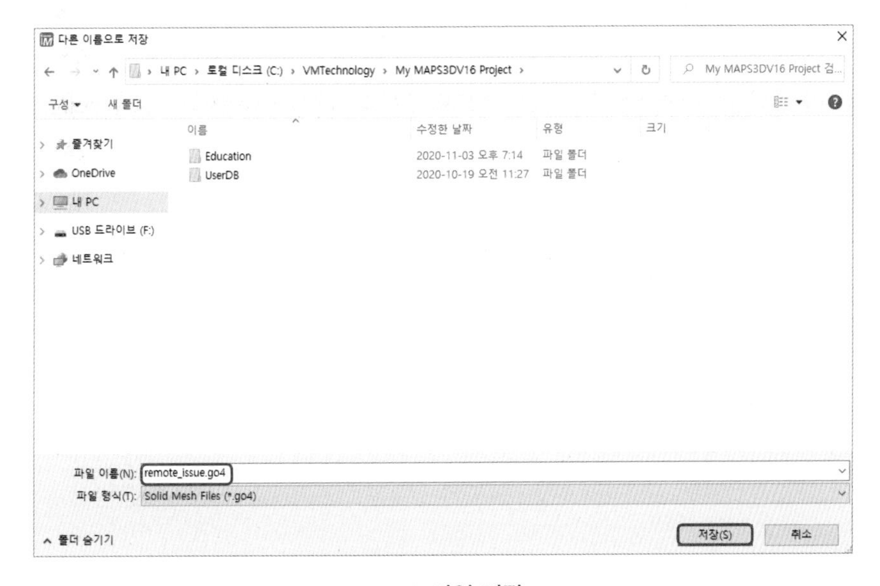

Mesh 파일 저장

따라하기

01 형상 정보

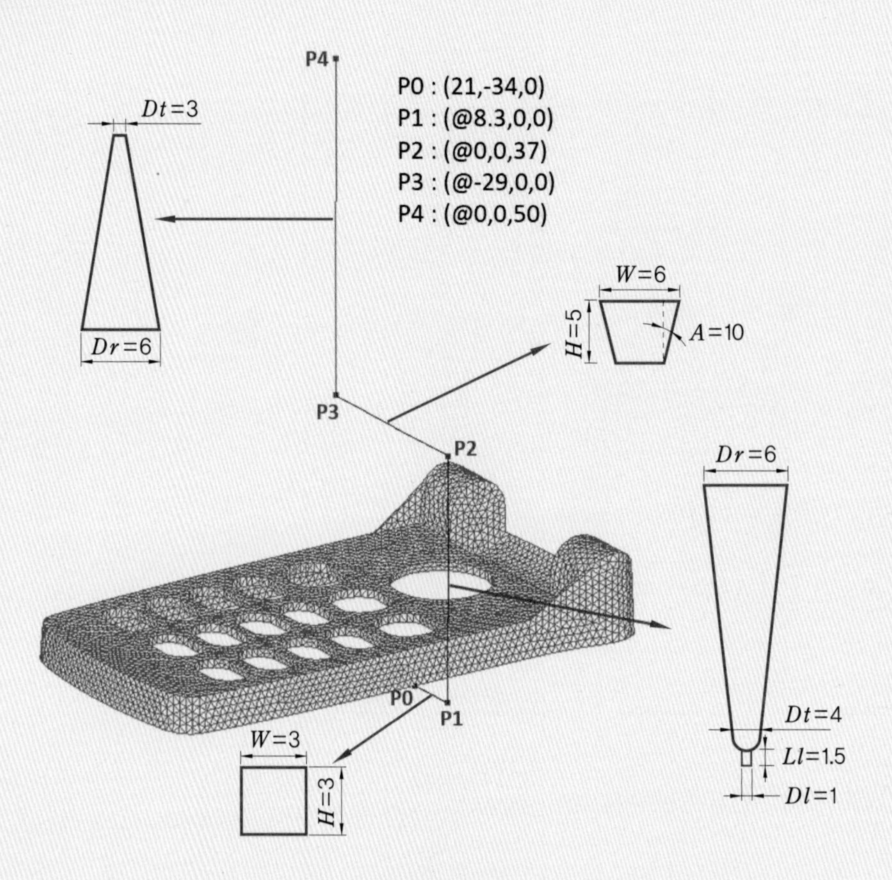

형상 정보

02 실습 요약

목적	다양한 형상으로 구성된 러너를 1D Element로 생성한다.
파일	〈MAPS3D folder〉\Tutorial\Model\hhp_part.ssv
러너 형태 및 치수 (콜드 러너)	P0–P1 : Line Mesh P1–P2 : Gate Design P2–P3 : Line Mesh P3–P4 : Sprue design

03 작업 순서

❶ 파일 읽기

- 파일 : hhp_part.ssv

❷ PolyLine을 이용하여 Line 생성

❸ 각 부위별 1D 콜드 러너의 속성을 부여하여 1D Element 생성

냉각 채널 생성

- 냉각 채널을 생성하는 방법을 습득한다.
- 좌표계를 이용한 입력을 이해한다.
- 냉각 채널의 종류 및 형태에 따른 금형 온도 변화를 이해한다.

실습 요약

파일	〈MAPS3D folder〉\Tutorial\Model\cool.ssv
수행 순서	1. 중심선 생성 (SingleLine, PolyLine) 2. 중심선에 냉각 채널 속성 부여 (Cooling line, Baffle) 3. Mesh 파일 저장하기
주요 명령어	Line ▾ Create ▾

1 냉각 해석에서의 냉각 채널 구성

제품의 치수 안정성을 확보하고 사이클 타임을 단축하기 위해서는 금형 벽면의 온도를 균일하게 유지하는 것이 필요하다. 그러므로 냉각 채널의 직경, 위치 및 냉각 채널의 종류에 따른 금형 냉각 효율을 검토하는 것이 요구된다.

냉각 해석에 사용되는 냉각 채널은 1D Element로 구성되므로, 중심선에 직경 및 속성(냉각 채널, 호스, 배플 등)을 부여하는 작업이 필요하다. 또한, 냉각 해석에서는 냉각 채널을 가공하기 위해서 생성된 부위는 냉각 해석에 적용되지 않으므로 해당 부위는 삭제해야 한다.

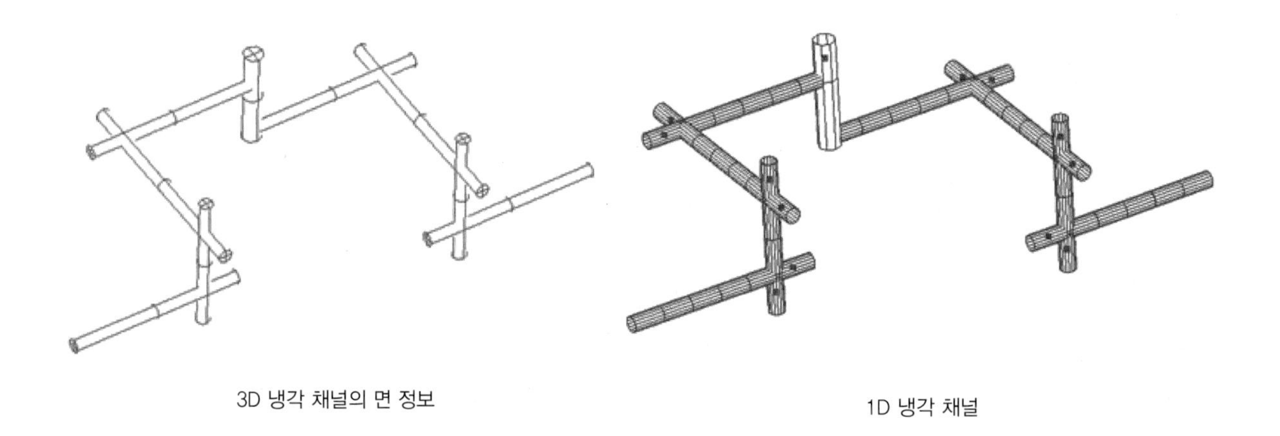

3D 냉각 채널의 면 정보

1D 냉각 채널

2 수행 순서

(1) 파일 열기

❶ Menu에서 File ➡ File : Open Geom ➡ Open Geom을 선택하여 파일을 연다.

- 파일 : 〈MAPS3D folder〉\Tutorial\Model\cool.ssv

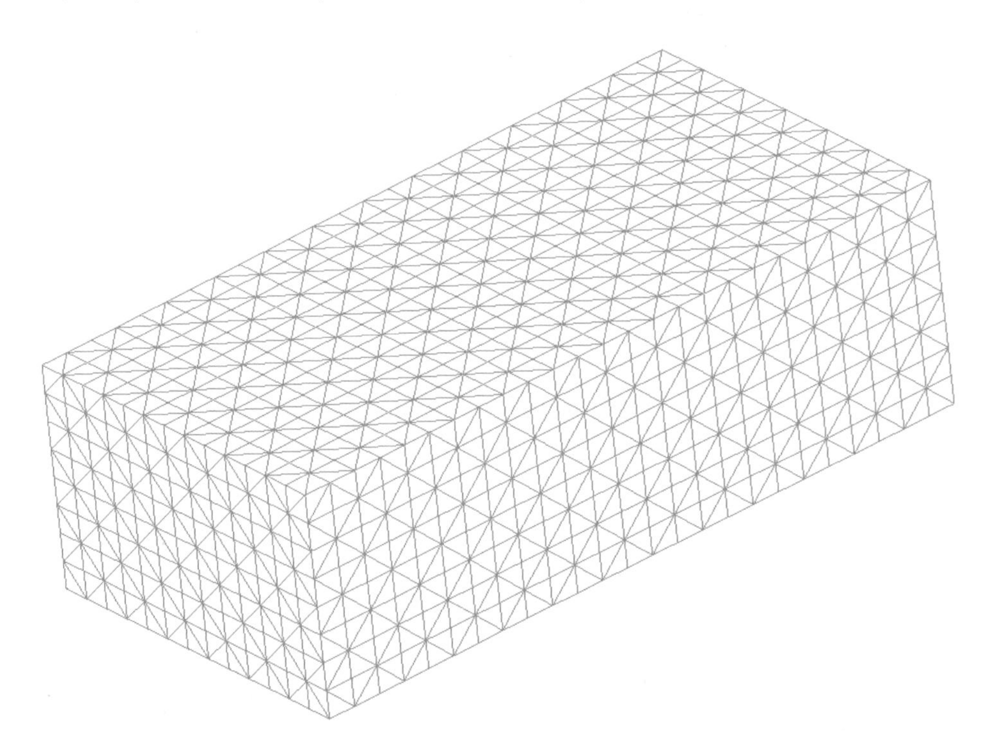

파일 열기에 따른 형상 정보

(2) 중심선 생성 ➡ 절대 좌표

금형의 냉각 채널에 따른 냉각 효율을 검토하기 위해서는 제품 형상과 냉각 채널이 포함되어 있어야 한다. 또한 냉각 해석에서는 냉각 채널 내의 냉각수 흐름 및 열전달을 해석하는 유체 해석(CFD 해석)을 수행하는 것이 필요하나, 일반적인 사출 성형 해석에서는 냉각 채널을 1D Element로만 생성하여 유체 해석 대비 빠른 속도로 금형 냉각 해석을 수행할 수 있다.

Modeler에서는 제품 및 러너를 Part로 지정하고, 냉각 채널과 인서트를 Mold로 지정하고 있으므로 냉각 채널을 생성하기 위해서는 Visibility의 Mold element 항목을 사전에 활성화하는 것이 필요하다.

또한, 냉각 채널을 생성하기 위한 중심선은 1D 러너 생성과 같이 상대 좌표를 이용할 수 있으나, 본 장에서는 원하는 위치에 2개의 점을 생성하고 생성된 두 점을 선택하는 방법을 이용해서 냉각 채널을 생성하도록 한다.

❶ Menu에서 View ➡ Entity Show/Hide : Point, Curve, Part Element, Mold Element를 활성화한다.

❷ Menu에서 Curve ➡ Create : Line ➡ SingleLine을 선택 후 절대 좌표를 입력하여 중심선을 생성한다.

- P1 절대 좌표 입력 ➡ P2 절대 좌표 입력
- P1 (5,45,35), P2 (5,-20,35)

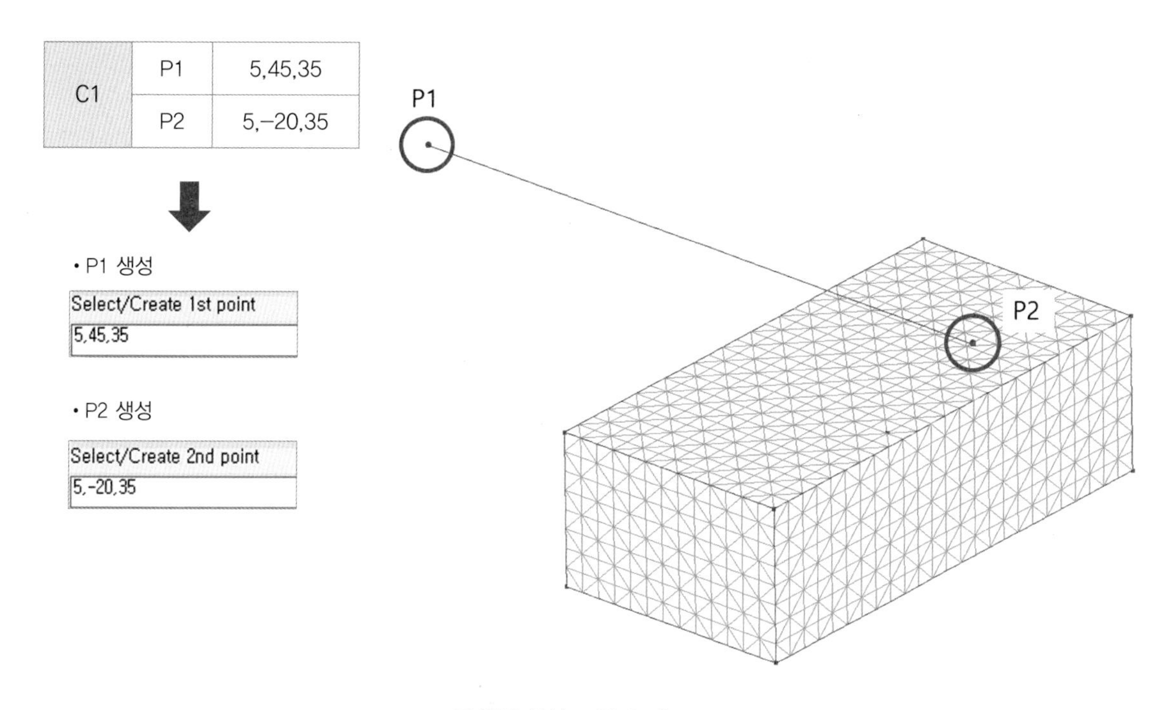

중심선 생성 – 절대 좌표_C1

❸ Menu에서 Curve ➡ Create : Line ➡ SingleLine을 선택 후 절대 좌표를 입력하여 중심선을 생성한다.

- 앞 그림 중심선 생성 – 절대 좌표_C1와 같이 동일한 방법으로 C2, C3 생성

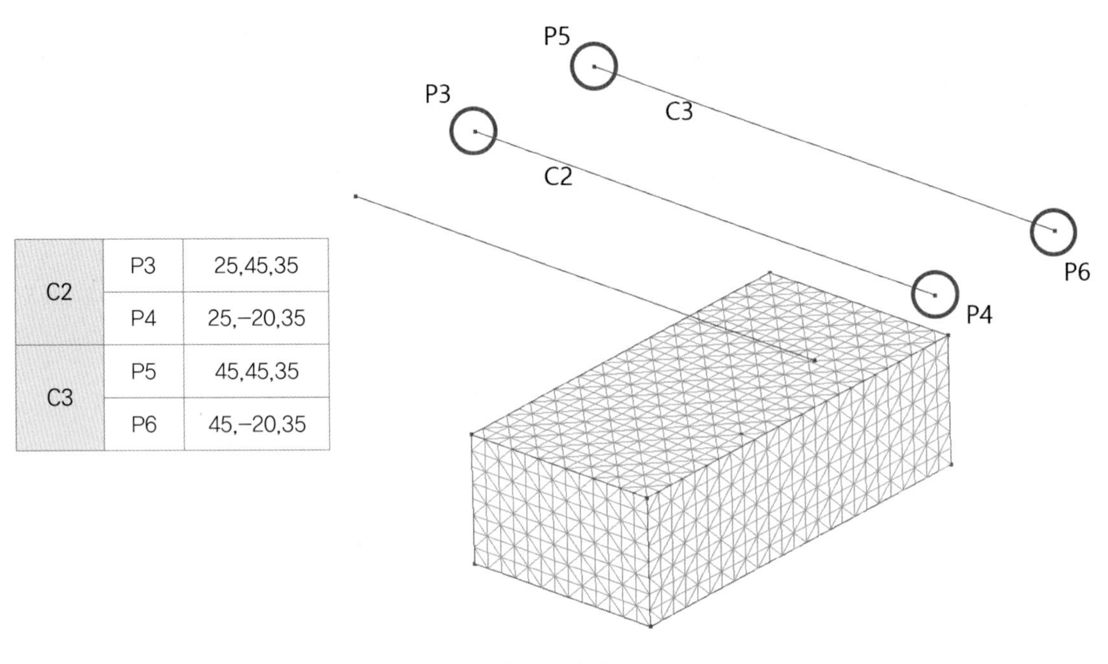

C2	P3	25,45,35
	P4	25,–20,35
C3	P5	45,45,35
	P6	45,–20,35

중심선 생성 – 절대 좌표_C2, C3

(3) Line 생성 ➡ 상대 좌표

만약 생성하는 중심선의 첫 번째 점과 두 번째 점의 상대 거리를 알고 있다면 "@" 기호를 이용한 상대 좌표를 입력하여 작업 속도를 향상시킬 수 있다. 또한, 냉각 채널의 종류인 배플과 버블러는 Cooling line에 연결되어야 설치가 가능하므로 배플이 설치되는 위치의 Cooling line은 점으로 분기하는 것이 필요하다. 분절된 Cooling line은 PolyLine 명령을 이용하면 SingleLine보다 쉽게 중심선을 생성할 수 있다.

❶ Menu에서 Curve ➡ Create : Line ➡ PolyLine을 선택 후 상대 좌표를 입력하여 중심선을 생성한다.

- P7 (–20,17.5,–20), P8 (@30,0,0), P9 (@30,0,0), P10 (@30,0,0)
- 분기되는 지점(Baffle, Bubbler 등)에서는 연결성을 위해 중심선을 분할하여 생성해야 한다.

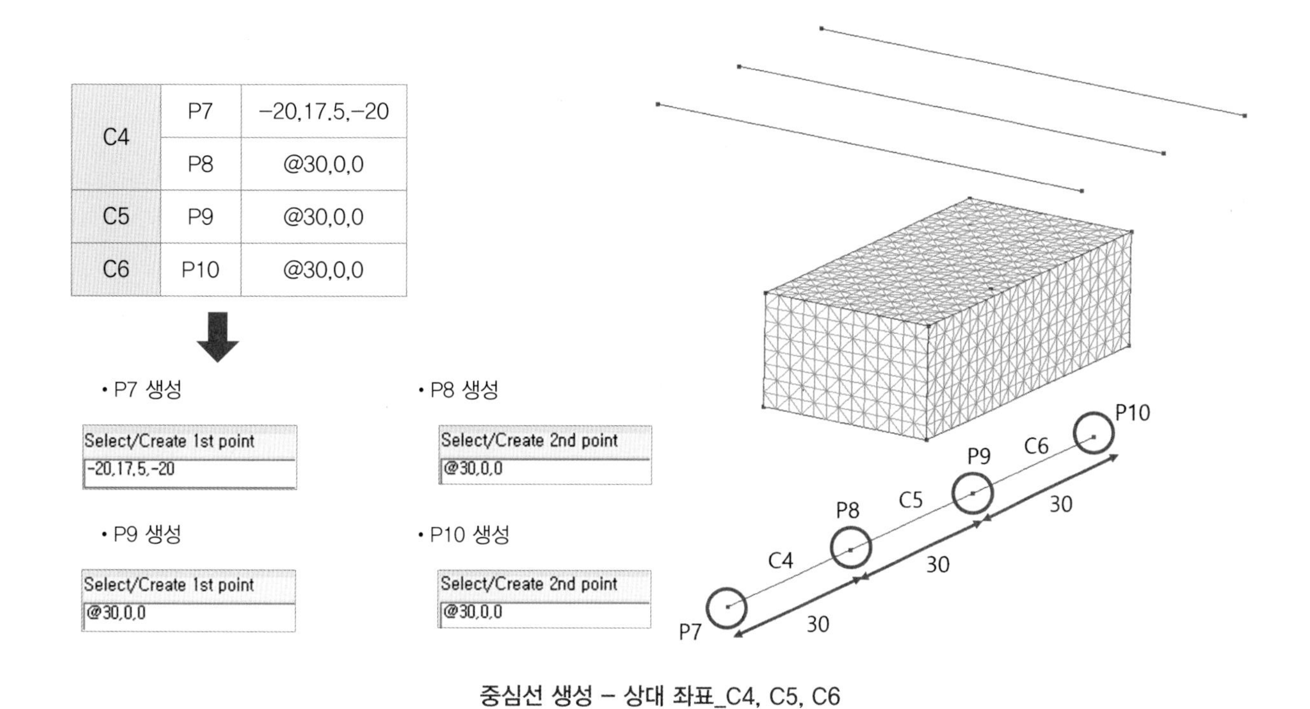

C4	P7	−20,17.5,−20
	P8	@30,0,0
C5	P9	@30,0,0
C6	P10	@30,0,0

중심선 생성 – 상대 좌표_C4, C5, C6

❷ Menu에서 Curve ➡ Create : Line ➡ PloyLine을 선택 후 상대 좌표를 입력하여 중심선을 생성한다.

- 위 그림 중심선 생성 – 상대 좌표_C4, C5, C6와 같이 동일한 방법으로 C7, C8, C9 생성
- 분기되는 지점(Baffle, Bubbler 등)에서는 연결성을 위해 선을 분할하여 생성해야 한다.

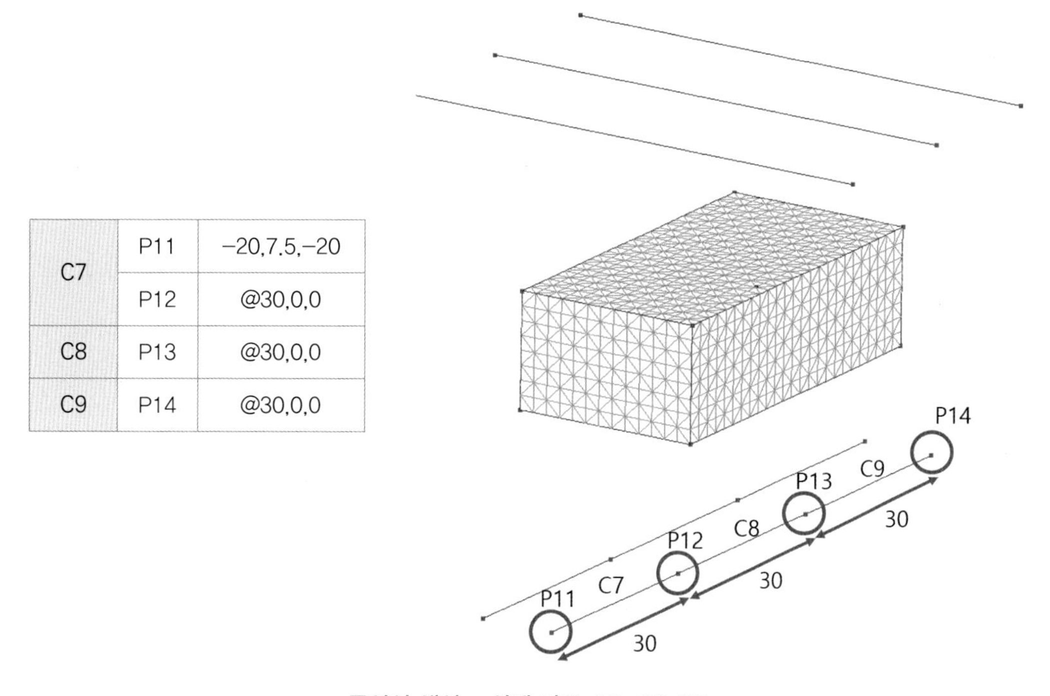

C7	P11	−20,7.5,−20
	P12	@30,0,0
C8	P13	@30,0,0
C9	P14	@30,0,0

중심선 생성 – 상대 좌표_C7, C8, C9

③ Menu에서 Curve ➡ Create : Line ➡ SingleLine을 선택 후 상대 좌표를 입력하여 중심선을 생성한다.

- P8 선택 ➡ P15 상대 좌표 입력
- 동일한 방법으로 C11, C12, C13 생성

C10	P8	선택
	P15	@0,0,30
C11	P9	선택
	P16	@0,0,30
C12	P12	선택
	P17	@0,0,30
C13	P13	선택
	P18	@0,0,30

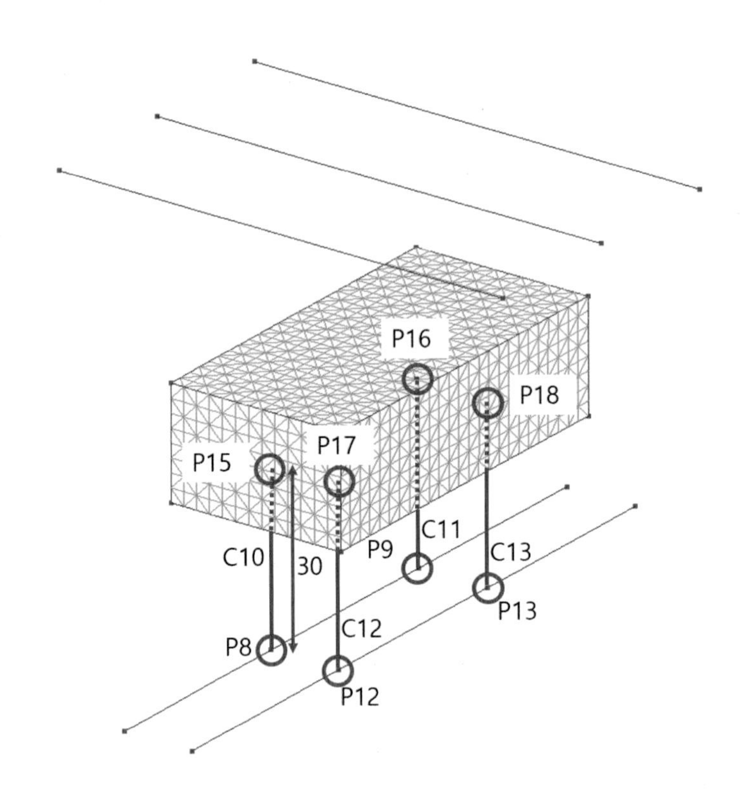

중심선 생성 – 상대 좌표_C10, C11, C12, C13

(4) 속성 설정 ➡ Cooling Line

생성된 선을 냉각 채널로 사용하기 위해서는 냉각 채널의 종류(Cooling line/Baffle 등)와 해당 채널의 직경을 입력하는 작업이 필요하다.

① Menu에서 Runner/Coolant ➡ Cooling Channel System : Create ➡ Line Mesh를 선택하여 Cooling Line의 속성을 설정한다.

- Type : Cooling line
- Thickness/Diameter – Circle/SemiCircle Diameter (D) : 3

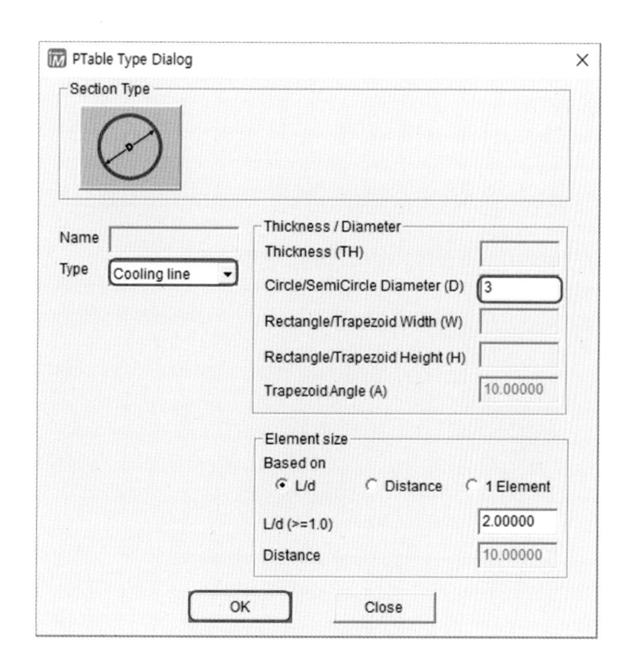

Cooling line 설정 창

❷ 속성 설정 완료 후 Cooling line으로 정의할 선(9개)을 선택한다.

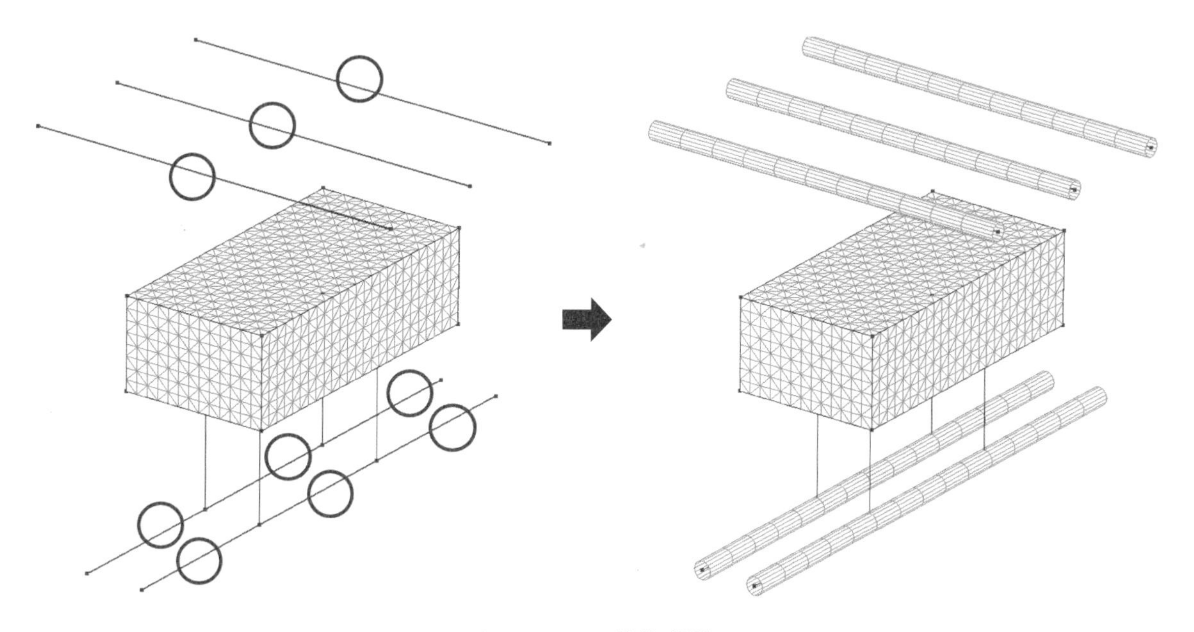

Cooling Line 선택, 생성

(5) 속성 설정 ➡ Baffle

배플의 내부 구조는 냉각수가 유입되는 영역과 유출되는 영역이 분리벽으로 구분된 구조로 되어 있으므로 CFD와 같은 유체 해석에서는 내부를 실제 배플과 동일하게 설정하는 것이 필요하나, MAPS-3D의 경우 중심선에 속성을 부여하면 배플과 동일한 효과를 적용하는 것으로 해석이 진행되므로 배플에 해당하는 중심선에 속성만 부여하면 된다.

❶ Menu에서 Runner/Coolant ➡ Cooling Channel System : Create ➡ Line Mesh를 선택하여 Baffle의 속성을 설정한다.

- Type : Baffle
- Thickness/Diameter – Circle/SemiCircle Diameter (D) : 5

❷ 속성 설정 완료 후 Baffle로 정의할 선(4개)을 선택한다.

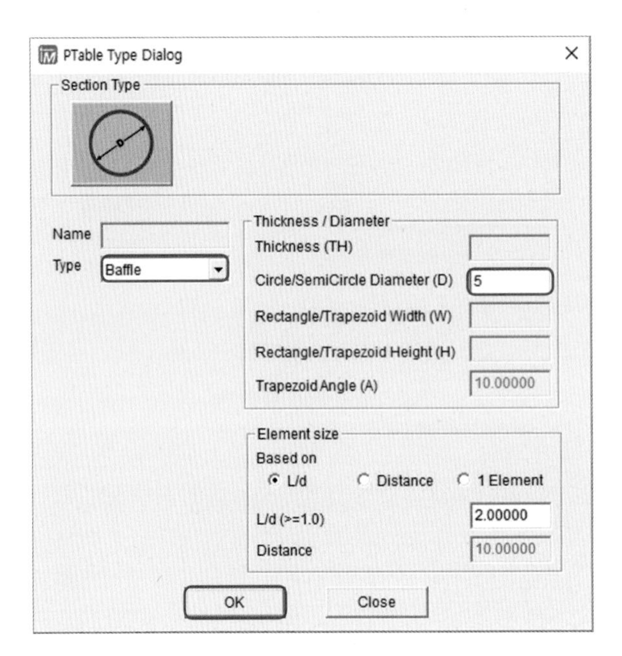

배플 설정 창

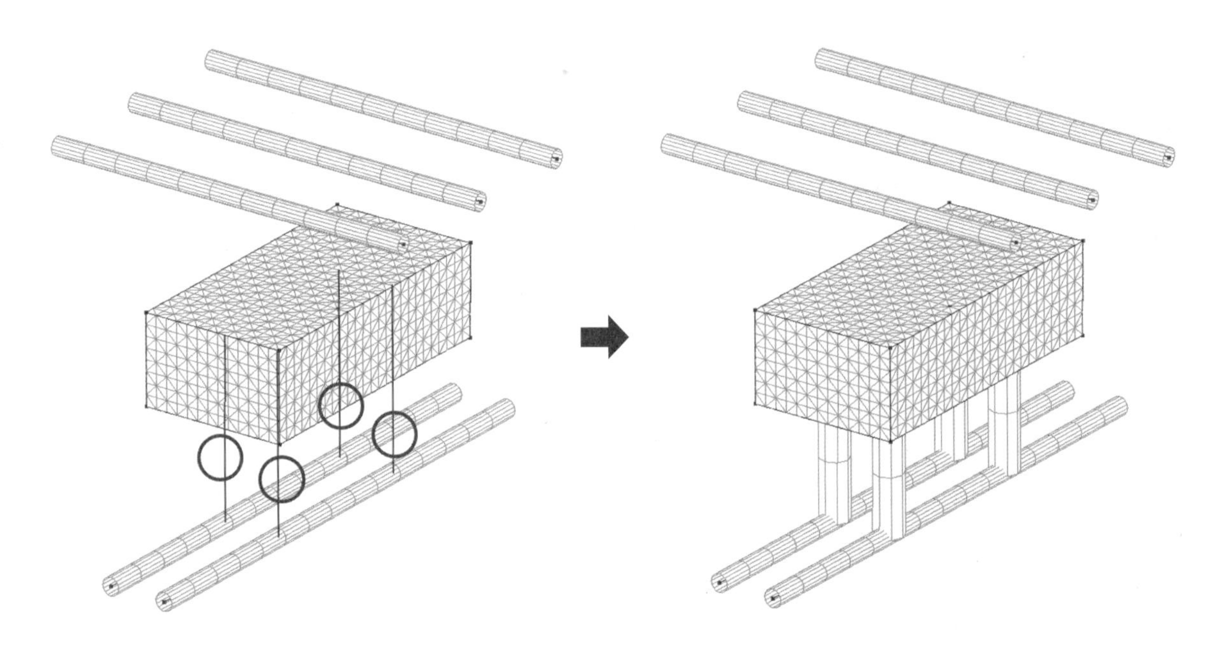

배플 선택, 생성

(6) Mesh 파일 저장하기

❶ Menu에서 File ➡ File : Save Mesh를 선택하여 배플이 존재하는 모델을 저장한다.

- 파일 : 〈MyMAPS3D folder〉\Cool_Case1.go4

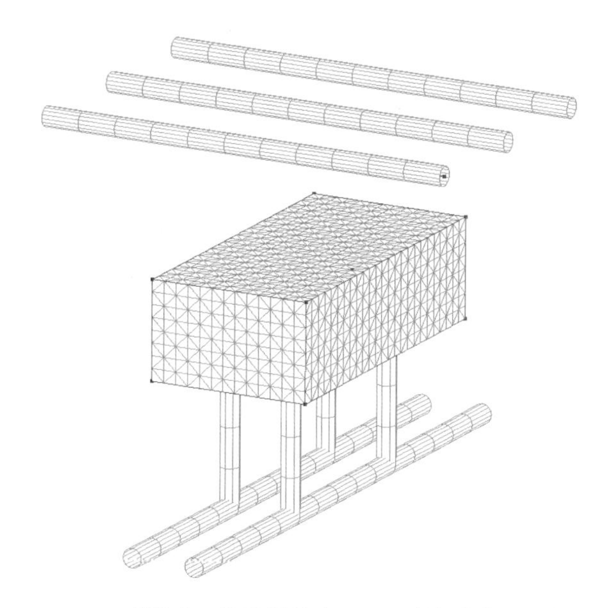

배플이 포함된 형상의 Mesh 파일 저장

❷ Menu에서 Element ➡ Modify : Delete Elements를 선택하여 배플을 삭제한다.

❸ 배플을 삭제 후 Menu에서 File ➡ File : Save Mesh를 선택하여 배플이 존재하지 않는 모델을 저장한다.

- 파일 : 〈MyMAPS3D folder〉\Cool_Case2.go4

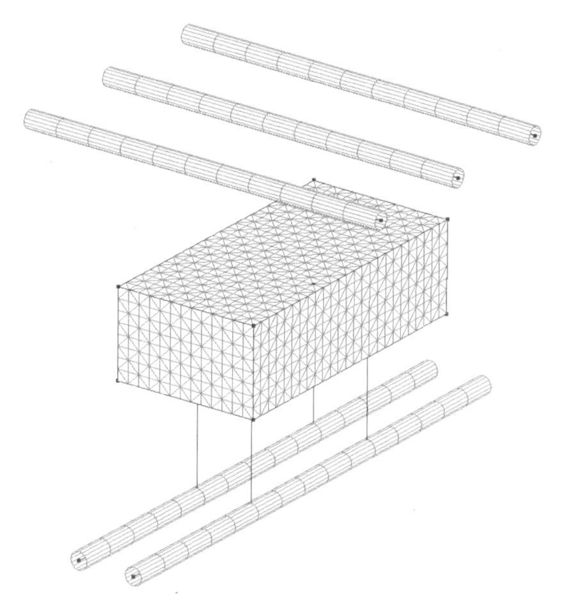

배플이 제거된 형상의 Mesh 파일 저장

따라하기

01 형상 정보

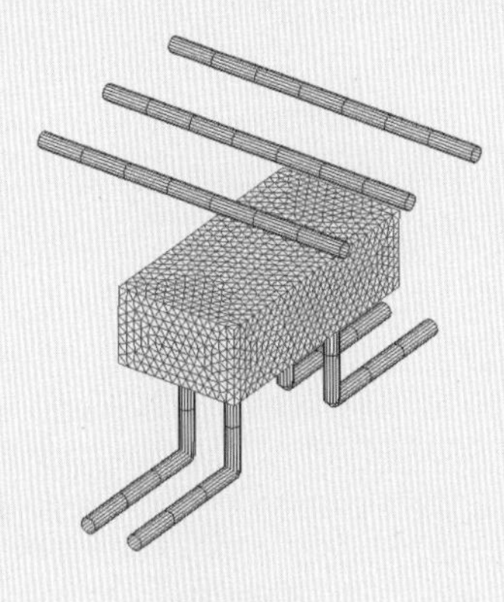

형상 정보

02 실습 요약

목적	다양한 선을 그려서 각 선에 냉각 채널 속성을 부여한다.
파일	〈MAPS3D folder〉\Tutorial\Model\cool.ssv
Cooling line 직경	3

03 작업 순서

❶ 파일 읽기

- 파일 : cool.ssv

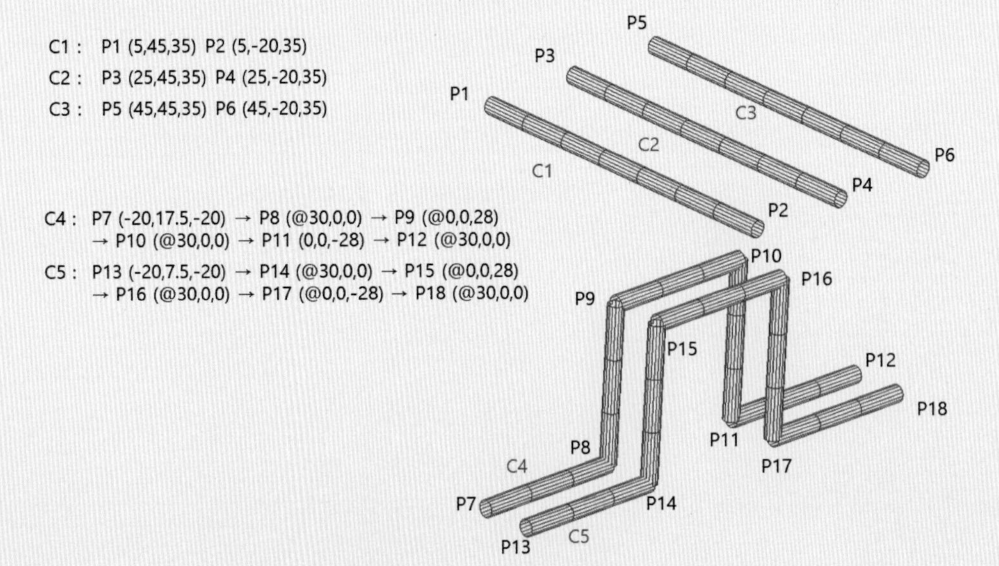

❷ PloyLine을 이용하여 중심선 생성

❸ 각 부위별 Cooling line 속성(타입/직경) 부여

Mesh 수정

1절 Mesh 수정을 위한 기본 기능

- Element를 편집하는 기본 기능을 습득한다.
- Node를 편집하는 기본 기능을 습득한다.
- Mesh 수정 절차에 따른 효율적인 모델링을 이해한다.

실습 요약

파일	Create TRI3 Elements	〈MAPS3D folder〉\Tutorial\Model\Tri_nods.ssv
	Fill Element Hole	〈MAPS3D folder〉\Tutorial\Model\Free_edge_closed_loop.ssv 〈MAPS3D folder〉\Tutorial\Model\Free_edge_open_loop.ssv 〈MAPS3D folder〉\Tutorial\Model\Free_edge_inner_loop.ssv
	Delete Elements	〈MAPS3D folder〉\Tutorial\Model\Delete_Element.ssv
	Divide Elements	〈MAPS3D folder〉\Tutorial\Model\Divide_Element.ssv
	Move to	〈MAPS3D folder〉\Tutorial\Model\Move_to.ssv
	Swap Elements	〈MAPS3D folder〉\Tutorial\Model\Swap_Element.ssv
수행 순서	1. Create TRI3 Elements 2. Fill Element Hole 3. Delete Elements 4. Divide Elements 5. Move to 6. Swap Elements	
주요 명령어	Create TRI3 Elements / Fill Element Hole▾ / Delete Elements / Divide Elements▾ / Move to / Swap Elements▾	

1-1 Mesh 수정 순서

3D CAD에서 생성된 형상을 가져오는 과정에서 일부 면의 손실, 공차(Tolerance)에 따른 면과 면의 접촉 불량과 같은 문제가 발생할 수 있다. 손실된 부위를 수정하지 않을 경우 해석이 불가능하거나 해석 정확도가 저하 또는 해석 시간이 증가하는 문제가 발생하므로 해석 수행 이전에 해당 부위를 수정하는 작업이 필요하다.

데이터가 손실된 부위는 Mesh Advisor에서 제공하는 각 유형에 따라 구분될 수 있으며, 효율적인 모델링을 위해서 다음과 같은 순서로 수정하는 것이 일반적이다.

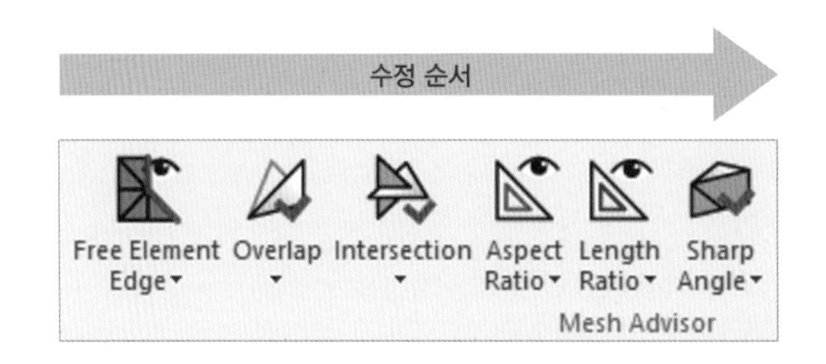

이러한 수정 순서로 2D Element의 수정을 진행하였을 경우와 반대로 수정 순서를 진행했을 경우의 차이를 알아보자.

1-2 수정 순서에 따른 Bad quality를 갖는 Element 개수

- Step 1 : Free Element Edge ➡ Overlap Element ➡ Intersection Element ➡ Aspect Ratio ➡ Length Ratio ➡ Sharp Angle Element
- Step 2 : Sharp angle elemnet ➡ Length Ratio ➡ Aspect Ratio ➡ Intersection Element ➡ Overlap Element ➡ Free Element Edge

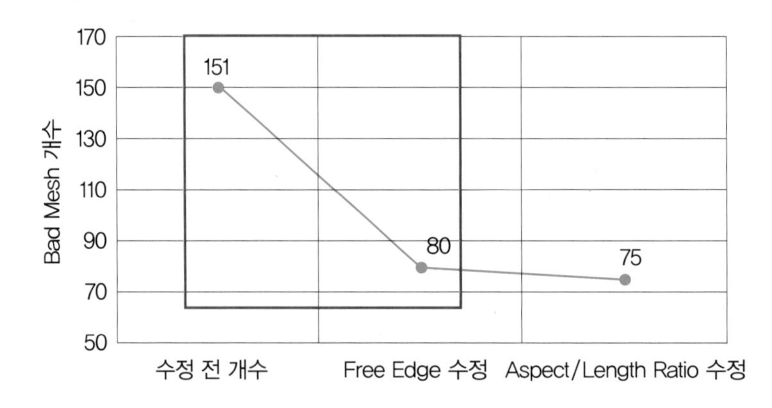

Step 1을 이용한 Mesh 수정

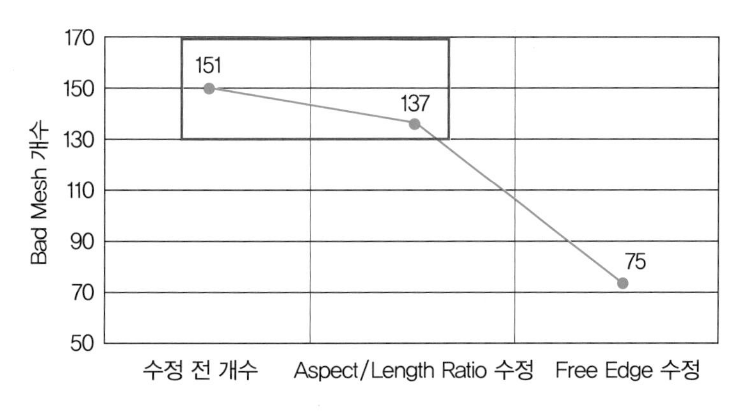

Step 2를 이용한 Mesh 수정

Step 1은 Modeler에서 추천하는 수정 순서로 2D Element의 수정을 진행하였으며, Step 2는 추천하는 순서와 반대로 수정을 진행하였다. 동일한 모델이지만, 수정 순서에 따라 Bad Quality를 갖는 Element의 개수는 Step 1로 수정하는 것이 더 많이 감소되는 것을 확인할 수 있다. 이러한 현상은 Modeler에서 검토하는 Free Element Edge, Intersection Element, Overlap Element, Aspect/Length Ratio와 같은 항목이 각 Element별로 독립적인 관계가 아닌 상호 연관 관계로 구성되므로 Free Element Edge를 수정하면 그 외의 항목이 동시에 수정됨을 알 수 있다.

1-3 2D Element 수정을 위한 주요 기능

2D Element를 수정할 때 필수적으로 사용하는 기능들만으로도 2D Element를 빠르게 수정할 수 있으며, 해당 기능의 특성을 파악하고 있다면 각 기능을 조합하여 문제가 되는 2D Element를 빠르고 간편하게 수정할 수 있게 된다.

(1) Create TRI3 Elements : Create TRI3 Elements

3개의 Node를 순차적으로 선택해서 2D Element를 생성하는 기능이다. 문제가 되는 Element를 수정할 경우 Element를 삭제하고, 새롭게 생성하는 것만으로도 가능하며, 새로운 Element를 생성하기 위한 가장 기본적인 기능이다.

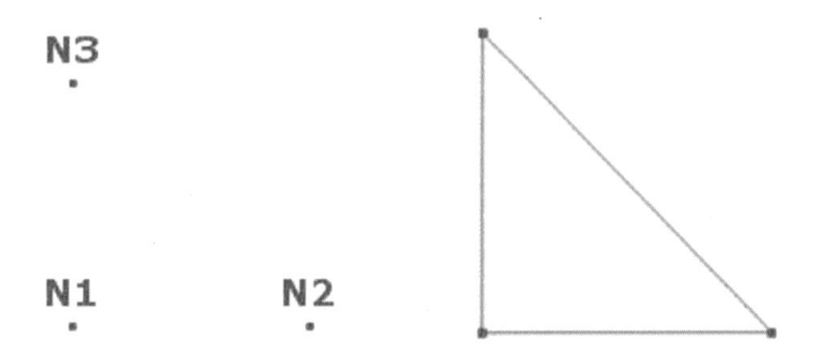

Create TRI3 element를 이용한 Element 생성 예시

(2) Fill Element Hole : 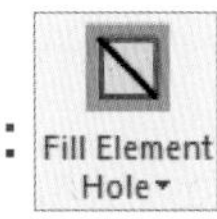

CAD 데이터에서 면이 소실된 경우, 소실된 면에 해당하는 영역은 2D Element를 생성할 수 없으므로 넓은 영역으로 Free Element Edge가 발생하게 된다. Fill Element Hole 기능은 Free Element Edge가 발생한 형태에 따라서 Closed Loop, Open Loop, Inner Loop 3가지 방법으로 세부 기능을 제공한다.

Closed Loop 는 Free Element Edge가 완벽한 동공으로 되어 있을 경우 2D Element를 생성하는 기능이며, 이 기능을 사용할 경우 평면이거나 평면과 유사한 영역에 발생되는 Free Element Edge에 대하여 사용하는 것이 바람직하다.

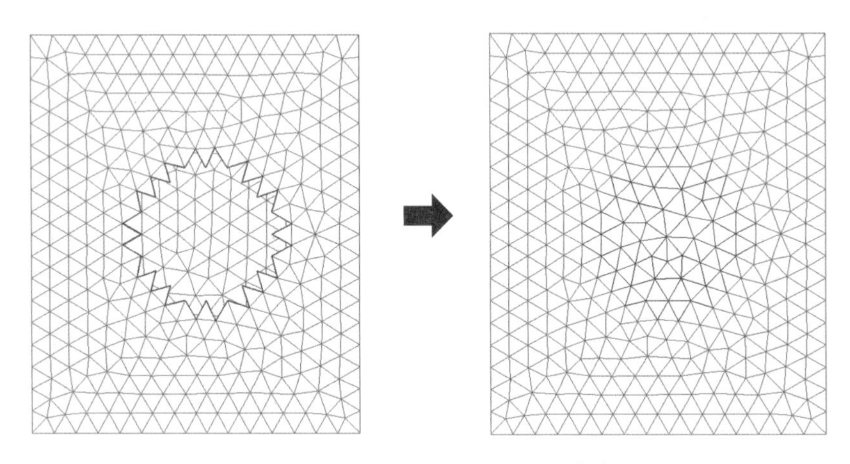

Fill Element Hole–Closed Loop 예시

Open Loop 는 동일하지 않은 평면상에 존재하는 Free Element Edge의 일부분에 대하여 가상의 폐곡선을 구성하여 내부에 2D Element를 생성하는 기능이다. 이 기능을 사용할 경우 서로 다른 평면에 존재하는 Free Element Edge를 수정할 수 있으므로, 해당 기능으로 수정한 다음 Fill Element Hole–Closed Loop를 수행하면 서로 다른 평면에 존재하는 Free Element Edge를 간편하게 수정할 수 있다.

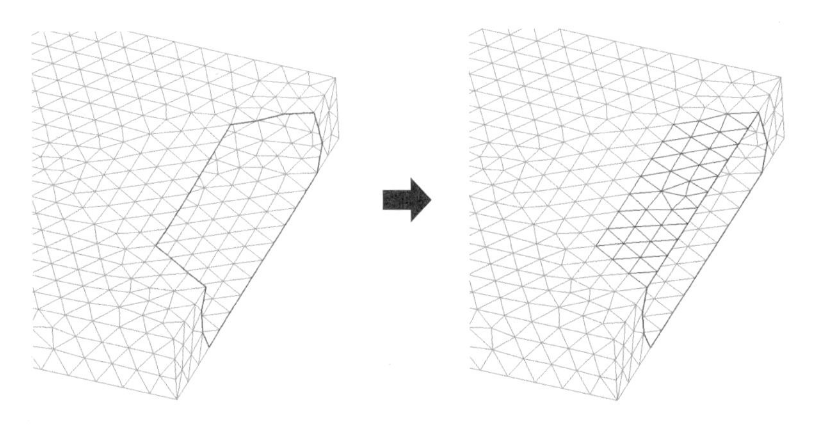

Fill Element Hole–Open Loop 예시

Inner Loop 는 동일 평면상에 존재하는 외측 Free Element Edge와 내측 Free Element Edge 사이에 2D Element를 생성하는 기능이다. 내측에 있는 경계 Free Element Edge와 내측 Free Element Edge는 폐곡선을 이루어야 하며, 외측의 Free Element Edge 내의 다수 개의 내측 Free Element Edge를 선택할 수 있다. 이 기능을 사용할 경우 평면에 존재하는 2D Element에 대하여 사용하는 것이 바람직하다.

만약, Inner Loop 기능을 사용하지 않고 해당 영역을 수정하기 위해서는 내측과 외측을 Create TRI3 Elements 기능을 이용하여 완벽한 폐곡선의 경계가 생성되도록 Element를 생성한 다음, Fill Element Hole-Closed Loop를 통해서 수정하는 과정을 거쳐야 되므로 Inner Loop 기능 대비 모델링 효율성이 감소하게 된다.

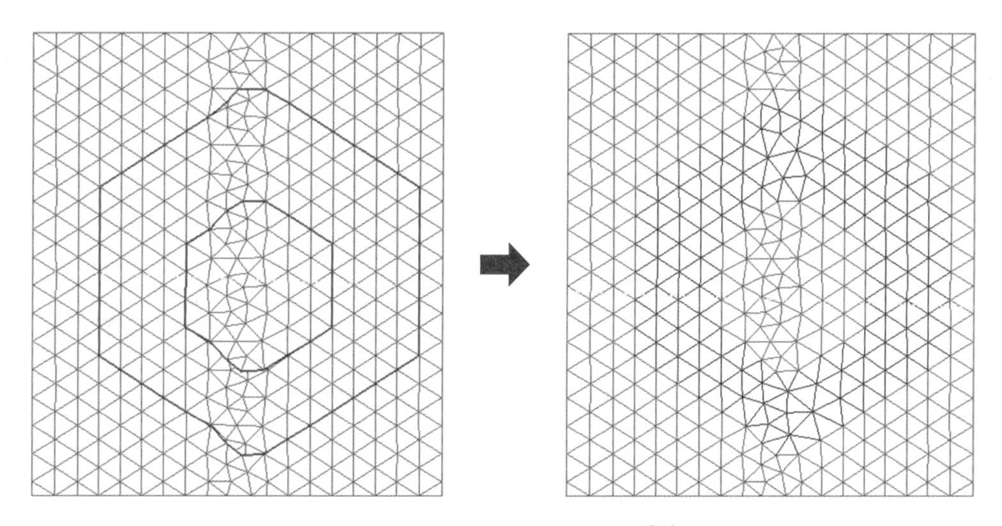

Fill Element Hole-Inner Loop 예시

(3) Delete Elements : 

선택된 Element를 삭제하는 기능이다. 문제가 되는 Element는 기본적으로 삭제 및 재생성 과정을 통해서 수정하는 것이 일반적이므로 해당 명령을 통해서 삭제를 할 수 있다.

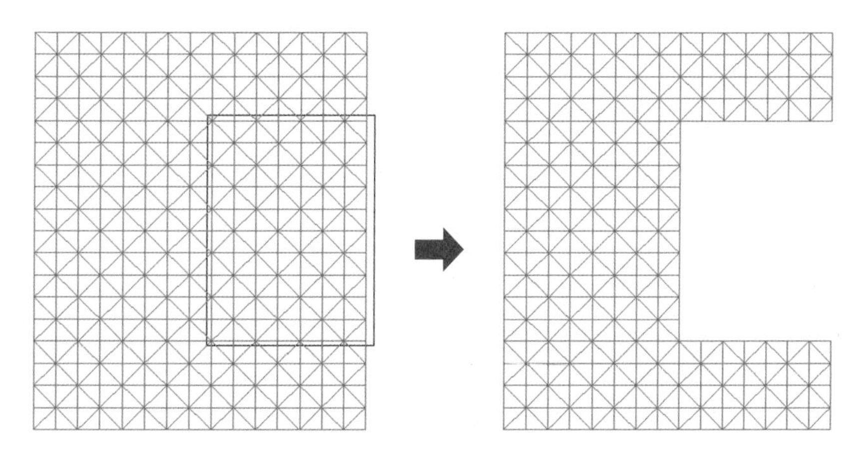

Delete Elements를 이용한 Element 삭제 예시

만약, 사용자가 동일한 평면에 위치한 다수의 2D Element를 한 번에 선택하고자 할 경우에는 Ctrl + Alt를 누른 상태에서 2D Element를 선택하면 동일 평면에 존재하는 2D Element를 간편하게 삭제할 수 있는 기능을 지원한다.

(4) Divide Elements : 

선택한 2D Element를 2개로 분할하는 기능으로, 하나의 2D Elemnet를 선택하여 해당 Element에 포함된 Node를 선택하면 해당 Element는 선택된 Node를 마주보는 변의 방향으로 나누게 된다. 만약, 하나의 2D Element와 그 Element에 속하지 않은 Node를 선택하면 해당 Element는 선택된 Node를 포함하여 두 개로 나누게 된다. 2D Element의 형상이 지나치게 뒤틀리거나 형상비가 너무 클 경우 이를 감소시키기 위해 사용된다. 만약 1D Element를 나누고자 할 경우에는 "Divide 1D Elements" 명령을 사용하면 가능하다.

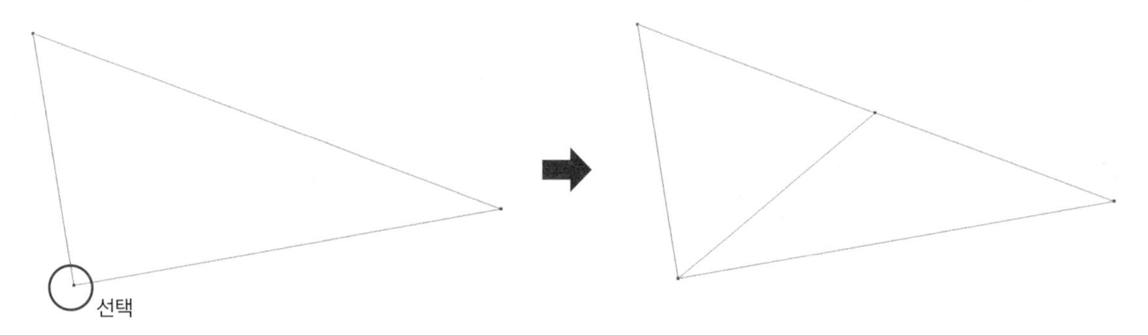

Element에 포함된 Node를 이용한 Element 분할 예시

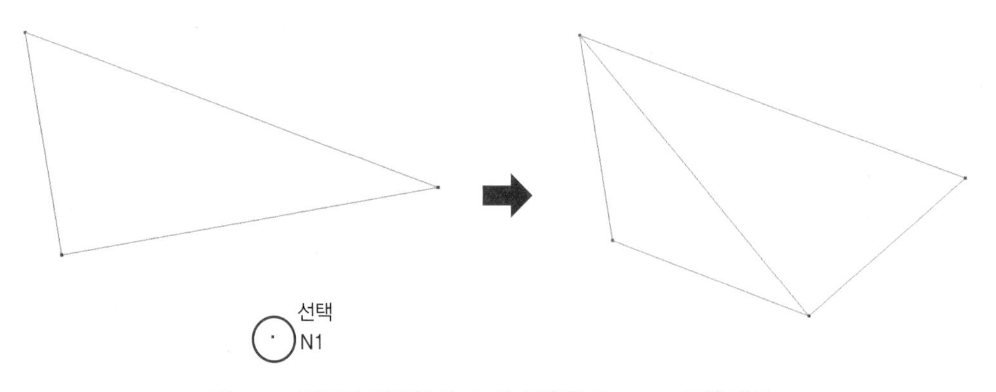

Element 외부에 위치한 Node를 이용한 Element 분할 예시

(5) Move to : Move to

선택된 Node를 사용자가 원하는 위치의 Node로 이동하여 두 Node를 합치는 명령이다. Node를 이용할 경우 Node에 연결된 2D Element도 자동으로 업데이트된다. Node가 합쳐지게 될 경우 일직선상에 존재하는 2D Element는 자동으로 삭제된다.

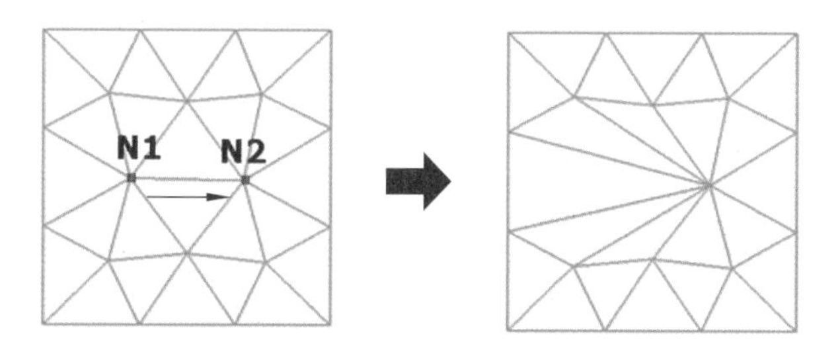

Move to를 이용한 Element 수정 예시

(6) Swap Elements : 

하나의 변을 공유하는 두 개의 2D Element의 Aspect Ratio 또는 Length Ratio가 클 경우, 공유하는 변과 마주하는 Node가 연결될 때 생성되는 가상의 직선을 새로운 공유변으로 지정하고, 기존의 공유변을 삭제하는 기능이다. Swap Elements를 사용하지 않고 동일한 형상의 2D Element를 생성하기 위해서는 Delete Elements와 Divide Element를 순차적으로 실행해야 된다. 그러므로 하나의 변을 공유하는 두 개의 2D Element의 Aspect Ratio 또는 Length Ratio가 클 경우 Swap Elements 명령을 이용하여 수정 작업에 소요되는 시간을 단축할 수 있다.

- Swap 기능을 사용하여 수정할 경우

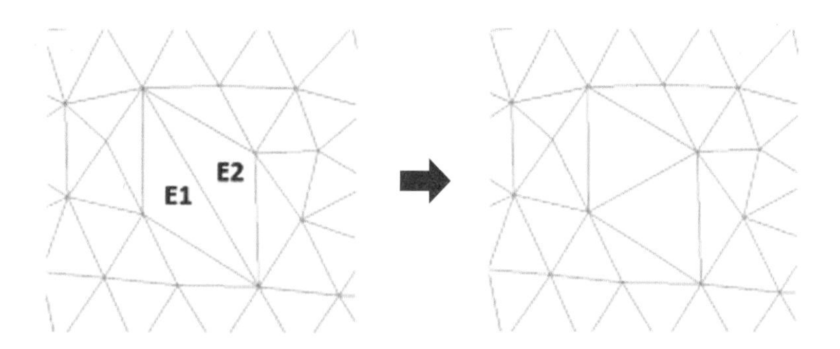

Swap Elements를 이용한 Element 수정 예시

- Swap 기능을 사용하지 않고 수정할 경우

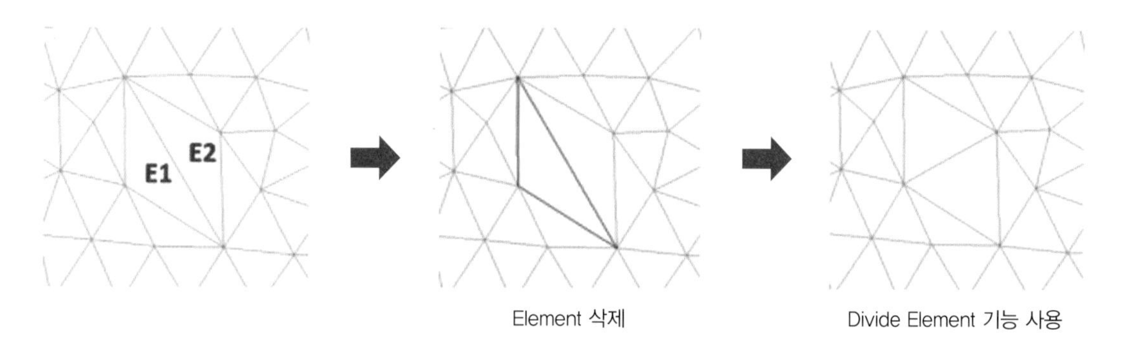

Element 삭제

Divide Element 기능 사용

Swap Elements를 이용하지 않은 Element 수정 예시

따라하기

01 형상 정보

형상 정보

02 실습 요약

목적	Mesh 수정을 위한 기본 기능을 반복 습득한다.
파일	〈MAPS3D folder〉\Tutorial\Model\baisc_function.ssv

03 작업 순서

❶ 파일 읽기

- 파일 : basic_function.ssv

❷ 각 부위에 따라 수정 방법

Create element	Divied element	Delete element	
Fill Element Hole	Node move to	Swap element	

각 부위별 수정 방법

2절 Free Element Edge

- Free Element Edge의 정의를 이해한다.
- Fill Element Hole을 이용한 수정 방법을 습득한다.
- Merge Coin. Node를 이용한 수정 방법을 습득한다.
- Move to를 이용한 수정 방법을 습득한다.
- Delete Elements + Fill Element Hole을 이용한 수정 방법을 습득한다.

실습 요약

파일	1	〈MAPS3D folder〉\Tutorial\Model\free_edge_efillhole.ssv
	2	〈MAPS3D folder〉\Tutorial\Model\free_edge_nmer.ssv
	3	〈MAPS3D folder〉\Tutorial\Model\free_edge_nmmt.ssv
수행 순서 (free_edge_efillhole.ssv)	1. 파일 열기 2. Free Element Edge 찾기 3. Fill Element Hole을 이용하여 수정하기	
수행 순서 (free_edge_nmer.ssv)	1. 파일 열기 2. Fee Element Edge 찾기 3. Merge Coin. Nodes로 수정하기	
수행 순서 (free_edge_nmmt.ssv)	1. 파일 열기 2. Fee Element Edge 찾기 3. Move to로 수정하기	
주요 명령어	Free Element Edge▾ / Element▾ / Fill Element Hole▾ / Merge Coin. Nodes▾ / Move to / Delete Elements	

2-1 Free Element Edge의 정의

Free Element Edge는 CAD에서 생성된 면을 이용하여 2D Element를 생성할 경우 각각의 Element의 변이 1개의 공유 Element를 갖지 못하는 경우를 의미한다. 그에 따른 유형은 다음과 같다.

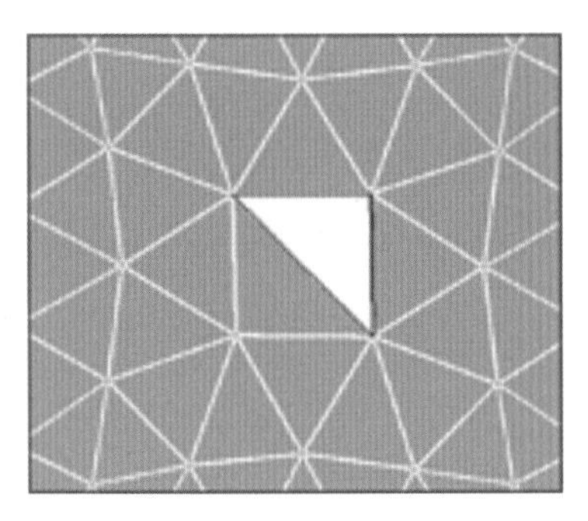

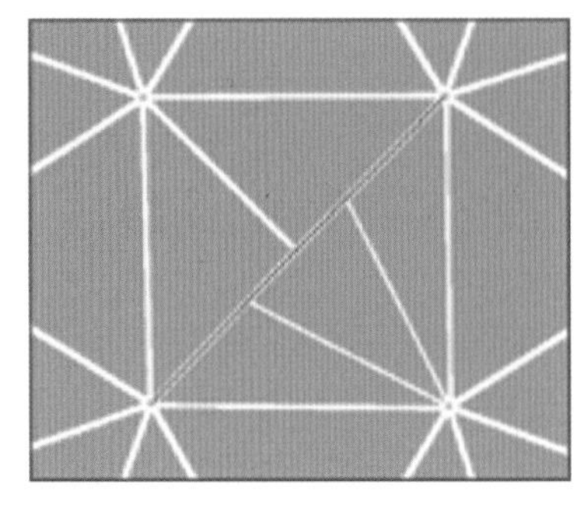

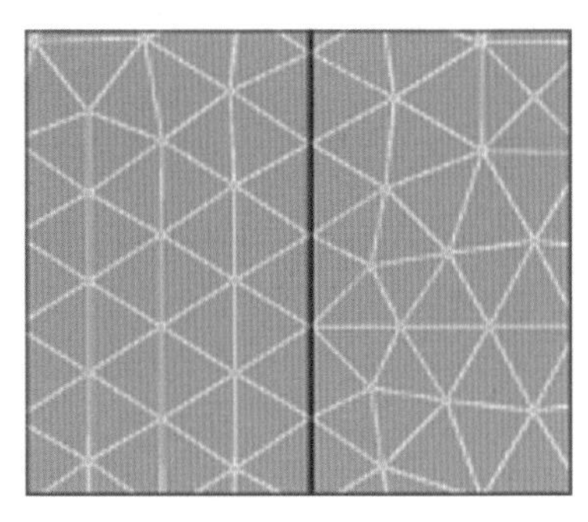

공유 Element가 없는 경우

1개 이상 공유하는 경우

공차에 따른 경우

2-2 Free Element Edge가 발생하는 경우

Free Element Edge는 CAD에서 생성된 각 면과 면의 연결이 정확하게 정의되지 않은 경우에 발생하게 된다.

공유 2D Element가 없는 경우는 해당 부위의 면이 손실되어 2D Element를 생성하지 못한 경우에 발생되며, 1개 이상 공유하는 경우는 면에 맞닿는 면이 맞닿는 부위의 변을 공유하지 않고 정의될 경우 발생하게 된다. 공차(Tolerance)에 의해서 발생되는 경우는 S/W간 정의되어 있는 공차가 상이함에 따라서 발생되며, 일반적으로 CAD에서 적용된 공차가 해석 S/W에서 정의되어 있는 공차보다 클 경우에 발생한다.

2-3 Free Element Edge를 찾는 방법

Free Element Edge를 찾는 방법은 Mesh advisor의 Mesh status 명령을 사용하는 방법과 Mesh advisor의 Free Element Edge의 세부 명령을 통해서 찾는 방법이 있다.

Mesh status를 이용할 경우에는 Modeler에서 검토하는 불량의 유형을 모두 확인할 수 있으나, 2D Element의 개수가 증가함에 따라서 검사에 많은 시간을 소요하게 된다.

Free Element Edge의 세부 명령을 수행하면, 형상에서 Free Element Edge에 대한 사항만 검토하므로 검사 시간을 절약할 수 있다. 또한, Mesh status는 Group 및 Layer 기능을 통해서 숨겨져 있는 Element까지 검사하지만, Free Element Edge의 세부 명령은 그래픽 화면에 표시되어 있는 영역만을 검사하므로 시간을 절약할 수 있다.

2-4 수행 순서 1 – [Free Element Edge : Inner Loop]

(1) 파일 열기

Menu에서 File ➡ File : Open Geom ➡ Open Geom을 선택하여 파일을 연다.

- 파일 : 〈MAPS3D folder〉\Tutorial\Model\free_edge_efillhole.ssv

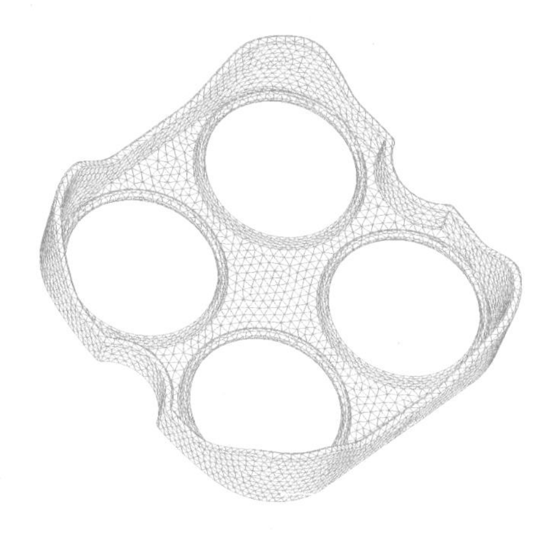

파일 열기에 따른 형상 정보

(2) 수정이 필요한 영역에 대한 그룹 설정

계란 트레이 모델(free_edge_efillhole.ssv)을 Mesh status를 통해서 검사하면 계란이 놓이는 부위를 둘러싼 영역에서 4개의 Free Element Hole이 나타나는 것을 확인할 수 있다. 표시된 영역의 Free Element Edge는 Inner Loop에 해당하는 형상이므로 Fill Element Hole ➡ Inner Loop 명령을 이용해서 간편하게 수정할 수 있다.

① Menu에서 Mesh Advisor ➡ Mesh Advisor : Free Element Edge ➡ Send to Group을 선택하여 수정이 필요한 영역만 그룹으로 나타낸다.

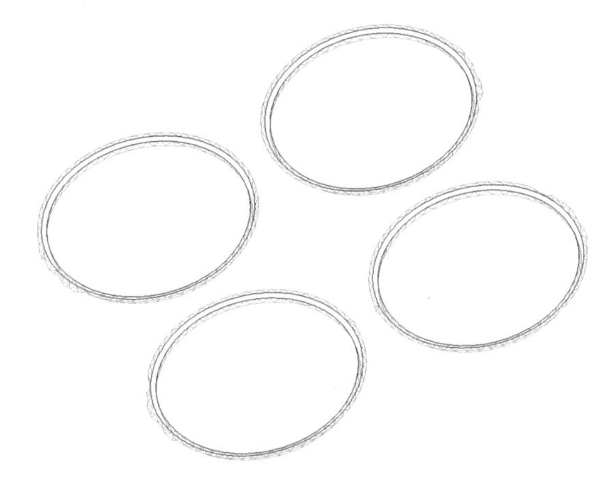

수정이 필요한 영역만 화면에 나타내기

(3) 형상 파악을 위한 Element 확장

수정하는 과정에서 Extend Group 명령을 2~3회 반복 실행하면 Free Element Edge가 생성된 영역을 확장시켜 볼 수 있으므로 수정하는 과정에서 사용자가 형상 파악을 쉽게 할 수 있다.

① Menu에서 View ➡ Group : Element ➡ Extend Group을 선택하여 Element를 확장한다.

Element 확장

(4) 내부 채우기(Inner Loop)

Fill Element Hole의 Inner Loop 명령은 Inner Loop 형태로 생성된 Free Element Edge를 수정할 수 있는 명령으로써 Inner Loop를 이루는 안쪽 Node와 외곽 Node를 순서에 상관없이 선택해서 Free Element Edge를 수정할 수 있다.

① Menu에서 Element ➡ Create : Fill Element Hole ➡ Inner Loop를 선택하여 Mesh를 수정한다.

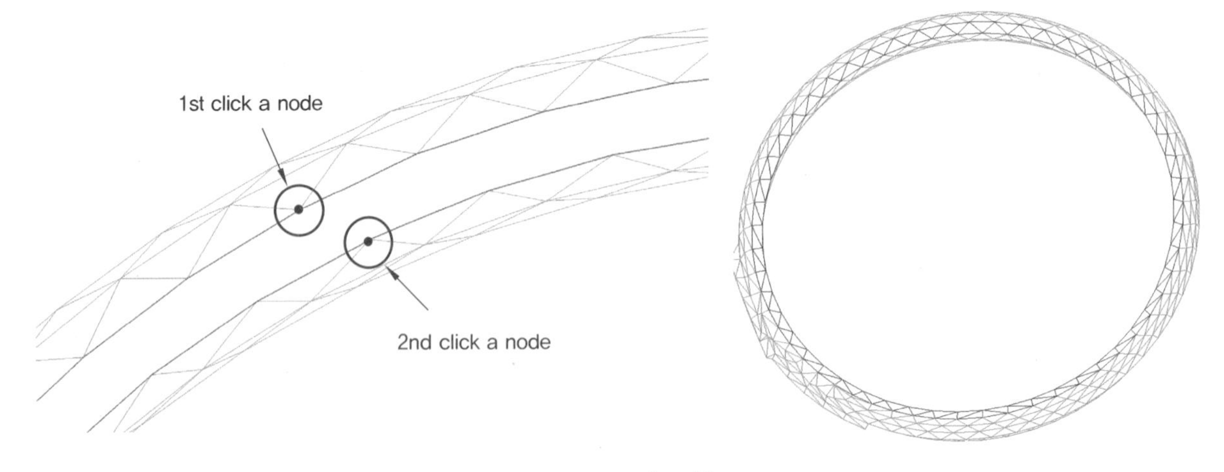

Inner Loop 기능 사용

2-5 수행 순서 2 – [Free Element Edge : Tolerance]

(1) 파일 열기

① Menu에서 File ➡ File : Open Geom ➡ Open Geom를 선택하여 파일을 연다.
- 파일 : 〈MAPS3D folder〉\Tutorial\Model\free_edge_nmer.ssv

파일 열기에 따른 형상 정보

(2) 수정이 필요한 영역에 대한 그룹 설정

① Menu에서 Mesh Advisor ➡ Mesh Advisor : Free Element Edge ➡ Send to Group을 선택하여 수정이 필요한 부분을 그룹으로 나타낸다.

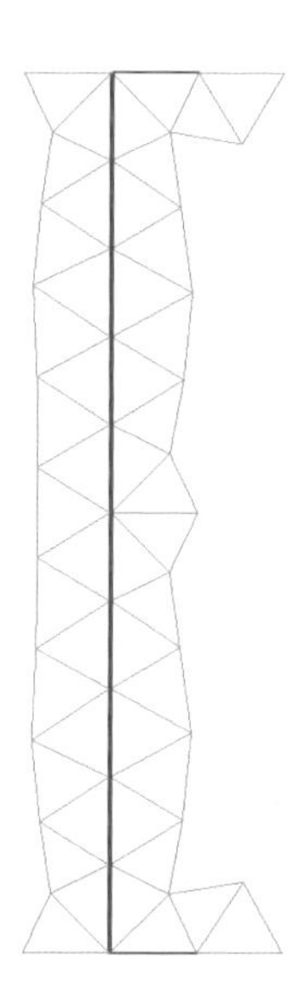

수정이 필요한 영역만 화면에 나타내기

(3) Free Element Edge 간 거리 측정

CAD S/W 간 공차(Tolerance)의 차이에 의해서 발생되는 Free Element Edge는 Free Element Edge가 발생된 Element의 Node와 Node 간의 거리보다 큰 값을 임시적인 공차를 부여함으로써 수정할 수 있다. 국부적인 영역에 새롭게 공차를 부여하는 기능이므로 Free Element Edge가 발생되는 Element 간의 Node 거리보다 큰 값을 새로운 공차로 부여하면 수정이 되므로 두 Node 간의 거리를 측정하는 작업이 요구된다.

① Menu에서 View ➡ Display : Measure를 선택하여 Free Element Edge 간 거리를 측정한다.

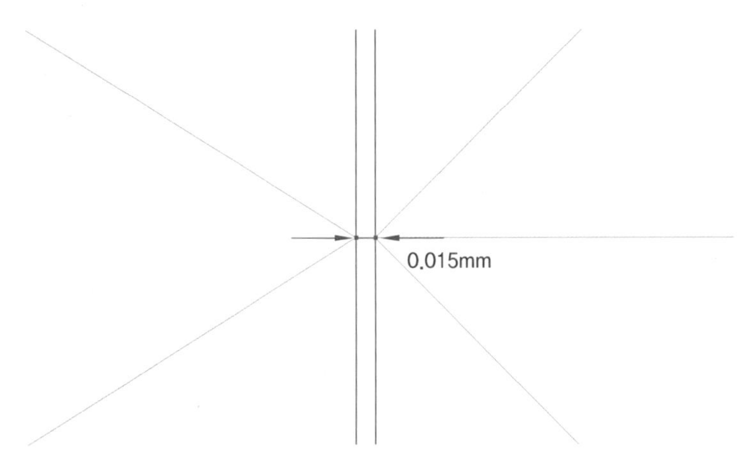

Free Element Edge 간 거리 측정

(4) Merge Coin. Nodes 기능 사용

① Menu에서 Node ➡ Modify : Merge Coin. Nodes ➡ Merge Coin. Nodes를 선택 후 팝업창에서 All을 선택하고 (3)에서 측정한 값보다 큰 값을 Tolerance 값에 입력한다.

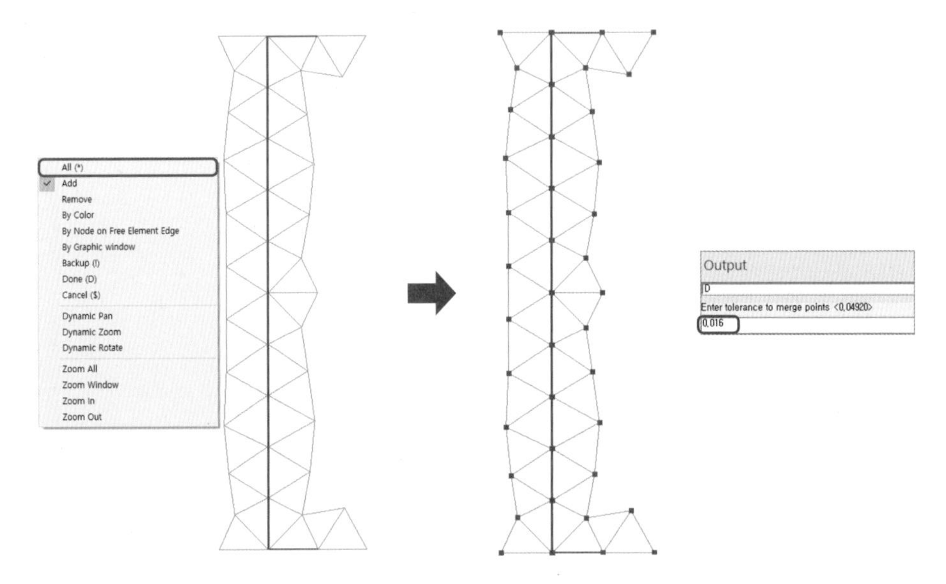

Merge Coin. Nodes 기능 사용

- MB_R ➡ All ➡ MB_W
- 측정한 간격 값(0.015mm)보다 큰 값 입력 : 0.016

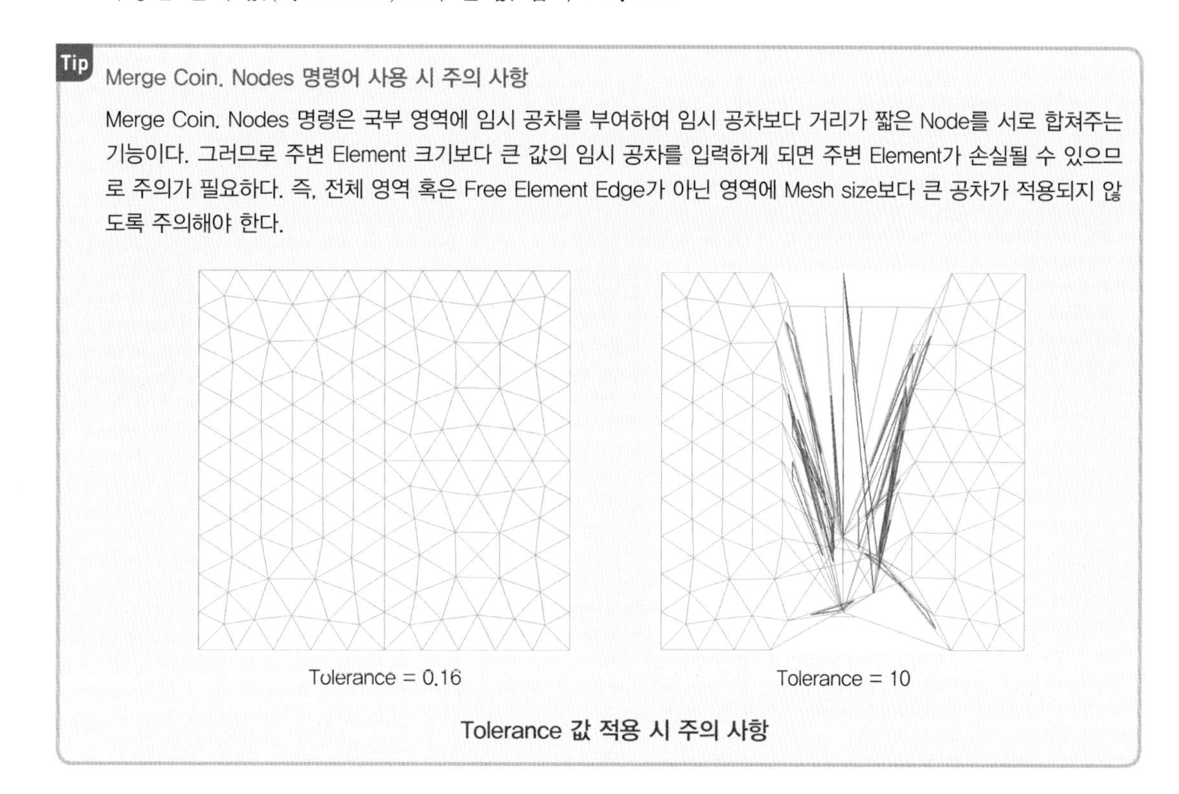

Tip Merge Coin. Nodes 명령어 사용 시 주의 사항

Merge Coin. Nodes 명령은 국부 영역에 임시 공차를 부여하여 임시 공차보다 거리가 짧은 Node를 서로 합쳐주는 기능이다. 그러므로 주변 Element 크기보다 큰 값의 임시 공차를 입력하게 되면 주변 Element가 손실될 수 있으므로 주의가 필요하다. 즉, 전체 영역 혹은 Free Element Edge가 아닌 영역에 Mesh size보다 큰 공차가 적용되지 않도록 주의해야 한다.

Tolerance 값 적용 시 주의 사항

2-6 수행 순서 3 – [Free Element Edge : 복합 Case]

(1) 파일 열기

❶ Menu에서 File ➡ File : Open Geom ➡ Open Geom을 선택하여 파일을 연다.

- 파일 : 〈MAPS3D folder〉\Tutorial\Model\free_edge_nmmt.ssv

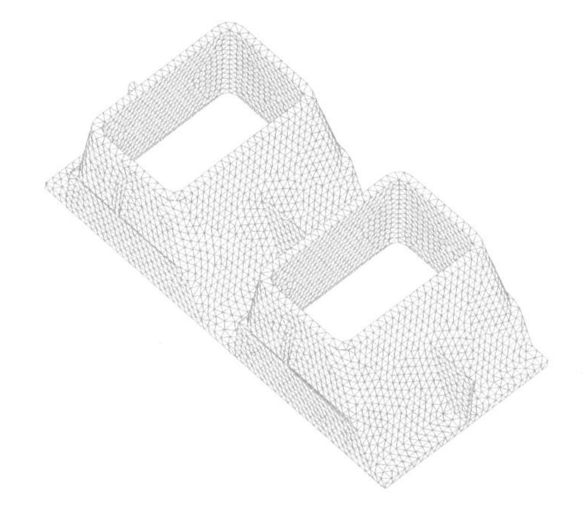

파일 열기에 따른 형상 정보

(2) 수정이 필요한 영역에 대한 그룹 설정

❶ Menu에서 Mesh Advisor ➡ Mesh Advisor : Free Element Edge ➡ Send to Group을 선택하여 수정이 필요한 부분을 그룹으로 나타낸다.

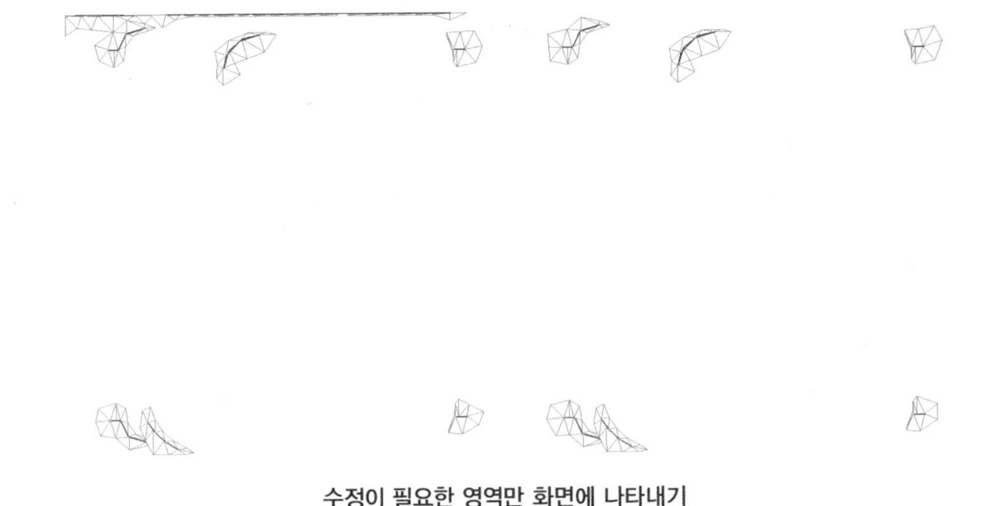

수정이 필요한 영역만 화면에 나타내기

(3) 형상 파악을 위한 Element 확장

❶ Menu에서 View ➡ Group : Element ➡ Extend Group을 선택하여 Element를 확장한다.

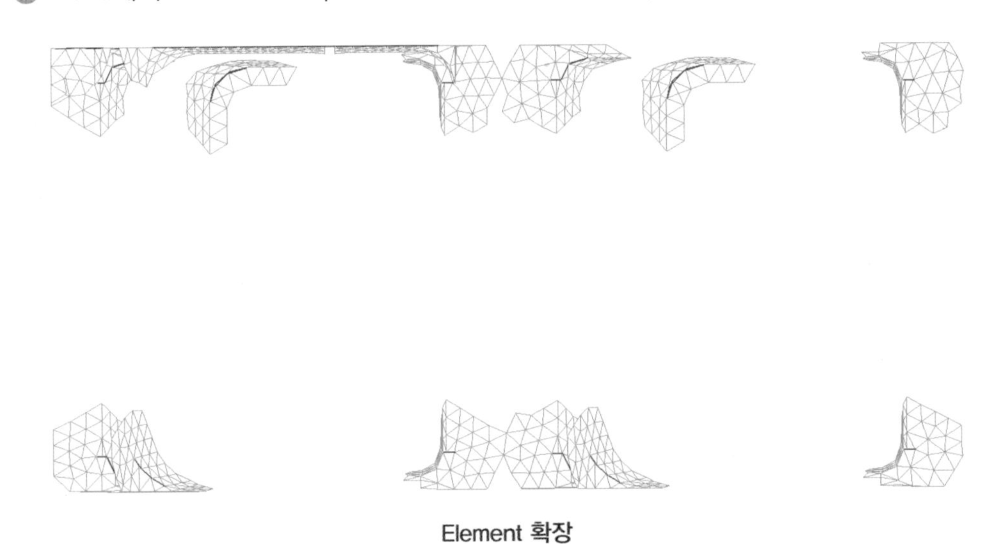

Element 확장

(4) Node 이동하기

Free Element Edge를 수정하기 위해서 면이 손실될 경우에는 Fill Element Hole 명령이 유용하며, CAD S/W와의 공차가 상이하여 발생하는 경우에는 Merge Coin. Nodes 명령을 통해서 수정할 수 있으나, 일반적으로 Free Element Edge는 면과 면이 공유되는 변이 서로 일치하지 않을 경우에 발생된다. 만약, 면과 면이 공유되는 변이 서로 일치하지 않을 경우에 발생되는 Free

Element Edge가 존재한다면 생성된 2D Element의 Node를 이동 및 결합하여 Free Element Edge를 수정할 수 있다.

❶ 붉은색 원 안의 Element를 확대한다. (F6 ➡ Drag & Drop)

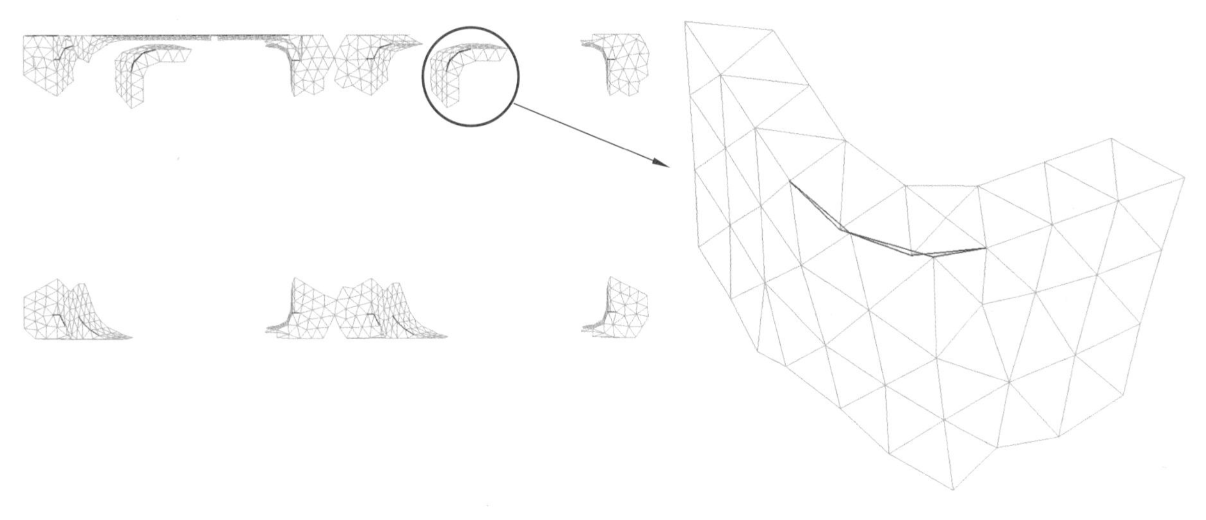

Element 확대

❷ Menu에서 Node ➡ Move : Move to를 선택하여 Element를 수정한다.

첫 번째 선택된 Node가 두 번째 선택된 Node로 이동됨에 따라서 첫 번째 Node를 포함하고 있는 Element는 형상이 자동으로 업데이트되게 된다.

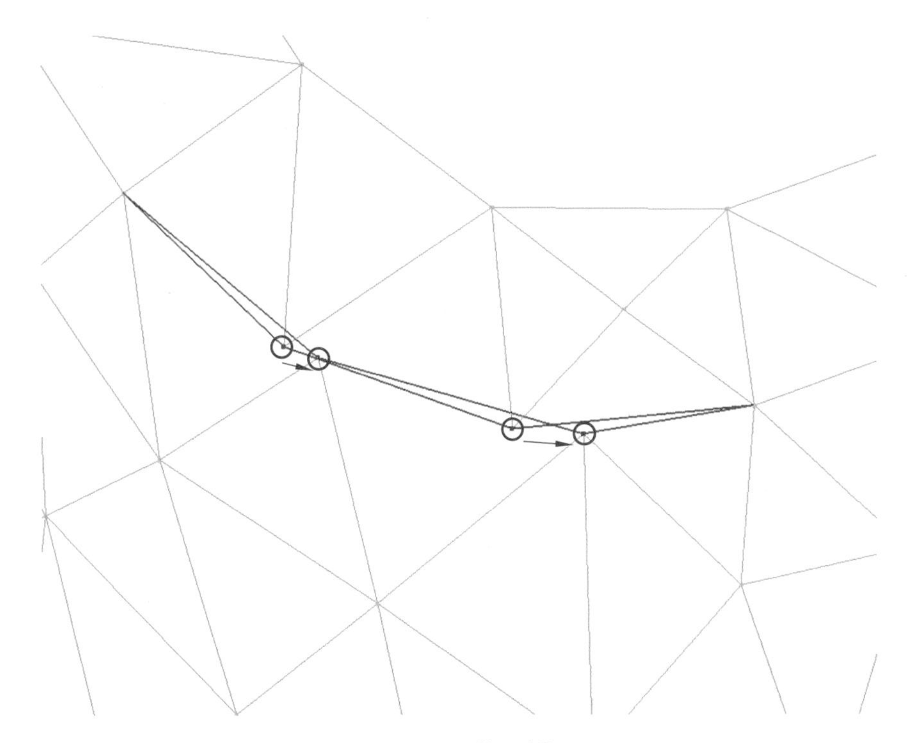

Move to 기능 사용

(5) Delete Elements 기능 사용

❶ 붉은색 원 안의 Element를 확대한다.

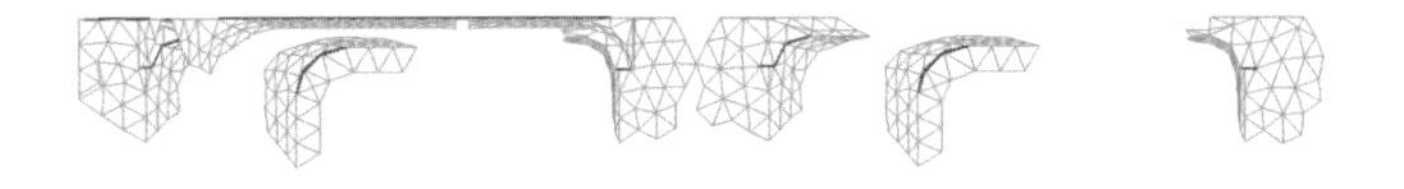

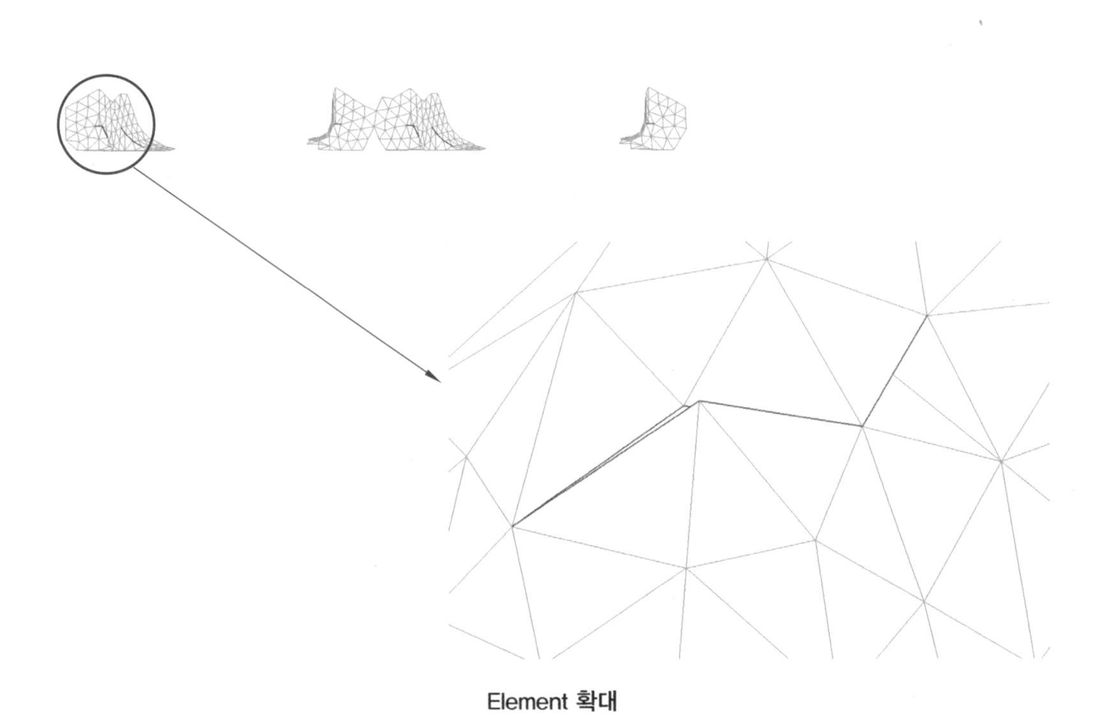

Element 확대

❷ Menu에서 Element ➡ Modify : Delete Elements를 선택하여 Element를 삭제한다.

- Element를 선택하여 삭제

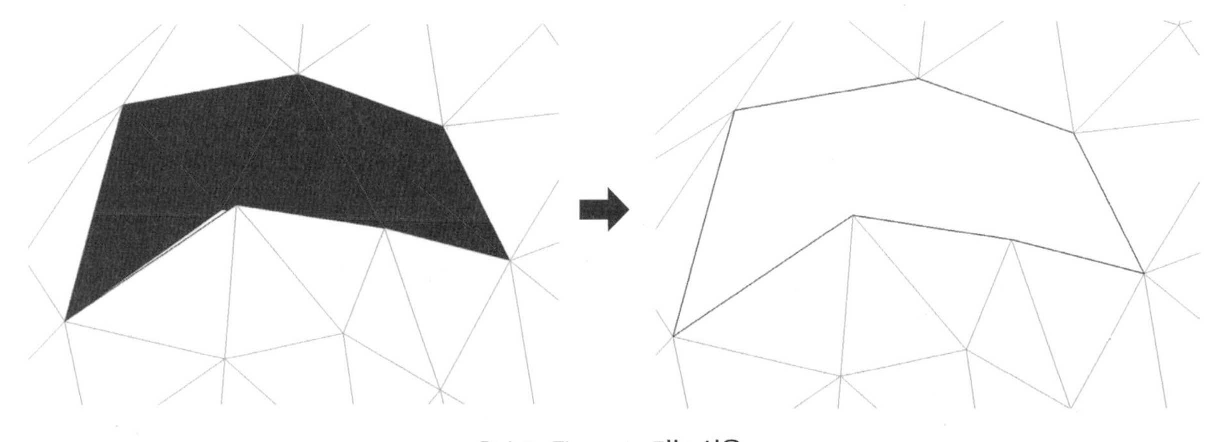

Delete Elements 기능 사용

(6) 내부 채우기(Closed Loop)

면이 손실된 경우에는 Closed Loop 형태로 Free Element Edge가 생성되게 되며, 해당 Free Element Edge의 평면도 정도에 따라서 Fill Element Hole ➡ Closed Loop를 선택하면 간편하게 Free Element Edge를 수정할 수 있다.

① Menu에서 Element ➡ Create : Fill Element Hole ➡ Closed Loop를 선택하여 Mesh를 수정한다.

- Fill Element Hole 부분의 Node 중 하나의 Node 선택

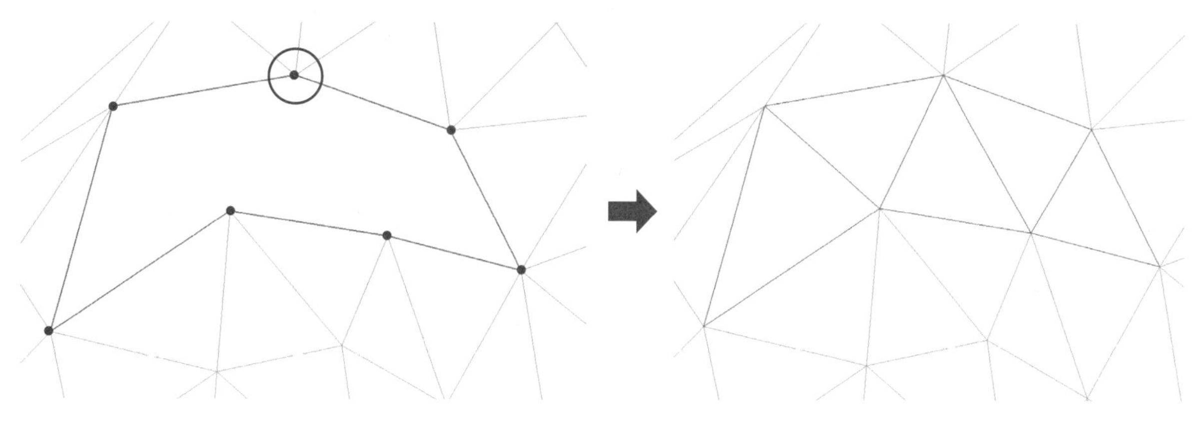

Closed Loop 기능 사용

(7) 그 외 부위의 Free Element Edge 수정

① Fill Element Hole, Merge Coin. Nodes, Move to 기능을 사용하여 Free Element Edge를 수정한다.

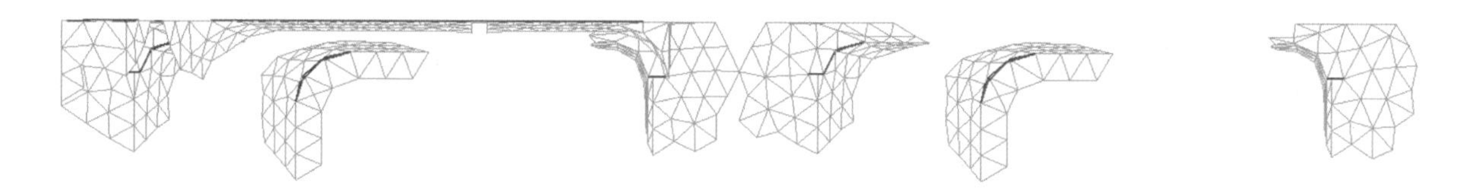

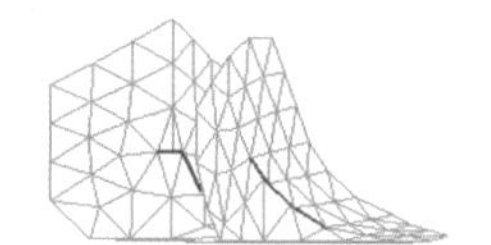
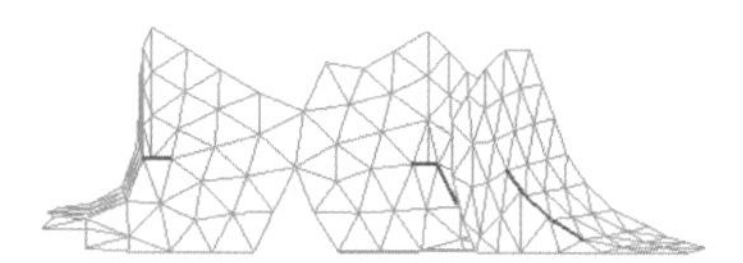
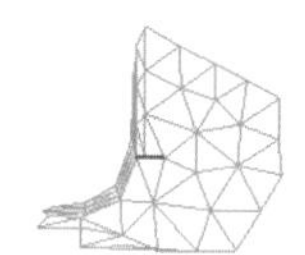

Free Element Edge 수정이 필요한 영역 표시

따라하기

01 형상 정보

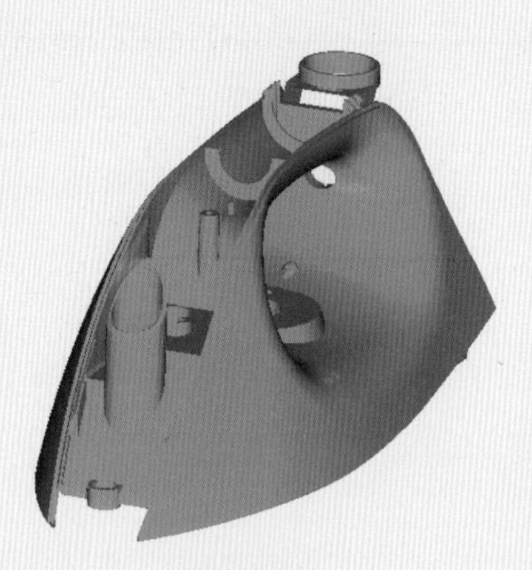

형상 정보

02 실습 요약

목적	Free Element Edge를 다양한 방법으로 수정한다.
파일	〈MAPS3D folder〉\Tutorial\Model\Iron.ssv

03 작업 순서

❶ 파일 읽기

- 파일 : Iron.ssv

❷ Free Element Edge 찾기

❸ Fill Element Hole, Create TRI3 element, Move to를 이용하여 Free Element Edge를 수정한다.

3절 Overlap Element

- Overlap Element의 정의를 이해한다.
- 중첩되어 있는 면을 삭제하여 수정하는 방법을 습득한다.
- Surface를 이용한 수정 방법을 습득한다.

실습 요약

파일	〈MAPS3D folder〉\Tutorial\Model\overlap_heat_spreader.ssv
Mesh size	2
수행 순서	1. 파일 열기 2. Meshing all 3. Overlap Element 찾기 4. Fill Element Hole을 이용하여 수정하기
주요 명령어	Overlap / Delete Elements / Fill Element Hole / Element

3-1 Overlap Element Edge의 정의

Overlap Element는 CAD에서 생성된 면을 이용하여 2D Element를 생성할 경우 각각의 Element가 서로 중첩되는 경우를 의미한다.

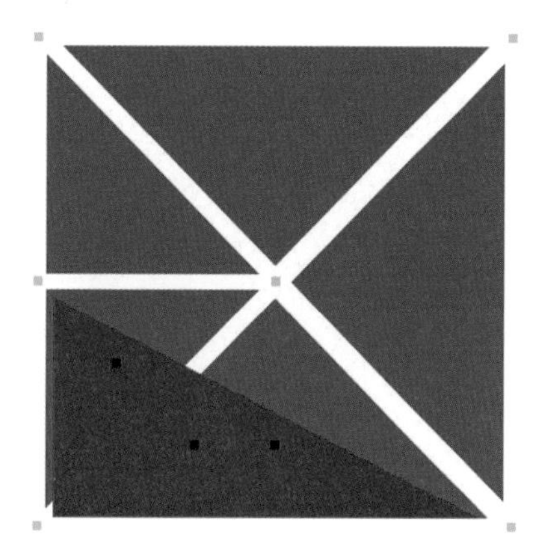

3-2 Overlap Element가 발생하는 경우

Overlap Element는 CAD에서 생성된 각 면과 면의 연결이 정확하게 정의되지 않고 서로 중첩될 경우에 발생하게 된다. 일반적으로 CAD 내에서는 면과 면 또는 솔리드와 솔리드가 중첩되더라도 육안으로 쉽게 확인하기 힘들지만, 해당 형상을 이용해서 2D Element를 생성하면 Overlap Element가 발생된다. 그러므로 Overlap Element를 예방하기 위해서는 CAD에서 면과 면, 솔리드와 솔리드 간의 연결성을 정확하게 정의하는 것이 요구된다.

3-3 Overlap Element를 찾는 방법

Overlap Element를 찾는 방법은 Mesh advisor의 Mesh status 명령을 사용하는 방법과 Mesh advisor의 Overlap의 세부 명령을 통해서 찾는 방법이 있다.

Mesh status를 이용할 경우에는 Modeler에서 검토하는 불량의 유형을 모두 확인할 수 있으나, Element의 개수가 증가함에 따라 검사에 많은 시간을 소요하게 된다.

Overlap의 세부 명령을 수행하면, 형상에서 Overlap에 대한 사항만 검토하므로 검사 시간을 절약할 수 있다. 또한, Mesh status는 Group 및 Layer 기능을 통해서 숨겨져 있는 Element까지 검사하지만, Overlap의 세부 명령은 화면에 표시되어 있는 영역만을 검사하므로 시간을 절약할 수 있다.

3-4 수행 순서 1

(1) 파일 열기

① Menu에서 File ➡ File : Open Geom ➡ Open Geom을 선택하여 파일을 연다.

- 파일 : 〈MAPS3D folder〉\Tutorial\Model\overlap_heat_spreader.ssv

파일 열기에 따른 형상정보

(2) 2D Element 생성

❶ Menu에서 Surface Meshing ➡ Meshing : Meshing ➡ Meshing All을 선택한다.

❷ Mesh size를 입력한다.

- Mesh size = 2

❸ Menu에서 View ➡ Entity Show/Hide : Part Element를 선택하여 활성화하고, Point, Curve, Surface는 비활성화한다.

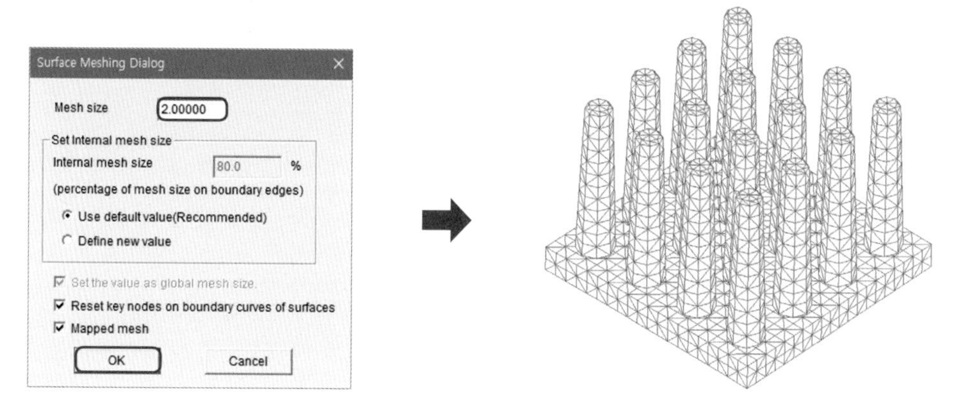

Mesh 생성

(3) Overlap 부분을 그룹으로 설정

열전도성이 우수한 플라스틱으로 제작되는 히트 싱크를 간략화한 Overlap Heat Spreader 모델을 Mesh status를 통해서 검사하면 방열 핀과 주요 기판이 맞닿는 부위 16 곳이 Overlap Element로 나타나는 것을 확인할 수 있다. 일반적으로 Overlap Element를 수정하기 위해서는 서로 중첩되는 Element를 삭제하고 각 부위를 연결하는 작업이 필요하다. Overlap 영역을 삭제 및 연결하는 작업이 필요하므로 Delete Elements, Fill Element Hole 기능이 유용하다.

❶ Menu에서 Mesh Advisor ➡ Mesh Advisor : Overlap ➡ Send to Group을 선택하여 Overlap 부분을 그룹으로 나타낸다.

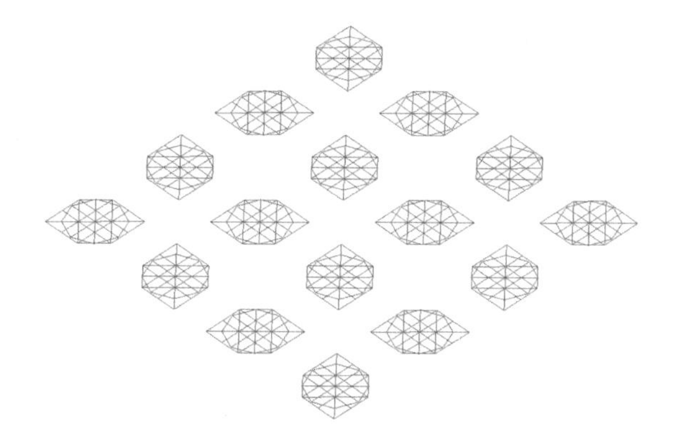

Overlap Grouping

(4) 형상 파악을 위한 Element 확장

❶ Menu에서 View ➡ Group : Element ➡ Extend Group을 선택하여 Element를 확장한다.

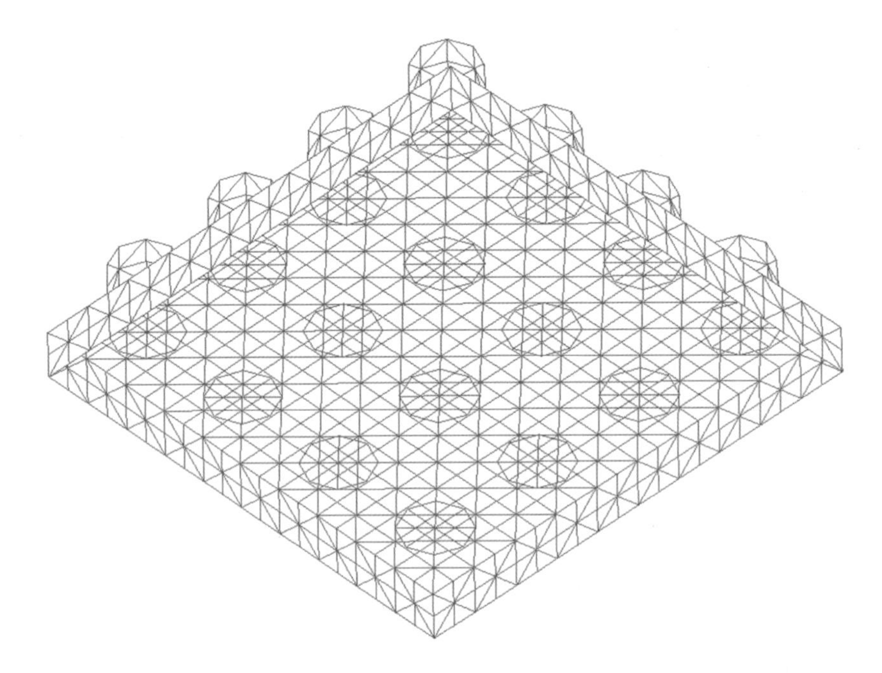

Element Extend

(5) Delete Elements 기능 사용

❶ Menu에서 Element ➡ Modify : Delete Elements를 선택한다.

❷ 빨간색 표시부를 선택하여 Element를 삭제한다.

2D Element를 선택할 때, Ctrl + Alt 를 동시에 누른 상태에서 2D Element를 선택하면 동일한 평면에 해당하는 영역이 한 번에 선택되므로 작업 시간을 절약할 수 있다.

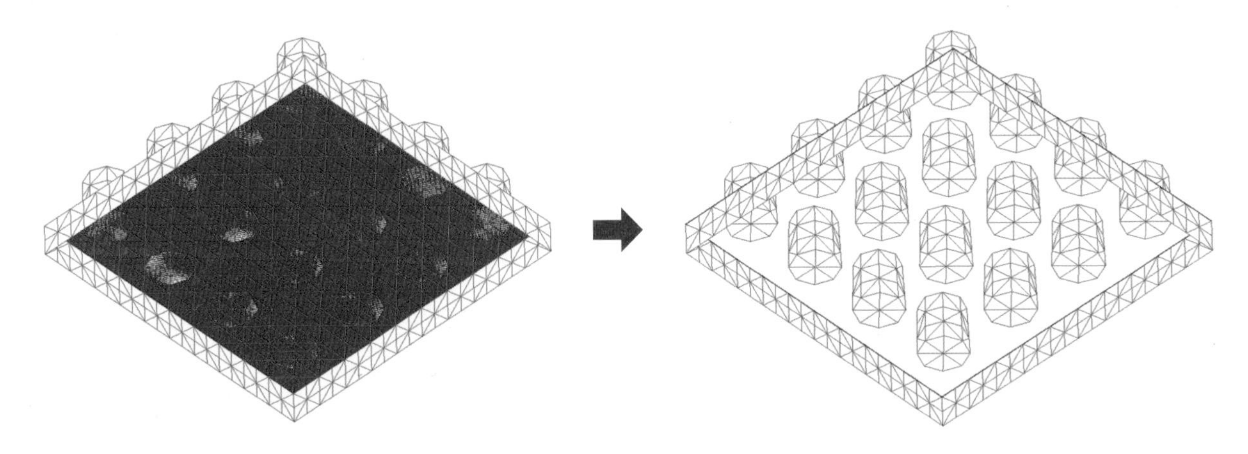

Delete Elements 1

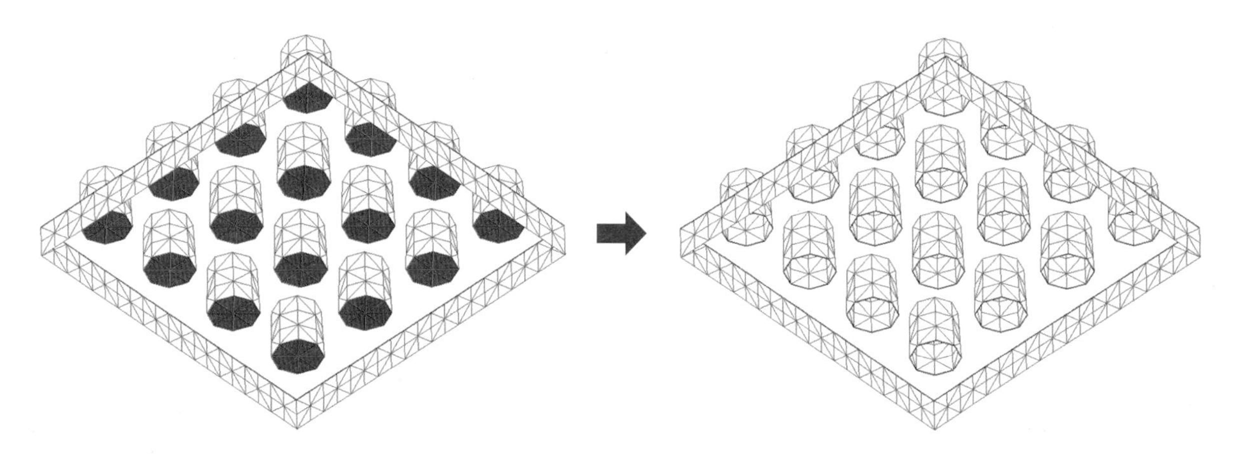

Delete Elements 2

(5) 내부 채우기(Inner Loop)

Delete Elements 명령을 통해서 생성된 영역을 Mesh status 또는 Free Element Edge 명령으로 검사하면 Inner Loop 형태의 Free Element Edge가 생성되는 것을 확인할 수 있다. 생성된 Free Element Edge의 형태가 Inner loop이므로 Fill Element Hole의 세부 명령인 Inner Loop를 사용하면 해당 부위를 간편하게 수정할 수 있다.

❶ Menu에서 Element ➡ Create : Fill Element Hole ➡ Inner Loop를 선택한다.

❷ 삭제한 Element의 Free Edge 부분 Node를 선택하여 Free Edge 부분을 수정한다.

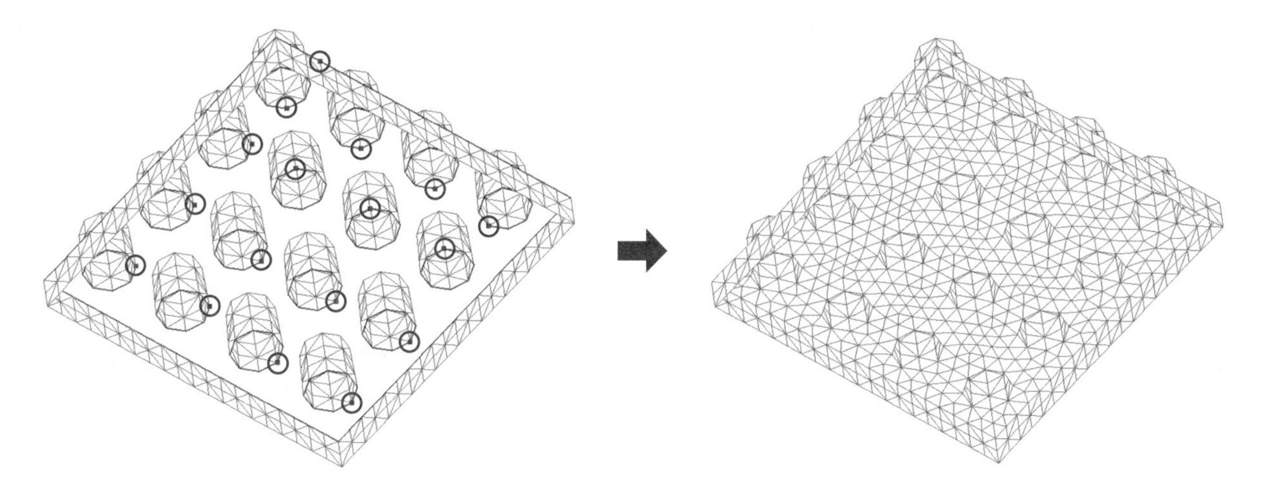

Inner Loop

(6) Mesh status 확인

❶ Menu에서 Mesh Advisor ➡ Mesh Status : Mesh Status를 선택한다.

❷ 수정이 필요한 Element가 있는지 확인한다.

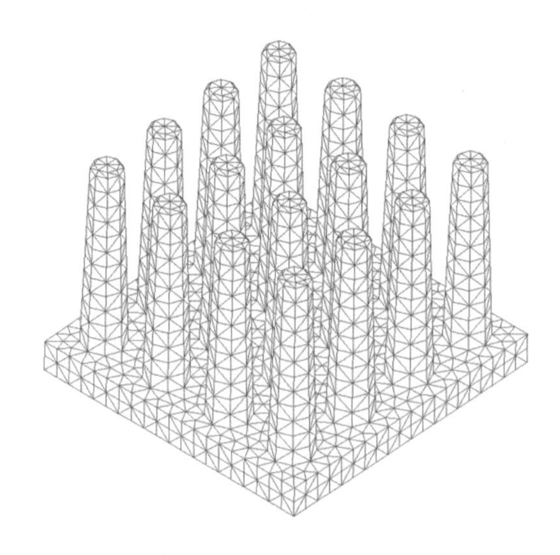

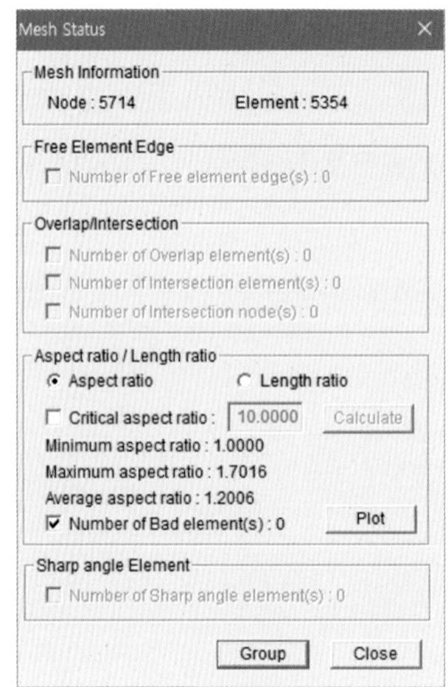

Mesh status

따라하기

01 형상 정보

형상 정보

02 실습 요약

목적	Overlap Element를 수정한다.
파일	〈MAPS3D folder〉\Tutorial\Model\drug_box_overlap.ssv
Mesh size	1.2

03 작업 순서

❶ 파일 읽기

- 파일 : drug_box_overlap.ssv

❷ Meshing all을 이용하여 표면 Element를 생성한다.

❸ Overlap Element 찾기

❺ Delete Elements, Fill Element Hole, Create TRI3 Elements, Move to를 이용하여 Overlap Element를 수정한다.

4절 Intersection Element

- Intersection Element의 정의를 이해한다.
- Node를 복사하여 수정하는 방법을 습득한다.
- Node를 Element로 투영시킨 후 수정하는 방법을 습득한다.

실습 요약

파일	〈MAPS3D folder〉\Tutorial\Model\intersection_heat_sinker.ssv
수행 순서	1. 파일 열기 2. Intersection Element 찾기 3. Move to를 이용해서 수정하기 4. Fill Element Hole을 이용해서 수정하기 5. Project on element를 이용해서 수정하기
주요 명령어	Intersection / Element / Fill Element Hole / Move to / Project on Element

4-1 Intersection Element의 정의

Intersection Element는 CAD에서 생성된 면을 이용하여 2D Element를 생성할 경우 각각의 Element가 서로 교차하는 경우를 의미한다.

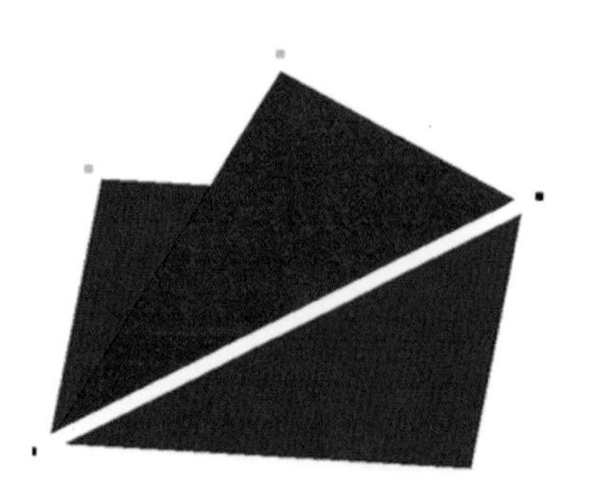

Node Intersection이 발생한 경우

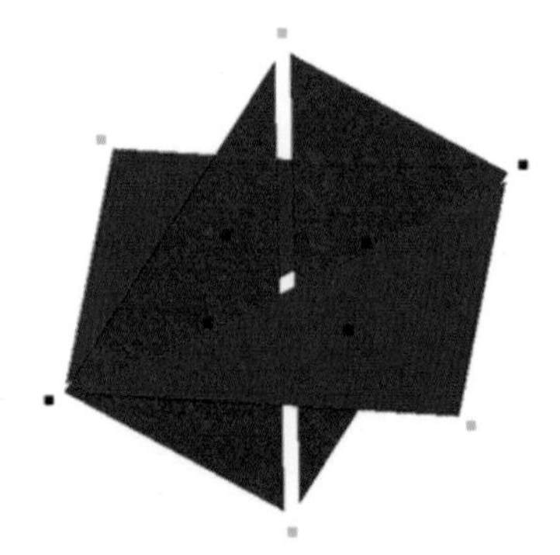

Element Intersection이 발생한 경우

4-2 Intersection Element가 발생하는 경우

Intersection Element는 CAD에서 생성된 각 면과 면의 또는 솔리드와 솔리드 간의 간섭 또는 중첩됨에 따라 발생하게 된다. 일반적으로 CAD 내에서는 면과 면 또는 솔리드와 솔리드가 중첩 또는 간섭되더라도 육안으로 쉽게 확인하기 힘들지만, 해당 형상을 이용하여 2D Element를 생성하면 Intersection Element가 발생된다. 그러므로 Intersection Element를 예방하기 위해서는 CAD에서 면과 면, 솔리드와 솔리드 간의 연결성을 정확하게 선언하는 것이 요구된다.

4-3 Intersection Element를 찾는 방법

Intersection Element를 찾는 방법은 Mesh advisor의 Mesh status 명령을 사용하는 방법과 Mesh advisor의 Intersection의 세부 명령을 통해서 찾는 방법이 있다.

Mesh status를 이용할 경우에는 Modeler에서 검토하는 불량의 유형을 모두 확인할 수 있으나, Element의 개수가 증가함에 따라서 검사에 많은 시간을 소요하게 된다.

Intersection의 세부 명령을 수행하면, 형상에서 Intersection에 대한 사항만 검토하므로 검사 시간을 절약할 수 있다. 또한, Mesh status는 Group 및 Layer 기능을 통해서 숨겨져 있는 Element까지 검사하지만, Intersection의 세부 명령은 화면에 표시되어 있는 영역만을 검사하므로 시간을 절약할 수 있다.

4-4 수행 순서 1 – [Move to를 이용한 수정 방법]

(1) 파일 열기

① Menu에서 File ➡ File : Open Geom ➡ Open Geom을 선택한다.

- 파일 : 〈MAPS3D folder〉\Tutorial\Model\intersection_heat_sinker.ssv

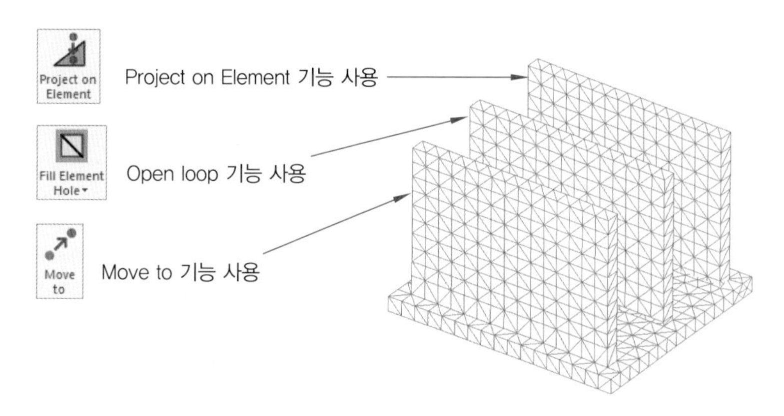

파일 열기에 따른 형상 정보

(2) Intersection 부분을 그룹으로 설정

열전도성이 우수한 플라스틱으로 제작되는 방열판 형상을 간략화한 Intersection heat sinker 모델을 Mesh status를 통해서 검사하면 방열 핀과 리브 형상의 주요 기판이 맞닿는 부위가 3곳이 Intersection Element로 나타나는 것을 확인할 수 있다. 일반적으로 Intersection Element를 수정하기 위해서는 Node를 이동하는 방법, 2D Element를 삭제하고 삭제된 부위에 새로운 Element를 생성하는 작업이 필요하다. 만약, 간섭되는 Element에 Node가 공유하지 않을 경우에는 Node를 Element에 투영시켜 Element를 생성하는 작업이 필요하다.

① Menu에서 Mesh Advisor ➡ Mesh Advisor : Intersection ➡ Send to Group을 선택하여 Intersection 부분을 그룹으로 나타낸다.

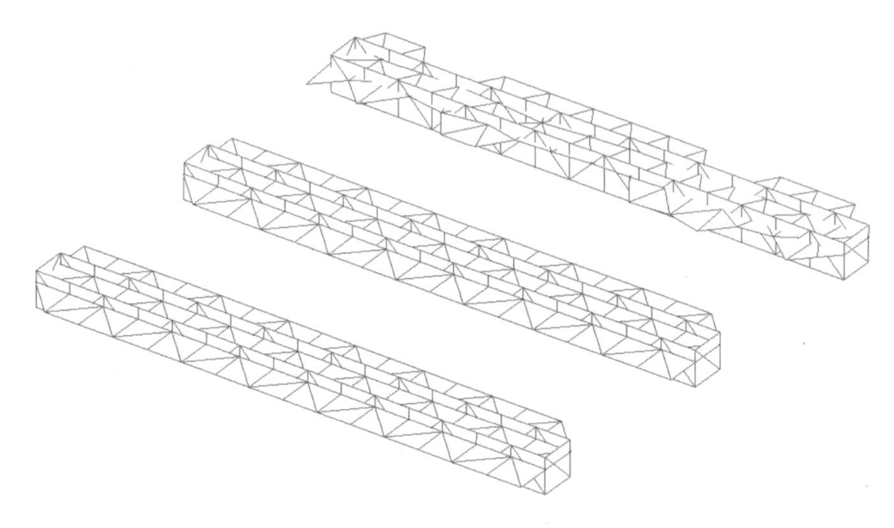

Intersection 부위의 그룹화

(3) 형상 파악을 위한 Element 확장

Menu에서 View ➡ Group : Element ➡ Extend Group을 선택하여 Element를 3번 확장한다.

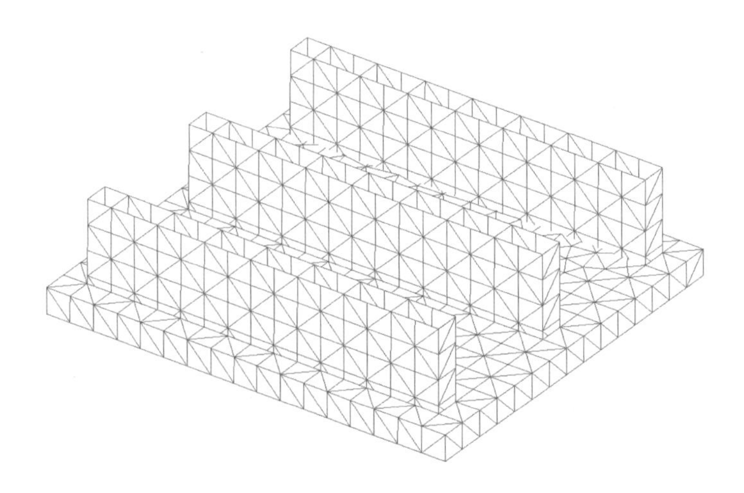

형상 파악을 위한 Element 확장

(4) Node 이동하기

형상의 좌측에 위치한 영역에서 발생되는 Intersection Element는 형상의 하측과 리브를 연결할 수 있는 Node가 존재하는 경우이다. 이럴 경우, 리브를 구성하는 Node를 하측으로 이동시켜 연결하고, 간섭되는 Element를 삭제하는 방법이 유용하다.

① Menu에서 Node ➡ Move : Move to를 선택한다.

② 빨간색 표시부 Node(앞면과 뒷면 32개)를 이동하여 바닥 부분의 Node와 일치시킨다.

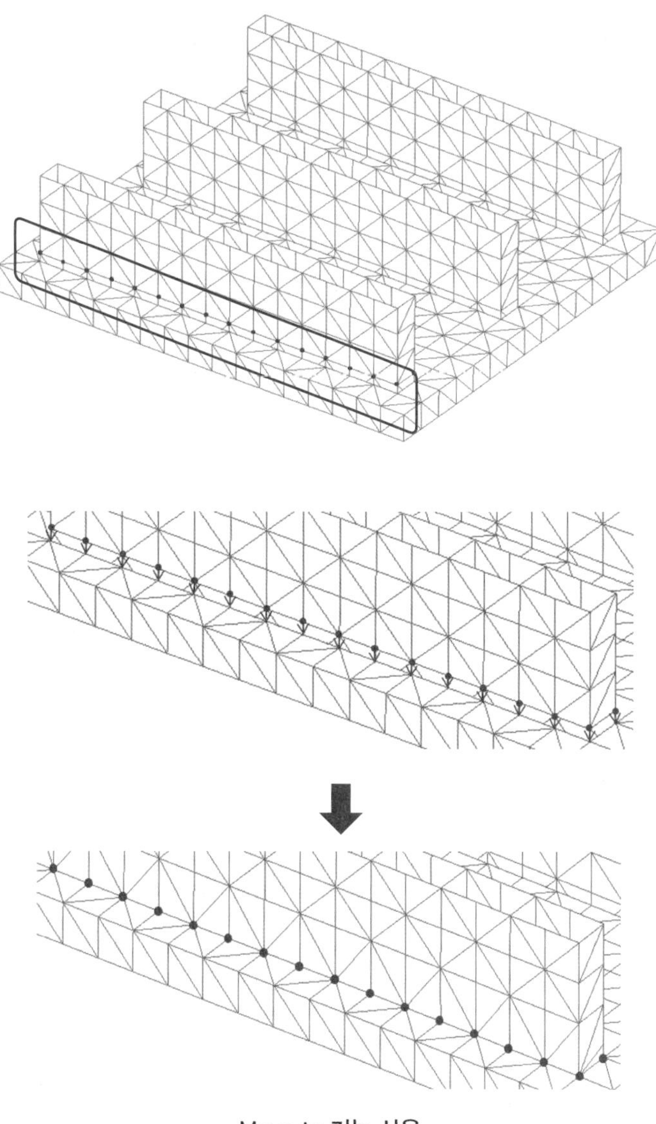

Move to 기능 사용

(5) Element 숨기기

❶ Menu에서 View ➡ Group : Element ➡ Hide Group를 선택한다.

❷ 숨길 Element를 선택한다. 동일 평면에 존재하는 전체 Element를 선택하기 위해 Ctrl + Alt 를 동시에 누른 상태에서 1개의 Element를 선택한다.

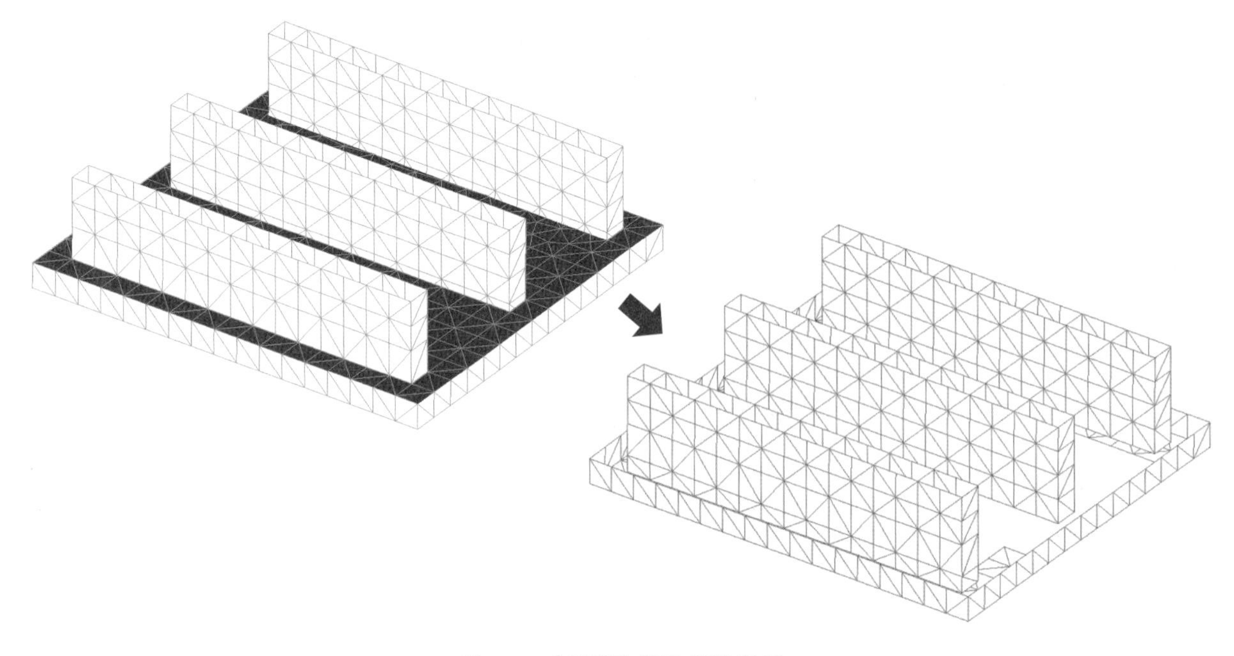

Element 숨기기에 따른 화면 표시

(6) Element 삭제

❶ Menu에서 Element ➡ Modify : Delete Elements를 선택한다.

❷ 빨간색 표시부의 윗면, 아랫면, 측면을 선택하여 Element를 삭제한다.

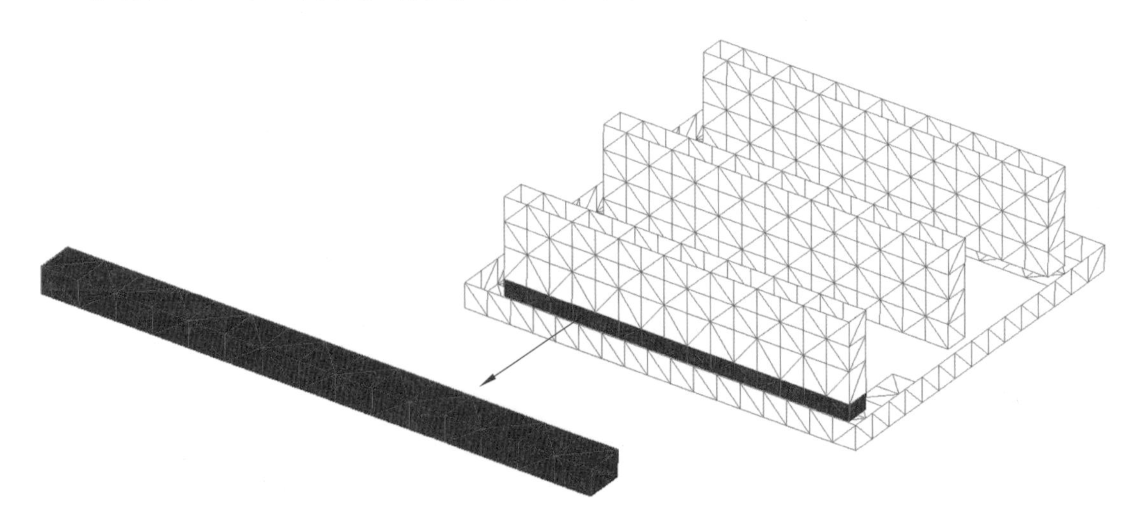

Delete Element 기능 사용

(7) 형상 전체 나타내기

① Element의 전체 형상을 모두 활성화하기 위해 Menu에서 View ➡ Group : Element ➡ Show All을 선택한다.

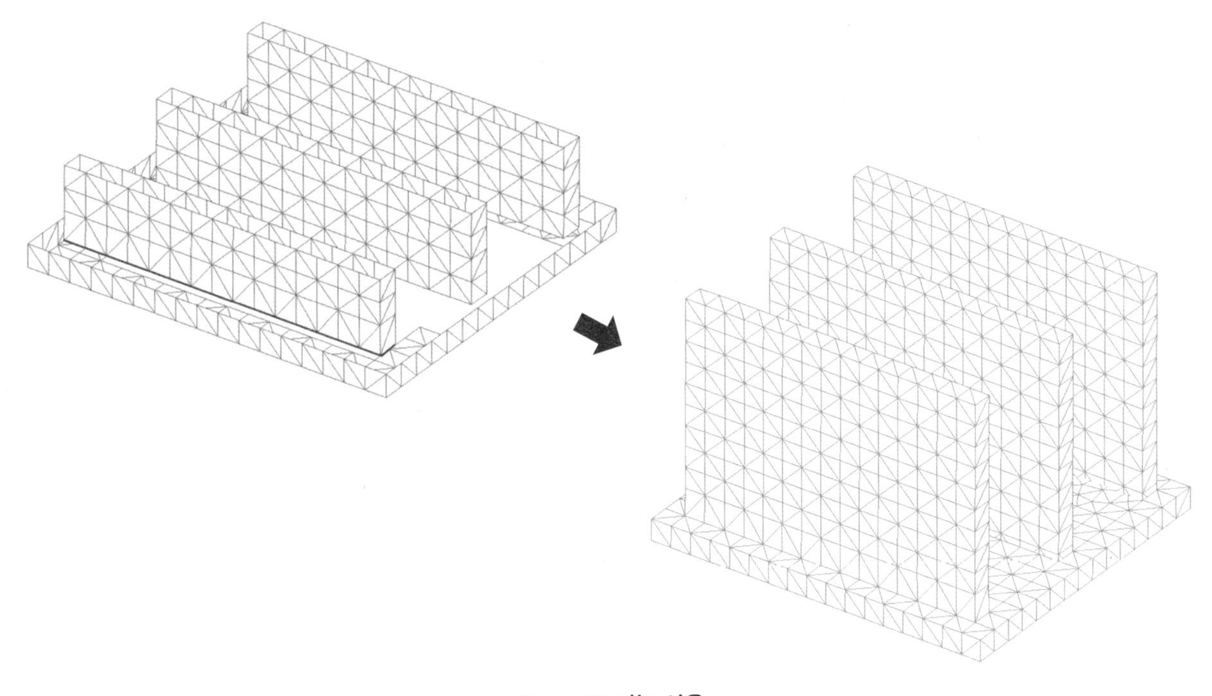

Show All 기능 사용

(8) Intersection 수정 여부 확인

① Menu에서 Mesh Advisor ➡ Mesh Advisor : Intersection ➡ Check를 선택하여 수정한 Element의 Intersection 여부를 확인한다.

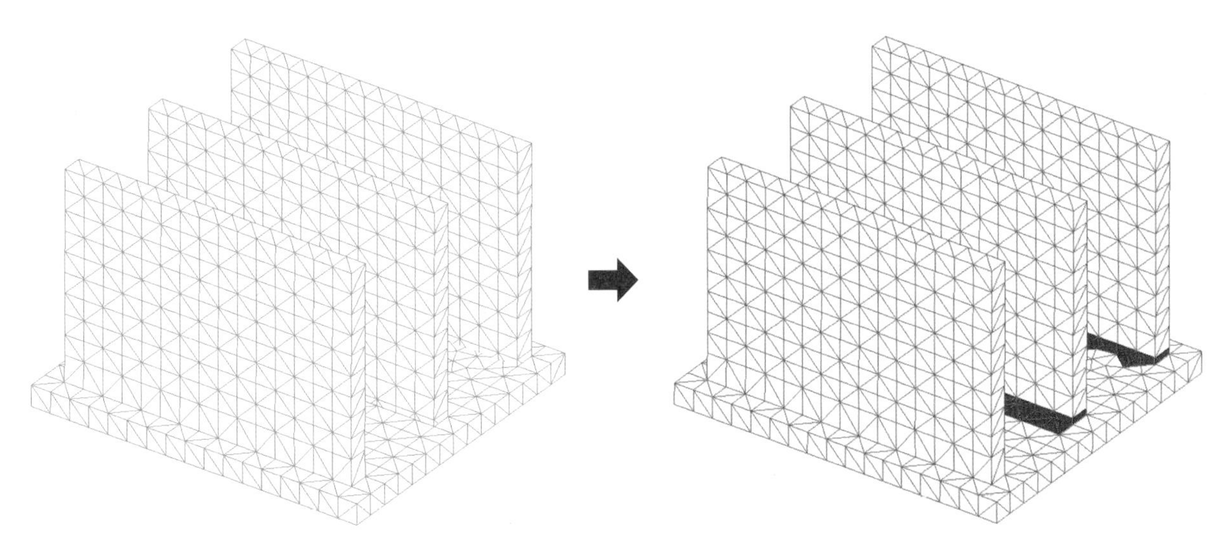

Intersection 검사

4-5 수행 순서 2 – [Open Loop를 이용한 수정 방법]

(1) Intersection 부분을 그룹으로 설정

형상의 좌측에 위치한 영역에서 발생되는 Intersection Element는 형상의 하측과 리브를 연결할 수 있는 Node가 존재하는 경우이다. 이럴 경우, 리브를 구성하는 Node를 하측으로 이동시켜 연결하고, 간섭되는 Element를 삭제하는 방법이 유용하다.

① Menu에서 Mesh Advisor ➡ Mesh Advisor : Intersection ➡ Send to Group을 선택하여 Intersection 부분을 그룹으로 나타낸다.

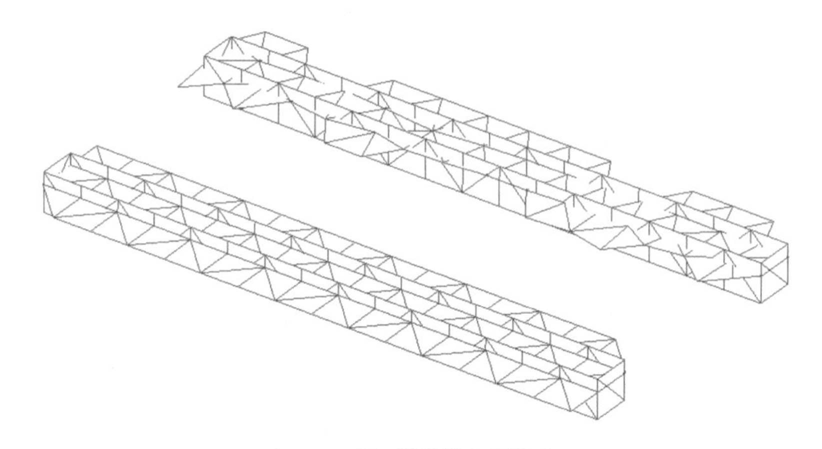

Intersection 부위의 그룹화 2

(2) 형상 파악을 위한 Element 확장

① Menu에서 View ➡ Group : Element ➡ Extend Group을 선택하여 Element를 3번 확장한다.

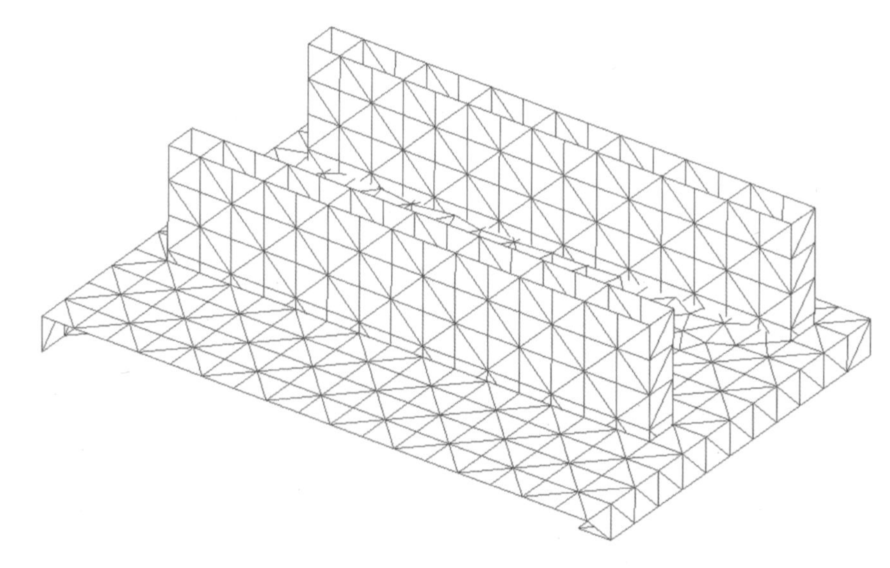

Element Extend 2

(3) Element 삭제

❶ Menu에서 Element ➡ Modify : Delete Elements를 선택한다.

❷ 빨간색 표시부의 아랫면, 측면을 선택하여 Element를 삭제한 후 리브와 교차되는 바닥면의 Element도 삭제한다.

❸ Menu에서 Mesh Advisor ➡ Mesh Advisor : Free Element Edge ➡ Display를 선택하여 Free Edge 부분을 확인한다.

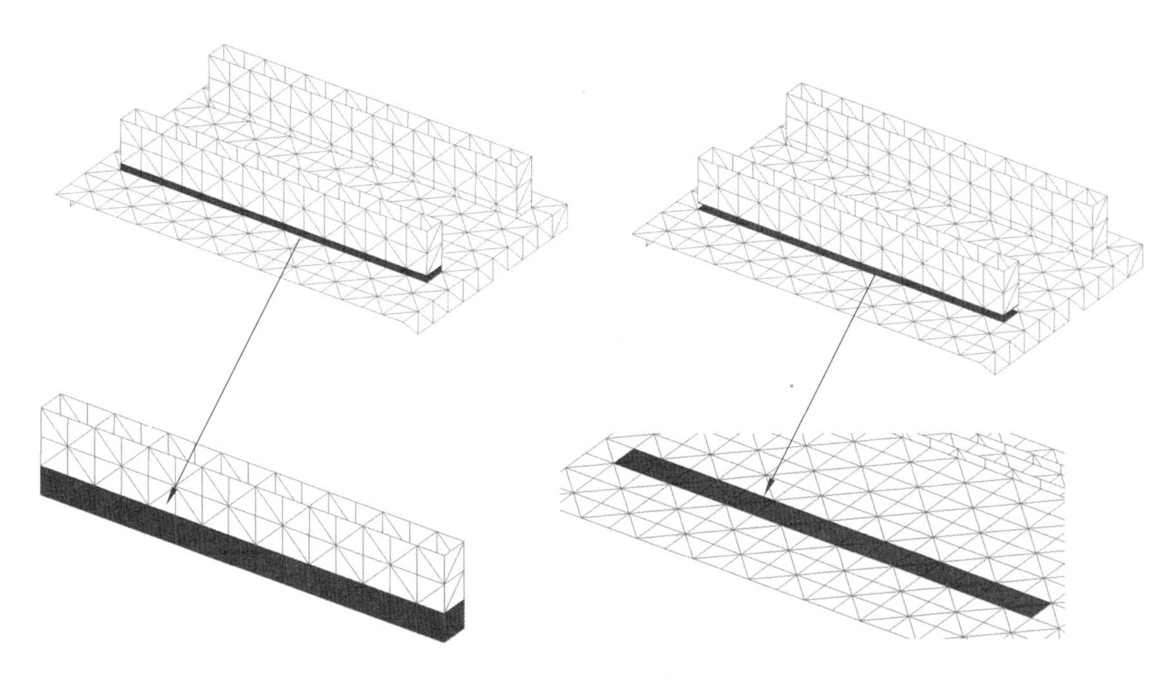

Delete Element 2

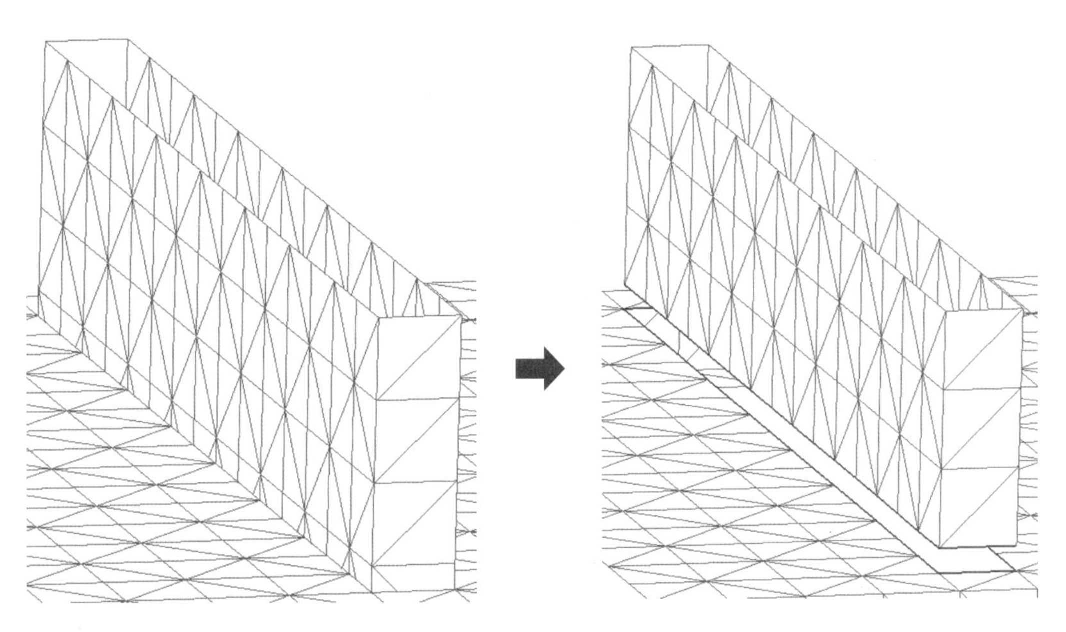

Delete Element 전 · 후 비교

(4) Element 생성

❶ Menu에서 Element ➡ Create : Create TRI3 Elements를 선택한다.

❷ 3개의 Node를 선택하여 한 측면에 Element를 2개 생성한다.

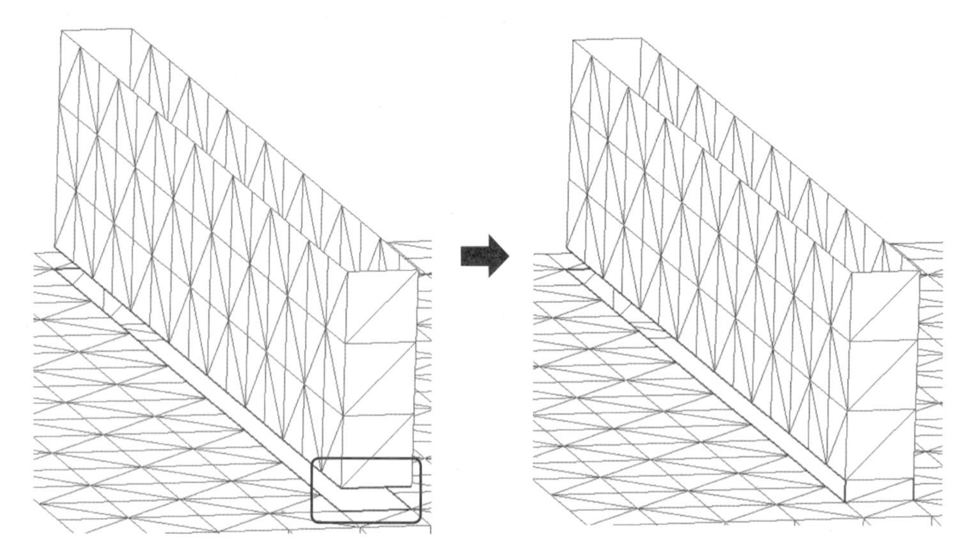

TRI3 Elements 기능 사용

(5) Free Element Edge 수정

❶ Menu에서 Element ➡ Create : Fill Element Hole ➡ Open Loop를 선택한다.

❷ Element를 채우기 위한 Free Edge에 있는 Node를 선택한다. (N1)

❸ Element를 채우기 위하여 폐곡선을 정의할 첫 번째 Node를 선택한다. (N2)

❹ Element를 채우기 위하여 폐곡선을 정의할 두 번째 Node를 선택한다. (N3)

❺ 나머지 측면의 Free Edge 부분도 동일한 방법 Open Loop 기능을 2번 사용하여 수정한다.

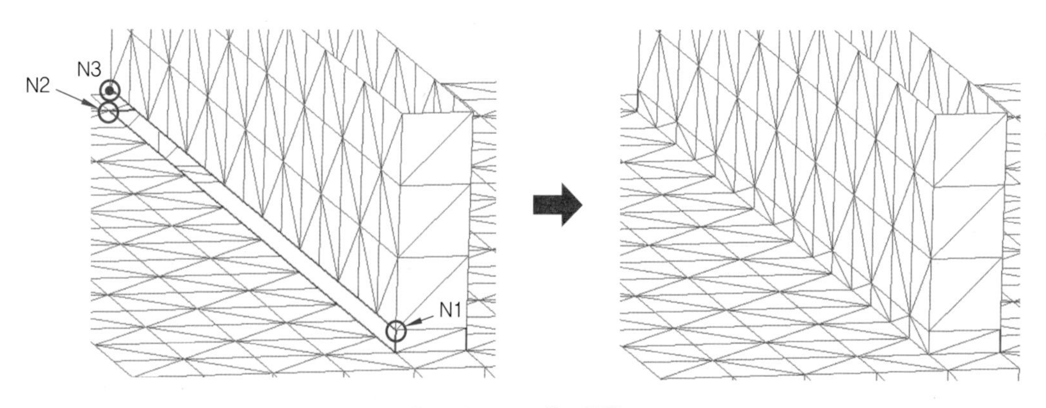

Open Loop 기능 사용

(6) 형상 전체 나타내기

① Element의 전체 형상을 모두 활성화하기 위해 Menu에서 View ➡ Group : Element ➡ Show All을 선택한다.

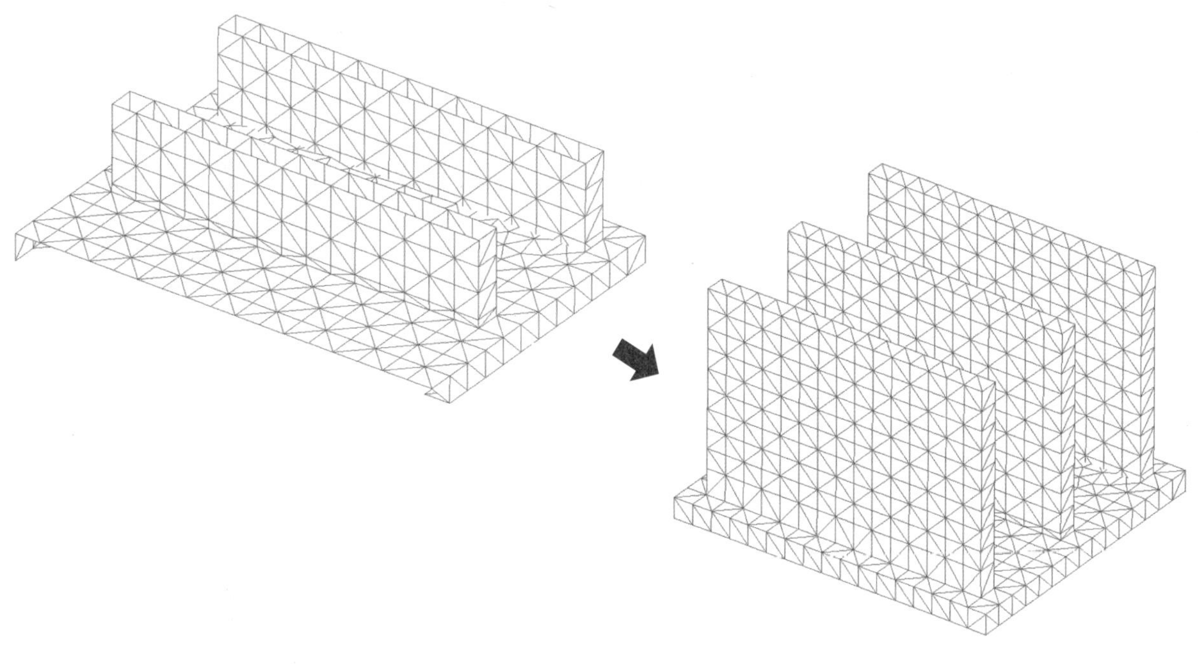

Show All 2

(7) Intersection 수정 여부 확인

① Menu에서 Mesh Advisor ➡ Mesh Advisor : Intersection ➡ Check를 선택하여 수정한 Element의 Intersection 여부를 확인한다.

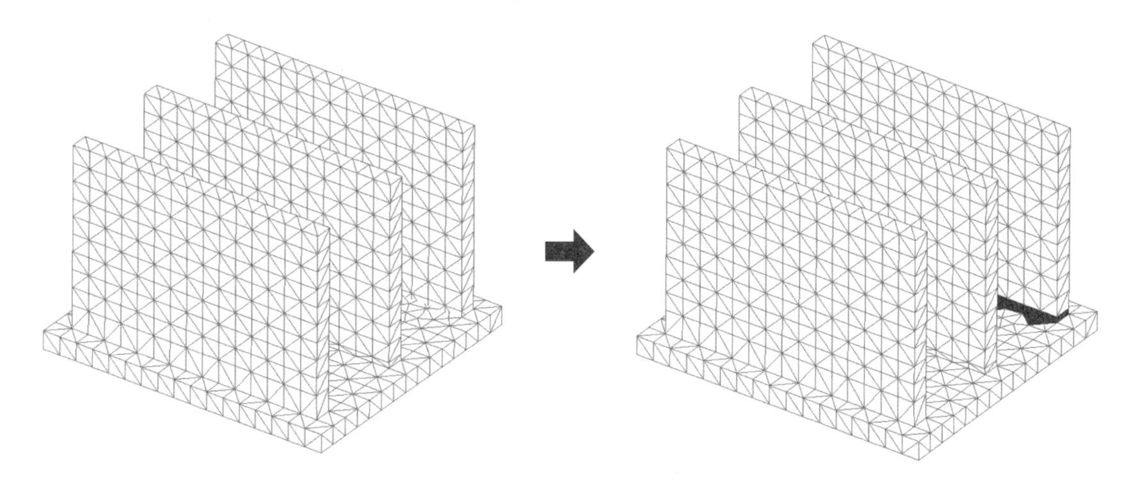

Intersection Check 2

4-6 수행 순서 3 – [Project on Element를 이용한 수정 방법]

(1) Intersection 부분을 그룹으로 설정

형상의 우측에 위치한 영역에서 발생되는 Intersection Element는 형상의 하측과 리브를 연결할 수 있는 Node가 존재하지 않을 경우이다. 형상의 하측과 리브를 바로 연결하기 위한 Node가 존재하지 않으므로 리브에 존재하는 Node를 하측으로 투영시켜 생성된 Node를 기준으로 Node를 이동하거나, Intersection Element를 삭제 및 생성하는 방법이 요구된다.

❶ Menu에서 Mesh Advisor ➡ Mesh Advisor : Intersection ➡ Send to Group을 선택하여 Intersection 부분을 그룹으로 나타낸다.

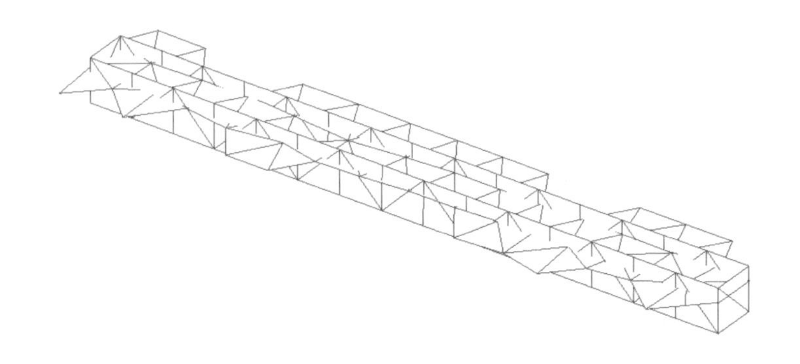

Intersection Grouping 3

(2) 형상 파악을 위한 Element 확장

❶ Menu에서 View ➡ Group : Element ➡ Extend Group을 선택하여 Element를 3번 확장한다.

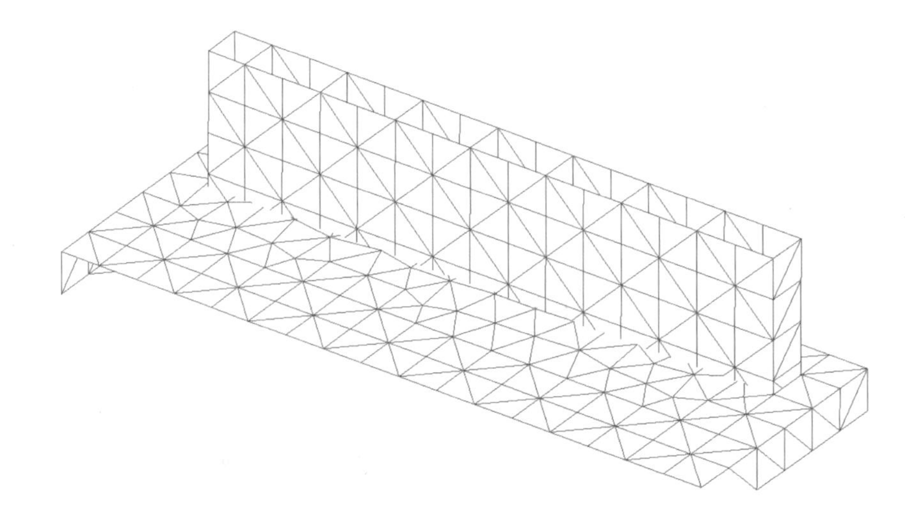

Element Extend 3

(3) Project on Element 기능을 이용한 Node 생성

Project on element 기능은 한 Node에서 대응되는 Element에 Z축으로 만나는 새로운 Node를 생성하는 기능으로서 리브 또는 보스가 제품과 정확하게 연결되지 않은 부위를 수정하거나, Intersection Element를 수정하는 데 유용하다.

❶ Menu에서 View ➡ Entity Show/Hide : Node를 활성화한다.

❷ Menu에서 Node ➡ Create : Project on Element를 선택한다.

❸ Z축으로 생성할 노드를 선택한다. (Rib부의 4측면을 동일하게 진행)

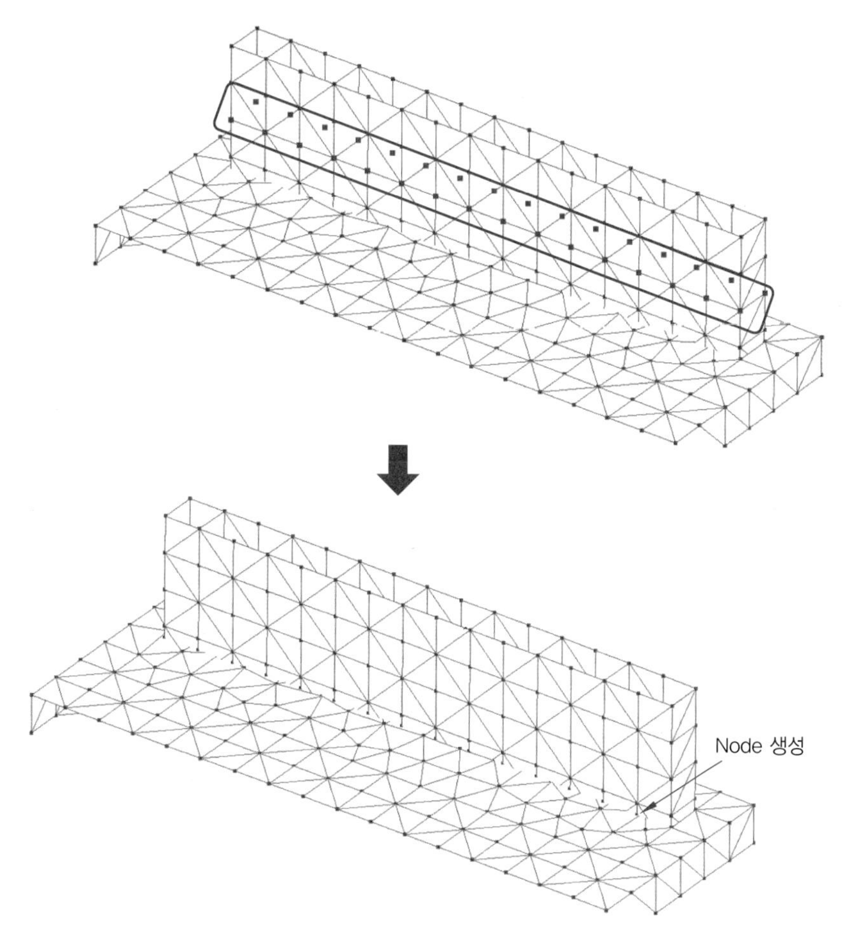

Project on Element

(4) Node 이동하기

❶ Menu에서 Node ➡ Move : Move to를 선택한다.

❷ 교차되는 부분의 Element의 Node를 Project on Element 기능으로 생성한 node로 이동한다. (Rib부의 4측면을 동일하게 진행)

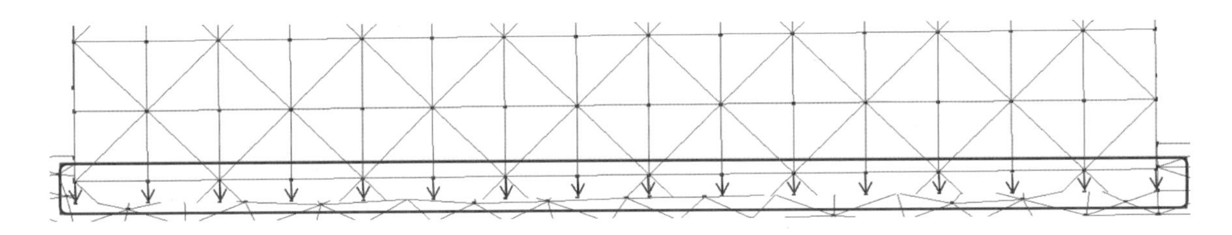

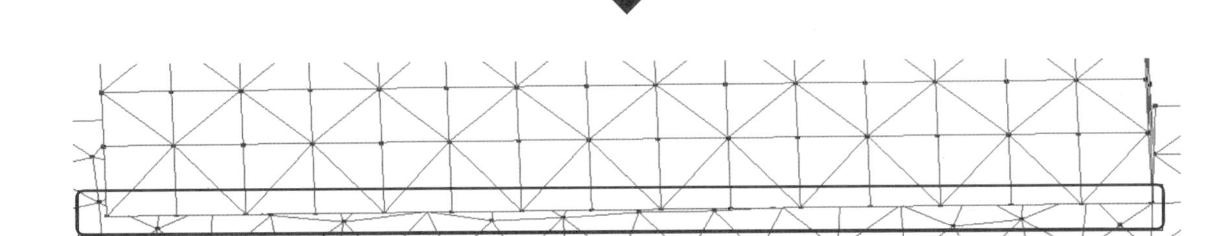

Move to Node 2

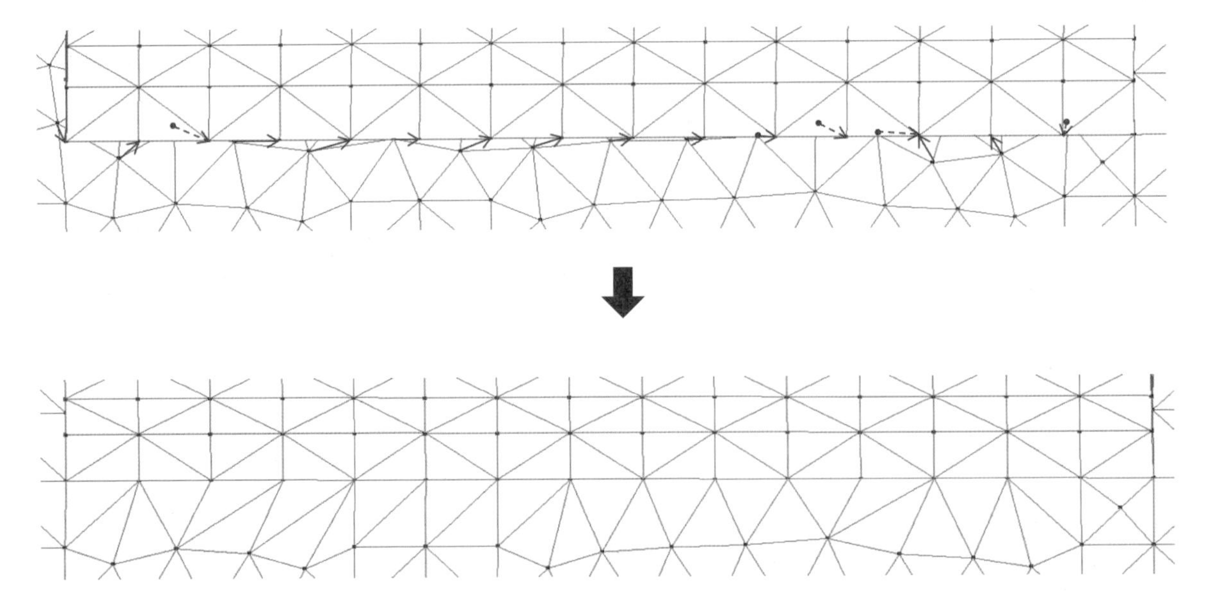

Move to Node 3

(5) Element 삭제

❶ Menu에서 Element ➡ Modify : Delete Elements를 선택한다.

❷ Rib 아래쪽의 빨간색 표시부를 선택하여 Element를 삭제한다.

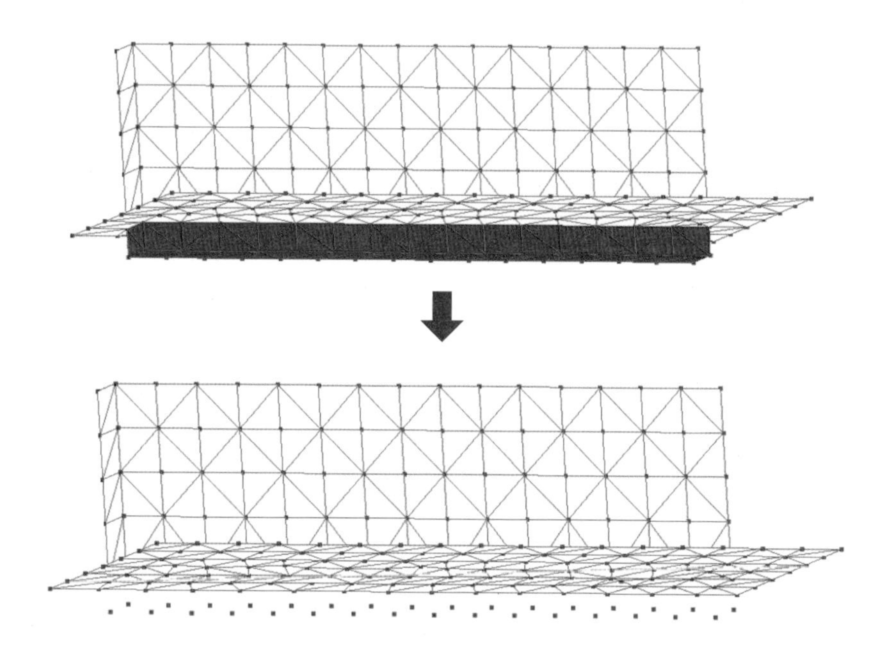

Delete Element 3

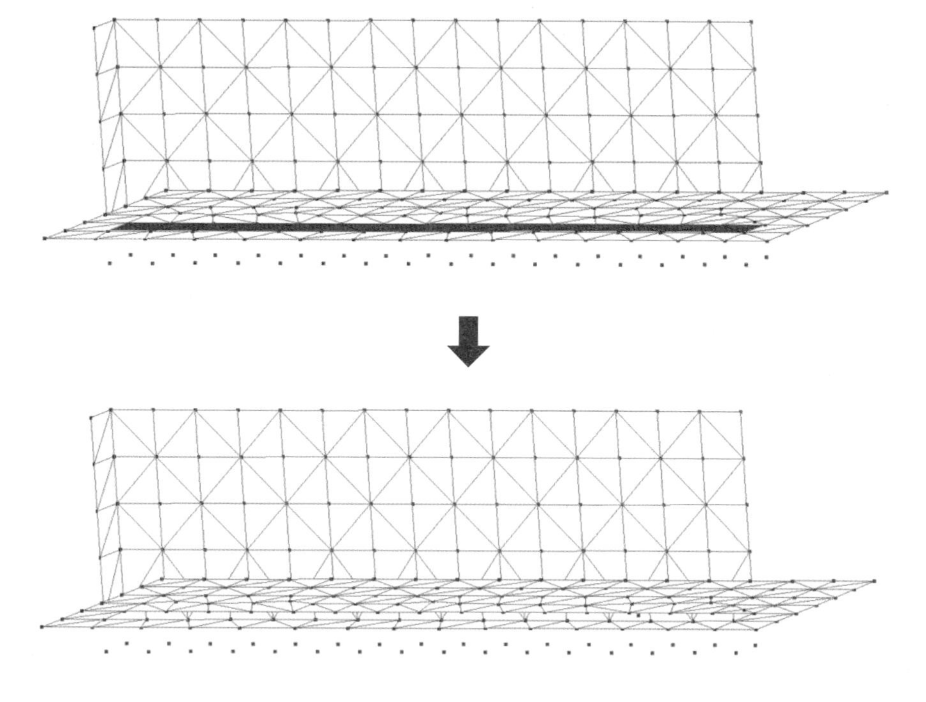

Delete Element 4

(6) 불필요한 Node 삭제

2D Element를 삭제했을 경우 Element를 구성하고 있는 Node는 삭제되지 않는다. 이러한 경우 Delete Free Nodes 기능을 사용하면 Element를 구성하고 있지 않은 Node 들이 모두 삭제된다.

❶ Menu에서 Node ➡ Modify : Delete Free Nodes를 선택한다.

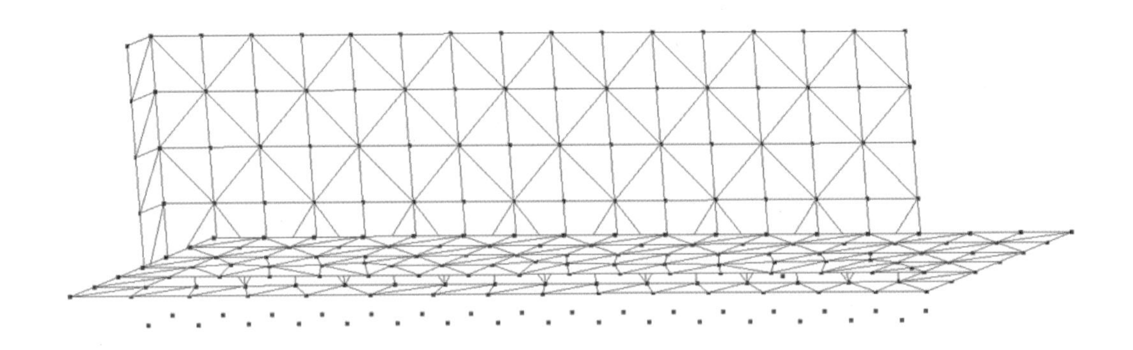

⬇

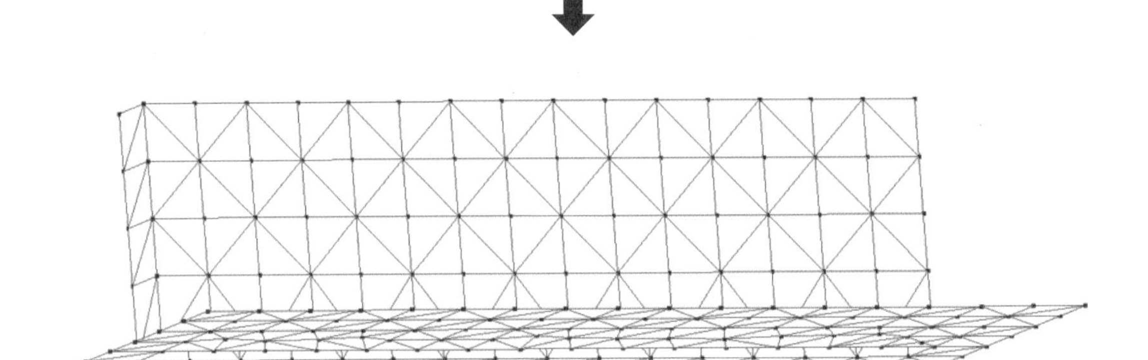

Delete Free Node 기능 사용

(7) 형상 전체 나타내기

Element의 전체 형상을 모두 활성화하기 위해 Menu에서 View ➡ Group : Element ➡ Show All을 선택한다.

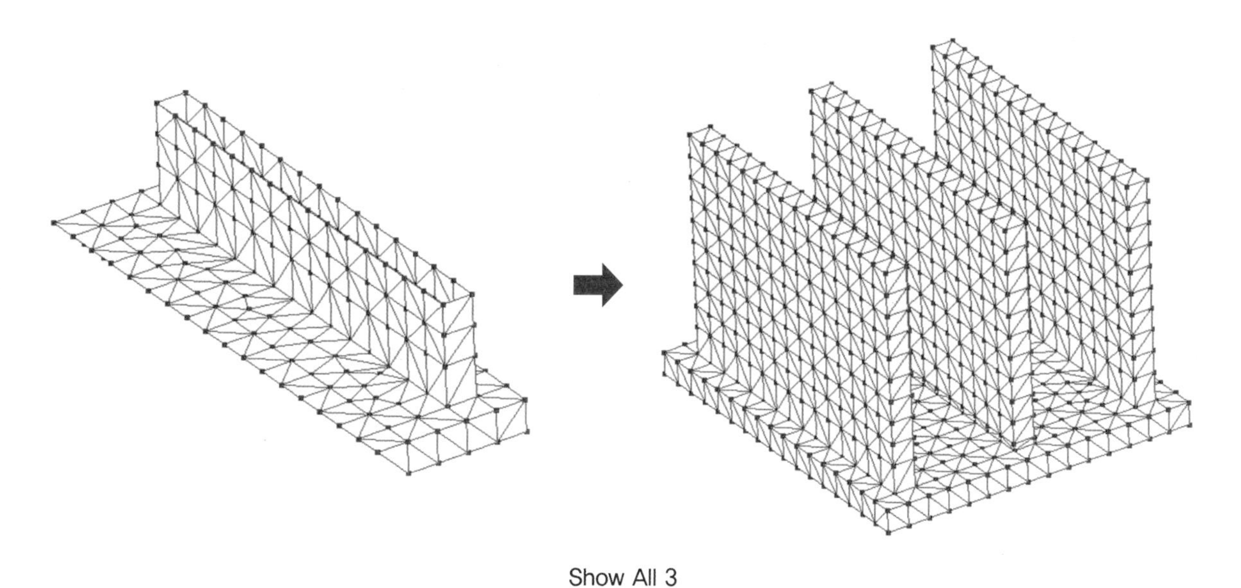

Show All 3

(8) Mesh Status 확인

❶ Menu에서 Mesh Advisor ➡ Mesh Status : Mesh Status를 선택한다.

❷ 수정이 필요한 Element가 있는지 확인한다.

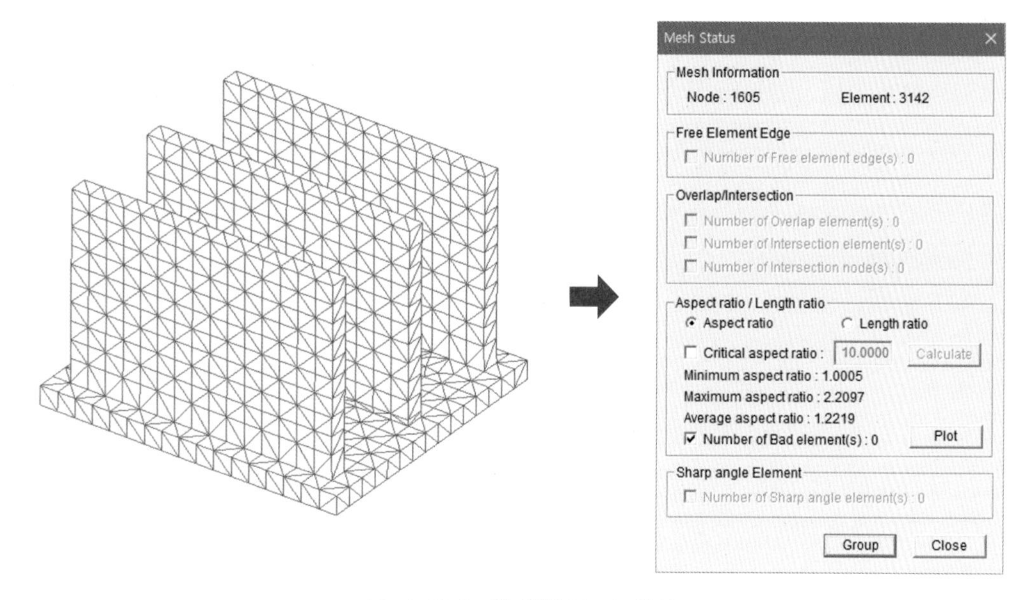

Mesh Status를 통한 Mesh 검사

따라하기

01 형상 정보

형상 정보

02 실습 요약

목적	Intersection을 수정한다.
파일	〈MAPS3D folder〉\Tutorial\Model\drug_box_intersection.ssv
Mesh size	1.2

03 작업 순서

❶ 파일 읽기

- 파일 : drug_box_intersection.ssv

❷ Meshing All을 이용하여 표면 Element를 생성한다.

❸ Intersection Element 찾기

❹ Delete Elements, Fill Element Hole, Create TRI3 Elements, Move to를 이용하여 Intersection Element를 수정한다.

5절 Aspect Ratio와 Length Ratio

- Aspect Ratio와 Length Ratio의 정의를 이해한다.
- Element를 삭제한 후 수정하는 방법을 습득한다.
- Node 편집 기능을 이용하여 수정하는 방법을 습득한다.

실습 요약

실습 파일	1	〈MAPS3D folder〉\Tutorial\Model\aspect_efillhole.ssv
	2	〈MAPS3D folder〉\Tutorial\Model\length_mg30.ssv
수행 순서 (aspect_efillhole.ssv)	1. 파일 열기 2. Aspect Ratio 10 이상 찾기 3. Fill Element Hole을 이용해서 수정하기	
수행 순서 (length_mg30.ssv)	1. 파일 열기 2. Aspect Ratio 10 이상 찾기 3. Move to를 이용해서 수정하기	
주요 명령어	Aspect Ratio▾ / Length Ratio▾ / Fill Element Hole▾ / Move to / Project on Element	

5-1 Aspect Ratio와 Length Ratio의 정의

Aspect Ratio와 Length Ratio는 Element의 형상이 정삼각형 또는 정사면체에 얼마나 근접한지 여부를 나타내기 위해서 사용되며, 형상비로 표현하기도 한다. MAPS-3D에서 정삼각형 또는 정사면체에 근접한 여부를 판단하기 위해서 사용되는 방식은 Aspect Ratio와 Length Ratio 두 가지 방법이며, 각각의 값이 1일 경우 해당 표면 Element는 정삼각형 또는 정사면체임을 의미한다.

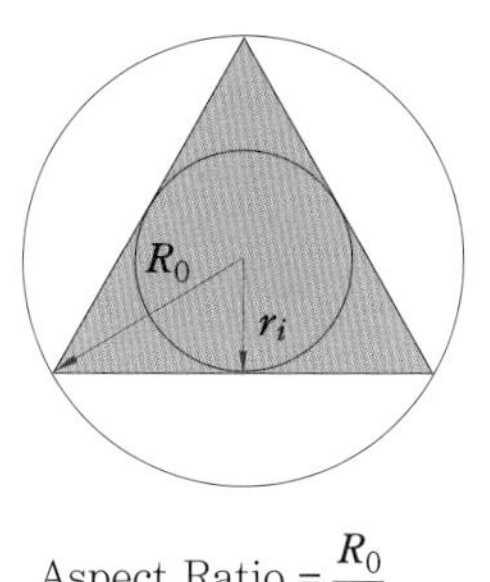

$$\text{Aspect Ratio} = \frac{R_0}{2r_i}$$

Aspect ratio의 정의

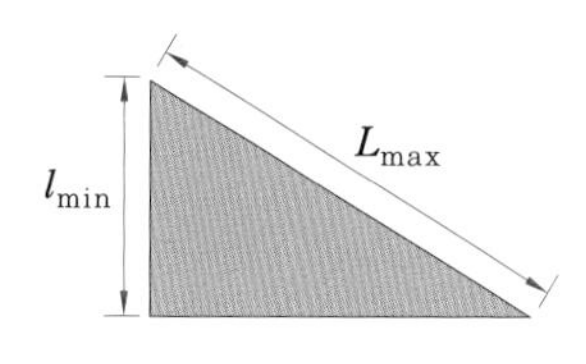

$$\text{Length Ratio} = \frac{L_{max}}{l_{min}}$$

Length ratio의 정의

5-2 Aspect Ratio 및 Length Ratio에 따른 해석 정확도

각종 CAE S/W에서 해석 결과의 정확도는 사용하는 Element의 종류와 그에 따라 생성된 Element의 형상비에 따라서 영향을 받게 된다. MAPS-3D의 경우 사면체 Element를 해석에 적용하고 있으며, 사면체 Element를 생성하기 위한 2D Element로 삼각형 Element를 사용하고 있다. 해석의 정확도는 사면체 Element가 정사면체에 근접할수록 높아지므로 정사면체 Elemnet에 근접하기 위해서는 삼각형 Element가 정삼각형에 근접해야 한다. 하지만, Aspect Ratio 또는 Length Ratio를 1에 근접하게 생성할 경우 생성되는 Element가 기하급수적으로 증가되어 해석 시간이 증가되는 단점이 있다. 따라서 MAPS-3D에서는 해석의 정확도 및 해석 시간을 고려하여 생성된 Element의 최대 크기가 10을 넘지 않는 것을 추천하고 있다.

5-3 Aspect Ratio 및 Length Ratio를 찾는 방법

Aspect Ratio 및 Length Ratio는 Element 간의 연결성 불량을 정의하는 Free Element Edge, Overlap Element, Intersection Element와 달리 정삼각형에 근접한 정도를 나타낸 검사 기준이므로 Aspect Ratio 및 Length Ratio가 Modeler에서 권장하는 10 이상인 Element를 찾아야 한다.

찾는 방법은 Mesh Advisor의 Mesh Status 명령을 사용하는 방법과 Mesh Advisor의 Aspect Ratio 및 Length Ratio의 세부 명령을 통해서 찾는 방법이 있다.

Mesh Status를 이용할 경우에는 Modeler에서 검토하는 불량의 유형을 모두 확인할 수 있으나, Element의 개수가 증가함에 따라서 검사에 많은 시간을 소요하게 된다.

Aspect Ratio 및 Length Ratio의 세부 명령을 수행하면, 형상에서 Aspect Ratio 및 Length Ratio에 대한 사항만 검토하므로 검사 시간을 절약할 수 있다. 또한, Mesh Status는 Group 및 Layer 기능을 통해서 숨겨져 있는 Element까지 검사하지만, Aspect Ratio 및 Length Ratio의 세부 명령은 화면에 표시되어 있는 영역만을 검사하므로 시간을 절약할 수 있다.

5-4 수행 순서 1 – [Aspect Ratio]

(1) 파일 열기

❶ Menu에서 File ➡ File : Open Geom ➡ Open Geom을 선택한다.

- 파일 : 〈MAPS3D folder〉\Tutorial\Model\aspect_efillhole.ssv

파일 열기에 따른 형상 정보

(2) Aspect Ratio가 10 이상인 Element 확인

일반적인 사출 성형 제품은 제품 또는 금형 제작사, 적용 재질 및 각종 정보를 금형에 각인하여 성형하게 된다. 또한, 외곽의 날카로움을 완화시키기 위해서 필렛을 추가하게 된다. 각인 및 필렛의 크기는 일반적으로 제품의 평균 살두께 대비 매우 작게 디자인되어 수지의 성형성에 미치는 영향은 미비하다. 하지만, 해당 부위를 제품의 평균 살두께로 2D Element를 생성하면 날렵한 형태로 생성되어 Modeler에서 요구하는 Aspect Ratio 및 Length Ratio를 만족하지 못하게 된다. 일반적으로 각인 및 필렛에서 발생되는 Aspect Ratio 및 Length Ratio가 10을 초과하는 2D Element는 Delete element 명령으로 삭제하고 Fill Element Hole 명령으로 수정하는 방법이 유용하다.

① Menu에서 Mesh Advisor ➡ Mesh Advisor : Aspect Ratio ➡ Check를 선택한다.

- Enter criterion value of aspect ratio : 10

Aspect Ratio 확인

(3) Aspect Ratio가 10 이상인 Element 삭제

① Menu에서 View ➡ Display : View Plane ➡ Front View를 선택하여 제품의 View를 Left View로 설정한다.

각인 부위 및 각인이 포함된 면을 삭제하기 위해서 View plane을 변경하는 것이 유용하며, View Plane으로 선택되기 어려운 영역의 경우에는 Show group by element, Hide group, Extend group 명령이 유용하게 사용된다.

❷ Menu에서 Element ➡ Modify : Delete Elements를 선택하여 Aspect Ratio가 10 이상인 제품의 음각 부분과 필렛 부분을 삭제한다.

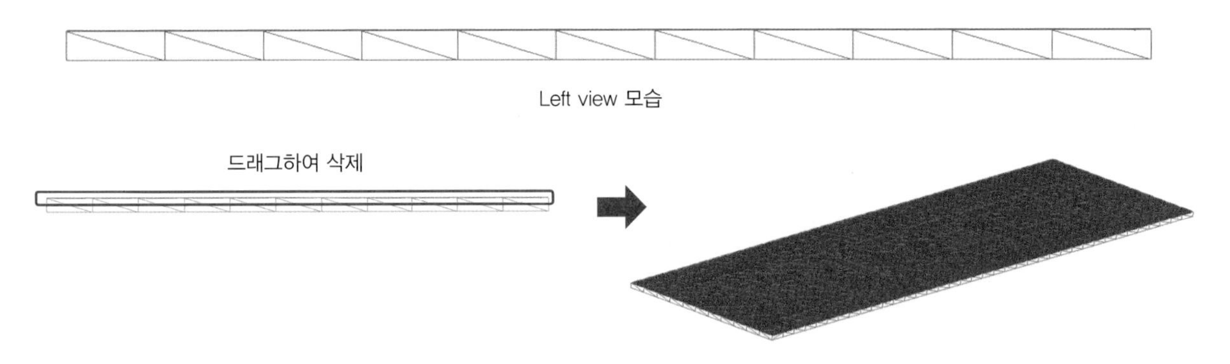

Delete Elements 기능 사용

(4) Element가 삭제된 영역에 Closed Loop 기능 사용

Aspect Ratio가 10 이상인 Element와 해당 Element가 연결된 면을 삭제함에 따라서 해당 부위는 Closed Loop 형태의 Free Element Edge가 발생하게 된다. 생성된 Free Element Edge가 Closed Loop이면서 평면을 이루는 형태이므로 Fill Element Hole의 세부 명령인 Closed Loop 명령을 이용해서 해당 부위를 간편하게 수정할 수 있다.

❶ Menu에서 Element ➡ Create : Fill Element Hole ➡ Closed Loop를 선택하여 Element가 삭제된 영역을 수정한다.

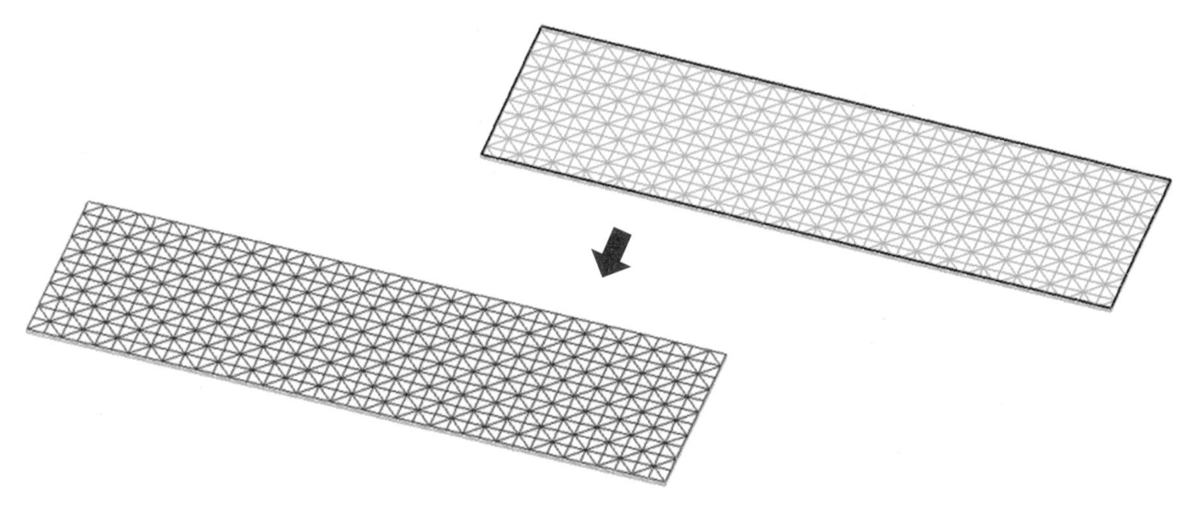

Closed Loop 기능 사용

5-5 수행 순서 2 – [Length Ratio]

(1) 파일 열기

① Menu에서 File ➡ File : Open Geom ➡ Open Geom을 선택한다.
- 파일 : 〈MAPS3D folder〉\Tutorial\Model\length_mg30.ssv

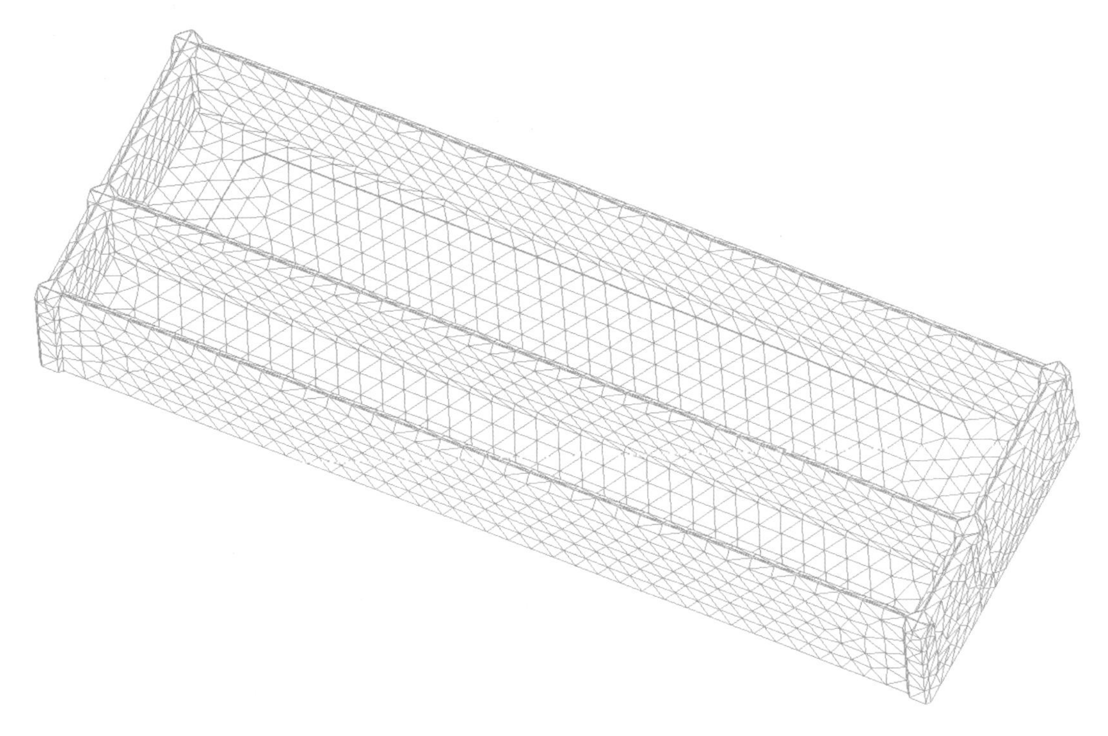

파일 열기에 따른 형상 정보

(2) Length Ratio가 10이 넘는 Element 그룹화

Length Ratio의 경우 금형의 각인에서도 생성되기도 하지만, 제품의 취출 또는 모서리 디자인에 적용되는 필렛이 얇은 경우 발생하게 된다. 하지만, 일반적으로 필렛의 크기는 제품의 평균 살두께 또는 제품 크기보다 미세한 크기로 설정되어 해당 부위가 제품의 물리적인 변화에 미치는 영향은 미비하다. 하지만, 해당 부위를 제품의 평균 살두께로 2D Element를 생성하면 필렛의 길이 방향으로 날렵한 모양의 Element가 생성되어 Modeler에서 요구하는 Length Ratio를 만족하지 못하게 된다. 일반적으로 성형 해석을 위한 모델 수정 작업에서는 Length Ratio가 불량인 Element에 해당하는 Node를 이동시켜 수정하는 방법이 유용하다.

① Menu에서 Mesh Advisor ➡ Mesh Advisor : Length Ratio ➡ Send to Group을 선택한다.
- Enter criterion value of length ratio : 10

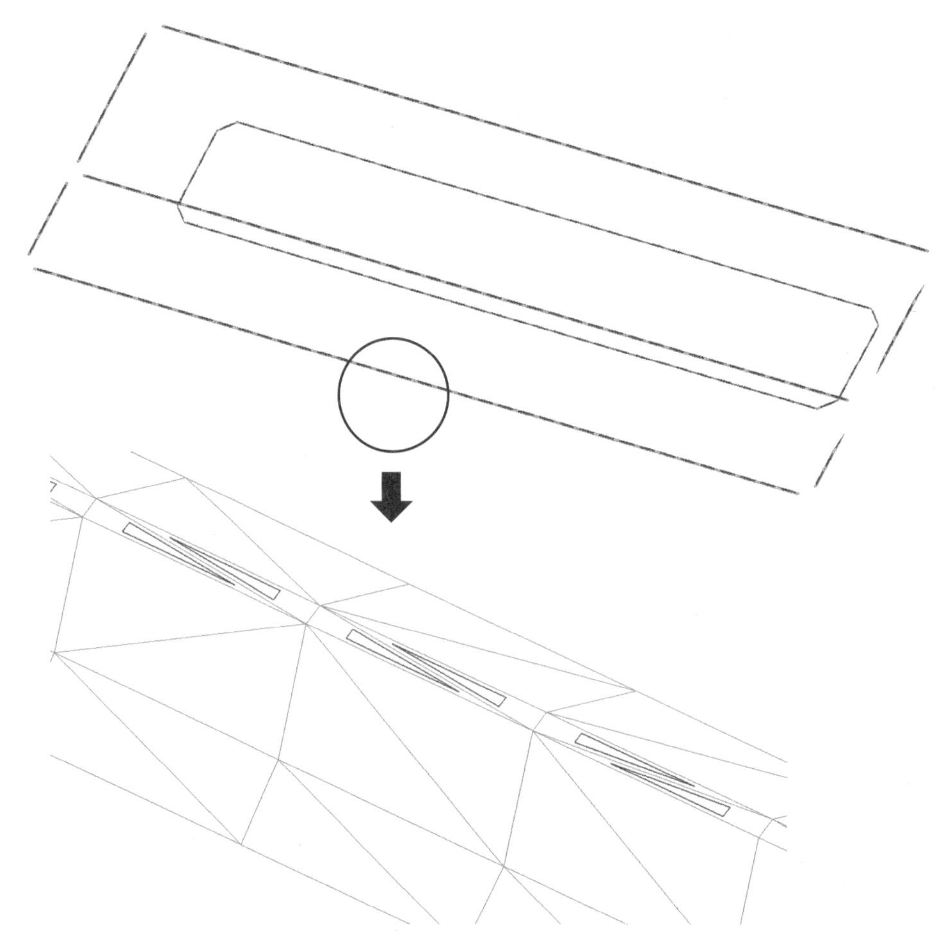

Length Ratio가 10을 넘는 Element 그룹화

(3) 형상 파악을 위한 Element 확장

❶ Menu에서 View ➡ Group : Element ➡ Extend Group을 선택하여 Element를 2번 확장한다.

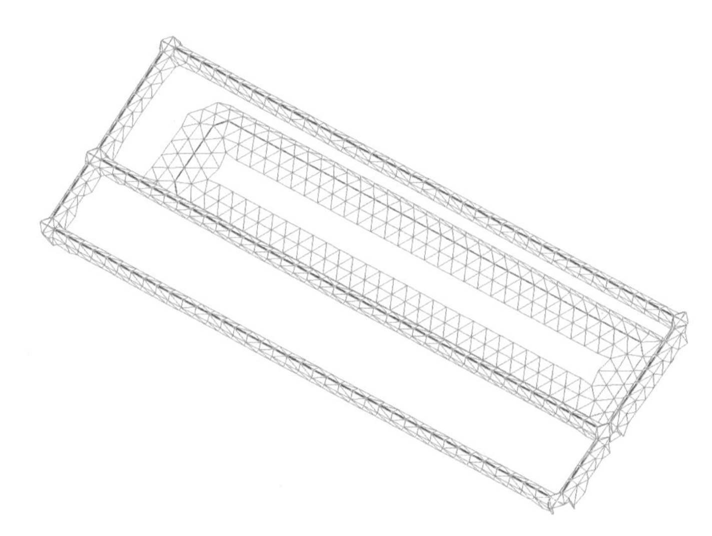

형상 파악을 위한 Element 확장

(4) Node를 이동하여 Length Ratio 수정

❶ Menu에서 Node ➡ Move : Move to를 선택하여 Node를 이동하여 수정한다.

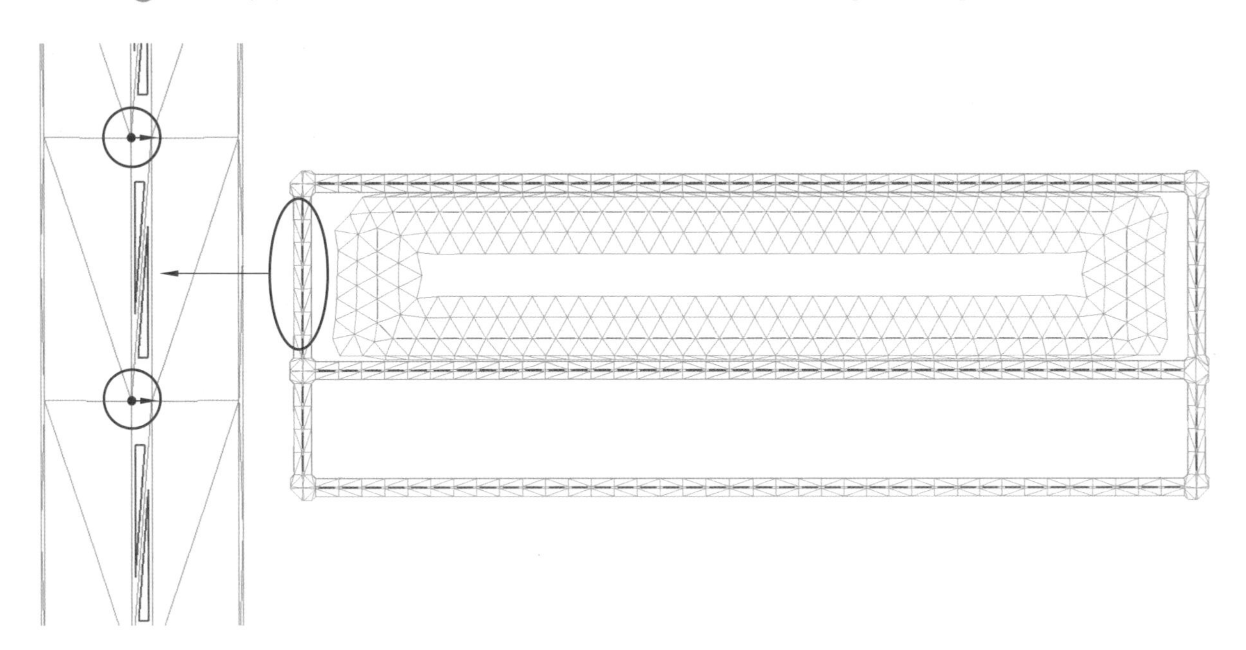

Node를 이동하여 Length Ratio 수정

(5) 동일한 방법으로 Length Ratio 수정

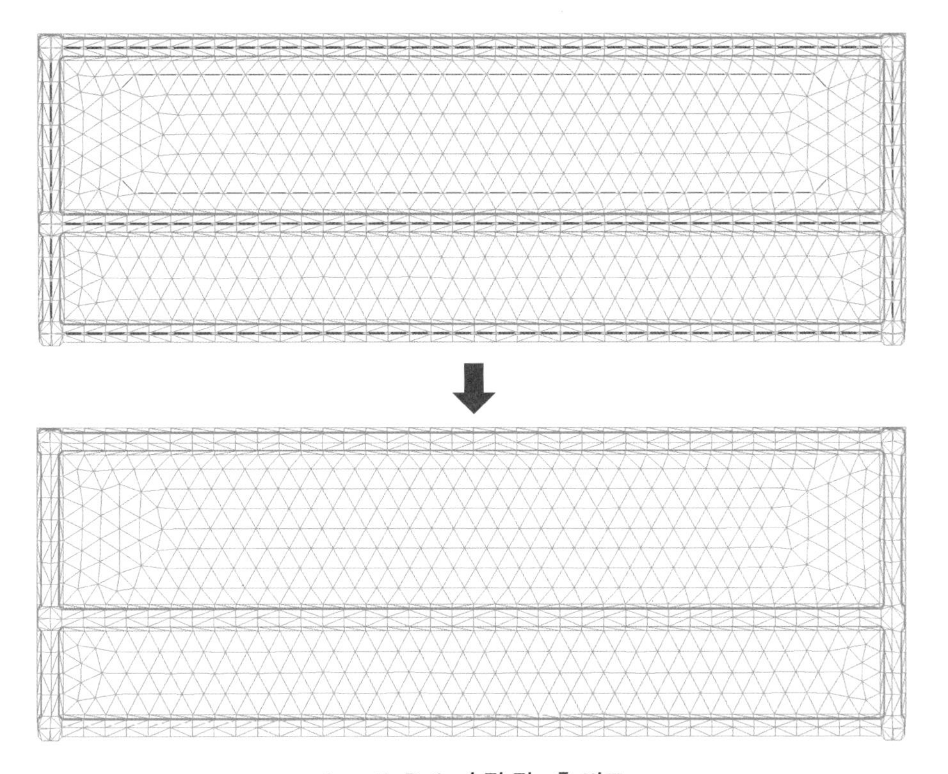

Length Ratio 수정 전 · 후 비교

따라하기

01 형상 정보

형상 정보

02 실습 요약

목적	Aspect Raito 및 Length Ratio가 10 이상인 표면 Element를 수정한다.
파일	〈MAPS3D folder〉\Tutorial\Model\cleaner_stream_body_f.ssv

03 작업 순서

❶ 파일 읽기

- 파일 : cleaner_stream_body_f.ssv

❷ Aspect Ratio/Length Ratio 10 이상인 영역

❸ Delete Elements, Fill Element Hole, Move to를 이용하여 Aspect Ratio/Length Ratio가 10 이상인 Element를 수정한다.

6절 Isolated Element

- Isolated Element의 정의를 이해한다.
- Element를 생성하여 수정하는 방법을 습득한다.
- Surface를 생성하여 수정하는 방법을 습득한다.

실습 요약

실습 파일	〈MAPS3D folder〉\Tutorial\Model\lego_isolated.ssv
Mesh size	2
수행 순서	1. 파일 열기 2. Meshing All을 이용하여 표면 Element 생성하기 3. Isolated Element 찾기 4. Element를 생성하여 수정하기 5. 면을 생성하여 수정하기
주요 명령어	Isolated Elements ▾ / Free Element Edge ▾ / Between Nodes / Create TRI3 Elements / Divide Elements ▾ / Extrude Elements ▾ / Boundary

6-1 Isolated Element의 정의

Isolated Element는 각각의 Element가 연결되지 않을 경우를 의미한다. CAD에서 육안으로 확인되는 형상과 달리 해석을 위한 Element는 각 Element 간의 Node와 Node, 변과 변이 정확하게 연결되어 있어야 하며, 3D Element는 Node와 Node, 면과 면이 일치되게 연결되어 있어야 한다.

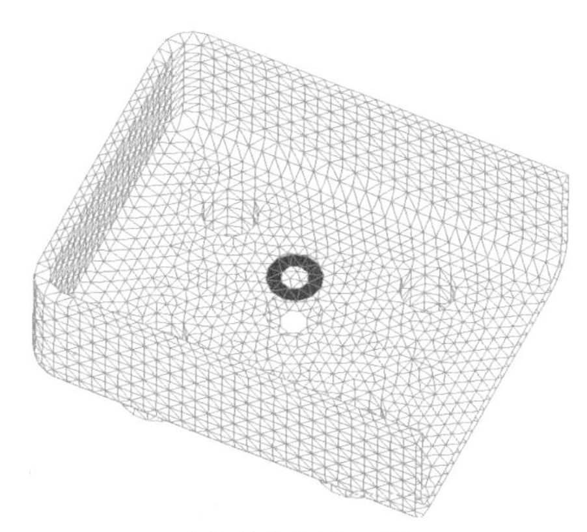
면이 떨어져 있는 경우

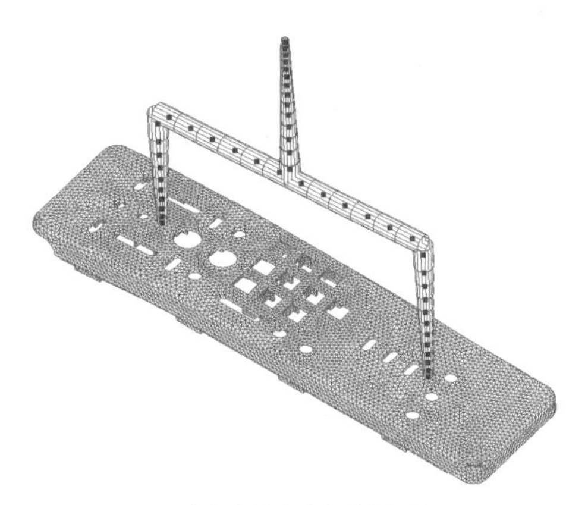
절점이 연결되지 않은 경우

일반적으로 각각의 Element가 부정확하게 연결되면 Intersection Element 또는 Overlap Element로 확인할 수 있으나, 각각의 Element가 완벽하게 떨어진 경우에는 Isolated Element로 확인할 수 있다.

6-2 Isolated Element가 발생하는 원인

일반적으로 Isolated Element가 발생하는 원인은 CAD에서 생성된 형상이 서로 떨어져 있는 경우도 있으나, 대부분 CAD 데이터를 불러들이는 과정에서 발생하는 데이터 손실로 인해서도 발생된다. 또한, 1D 러너를 사용하는 경우 러너를 생성하기 위해 사전에 만든 선과 제품 형상의 Node가 연결되지 않은 경우에 발생하기도 한다. 그러므로 Isolated Element를 방지하기 위해서는 정확한 CAD 작업이 우선되어야 하며, 1D 러너를 사용할 경우에는 러너와 제품 간의 Node 연결을 정확하게 선언하는 것이 요구된다.

6-3 Isolated Elements를 찾는 방법

Isolated Elements는 Element의 연결성 또는 정삼각형의 정도에 해당하는 항목이 아니므로 Mesh Advisor의 Mesh Status에서는 검색할 수 없는 항목이다. 따라서 Mesh Advisor의 Isolated Elements 명령을 실행하여 사용자가 영역을 선택하면 해당 영역과 완벽하게 연결되지 않은 영역을 찾는 방법이 이용된다.

6-4 수행 순서 1 – [Element 수정 방법]

(1) 파일 열기

① Menu에서 File ➡ File : Open Geom ➡ Open Geom을 선택한다.

- 파일 :〈MAPS3D folder〉\Tutorial\Model\lego_isolated.ssv

(2) 2D Element 생성

① Menu에서 Surface Meshing ➡ Meshing : Meshing ➡ Meshing All을 선택한다.

② Mesh Size를 설정한다.

- Mesh Size = 2

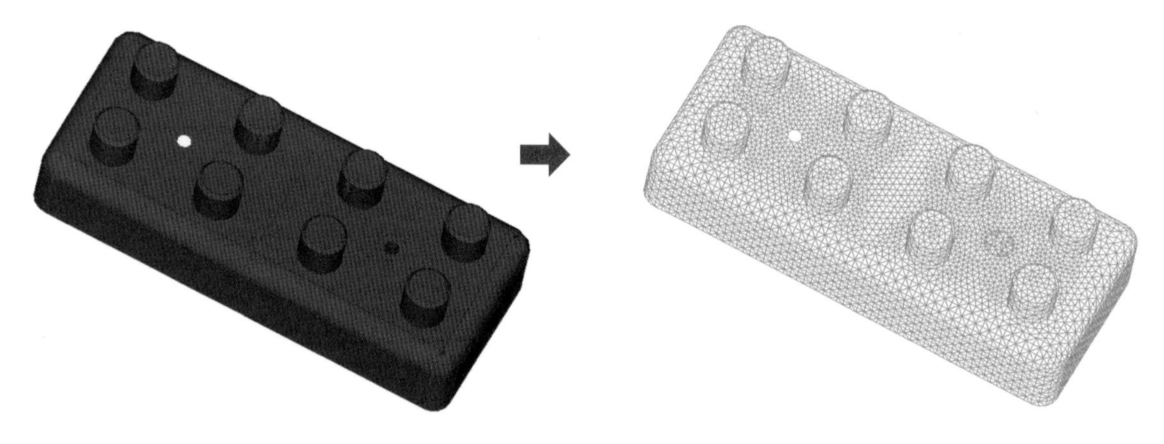

Mesh 생성

(3) Element 활성화

① Menu에서 View ➡ Entity Show/Hide : Part Element만 선택하여 활성화하고 Point, Curve, Surface는 비활성화한다.

(4) Isolated Elements 확인

장난감 블록을 단순화한 lego모델을 Mesh Advisor의 Isolated Elements 명령을 이용해서 검색하면 형상 하부의 보스 영역의 면이 손실되어 보스의 상측과 제품이 완전하게 분리되어 있는 것을 확인할 수 있다. 면이 손실되어 발생된 문제이므로 손실된 부위에 Node 및 Element를 생성하여 수정하는 방법을 사용할 수 있으며, 손실된 면이 균일한 형태를 이루는 경우에는 Modeler에서 면을 새롭게 생성하여 수정하는 방법이 있다.

① Menu에서 Mesh Advisor ➡ Mesh Advisor : Isolated Elements ➡ Send to Group을 선택하여 제품 Element를 선택한다.
- 임의의 Element를 선택하면 제품과 연결되지 않은 Element Grouping 된다.

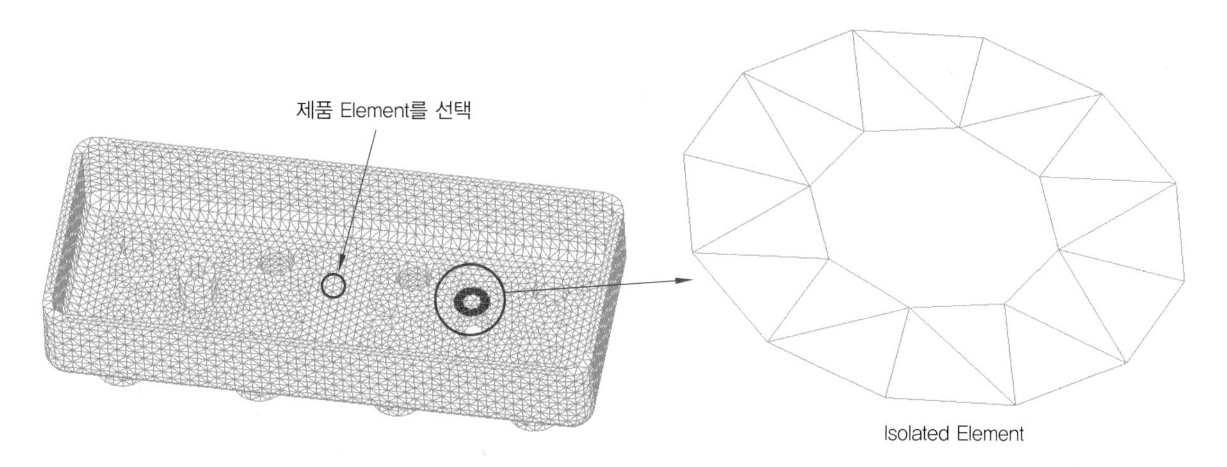

Isolated Element 확인

(5) Isolated Element 수정을 위한 Free Edge Element Grouping

❶ Menu에서 View ➡ Group : Display All을 선택하여 제품 전체 보이기를 한다.

❷ Menu에서 Mesh Advisor ➡ Mesh Advisor : Free Element Edge ➡ Send to Group를 선택하여 Free Edge Element Grouping을 한다.

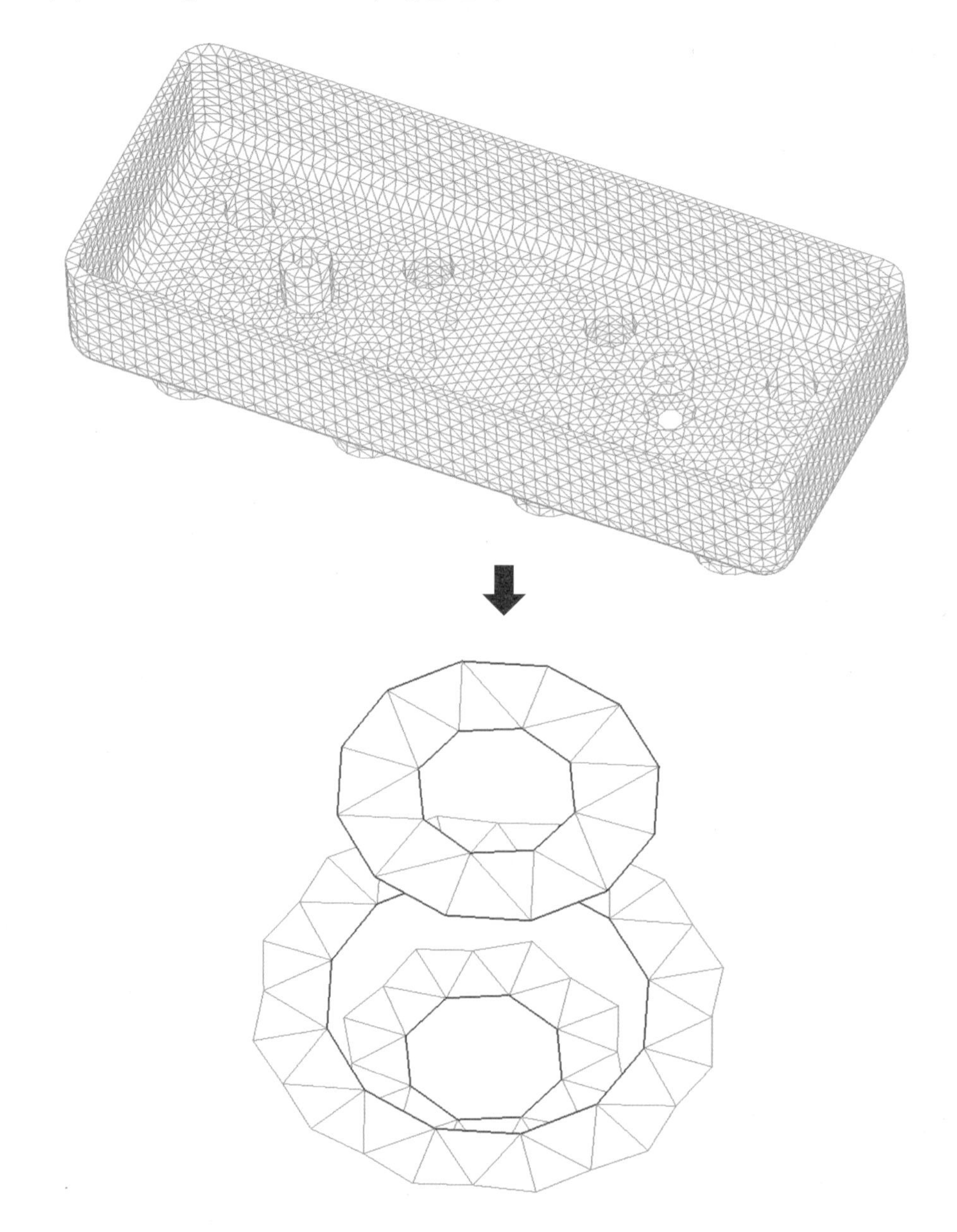

Free Edge Element 확인

(6) 형상 파악을 위한 Element 확장

Menu에서 View ➡ Group : Element ➡ Extend Group을 선택하여 형상 파악을 위한 Element 확장을 한다.

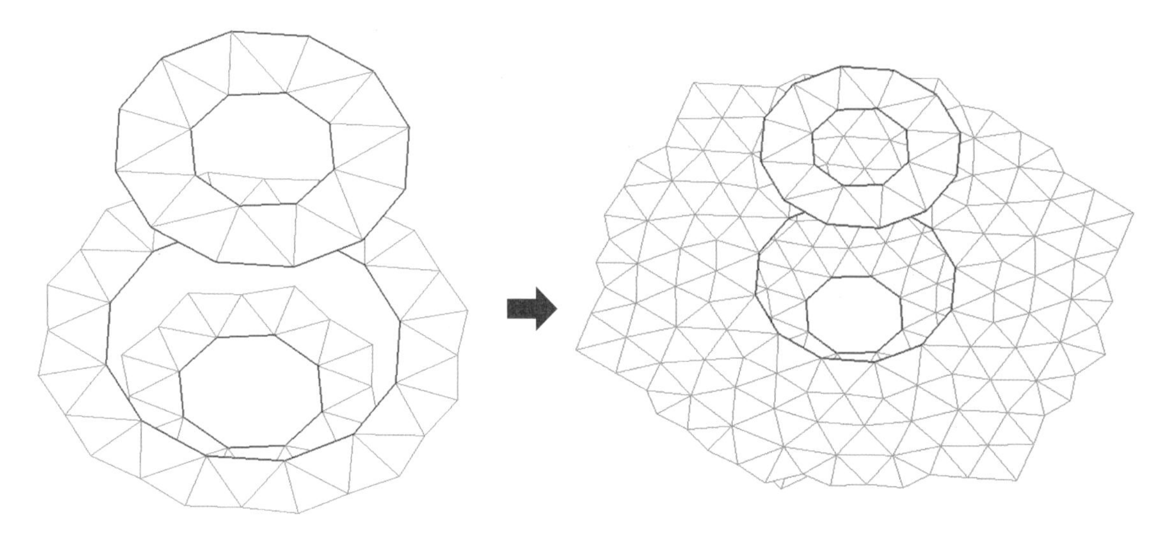

형상 파악을 위한 Element 확장

(7) Node 생성

Isolated Elements에 해당하는 영역은 보스의 높이 방향으로 Free Element Edge가 생성되어 있으므로 Fill Element Hole을 통해서는 수정할 수 없다. 그러므로 보스의 상측과 하측에 Node를 생성하고, 생성된 Node를 이용하여 Element를 순차적으로 생성하는 방법을 통해서 해당 부위를 수정해야 한다. 단, Node를 생성하는 과정에서 각 Node 간 거리는 이미 생성되어 있는 Element의 크기와 유사한 거리로 생성해야만 Aspect Ratio 및 Length Ratio가 10을 초과하는 문제를 사전에 방지할 수 있다.

❶ Menu에서 View ➡ Entity Show/Hide : Node를 선택하여 활성화한다.

❷ Menu에서 Node ➡ Create : Between Nodes를 선택하여 Node를 생성한다.

- Enter number of copies : 4

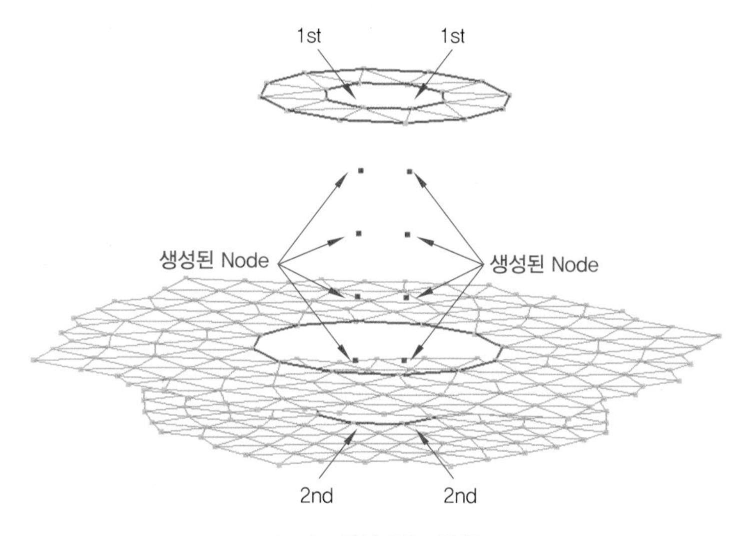

Node 생성 기능 사용

(8) Element 생성

❶ Menu에서 Element ➡ Create : Create TRI3 Elements를 선택한다.

❷ 3개의 Node를 선택하여 Element를 생성한다.

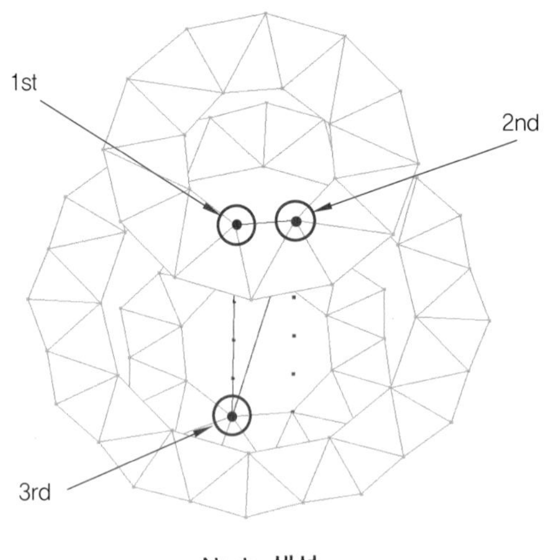

Node 생성

(9) Element 나누기

보스의 높이 방향으로 이미 생성된 Element의 크기와 유사한 거리 간격으로 생성된 Node를 이용하여 손실된 부위를 수정할 수 있다. 이때 선택된 Element를 벗어난 Node를 선택하여 Element를 나누는 Divide Elements 기능을 이용하면 해당 부위를 간편하게 수정할 수 있다.

❶ Menu에서 Element ➡ Modify : Divide Elements ➡ Divide Elements를 선택한다.

❷ 나눌 Element를 선택한 후 Node 선택을 다음 그림과 같이 반복한다.

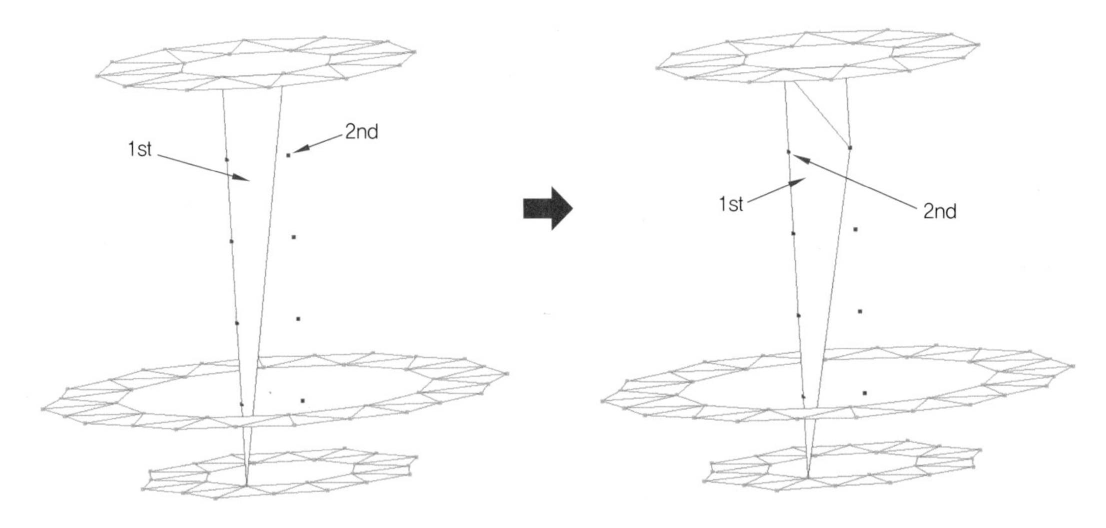

Element 나누기

(10) Boss 내측면 높이 측정

❶ Menu에서 View ➡ Display : Measure를 선택한다.

❷ Node를 선택하여 높이를 측정한다.

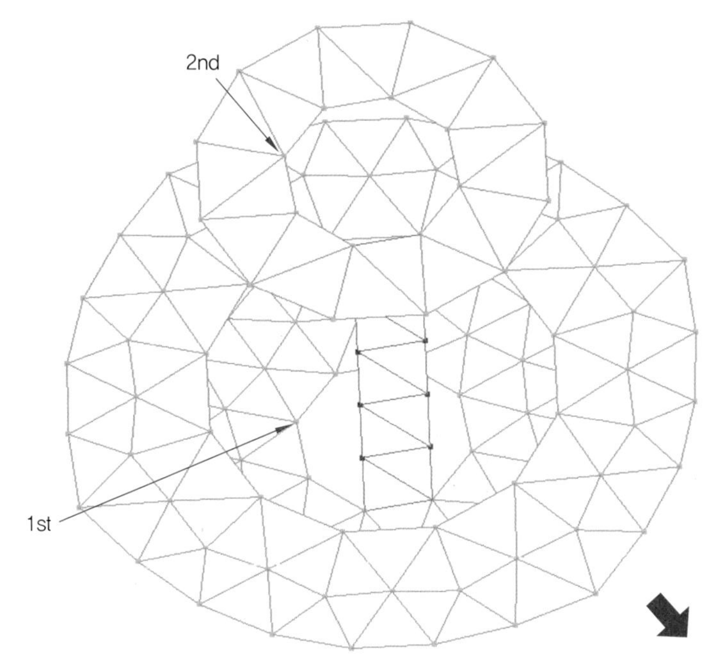

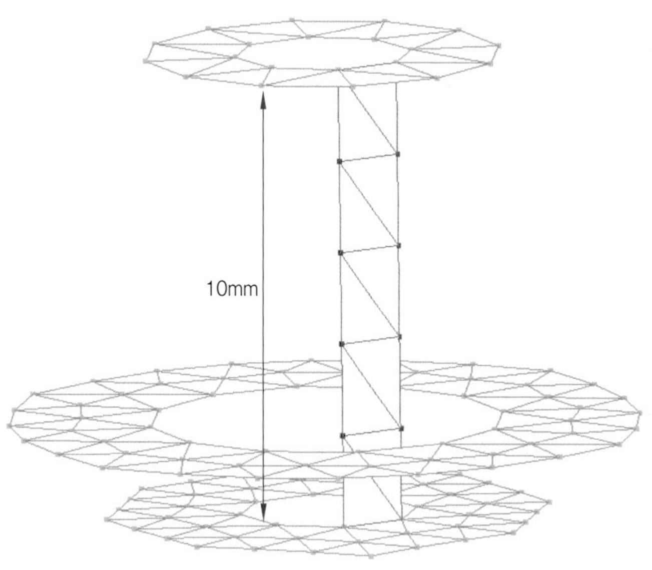

높이 측정

(11) Boss 내측면 Element 생성

❶ Menu에서 Element ➡ Create : Extrude Elements ➡ Extrude Open-Loop Elements를 선택한다.

❷ Node를 한 방향으로 순차적으로 선택한다.

❸ Element가 생성되는 방향을 입력한다.

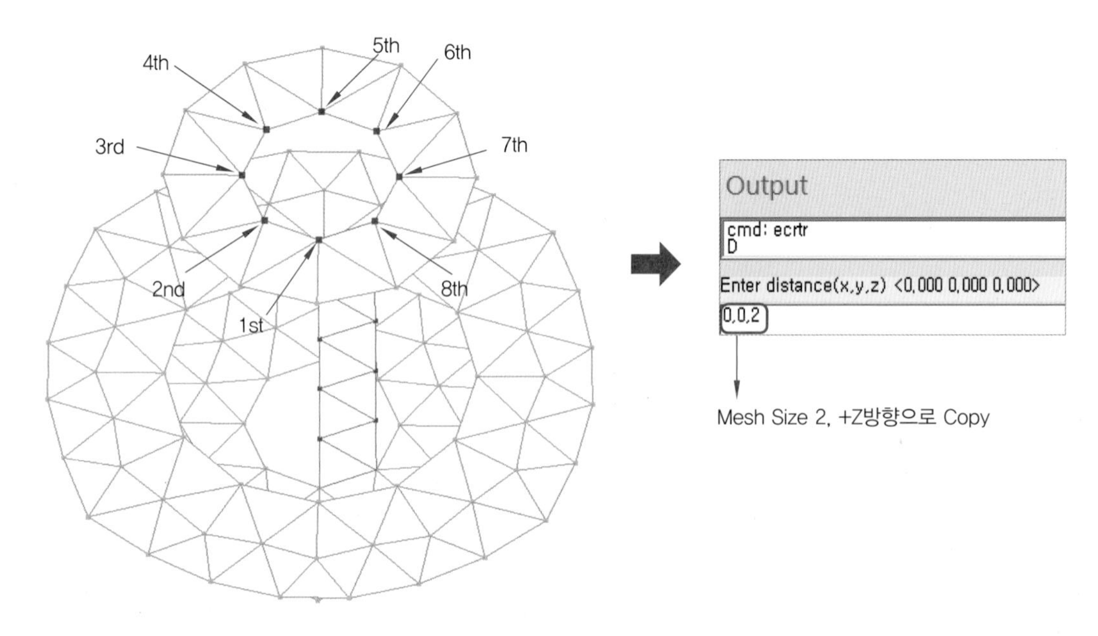

내측면 Element 생성 1

❹ Boss 높이가 10mm이고, Mesh Size가 2mm이므로 5를 입력한다.

- Enter number of copies : 5

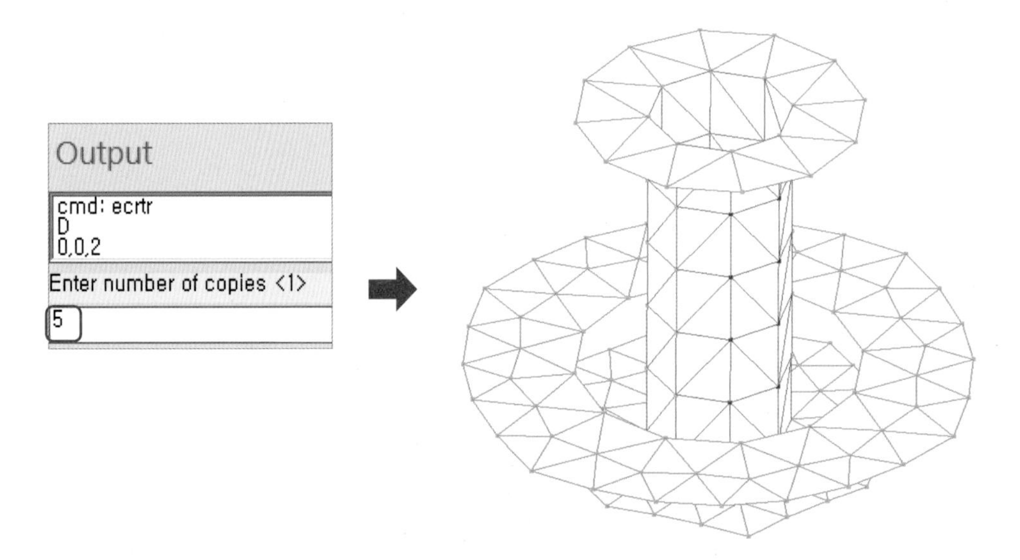

내측면 Element 생성 2

(12) Boss 외측면 높이 측정

❶ Menu에서 View ➡ Display : Measure를 선택한다.

❷ Node를 선택하여 높이를 측정한다.

(13) Boss 외측면 Element 생성

❶ Menu에서 Element ➡ Create : Extrude Elements ➡ Extrude Closed-Loop Elements를 선택한다.

❷ Node를 한 방향으로 순차적 선택 후 Mesh Size와 방향을 입력한다.

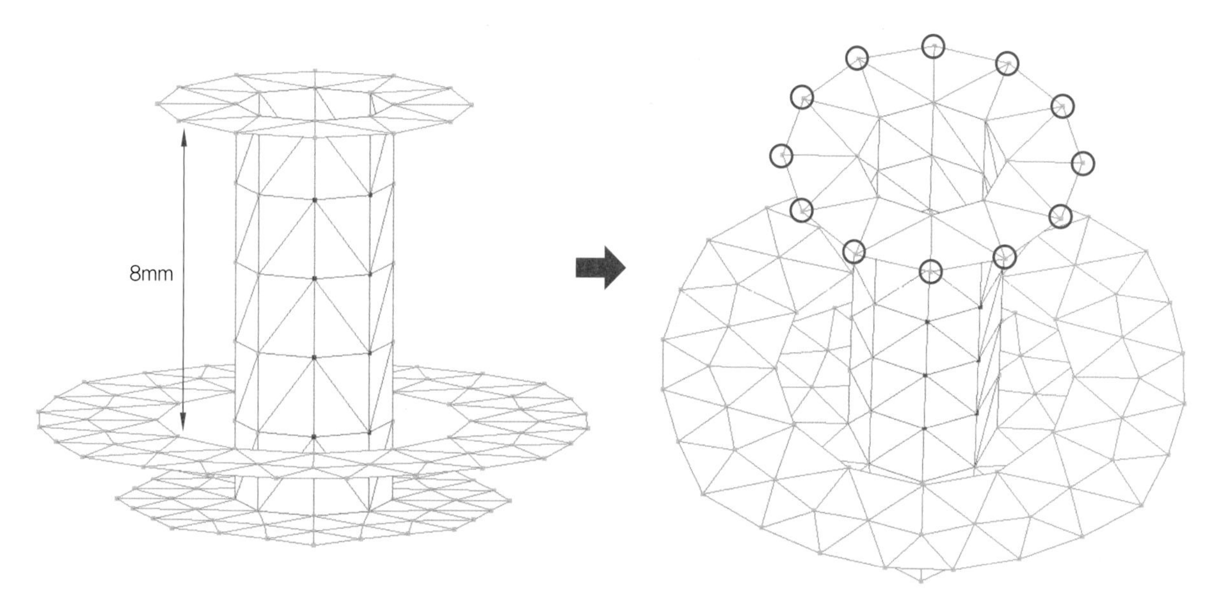

외측면 Element 생성 1

❸ Boss 내측면 Element 생성과 동일 방법으로 진행

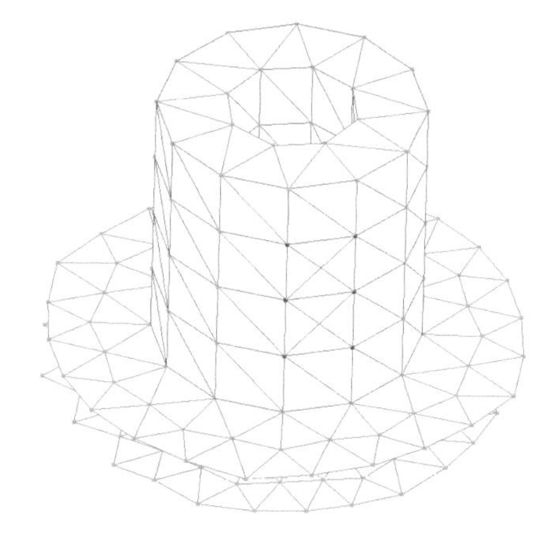

외측면 Element 생성 2

6-5 수행 순서 2 – [Surface 수정 방법]

(1) 파일 읽기

Menu에서 File ➡ File : Open Geom ➡ Open Geom을 선택한다.

- 파일 : 〈MAPS3D folder〉\Tutorial\Model\lego_isolated.ssv

(2) 선 생성

Modeler에서 면을 생성하기 위해서는 면을 생성하는 명령에 따라서 절차의 차이가 있다. 일반적으로 경계면의 형태를 파악하여 면을 생성하는 Boundary 기능은 경계면을 구성하는 선(경계)이 먼저 생성되어 있어야만 사용이 가능하다.

① Menu에서 Curve ➡ Create : Line ➡ SingleLine을 선택한다.

② Point를 선택하여 Line을 생성한다.

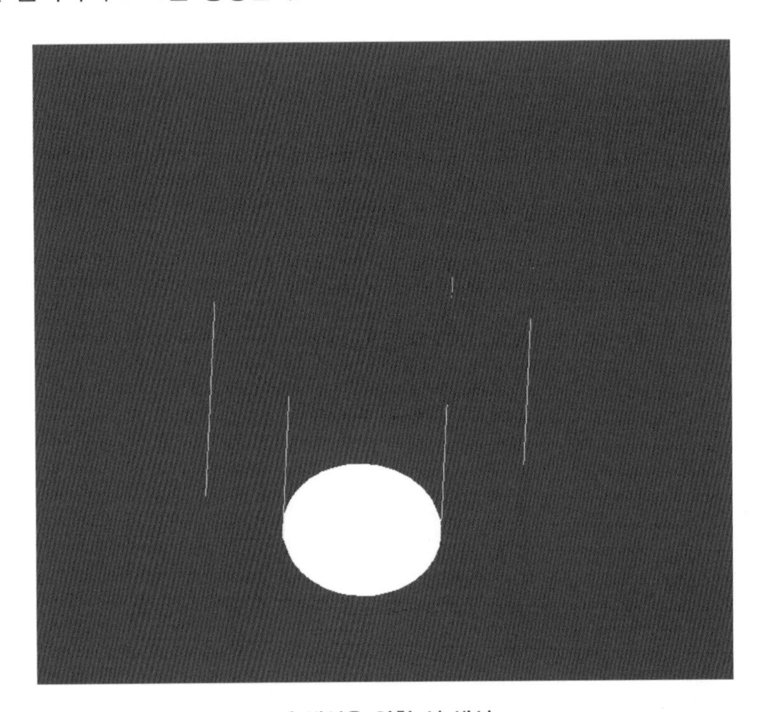

면 생성을 위한 선 생성

(3) Boss 내부에 Surface 생성

① Menu에서 Surface ➡ Create : Boundary를 선택한다.

② Curve를 순차적으로 선택한다.

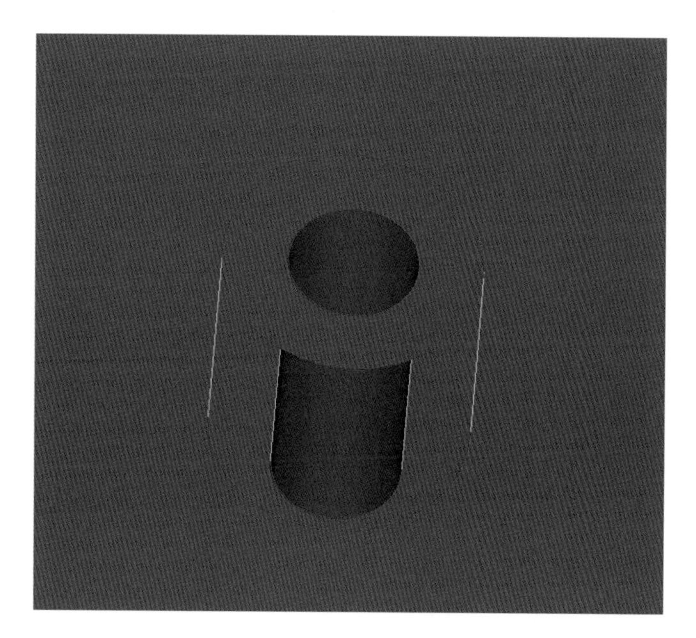

Boss 내부 Surface 생성

(4) Boss 외부에 Surface 생성

Boss 내부 Surface 생성과 동일 방법으로 진행한다.

(5) 2D Element 생성

Boundary 기능을 통해서 생성된 면은 이미 생성되어 있는 Element의 크기와 동일 또는 유사한 크기로 생성해야만 Aspect Ratio 및 Length Ratio와 관련된 문제를 예방할 수 있다.

❶ Menu에서 Surface Meshing ➡ Meshing : Meshing ➡ Meshing All을 선택한다.

❷ Mesh Size를 입력한다.

- Mesh Size : 2

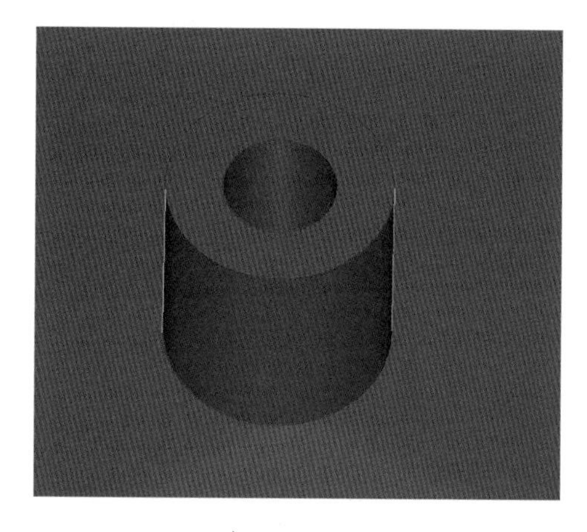

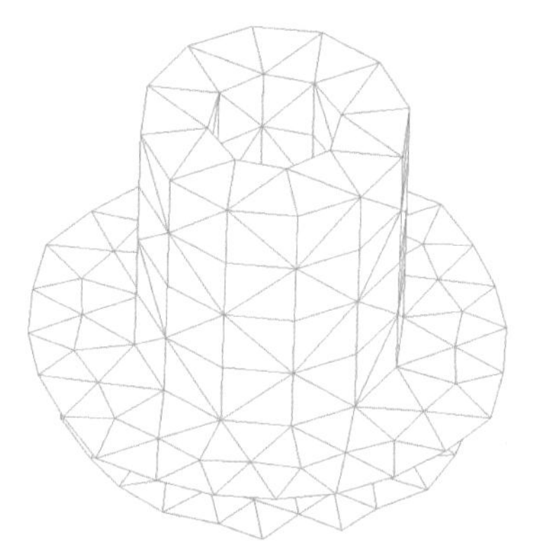

2D Element 생성

따라하기

01 형상 정보

형상 정보

02 실습 요약

목적	Isolated Element를 수정한다.
파일	〈MAPS3D folder〉\Tutorial\Model\lego_3p.ssv
Mesh size	1.5

03 작업 순서

❶ 파일 읽기

- 파일 : lego_3p.ssv

❷ Meshing All을 이용하여 표면 Element를 생성한다.

❸ Isolated Element를 찾는다.

❹ Isolate Element와 맞닿는 부위를 Delete Elements, Fill Element Hole, Move to를 이용하여 연결하여 수정하도록 한다.

7절 Sharp Angle Element

- Sharp Angle Element의 정의를 이해한다.
- Node 생성을 이용하여 수정하는 방법을 습득한다.

실습 요약

실습 파일	〈MAPS3D folder〉\Tutorial\Model\tel_rear_cavity.ssv
수행 순서	1. 파일 열기 2. Sharp Angle Element 찾기 및 판단하기 3. Project on Curve를 이용하여 수정하기 4. Fill Element Hole을 이용하여 수정하기
주요 명령어	Sharp Angle

7-1 Sharp Angle Element의 정의

Sharp Angle Element는 서로 다른 2D Element가 맞닿는 각도가 30도 이하일 경우 해당 Element들을 Sharp Angle Element로 정의하고 있다.

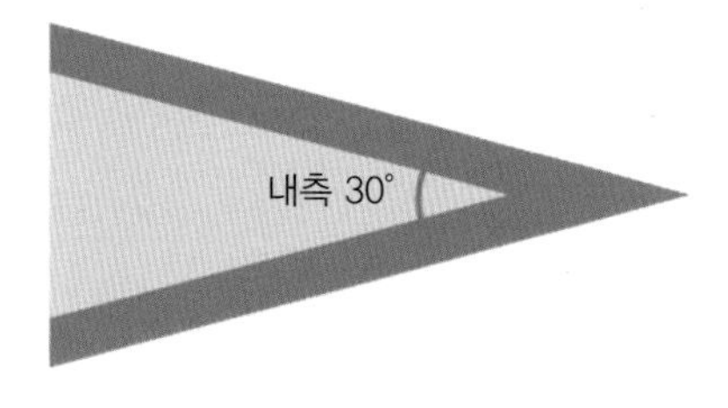

7-2 Sharp Angle Element가 발생하는 경우

Sharp Angle Element는 면과 면이 맞닿는 각도가 30° 이하일 경우에 발생되므로 실제 형상에서 끝부분이 날카롭게 설계되거나, 리브와 리브, 제품과 리브가 십자형(X형)으로 설계되는 경우에 나타날 수 있다.

Sharp Angle Element가 발생되는 영역은 해석을 위한 3D Element를 생성하는 과정에 내부에 생성된 Element가 해석이 적합하지 않는 형태로 생성되어 해석 속도 저하 및 비정상적인 해석이 발생되는 원인이 된다. 그러므로 해당 부위의 각도를 30° 이상으로 변경하거나, 모서리 깎기와 같은 방법을 통해서 수정하는 것이 요구된다.

7-3 Sharp Angle Element를 찾는 방법

Sharp Angle Element를 찾는 방법은 Mesh Advisor의 Mesh Status 명령을 사용하는 방법과 Mesh Advisor의 Sharp Angle의 세부 명령을 통해서 찾는 방법이 있다.

Mesh Status를 이용할 경우에는 Modeler에서 검토하는 불량의 유형을 모두 확인할 수 있으나, Element 개수가 증가함에 따라서 검사에 많은 시간을 소요하게 된다.

Sharp Angle의 세부 명령을 수행하면, 형상에서 Sharp Angle에 대한 사항만 검토하므로 검사 시간을 절약할 수 있다. 또한, Mesh Status는 Group 및 Layer 기능을 통해서 숨겨져 있는 Element까지 검사하지만, Sharp Angle의 세부 명령은 화면에 표시되어 있는 영역만을 검사하므로 시간을 더욱 절약할 수 있다.

Sharp Angle 및 Mesh Status를 통해 검색해서 나타나는 Element는 Extend Group 또는 Show Group by Element 명령을 통해서 해당 Sharp Angle Element가 내측으로 향할 경우에는 수정이 필요하며, 만약 외측으로 향하는 Sharp Angle Element일 경우에는 수정이 불필요함을 유의한다.

7-4 수행 순서

(1) 파일 열기

❶ Menu에서 File ➡ File : Open Geom ➡ Open Geom을 선택한다.

- 파일 : 〈MAPS3D folder〉\Tutorial\Model\tel_rear_cavity.ssv

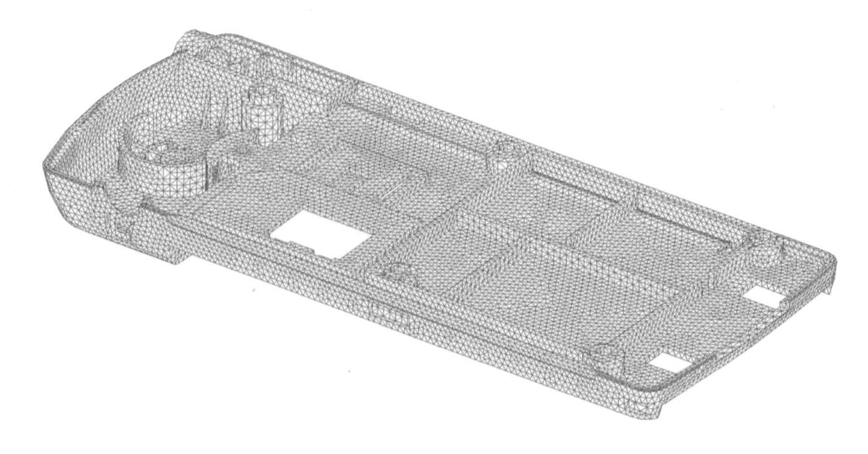

파일 열기에 따른 형상 정보

(2) Sharp Angle Element를 그룹으로 설정

❶ Menu에서 Mesh Advisor ➡ Mesh Advisor : Sharp Angle ➡ Send to Group을 선택하여 Sharp Angle Element를 그룹으로 나타낸다.

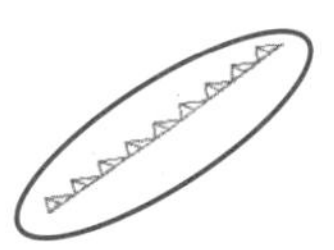

Sharp Angle Grouping

(3) 형상 파악을 위한 Element 확장

❶ Menu에서 View ➡ Group : Element ➡ Extend Group을 선택하여 Element를 확장한다.

Element Extend

(4) Sharp Angle Element 수정 여부 파악

Sharp Angle Element를 확인하여 수정이 필요한 부분인지 파악한다.

Sharp Angle Element를 수정하지 않아도 되는 부분

Solid Meshing 시 Sharp Angle Element 부분의 내부가 3D Element로 채워지는 부분이 아니므로, 반드시 수정하지 않아도 된다.

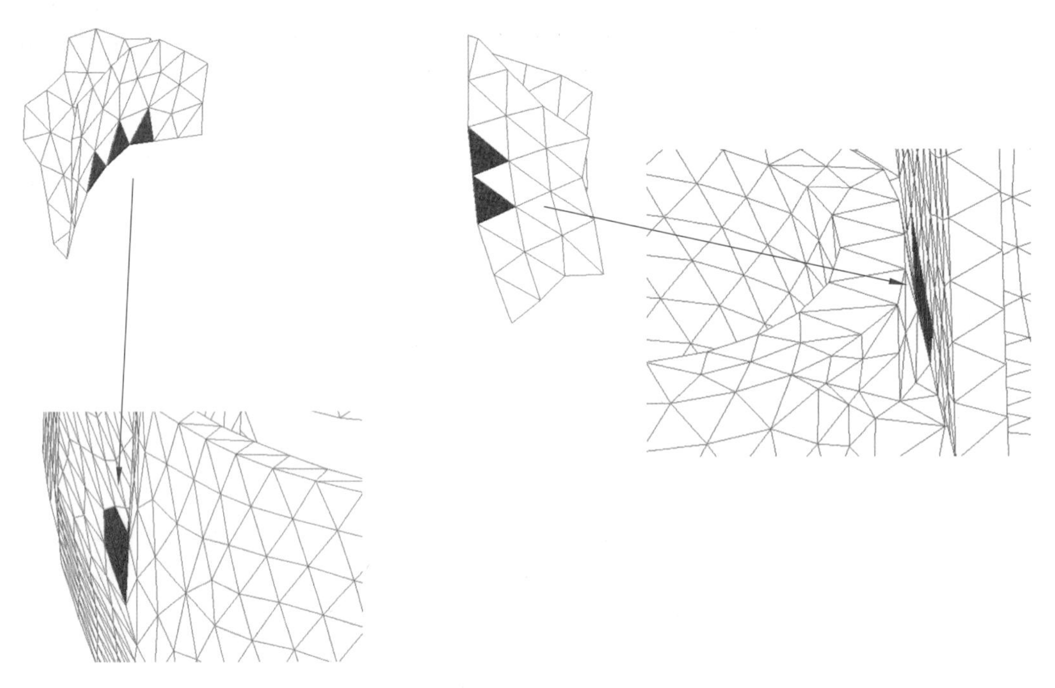

Sharp Angle Element 수정 여부 파악 1

Sharp Angle Element를 수정해야 하는 부분

Solid Meshing 시 Sharp Angle Element 부분의 내부가 3D Element로 채워지는 부분이기 때문에 Solid Meshing 과정에서 문제가 될 우려가 있다. 그러므로 이 부분은 수정이 필요하다.

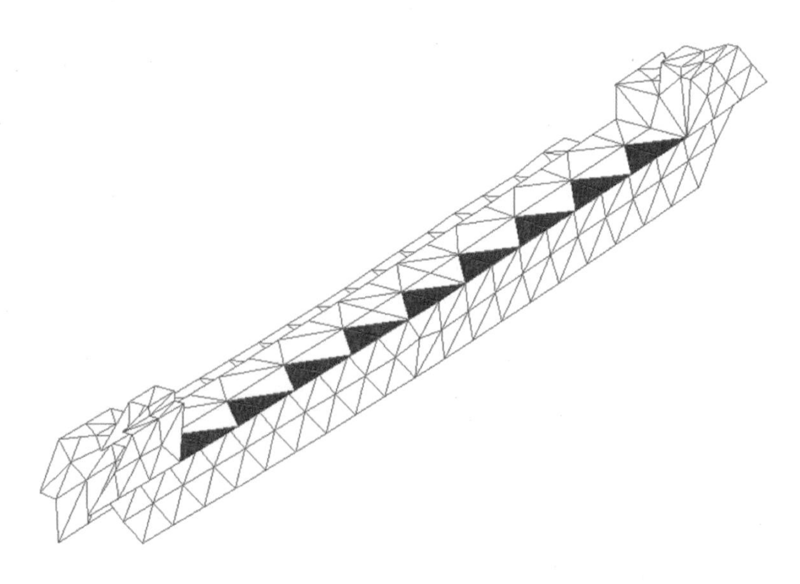

Sharp Angle Element 수정 여부 파악 2

(5) Node, Point 활성화

❶ Menu에서 View ➡ Entity Show/Hide : Node, Point를 활성화한다.

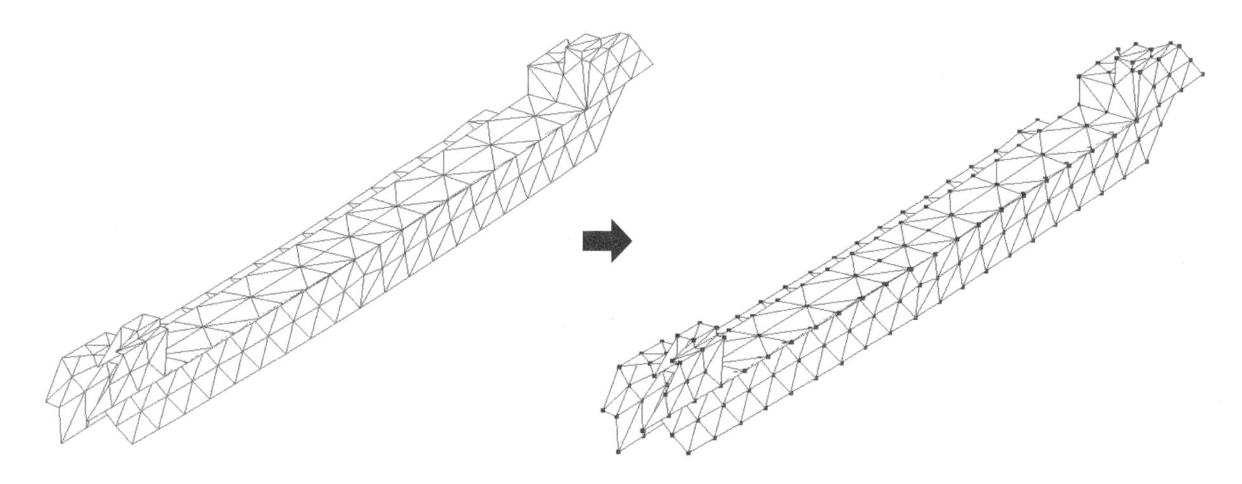

Node, Point 활성화

(6) 선 생성

❶ Menu에서 Curve ➡ Create : Line ➡ SingleLine을 선택한다.

❷ N1과 N2를 선택하여 Line을 생성한다.

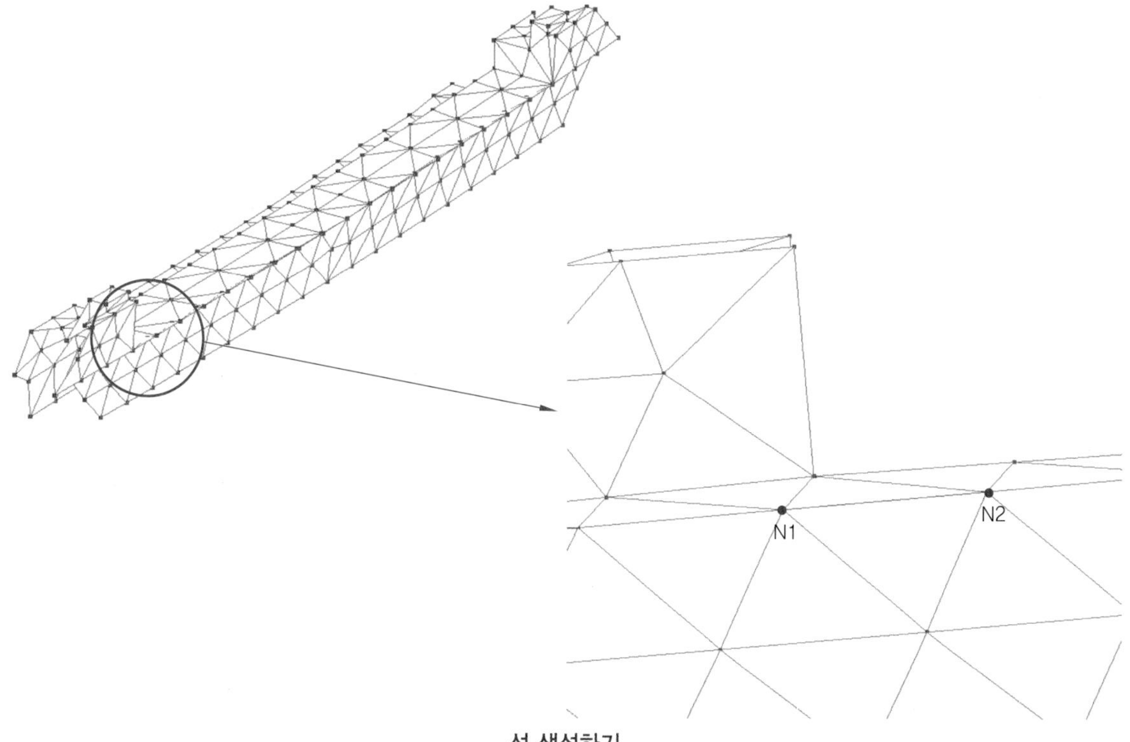

선 생성하기

(7) Curve에 수직으로 만나는 Point 생성

❶ Menu에서 Point ➡ Create : Project ➡ Project on Curve를 선택한다.

❷ 생성할 Point를 선택한다.

❸ 선택한 Point를 수직으로 생성할 Curve를 선택한다.

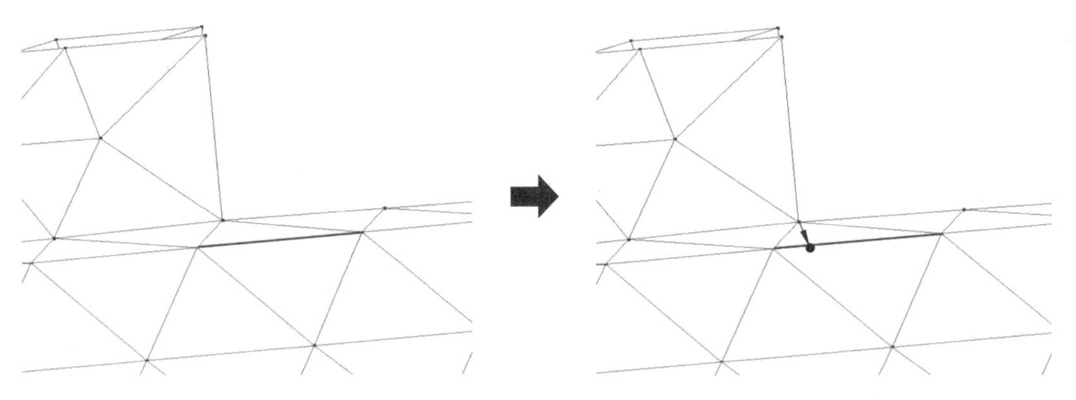

Project on Curve

(8) Node 생성

❶ Menu에서 Node ➡ Create : Create Nodes ➡ Create Nodes를 선택한다.

❷ Node를 생성할 Point를 선택한다.

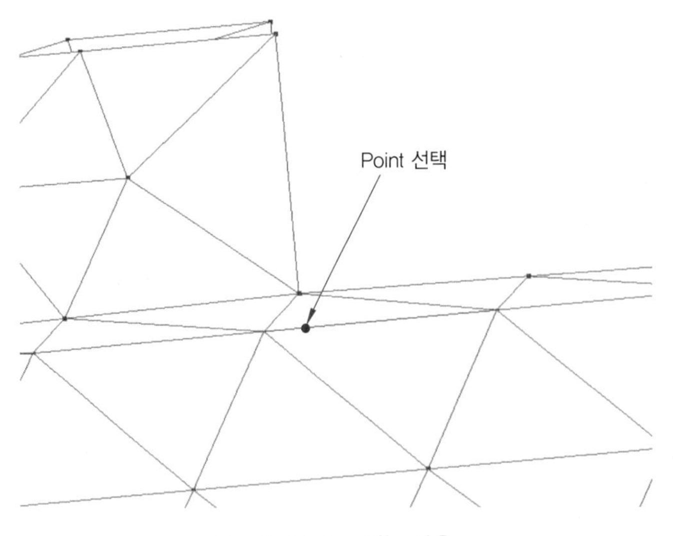

Create Nodes 기능 사용

(9) Node 이동

❶ Menu에서 Node ➡ Move : Move to를 선택한다.

❷ N1을 N2로 이동한다.

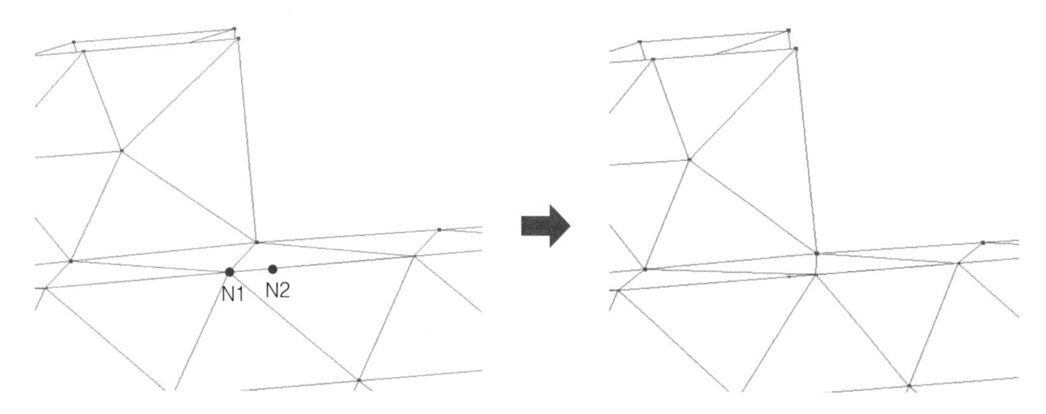

Move to를 이용한 수정

(10) Element 삭제

① Menu에서 Element ➡ Modify : Delete Elements를 선택한다.

② 빨간색 표시부를 선택하여 Element를 삭제한다.

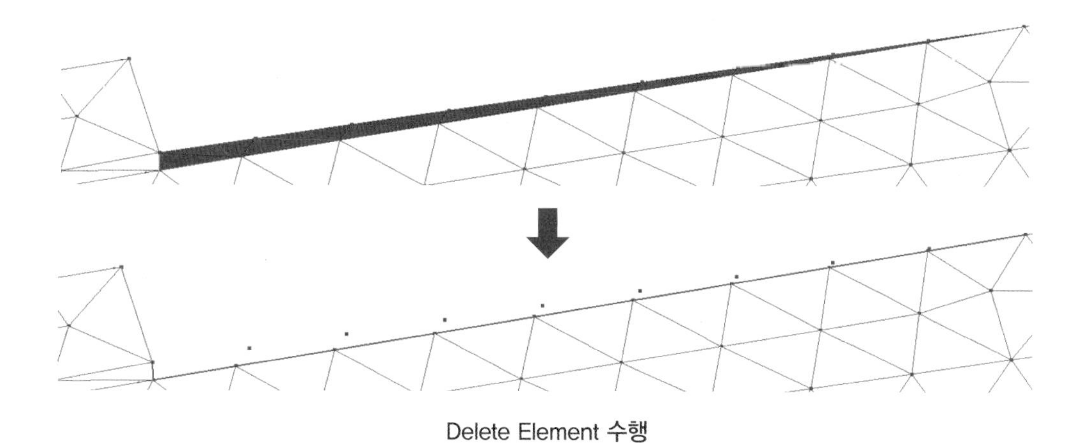

Delete Element 수행

(11) 불필요한 Node 삭제

① Menu에서 Node ➡ Modify : Delete Free Nodes를 선택하여 불필요한 Node를 삭제한다.

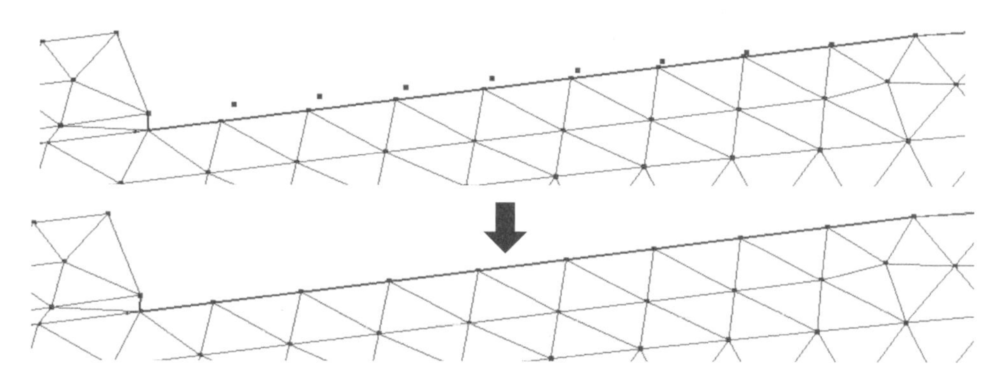

Delete Free Nodes 기능 사용

(12) Element 분할

➊ Menu에서 Element ➡ Modify : Divide Element ➡ Divide Element를 선택한다.

➋ E1을 선택한 후 N1을 선택하여 Element를 분할한다.

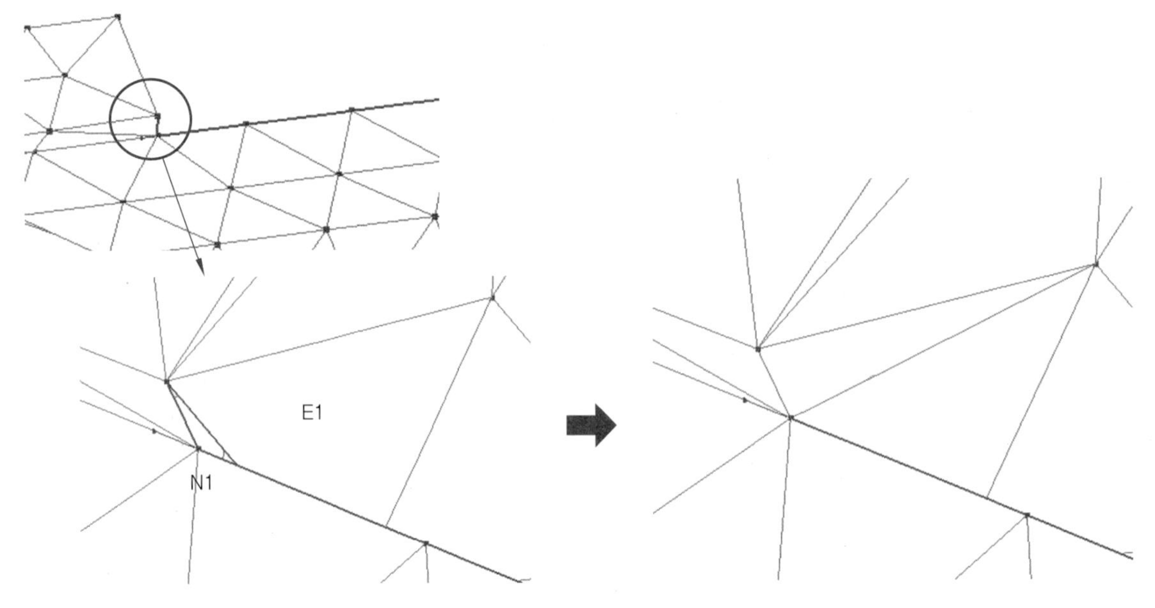

Divide Element의 수행

(13) 동공부 채우기

➊ Menu에서 Element ➡ Create : Fill Element Hole ➡ Closed Loop를 선택한다.

➋ Free Edge 위에 있는 Node를 선택하여 Hole을 채운다.

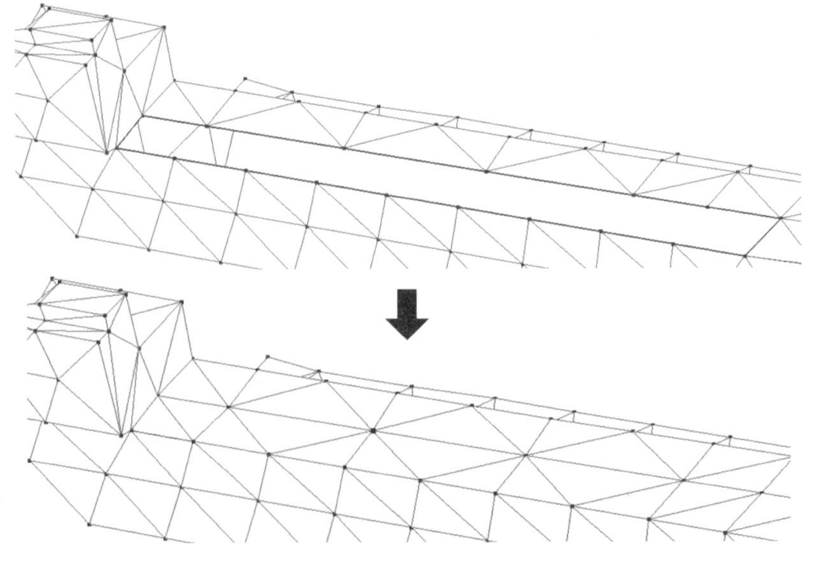

Closed Loop를 이용한 동공부 수정

(14) Sharp Angle Element 수정

❶ 수정 기능들을 사용하여 나머지 Sharp Angle Element도 동일하게 수정을 진행한다.

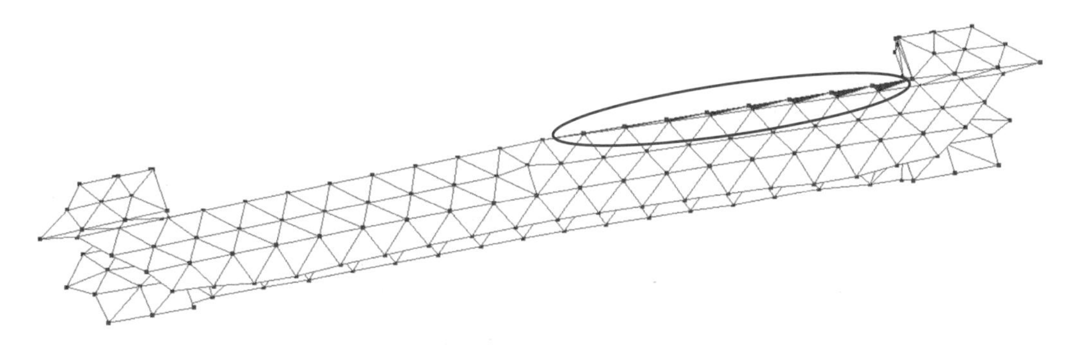

Sharp Angle Element 수정

따라하기

01 형상 정보

형상 정보

02 실습 요약

목적	Sharp angle을 수정한다.
파일	〈MAPS3D folder〉\Tutorial\Model\ball_stand.ssv
Mesh size	3.3

03 작업 순서

❶ 파일 읽기

- 파일 : ball_stand.ssv

❷ Meshing All을 이용하여 Element를 생성한다.

❸ Sharp Angle Element를 찾는다.

❹ Sharp Angle Element가 발생되는 부위를 수정하도록 한다.

부록

MAPS-3D ez

1. MAPS-3D ez 기본

- MAPS-3D ez에서 사용하는 마우스 버튼의 정의를 이해할 수 있다.
- MAPS-3D ez에서 사용하는 Function Key 정의를 이해할 수 있다.
- MAPS-3D ez의 화면 구성을 이해할 수 있다.

1-1 마우스 정의

MAPS-3D ez에서 사용하는 마우스 버튼에 대한 정의는 다음과 같다.

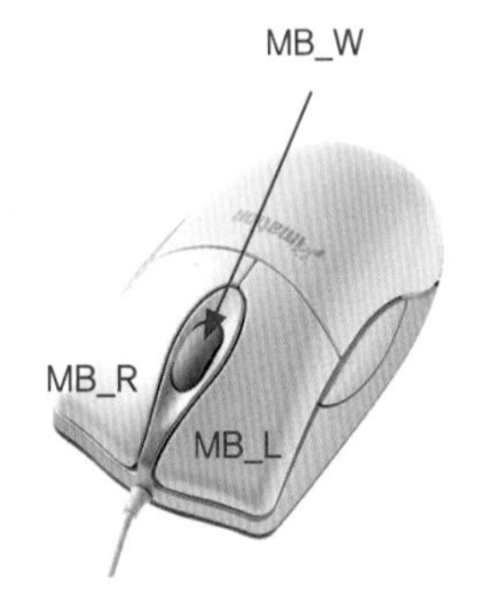

마우스	클릭	더블 클릭
왼쪽	MB_L	MB_DL
휠	MB_W	
오른쪽	MB_R	MB_DR

마우스 정의

1-2 MAPS-3D ez 실행 및 화면 구성

MAPS-3D ez의 화면 구성은 다음과 같다.

- Menu/Toolbar : 프로그램의 메뉴 영역
- Layer : 부품에 대한 정의, 색상 등을 설정할 수 있는 영역
- Result : 해석 결과를 확인할 수 있는 영역
- Graphic Display Area : 형상이 표시되는 영역

① 바탕 화면에서 [M ez 아이콘] 아이콘을 더블 클릭한다.

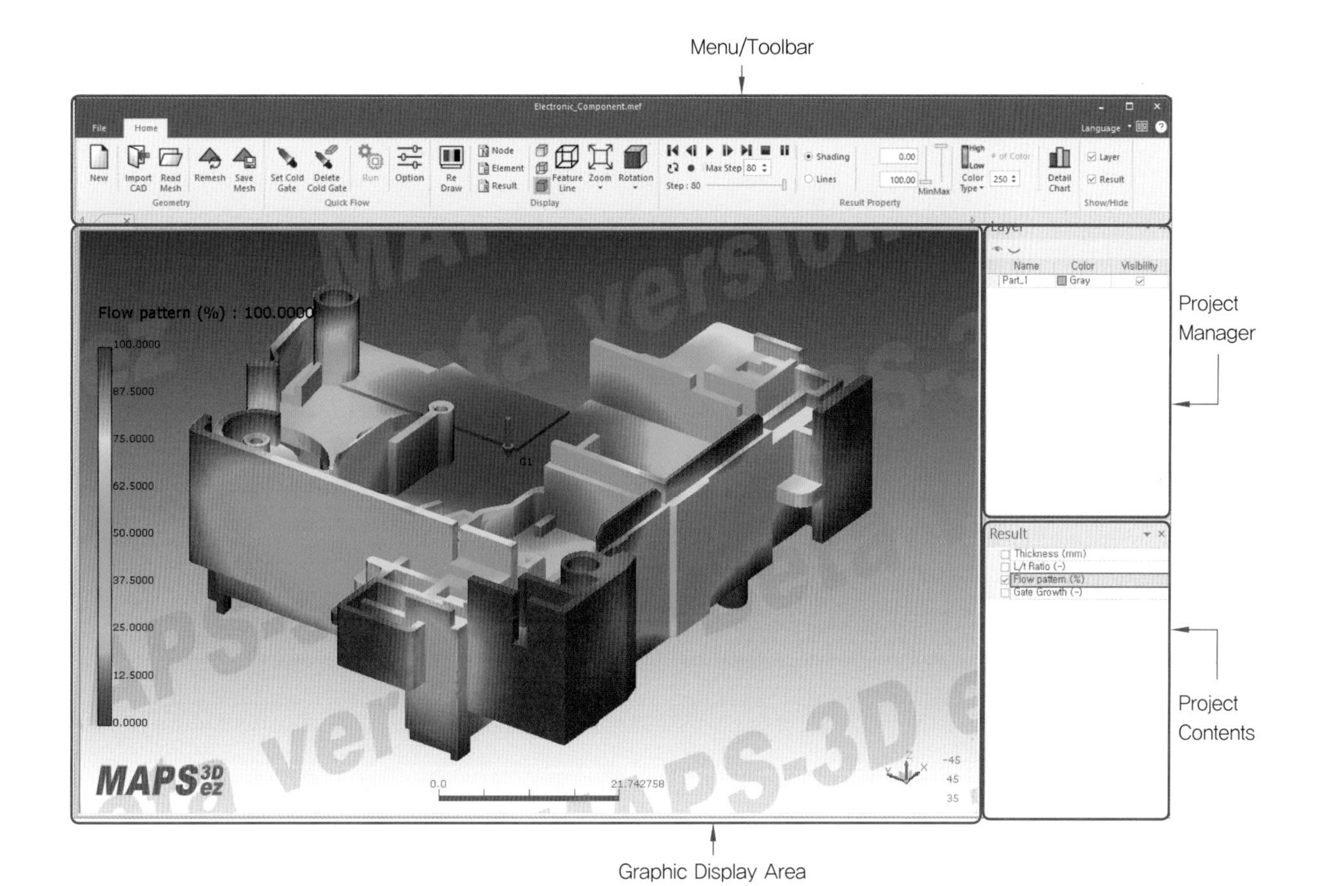

1-3 Function Key

MAPS-3D ez에서는 Function Key로 형상의 회전, 이동, 확대/축소와 디스플레이 영역의 뷰 설정을 한다. 사용하는 키는 F1~F9까지 사용하며, 각 Key의 명칭과 동작은 다음과 같다.

MAPS-3D ez Function Key

명칭	동작
F1 : Dynamic Panning	키를 누르고 있는 상태에서 마우스 클릭을 하지 않고 Mouse moving
F2 : Dynamic Zooming	
F3 : Dynamic Rotation	
F4 : Dynamic Rotation*	
F5 : Zoom All	키를 누른 즉시 적용
F7 : XY Axis View	
F8 : Iso View	
F9 : Near View	
F6 : Zoom Window	키를 눌렀다가 뗀 다음 Mouse drag & drop

2. MAPS-3D ez 따라하기

- MAPS-3D ez에서 CAD file을 이용하여 Element를 생성할 수 있다.
- 수지 주입구를 설정하고 쾌속 유동 해석을 진행할 수 있다.
- 쾌속 유동 해석 결과를 분석할 수 있다.

실습 요약

파일	〈MAPS3D ez folder〉\Sample\Lower_Base.stl
해석 종류	QuickFlow
수지 주입구 (좌표)	6점

Tip 표에서 〈MAPS3D ez folder〉는 사용자의 컴퓨터에 따라 다를 수 있으나, MAPS-3D 설치 시에 별도의 경로를 지정하지 않았다면 'C:VMTechnology\MAPS3D ez'로 설정된다.

2-1 수행 순서

(1) MAPS-3D ez 실행

사출 성형 해석을 수행하기 위하여 MAPS-3D ez를 먼저 실행한다.

❶ 바탕화면에서 MAPS-3D ez 아이콘을 실행한다.

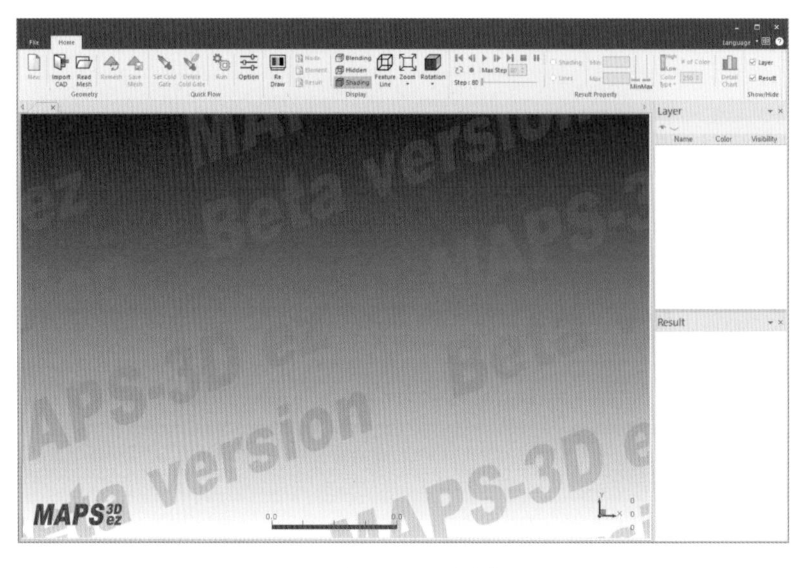

MAPS-3D ez 실행 창

(2) 파일 가져오기

MAPS-3D ez에서는 STL 파일 포맷만 지원한다.

1. Menu에서 Home ➡ Geometry : Import CAD
2. Set를 클릭하고 <MAP3D ez folder>\Sample 폴더에서 Lower_Base.stl을 선택한다.
   - <MAPS3D ez folder>\Sample\Lower_Base.stl

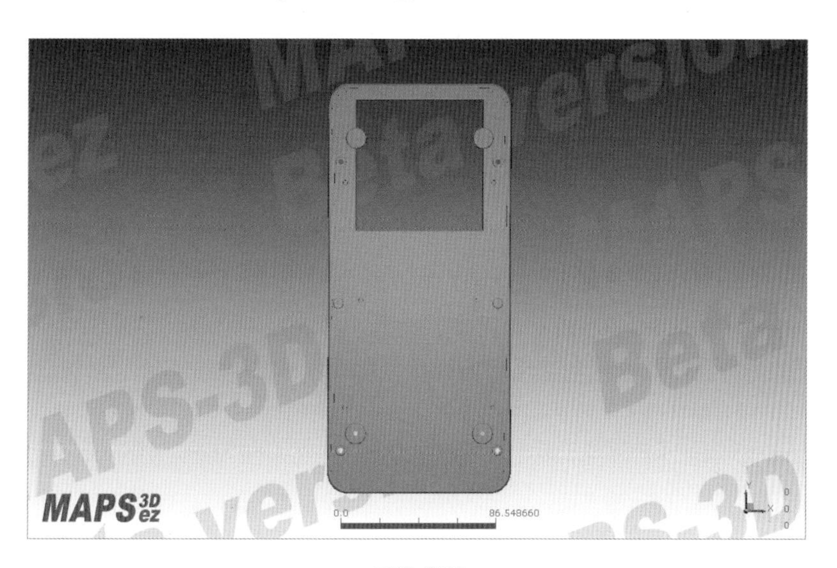

제품 형상

(3) Remesh

유동해석을 수행하기 위해서 Element를 재생성한다.

1. Menu에서 Home ➡ Geometry : Remesh
2. Method는 Automatic을 선택한다.
3. OK를 클릭한다.

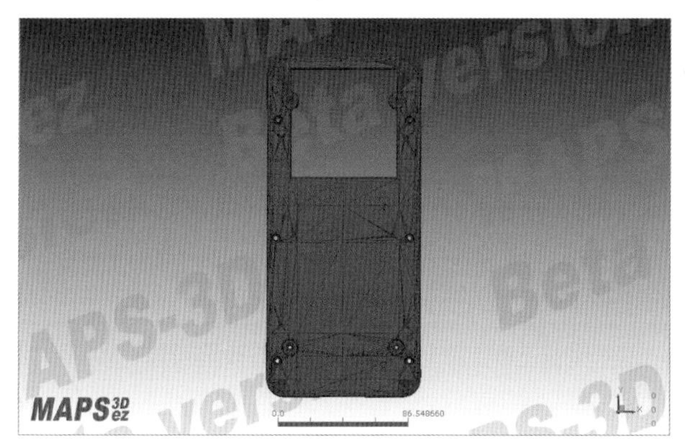

Remesh 전(좌), Remesh 후(우)

(4) 저장

① Menu에서 Home ➡ Geometry : Save Mesh

② 파일을 저장한다.

- Lower_Base.mef

(5) 게이트 설정

① Menu에서 Home ➡ QuickFlow : Set Cold Gate

② 다음 그림 게이트 설정을 참고하여 총 6개소를 선택한다.

> **Tip** 게이트 위치를 잘못 설정했을 경우에는 Menu에서 Home → QuickFlow : Delete Cold Gate 명령을 선택하여 삭제가 가능하다.

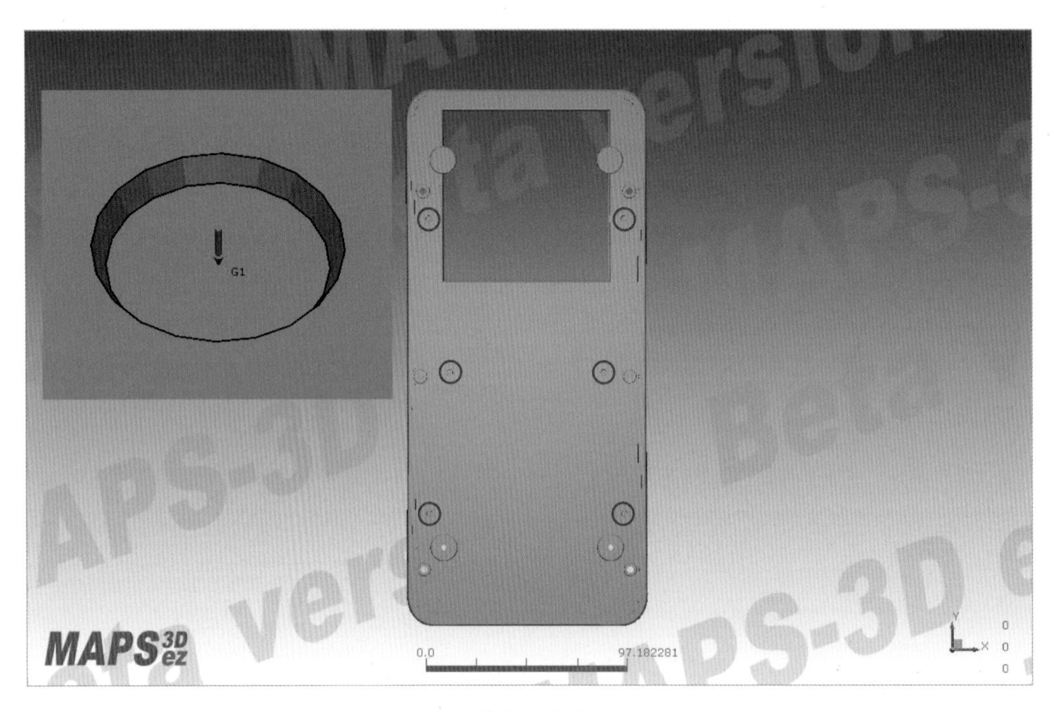

게이트 설정

(6) 해석 수행

Menu에서 Home ➡ QuickFlow : Run

2-2 결과 확인

해석이 완료되면, 결과 확인 창을 통하여 해석 결과 항목들을 확인할 수 있다. 모든 해석 결과는 비활성화되어 있으므로 원하는 해석 결과를 마우스로 선택하면 해당 결과가 그래픽 창에 나타난다. 제공되는 결과는 두께, L/t ratio, 유동 패턴, Gate growth이다.

(1) Thickness (mm)

① Result ➡ Thickness를 선택한다.

- Thickness는 제품 각 부위의 두께 분포를 나타내는 결과이다. 제품 설계 시 제품의 강도를 결정하게 되며, 사출 성형에서는 최적 냉각 시간을 결정하기 위해서는 제품의 살두께 정보가 사용된다. 제품 변형의 측면에서는 '균일한 살두께'로 설계되는 것이 살두께 편차에 따른 유동 정체를 방지하여 성형 압력, 형체력 및 응력 상승으로 인한 제품의 과다 변형을 방지할 수 있다. 일반적으로 각 플라스틱에 따른 최소 허용 살두께는 다음 표와 같다.

수지	추천 살두께 (mm)
PP	0.8 ~ 3.8
ABS	1.2 ~ 3.5
PE	0.8 ~ 3.0
PS	1.0 ~ 4.0
PA6	0.8 ~ 3.0
PC	1.0 ~ 4.0
PC/ABS	1.2 ~ 3.5
POM	0.8 ~ 3.0
PEEK	1.0 ~ 3.0

두께 결과

- 제품의 최대 살두께가 'Option'에 설정된 최대 두께를 초과할 경우 비정상적인 결과가 나타날 수 있다. 비정상적인 결과가 나타날 경우 다음 그림 옵션 설정 창에 나타낸 설정 창에서 'Max. thickness'를 변경하여 재해석을 수행한다.

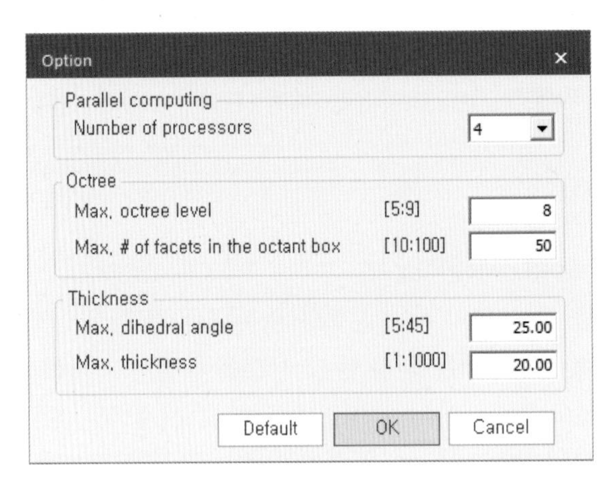

옵션 설정 창

(2) L/t Ratio (-)

❶ Result ➡ L/t Ratio를 선택한다.

- L/t Ratio는 수지 주입구에서 각 부위까지의 거리(유동길이, Flow Length)와 각 부위의 두께(Thickness)의 비율 분포를 나타내는 결과이다. 사출 성형 공정을 통해서 제작되는 제품은 성형 과정 중에 발생되는 압력 및 온도 변화에 의해서 제품의 수축 및 변형량이 결정된다. 일반적으로 제품의 두께가 균일하다고 가정할 때, 유동길이가 증가할수록 압력은 선형적으로 증가하므로, 수지의 성형 압력에 따라서 제품을 성형할 수 있는 거리를 유동길이와 제품 살두께로 표현할 수 있다. 각 수지의 성형 압력에 따른 L/t Ratio는 다음 표와 같이 알려져 있다.

수지	사출 압력(MPa)	살두께(mm)	L/t ratio(-)
HDPE	150	0.3~3.0	280~250
LDPE	60	–	140~100
PP	120	0.6~3.0	280~160
PS	90	0.3~3.0	300~180
ABS	90	1.5~4.0	280~160
PA	90	0.8~3.0	360~200
POM	100	1.5~5.0	210~100
PC	130	1.5~5.0	180~100
PMMA	100	1.5~5.5	150~100

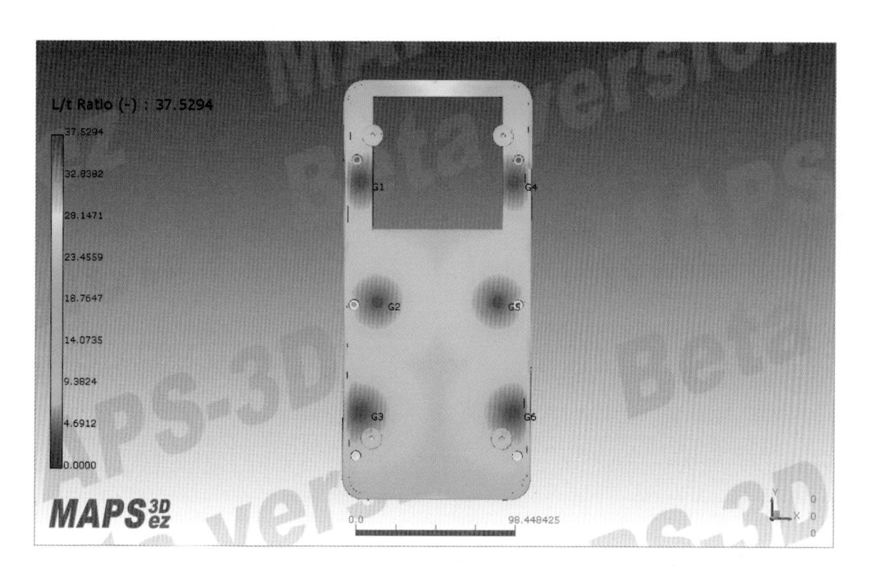

L/t Ratio 결과

(3) Flow Pattern(%)

❶ Result ➡ Flow Pattern을 선택한다.

- 각각의 수지 주입구에서 수지가 제품에 충전되는 부피를 전체 제품 부피 비율로 나타내는 결과이다. 사출 성형에서 발생하는 다양한 불량은 성형 과정에서 발생되는 과도한 압력이 원인일 수 있으므로 성형 과정에서 발생되는 압력을 최소화시켜 제품 불량을 방지하는 것이 필요하다. 성형 압력을 감소시키기 위해서는 기본적으로 최적의 위치에 게이트를 설치하여야 하므로 'Flow Pattern(%)' 결과를 통해서 게이트 위치에 따른 유동 밸런스를 사전에 확인할 수 있다. MAPS-3D ez의 'Flow Pattern'은 제품 성형 중에 발생되는 압력, 온도, 속도 및 제품 물성 변화를 고려하지 않으므로 정확한 유동 패턴을 확인하기 위해서는 MAPS-3D를 통해 정밀한 해석으로 검증하는 것을 추천한다.

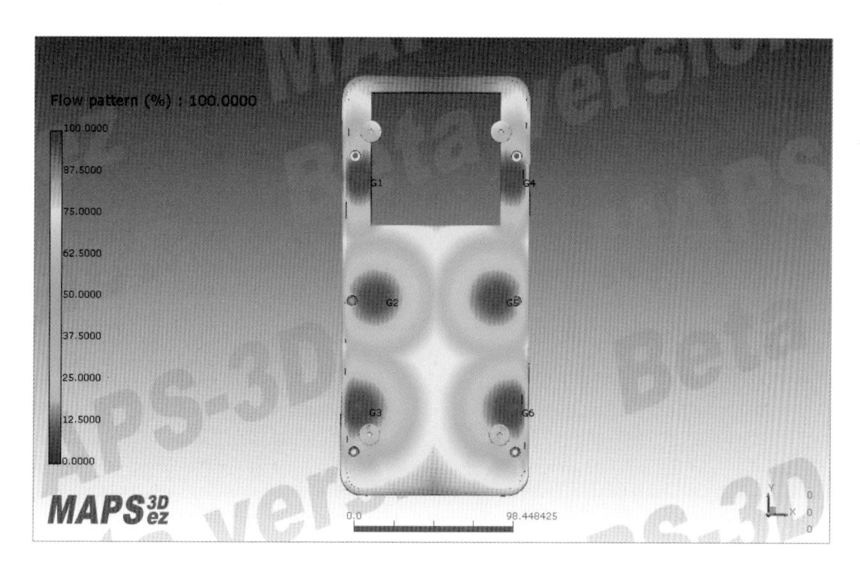

유동 패턴 결과

(4) Gate Growth (-)

❶ Result ➡ Gate Growth를 선택한다.

- 'Gate Growth'는 각 게이트의 충전 영역을 나타낸 결과이다. 다점 게이트 금형에서 제품의 성형 압력을 감소시키기 위해서는 각각의 게이트가 제품을 충전하는 비율이 균일할 수 있도록 설정하는 것이 필요하며, 해당 비율을 확인하기 위해서 'Gate Growth' 결과를 이용할 수 있다.

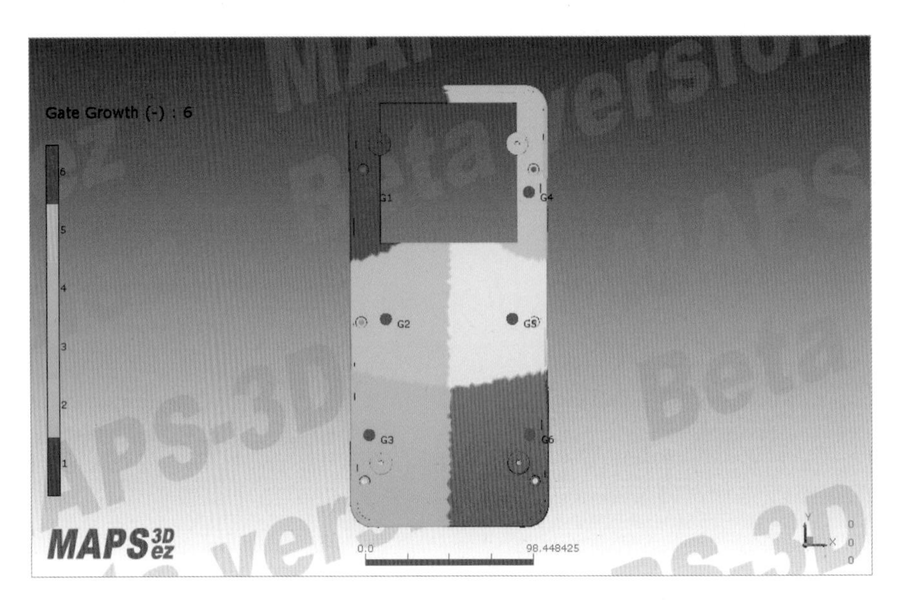

Gate Growth 결과

따라하기

01 형상 정보

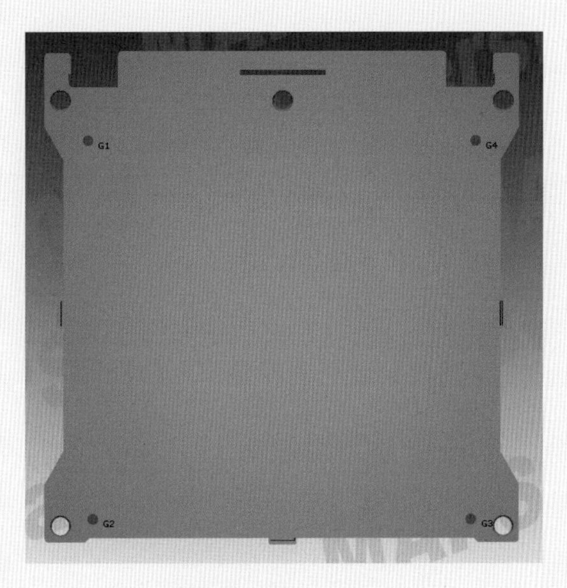

형상 정보 및 수지 주입구 위치

02 실습 요약

파일	〈MAPS3D ez folder〉\Sample\Top_Cover.stl
수지 주입구	4점

03 작업 순서

❶ 파일 가져오기

- CAD file : Top_Cover.stl

❷ Remesh

- Method: Automatic

❸ Save Mesh

- 파일명: Top_Cover.mef

❹ 수지 주입구 설정

- 수지 주입구 : 4점 (위 그림 형상 정보 및 수지 주입구 위치를 참조한다.)

❺ 해석 수행

❻ 결과 확인

- Thickenss
- L/t Ratio
- Flow Pattern
- Gate Growth

2021년 2월 15일 인쇄
2021년 2월 20일 발행

저자 : (주)브이엠테크 · 정상준
펴낸이 : 이정일

펴낸곳 : 도서출판 **일진사**
www.iljinsa.com

04317 서울시 용산구 효창원로 64길 6
대표전화 : 704-1616, 팩스 : 715-3536
등록번호 : 제1979-000009호(1979.4.2)

값 29,000원

ISBN : 978-89-429-1664-1